JN026593

実例で学ぶ 微分積分

大原一孝 著

学術図書出版社

ま え が き

　歴史的には微分と積分は別々の起源をもっている．紀元前 225 年頃，アルキメデスは巧妙な「取り尽くし法」によって円や放物線で囲まれた図形の面積を求めたり，球の体積，表面積を計算した．これが積分の起こりである．しかし，アルキメデスの業績を継ぐ者は現れないまま千数百年の歳月が経過することになる．17 世紀に入り，フェルマーやバーローらは曲線上の点における接線を求める問題を取り扱った．微分の芽生えである．バーローらの研究を発展させたのがイギリスのニュートンとドイツのライプニッツである．2 人は接線を求める問題と図形の求積を結びつけ，それぞれ独自の方法で微分積分学の基礎を築いた．17 世紀後半のことである．その後，微分積分学は微分方程式論や変分法などを生みだし，18 世紀には巨大な解析学の森ができあがる．計算の魔術師オイラーをはじめ，ベルヌーイ一家やダランベール，ラグランジュらが活躍した時代である．19 世紀に入って，フーリエの提唱したフーリエ級数論は重大な問題を解析学に投げかけた．出現以来順調に育ってきた森であるが，その土台の堅牢さについて，あまり関心が払われたことはなかったのである．極限の概念についての厳密な取り扱いはようやく 19 世紀に入り，コーシーやワイエルシュトラス，リーマンらによって完成をみることになる．このように微分積分学は，当初，物理学などの実用上の問題を解決するのに使われ，計算技術が非常に進展した．そして正確な基礎づけは 100 年以上も後になされたのである．

　本書はこのような歴史の流れをそのまま追うものではないが，§1 から §26 までは直観を取り入れ，計算技術の修得に重きを置いている．そして多様な問題を通じて，微分積分学のもつ力強さを認識できるように配慮した．微分積分学におけるキーワードが「近似」と「極限」であることの理解を深めてもらいたい．§27 から §29 までは，前半よりもやや厳密なスタイルで書かれているため，初学者には取っつきにくいかもしれないが，これらはより進んだ解析学の理解には不可欠のものである．じっくりと時間をかけて学んでいただきた

い．

　本書に現れる例や問題の中には後の節の知識を必要とするものが一部含まれている．これらについては，初読の際は飛ばしてよい．問題の引用にあたっては，たとえば問題 16 の 5 番目の問題を問題 16-5 と略記した．式の引用にあたり，一部問題文中にも番号がつけられている点に注意されたい．問題は本書の中核をなすものであり，問題をできるだけ解くことが「実例で学ぶ」本書の趣旨にかなうことになる．証明問題の多くは解答を略したが，考えにくいものには問題文中にヒントを配したので，極端に難しい問題はないと思う．

　本書の執筆にあたり，内外多数の著書を参考にさせて頂きました．最後になりましたが，発田孝夫氏をはじめ，学術図書出版社編集部の方々には出版に際して大変お世話になりました．心より感謝いたします．

　　1998 年冬

大　原　一　孝

も　く　じ

1. 関 数 の 極 限 …………………………………………………1
　　問　題　1………8

2. 微分の基本公式 ……………………………………………10
　　問　題　2………15

3. べき関数の微分 ……………………………………………16
　　問　題　3………20

4. 三角関数の微分 ……………………………………………23
　　問　題　4………28

5. 逆三角関数の微分 …………………………………………31
　　問　題　5………38

6. 指数・対数関数の微分 ……………………………………42
　　問　題　6………47

7. 高 次 導 関 数 ………………………………………………51
　　問　題　7………55

8. 平均値の定理と不定形の極限 ……………………………57
　　問　題　8………62

9. 関 数 の 近 似 ………………………………………………67
　　問　題　9………73

10. 関 数 の 展 開 ………………………………………………76
　　問　題　10………82

11. 関数の増減と最大・最小 …………………………………86
　　問　題　11………92

12. 偏 導 関 数 …………………………………………………97
　　問　題　12………109

13. 2変数関数の極値 …………………………………………113
　　問　題　13………124

14. 不定積分の基本公式 ………………………………………129
　　問　題　14………134

付　録

解　答

1. 関 数 の 極 限

関数 $y = f(x)$ において，変数 x が
（a 以外の値をとりながら）ある数 a に
近づくとき，$f(x)$ の値は一定の値に近
づくだろうか．この問題をいくつかの例

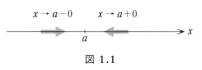

$x \to a-0$　　$x \to a+0$

図 1.1

で調べてみよう．x が a に近づくことを記号 **$x \to a$** で表す．x が a に近づく
というとき，右から a に近づく場合と，左から a に近づく場合の 2 通りがあ
る．x が $x > a$ をみたしながら a に近づくことを，記号で **$x \to a+0$** と書く．
また x が $x < a$ をみたしながら a に近づくことを，記号で **$x \to a-0$** と書く
（図 1.1）．図 1.2 の関数 $f(x)$ では，x が左右どちらから 2 に近づいても，y
は一定の値 4 に近づく．これを記号で次のように表す．

$$\lim_{x \to 2} f(x) = 4 \quad \text{または} \quad x \to 2 \text{ のとき } f(x) \to 4.$$

このような場合，x が 2 に近づくときの $f(x)$ の**極限値**は 4 であるという．図
1.3 の関数 $f(x)$ についても，$\lim_{x \to 2} f(x) = 4$ が成り立つことがグラフよりわか
る．しかし，図 1.2 の関数 $f(x)$ については，$\lim_{x \to 2} f(x) = f(2)$ であるが，図
1.3 の関数 $f(x)$ については，$\lim_{x \to 2} f(x) \neq f(2)$ である．すなわち，x が 2 に
近づくときの $f(x)$ の極限値と，$x = 2$ を代入した値 $f(2)$ とは，必ずしも等
しくない．一般に $\lim_{x \to a} f(x) = f(a)$ が成り立つとき，関数 $f(x)$ は $x = a$ で
連続であるという．図 1.2 の関数 $f(x)$ は $x = 2$ で連続であるが，図 1.3 の関

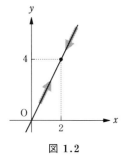

図 1.2

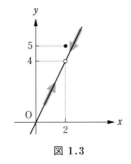

図 1.3

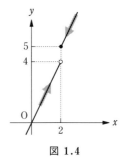

図 1.4

数 $f(x)$ は $x = 2$ で不連続である.

　図 1.4 の関数 $f(x)$ において, x が右から 2 に近づくと, y は一定の値 5 に近づく. これを $x = 2$ における**右極限**とよび, 記号で次のように表す.

$$\lim_{x \to 2+0} f(x) = 5 \quad \text{または} \quad x \to 2+0 \text{ のとき } f(x) \to 5.$$

また, x が左から 2 に近づくと, y は一定の値 4 に近づく. これを $x = 2$ における**左極限**といい, 記号で次のように表す.

$$\lim_{x \to 2-0} f(x) = 4 \quad \text{または} \quad x \to 2-0 \text{ のとき } f(x) \to 4.$$

この場合, $\lim_{x \to 2} f(x)$ は存在しない. 一般に $\lim_{x \to a} f(x)$ が存在するのは, $x = a$ における右極限・左極限がともに存在して, 両者の値が等しいときである.

$$(1.1) \qquad \lim_{x \to a} f(x) = A \iff \lim_{x \to a+0} f(x) = \lim_{x \to a-0} f(x) = A$$

$x = 0$ における右極限を考えるとき, 記号 $x \to 0+0$ を $\boldsymbol{x \to +0}$ と書くことがある. 同様に記号 $x \to 0-0$ を $\boldsymbol{x \to -0}$ とも書く.

　図 1.5 の関数 $f(x)$ では, x が 2 に近づくとき, y の値は限りなく大きくなる. これを記号で次のように表す.

$$\lim_{x \to 2} f(x) = \infty \quad \text{または} \quad x \to 2 \text{ のとき } f(x) \to \infty.$$

この場合, x が 2 に近づくときの $f(x)$ の極限値は存在しないが, $f(x)$ の極限は**正の無限大**であるということがある. 図 1.6 の関数 $f(x)$ では, x が 2 に近づくとき, y は負の値をとりながら, $|y|$ は限りなく大きくなる. これを記号で次のように表す.

$$\lim_{x \to 2} f(x) = -\infty \quad \text{または} \quad x \to 2 \text{ のとき } f(x) \to -\infty.$$

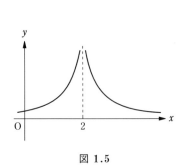

図 1.5

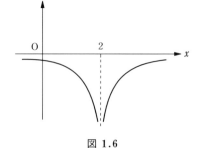

図 1.6

この場合，x が 2 に近づくとき，$f(x)$ の極限は**負の無限大**であるという．

図 1.7 の関数 $f(x) = \sin\dfrac{1}{x}$ において，x が 0 に近づくと，y の値は -1 と 1 の間を無限回振動して，一定の値に近づかない（問題 4-12）．この場合は $x = 0$ における右極限も左極限も存在しない．

さまざまな例をみてきたが，関数の極限についてまとめると次のようになる．

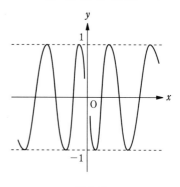

図 **1.7**

---

① $\displaystyle\lim_{x\to a} f(x)$ が存在する． $\begin{cases} (\,\mathrm{i}\,)\ \displaystyle\lim_{x\to a} f(x) = f(a) \cdots\cdots x = a \text{ で連続} \\ (\,\mathrm{ii}\,)\ \displaystyle\lim_{x\to a} f(x) \neq f(a) \end{cases}$

$\qquad\qquad\qquad\qquad\qquad\qquad\qquad\qquad\quad\Big\}\cdots x = a \text{ で不連続}$

② $\displaystyle\lim_{x\to a} f(x)$ が存在しない．

注　$x = a + h$ とおくと，$x \to a$ は $h \to 0$ と同値である．したがって，$f(x)$ が $x = a$ で連続であることを次の条件で定義してもよい．

(1.2) $\qquad\qquad \displaystyle\lim_{h\to 0} f(a+h) = f(a)$

関数 $f(x)$ が $x = a$ で連続であるとき，$f(x)$ のグラフは $x = a$ で切れ目や断層がなくつながっていることに注意する．ここで**区間**の記号を説明しておこう．左側の不等式で表される x の集合を右側の記号で表す．

$\qquad\qquad a \leqq x \leqq b \cdots\cdots [a, b]$

$\qquad\qquad a < x < b \cdots\cdots (a, b)$

$\qquad\qquad a < x \leqq b \cdots\cdots (a, b]$

$\qquad\qquad a < x \qquad\cdots\cdots (a, \infty)$

$\qquad\qquad x < b \qquad\cdots\cdots (-\infty, b)$

$\qquad\qquad \text{実数全体} \quad\cdots\cdots (-\infty, \infty)$

$[a, b]$ を**閉区間**，(a, b) を**開区間**とよぶ．$[a, b)$ や $[a, \infty)$ などの意味も類推できるだろう．x が区間 $[a, b]$ の点であることを，$x \in [a, b]$ で表す．ある区間 I の任意の点で $f(x)$ が連続であるとき，$f(x)$ は区間 I で連続であるという（ただし，区間の端点における連続の条件は，右または左極限でおきかえて考える）．本書で出てくる関数のほとんどが，その定義域全体において連続な関数である．

注　$f(x), g(x)$ が区間 I で連続な関数であるとき，$kf(x)$（k：定数），$f(x)+g(x)$，$f(x)g(x)$，$\dfrac{f(x)}{g(x)}$（$g(x) \neq 0$）もまた，区間 I で連続な関数になる（§27 参照）．

　実数全体で定義された関数のグラフを描く場合，$|x|$ が非常に大きな値であるときの関数の様子を知ることは重要である．まず，x の値が非常に大きくなる場合を考える．図1.8の関数 $f(x)$ では，x が限りなく大きくなると，y の値もまた限りなく大きくなる．これを記号で次のように表す．

$$\lim_{x \to \infty} f(x) = \infty \quad \text{または} \quad x \to \infty \text{ のとき } f(x) \to \infty.$$

図1.9の関数 $f(x)$ では，x が限りなく大きくなると，y の値は一定の値 A に近づく．これを $\lim_{x \to \infty} f(x) = A$ と表す．図1.10の関数 $f(x)$ では，x が限りなく大きくなると，y は負の値をとりながら，その絶対値 $|y|$ は限りなく大きくなる．これを $\lim_{x \to \infty} f(x) = -\infty$ と表す．図1.11の関数 $f(x)$ では，x が限りなく大きくなるとき，グラフは振動を繰り返して，y の値は一定の値に近づ

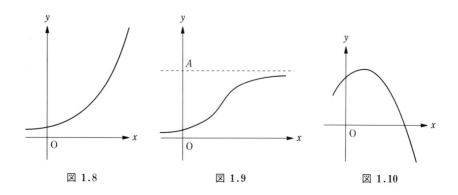

図 1.8　　　　　図 1.9　　　　　図 1.10

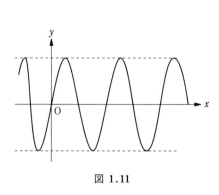

図 1.11

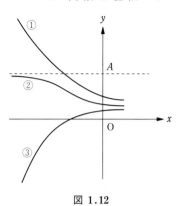

図 1.12

かない．つまり $\lim_{x \to \infty} f(x)$ は存在しない．x が負の値をとりながら，$|x|$ が限りなく大きくなるときの $f(x)$ の極限を $\lim_{x \to -\infty} f(x)$ で表す．$x \to -\infty$ のときの $f(x)$ の極限についてもいろいろな場合が起こる．図 1.12 では，

① $\lim_{x \to -\infty} f(x) = \infty,$ ② $\lim_{x \to -\infty} f(x) = A,$ ③ $\lim_{x \to -\infty} f(x) = -\infty$

の場合を表している．

関数 $f(x)$ において，その極限値を計算する基礎となるのが次の定理である．

定理 1 $\lim_{x \to a} f(x) = A,$ $\lim_{x \to a} g(x) = B$ とする．このとき，次の公式が成り立つ．

（ i ） $\lim_{x \to a} k f(x) = kA$ （k は定数）

（ ii ） $\lim_{x \to a} \{ f(x) + g(x) \} = A + B$

（iii） $\lim_{x \to a} f(x) g(x) = AB$

（iv） $\lim_{x \to a} \dfrac{f(x)}{g(x)} = \dfrac{A}{B}$ （ただし，$B \neq 0$ とする）

定理 1 は直観的には明らかであろう．$x \to a$ のかわりに $x \to \infty$ や $x \to -\infty$ の場合も定理 1 はそのまま成り立つ．（iv）において，$A \neq 0,$ $B = 0$ の

場合は関数 $f(x)$ および $g(x)$ の符号を注意深く調べる必要がある.

例1　（1）　$\displaystyle\lim_{x\to 2}(x+3)(x^2-8)=5\cdot(-4)=-20$

　　　（2）　$\displaystyle\lim_{x\to 1}\frac{6-x^3}{x+5}=\frac{6-1}{1+5}=\frac{5}{6}$

　　　（3）　$\displaystyle\lim_{x\to +0}\frac{1}{x}=\infty,\qquad \lim_{x\to -0}\frac{1}{x}=-\infty$

　　　（4）　$\displaystyle\lim_{x\to +0}\frac{\sqrt{x}+3}{x}=\infty,\qquad \lim_{x\to +0}\frac{\sqrt{x}-3}{x}=-\infty$

定理1において，$f(x)$ や $g(x)$ の極限が ∞ または $-\infty$ の場合を考える．たとえば $\displaystyle\lim_{x\to\infty}f(x)=\infty$, $\displaystyle\lim_{x\to\infty}g(x)=\infty$ のとき，$\displaystyle\lim_{x\to\infty}\{f(x)+g(x)\}=\infty$ となることは直観的に明らかであろう．これを形式的に $\infty+\infty=\infty$ と表すことにする．同様に以下のことが形式的に成り立つ.

$$\infty\times\infty=\infty,\qquad \infty\times(-\infty)=-\infty,$$
$$(-\infty)\times(-\infty)=\infty,\qquad (-\infty)+(-\infty)=-\infty,$$
$$A\text{ を定数とするとき,}\qquad \frac{A}{\infty}=0,\qquad \frac{A}{-\infty}=0.$$

例2　（1）　$\displaystyle\lim_{x\to\infty}(x^2-3)(x^3+5x+8)=\infty$

　　　（2）　$\displaystyle\lim_{x\to\infty}\frac{1}{x}=0,\qquad \lim_{x\to -\infty}\frac{2}{x+8}=0$

　　　（3）　$\displaystyle\lim_{x\to\infty}\left(2+\frac{3}{5-x^2}\right)=2+0=2$

極限を求めるとき，扱いが難しいのは，形式的に $\infty-\infty$, $\infty\times 0$, $\dfrac{0}{0}$, $\dfrac{\infty}{\infty}$ などの形をしているときで，これらは**不定形**とよばれる．不定形とは極限がないという意味ではなく，そのままの形では極限を調べることができないことを意味する．次の例では，いずれも $\dfrac{\infty}{\infty}$ 形の不定形であるが，極限は異なる.

例 3 （ 1 ）　$\displaystyle\lim_{x\to\infty}\frac{x+1}{x+2}=\lim_{x\to\infty}\frac{1+\dfrac{1}{x}}{1+\dfrac{2}{x}}=\frac{1+0}{1+0}=1$

（ 2 ）　$\displaystyle\lim_{x\to\infty}\frac{x^2+1}{x+2}=\lim_{x\to\infty}\frac{x+\dfrac{1}{x}}{1+\dfrac{2}{x}}=\infty$

（ 3 ）　$\displaystyle\lim_{x\to\infty}\frac{x+1}{x^2+2}=\lim_{x\to\infty}\frac{\dfrac{1}{x}+\dfrac{1}{x^2}}{1+\dfrac{2}{x^2}}=\frac{0+0}{1+0}=0$

　　不定形の極限を扱う方法としては，① 分母・分子を同じ式で割る（例3），② 分母・分子を約分する，③ 分母または分子を有理化する，④ ロピタルの定理，⑤ マクローリン展開の利用，といった方法がある．④,⑤ は後の節で説明するので，②,③ の例を示しておこう．

例 4 （ 1 ）　$\displaystyle\lim_{x\to 2}\frac{x^2-4}{x^2+x-6}=\lim_{x\to 2}\frac{(x+2)(x-2)}{(x-2)(x+3)}=\lim_{x\to 2}\frac{x+2}{x+3}=\frac{4}{5}$

（ 2 ）　$\displaystyle\lim_{x\to\infty}(\sqrt{x+2}-\sqrt{x})=\lim_{x\to\infty}\frac{(\sqrt{x+2}+\sqrt{x})(\sqrt{x+2}-\sqrt{x})}{\sqrt{x+2}+\sqrt{x}}$

$\displaystyle=\lim_{x\to\infty}\frac{2}{\sqrt{x+2}+\sqrt{x}}=0$

　　次の定理は極限を求めるのに，きわめて有力な方法である．

定理 2（はさみうちの原理）　$g(x) \leqq f(x) \leqq h(x)$ とする．
$\displaystyle\lim_{x\to a}g(x)=\lim_{x\to a}h(x)=A$ ならば，$\displaystyle\lim_{x\to a}f(x)=A$ が成り立つ．

注　定理2は $x\to\infty$ や $x\to-\infty$ の場合にも成り立つ．

例 5　$\displaystyle\lim_{x\to 0}x\sin\frac{1}{x}$ を求める．$\left|\sin\dfrac{1}{x}\right|\leqq 1$ だから $\left|x\sin\dfrac{1}{x}\right|\leqq |x|$ が成り立

つ．よって，$-|x| \leqq x \sin \dfrac{1}{x} \leqq |x|$．$x \to 0$ のとき $|x| \to 0$，$-|x| \to 0$ だか

ら，定理 2 により，$\displaystyle \lim_{x \to 0} x \sin \dfrac{1}{x} = 0$ である．　　　　　　　　　　　■

なお，例 5 では次の不等式の性質を用いた．これは今後もよく使われる．

$$|x| < a \iff -a < x < a$$

問 題 1

1. ⓐ のグラフで表される関数 $f(x)$ について，指定された値を求めよ．
(1) $f(2)$ 　　(2) $\displaystyle \lim_{x \to 2+0} f(x)$ 　　(3) $\displaystyle \lim_{x \to 2-0} f(x)$ 　　(4) $\displaystyle \lim_{x \to 2} f(x)$
(5) $\displaystyle \lim_{x \to 3+0} f(x)$ 　　(6) $\displaystyle \lim_{x \to -0} f(x)$

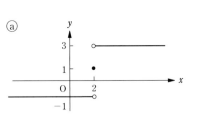
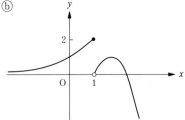

2. ⓑ のグラフで表される関数 $f(x)$ について，指定された値を求めよ．
(1) $f(1)$ 　　(2) $\displaystyle \lim_{x \to 1+0} f(x)$ 　　(3) $\displaystyle \lim_{x \to 1-0} f(x)$ 　　(4) $\displaystyle \lim_{x \to 1} f(x)$
(5) $\displaystyle \lim_{x \to -\infty} f(x)$ 　　(6) $\displaystyle \lim_{x \to \infty} f(x)$

3. ⓒ のグラフで表される関数 $f(x)$ について，指定された値を求めよ．
(1) $\displaystyle \lim_{x \to -2+0} f(x)$ 　　(2) $\displaystyle \lim_{x \to -2-0} f(x)$ 　　(3) $\displaystyle \lim_{x \to -2} f(x)$
(4) $\displaystyle \lim_{x \to \infty} f(x)$ 　　(5) $\displaystyle \lim_{x \to -\infty} f(x)$

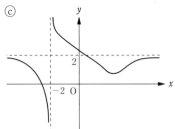
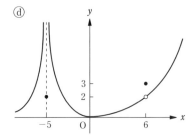

4. ⓓのグラフで表される関数 $f(x)$ について，指定された値を求めよ．また，$f(x)$ が $x=a$ で不連続になるような a をすべて求めよ．

(1) $f(6)$　　　(2) $\displaystyle\lim_{x\to 6+0} f(x)$　　　(3) $\displaystyle\lim_{x\to 6-0} f(x)$　　　(4) $\displaystyle\lim_{x\to 6} f(x)$

(5) $\displaystyle\lim_{x\to -5-0} f(x)$　　　(6) $\displaystyle\lim_{x\to -5} f(x)$　　　(7) $f(-5)$

5. 次の極限を求めよ ($a \neq 0$)．

(1) $\displaystyle\lim_{x\to 2}\left(x+\frac{1}{x^3}\right)$　　　(2) $\displaystyle\lim_{x\to 1}\frac{x^2-x}{x^2+x}$　　　(3) $\displaystyle\lim_{x\to 3}\frac{x^2-9}{x-3}$

(4) $\displaystyle\lim_{x\to 2}\frac{x^2-4x+4}{x^2+x-6}$　　　(5) $\displaystyle\lim_{x\to a}\frac{2x^2-ax-a^2}{x^2-3ax+2a^2}$　　　(6) $\displaystyle\lim_{h\to 0}\frac{(2+h)^3-8}{2h}$

(7) $\displaystyle\lim_{x\to 1}\frac{x^3-x}{x^2+x-2}$　　　(8) $\displaystyle\lim_{x\to -1}\frac{2x^3+x^2-2x-1}{x^3+x^2-4x-4}$

6. 次の極限を求めよ．

(1) $\displaystyle\lim_{x\to\infty}\frac{2x-3}{x+1}$　　　(2) $\displaystyle\lim_{x\to-\infty}\frac{x^2+x}{3x^2-1}$　　　(3) $\displaystyle\lim_{x\to\infty}\frac{x^3-2x}{4x^4+x^2}$

(4) $\displaystyle\lim_{x\to\infty}(\sqrt{x-2}-\sqrt{x})$　　　(5) $\displaystyle\lim_{x\to\infty}\frac{3x}{\sqrt{x^2+1}}$　　　(6) $\displaystyle\lim_{x\to-\infty}\frac{x+\sqrt{2x^2+2}}{x}$

7. 次の極限を求めよ．

(1) $\displaystyle\lim_{x\to 1}\frac{\sqrt{x}-1}{x-1}$　　　(2) $\displaystyle\lim_{x\to -1}\frac{\sqrt{x^2+3}+2x}{x+1}$　　　(3) $\displaystyle\lim_{x\to 0}\frac{\sqrt{1+x}-\sqrt{1-x^2}}{\sqrt{1-x}-\sqrt{1+x^2}}$

8. 次の極限を求めよ．

(1) $\displaystyle\lim_{x\to 3+0}\frac{x^2-5}{x}$　　　(2) $\displaystyle\lim_{x\to +0}\frac{\sqrt{x+1}}{x}$　　　(3) $\displaystyle\lim_{x\to 2+0}\frac{1}{x-2}$

(4) $\displaystyle\lim_{x\to -3-0}\frac{1}{x+3}$　　　(5) $\displaystyle\lim_{x\to -0}\frac{|x|}{x}$　　　(6) $\displaystyle\lim_{x\to -2+0}\frac{x^2-4}{|x+2|}$

(7) $\displaystyle\lim_{x\to -2-0}\frac{x^2-4}{|x+2|}$　　　(8) $\displaystyle\lim_{x\to 1+0}\frac{1-x-|1-x^2|}{x-1+|1-x|}$

9. はさみうちの原理を用いて，次の極限を求めよ．

(1) $\displaystyle\lim_{x\to 0}x^3\cos\frac{1}{x}$　　　(2) $\displaystyle\lim_{x\to\infty}\frac{1}{x^2}\sin x^2$　　　(3) $\displaystyle\lim_{x\to\infty}\frac{\cos x-2x}{x}$

10. 次の等式が成り立つように定数 a, b の値を定めよ．

(1) $\displaystyle\lim_{x\to 1}\frac{x^2+ax+b}{x-1}=1$　　　(2) $\displaystyle\lim_{x\to 4}\frac{(2+a)x+b}{\sqrt{x}-2}=12$

(3) $\displaystyle\lim_{x\to\infty}(\sqrt{ax^2+bx+2}-3x)=2$

2. 微分の基本公式

関数 $f(x)$ のグラフにおいて，点 P で接線を引くことを考える．そのために接線の傾きを次のように定義しよう．まず曲線 $y = f(x)$ 上に P とは異なる点 Q をとり，直線 PQ の傾きを求める．Q が曲線 $y = f(x)$ 上を動いて P に近づいていくとき，直線 PQ の傾きがある一定の値に近づくならば，この極限値を接線の傾きと定める．

(2.1) $\lim_{Q \to P}$（直線 PQ の傾き）＝（点 P における接線の傾き）

この極限を具体的に計算していこう．P, Q の座標をそれぞれ $(a, f(a))$，$(a+h, f(a+h))$ とする．Q が P の右側にあるときは $h > 0$ で，左側にあるときは $h < 0$ である．直線 PQ の傾きは次の式で与えられる．

(2.2) 直線 PQ の傾き $= \dfrac{f(a+h) - f(a)}{h}$

これを x が a から $a+h$ まで変化するときの関数 $f(x)$ の**平均変化率**という．$Q \to P$ は $h \to 0$ と同値であるから，(2.2) の右辺において，$h \to 0$ のときの極限値が接線の傾きになる．$h \to 0$ のとき，(2.2) の右辺が一定の値に近づくならば，その極限値を記号 $f'(a)$ で表し，これを $x = a$ における**微分係数**という．

(2.3) $f'(a) = \lim_{h \to 0} \dfrac{f(a+h) - f(a)}{h}$

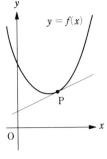

図 2.1

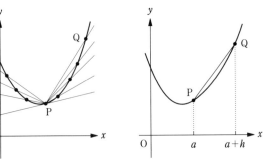

図 2.2   図 2.3

極限値 (2.3) が存在するとき，$f(x)$ は $x = a$ で**微分可能**という．微分係数 $f'(a)$ は次のような記号で表すこともある．

$$\frac{df}{dx}\bigg|_{x=a}, \qquad \frac{dy}{dx}\bigg|_{x=a}$$

(2.3) において，$x = a + h$ とおけば，$h \to 0$ のとき $x \to a$ だから，$f'(a)$ は次の式で定義してもよい．

$$(2.4) \qquad f'(a) = \lim_{x \to a} \frac{f(x) - f(a)}{x - a}$$

定理1　$f(x)$ が $x = a$ で微分可能ならば，$f(x)$ は $x = a$ で連続である．

証明　(2.4) を用いると，

$$\lim_{x \to a} f(x) = \lim_{x \to a} \left\{ \frac{f(x) - f(a)}{x - a}(x - a) + f(a) \right\}$$
$$= f'(a) \cdot 0 + f(a) = f(a)$$

例1　$f(x) = |x|$ において，$f'(0)$ が存在するかどうか調べる．

$$\lim_{h \to 0} \frac{f(0 + h) - f(0)}{h} = \lim_{h \to 0} \frac{|h|}{h}$$

ここで

$$\lim_{h \to +0} \frac{|h|}{h} = \lim_{h \to +0} \frac{h}{h} = 1, \qquad \lim_{h \to -0} \frac{|h|}{h} = \lim_{h \to -0} \frac{-h}{h} = -1$$

左極限と右極限が一致しないので $\displaystyle\lim_{h \to 0} \frac{|h|}{h}$ は存在しない．よって，$f'(0)$ は存在しない．

　例1が示すように，$f(x)$ が $x = a$ で連続であっても，$x = a$ で微分可能とは限らない．$f'(a)$ が存在しない代表的な例をあげよう（図2.4）．

（ⅰ）　$f(x)$ が $x = a$ で不連続なとき（定理1）．

（ⅱ）　$f(x)$ のグラフが $x = a$ で角をもつとき（例1参照．(2.3) において，左極限と右極限が一致しない）．

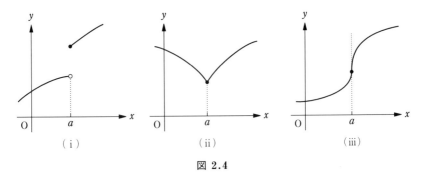

図 2.4

（iii）　$f(x)$ のグラフが $x = a$ で垂直な接線をもつとき（(2.3) において，
　　　極限が $\pm\infty$ になる）.

ある区間 I の任意の点で微分可能なとき，$f(x)$ は区間 I で微分可能という.
本書で扱う関数は，ほとんどが定義域全体において微分可能な関数である．上
の（i）〜（iii）は例外的な場合と考えてよい.

例 2　$f(x) = x^2$ について，$f'(a)$ を求める.

$$f'(a) = \lim_{h \to 0} \frac{(a+h)^2 - a^2}{h} = \lim_{h \to 0} \frac{2ah + h^2}{h}$$
$$= \lim_{h \to 0} (2a + h) = 2a$$

　　例 2 の関数 $f(x)$ において，$f'(a) = 2a$ であるから，$f'(a)$ は a を指定する
とその値が決まる．すなわち，$f'(a)$ は a の関数である．この例では，
$f'(-1) = -2$, $f'(0) = 0$, $f'(1) = 2$, $f'(2) = 4$, $\cdots$ である．$f'(a)$ を a の
関数とみるときは，文字 a のかわりに文字 x を用いて，$f'(x)$ を次のように
定義する.

(2.5)　　　　$$f'(x) = \lim_{h \to 0} \frac{f(x+h) - f(x)}{h}$$

$f'(x)$ を $f(x)$ の**導関数**といい，導関数を求めることを $f(x)$ を**微分する**とい
う．導関数を表すのに，次のような記号も使われる.

(2.6)　　　　f',　　y',　　$\dfrac{df}{dx}$,　　$\dfrac{dy}{dx}$,　　$\dfrac{d}{dx}f(x)$

次の定理は微分の計算の基礎となる公式である.

定理2 $f(x), g(x)$ を微分可能な関数とする. このとき次の公式が成り立つ. ただし, $(2.10), (2.11)$ では $g(x) \neq 0$ とする.

(2.7) $\quad \{f(x)+g(x)\}' = f'(x)+g'(x)$

(2.8) $\quad \{kf(x)\}' = kf'(x) \quad (k \text{ は定数})$

(2.9) $\quad \{f(x)g(x)\}' = f'(x)g(x)+f(x)g'(x) \quad$ **（積の微分）**

(2.10) $\quad \left\{\dfrac{f(x)}{g(x)}\right\}' = \dfrac{f'(x)g(x)-f(x)g'(x)}{\{g(x)\}^2} \quad$ **（商の微分）**

(2.11) $\quad (2.10)$ において $f(x)=1$ のとき,

$$\left\{\frac{1}{g(x)}\right\}' = -\frac{g'(x)}{\{g(x)\}^2}$$

証明 (2.7) $\{f(x)+g(x)\}' = \displaystyle\lim_{h \to 0} \frac{\{f(x+h)+g(x+h)\}-\{f(x)+g(x)\}}{h}$

$$= \lim_{h \to 0}\left(\frac{f(x+h)-f(x)}{h}+\frac{g(x+h)-g(x)}{h}\right)$$

$$= f'(x)+g'(x)$$

(2.8) は省略する.

(2.9) $\quad \{f(x)g(x)\}' = \displaystyle\lim_{h \to 0} \frac{f(x+h)g(x+h)-f(x)g(x)}{h}$

$$= \lim_{h \to 0}\left(\frac{f(x+h)-f(x)}{h}g(x+h)+f(x)\frac{g(x+h)-g(x)}{h}\right)$$

$$= f'(x)g(x)+f(x)g'(x)$$

(2.11) $\quad \left\{\dfrac{1}{g(x)}\right\}' = \displaystyle\lim_{h \to 0} \dfrac{\dfrac{1}{g(x+h)}-\dfrac{1}{g(x)}}{h}$

$$= \lim_{h \to 0} -\frac{g(x+h)-g(x)}{h}\frac{1}{g(x+h)g(x)} = -g'(x)\frac{1}{\{g(x)\}^2}$$

(2.10) (2.9) と (2.11) を用いると,

$$\left\{\frac{f(x)}{g(x)}\right\}' = \left\{f(x)\frac{1}{g(x)}\right\}' = f'(x)\frac{1}{g(x)}+f(x)\left\{\frac{1}{g(x)}\right\}'$$

$$= f'(x)\frac{1}{g(x)}+f(x)\left(-\frac{g'(x)}{\{g(x)\}^2}\right)$$

$$= \frac{f'(x)g(x)-f(x)g'(x)}{\{g(x)\}^2}$$

注 3つの関数の積については，次の公式が成り立つ．

$$\{f(x)g(x)h(x)\}' = f'(x)g(x)h(x) + f(x)g'(x)h(x) + f(x)g(x)h'(x)$$

関数 $y = f(t)$ と関数 $t = g(x)$ が与えられたとき，関数 $y = f(g(x))$ を関数 f と関数 g の**合成関数**という．

$$y = \underbrace{f(t) \qquad t}_{\text{代入}} = g(x) \qquad x \longrightarrow \boxed{}_{g} \longrightarrow t \longrightarrow \boxed{}_{f} \longrightarrow y$$

例3 （1） $y = t^5$ と $t = 2x+1$ の合成関数は，$y = (2x+1)^5$.

（2） $y = \sqrt{t}$ と $t = x^2+5$ の合成関数は，$y = \sqrt{x^2+5}$.

（3） $y = \cos t$ と $t = \sqrt{x-1}$ の合成関数は，$y = \cos\sqrt{x-1}$.

（4） $y = 2t^3$ と $t = \sin x$ の合成関数は，$y = 2\sin^3 x$.

例4 $y = 5t$ のとき $\dfrac{dy}{dt} = 5$，$t = 3x+1$ のとき $\dfrac{dt}{dx} = 3$ である．

一方，これらの合成関数 $y = 15x+5$ については，$\dfrac{dy}{dx} = 15$ である．

よって，$\dfrac{dy}{dx} = \dfrac{dy}{dt}\dfrac{dt}{dx}$ が成り立つ．

例4は次の一般的な定理の特別な場合である．

定理3（合成関数の微分） 関数 $y = f(t)$ と関数 $t = g(x)$ がともに微分可能な関数であるとき，合成関数 $y = f(g(x))$ は微分可能で，導関数は次の式で与えられる．

(2.12)　　$\{f(g(x))\}' = f'(g(x))g'(x)$

証明　　$\displaystyle \{f(g(x))\}' = \lim_{h \to 0} \frac{f(g(x+h)) - f(g(x))}{h}$

$\displaystyle = \lim_{h \to 0} \frac{f(g(x+h)) - f(g(x))}{g(x+h) - g(x)} \frac{g(x+h) - g(x)}{h}$ ……（ ∗ ）

ここで $g(x) = t$，$g(x+h) = t+s$ とおくと，$s = g(x+h) - g(x)$ だから，$h \to 0$ のとき $s \to 0$ である．（ ∗ ）を次のように書きかえる．

$$（ ∗ ） = \lim_{s \to 0} \frac{f(t+s) - f(t)}{s} \lim_{h \to 0} \frac{g(x+h) - g(x)}{h}$$

$$= f'(t)g'(x) = f'(g(x))g'(x)$$

定理 3 は**連鎖律** (chain rule) ともよばれ，次の形に書ける．

$$(2.13) \qquad \frac{dy}{dx} = \frac{dy}{dt}\frac{dt}{dx}$$

導関数の記号では，簡略な記号 (y') とライプニッツ式 $\left(\dfrac{dy}{dx}\right)$ があるが，公式 (2.13) をみると，視覚的にライプニッツ式の優れた点がわかる．(2.13) においては，あたかも右辺で dt を約分すれば左辺が得られるかにみえるのである．ただし，(2.13) ではどの点で微分しているか明確でない．正確に書くと次のようになる．

$$(2.14) \qquad \frac{dy}{dx}\bigg|_{x=a} = \frac{dy}{dt}\bigg|_{t=g(a)} \cdot \frac{dt}{dx}\bigg|_{x=a}$$

問 題 2

1. 次の関数 $f(x)$ について，(2.3) に基づき，指定された微分係数を求めよ．

   (1)　$f(x) = \sqrt{x}$　$[f'(1)]$　　　　(2)　$f(x) = \dfrac{1}{x^2}$　$[f'(2)]$

2. 次の関数 $f(x)$ について，指定された微分係数が存在すれば，その値を求めよ．

   (1)　$f(x) = \begin{cases} x^2 & (x \geqq 0) \\ 0 & (x < 0) \end{cases}$　$[f'(0)]$

   (2)　$f(x) = \begin{cases} 2x-1 & (x \geqq 1) \\ x & (x < 1) \end{cases}$　$[f'(1)]$

   (3)　$f(x) = \sqrt{|x|}$　$[f'(0)]$

3. $f'(a)$ が存在するとき，次の極限値を $f'(a),\ f(a)$ を用いて表せ．

   (1)　$\displaystyle\lim_{h \to 0} \frac{f(a+h)-f(a)}{2h}$　　　(2)　$\displaystyle\lim_{h \to 0} \frac{f(a+3h)-f(a)}{h}$

   (3)　$\displaystyle\lim_{h \to 0} \frac{f(a-h)-f(a)}{h}$　　　(4)　$\displaystyle\lim_{h \to 0} \frac{f(a+3h)-f(a-2h)}{h}$

   (5)　$\displaystyle\lim_{x \to a} \frac{xf(a)-af(x)}{x-a}$　　　(6)　$\displaystyle\lim_{x \to a} \frac{x^2f(a)-a^2f(x)}{x-a}$

3. べき関数の微分

この節では，$f(x) = x^\alpha$（α：実数）という形の関数の導関数を求める．まず，指数の定義について復習しておこう．n, m は自然数とする．

$$x^n = \underbrace{x \cdot x \cdots x}_{n \text{個}}, \quad x^0 = 1, \quad x^{-n} = \frac{1}{x^n}$$

$$x^{\frac{1}{n}} = \sqrt[n]{x} \quad \text{特に} \quad x^{\frac{1}{2}} = \sqrt{x}$$

$$x^{\frac{m}{n}} = \sqrt[n]{x^m} = (\sqrt[n]{x})^m, \quad x^{-\frac{m}{n}} = \frac{1}{x^{\frac{m}{n}}}$$

ただし，n が偶数のとき，$x^{\frac{1}{n}}$ は $x \geqq 0$ に対してのみ定義される．指数については次の**指数法則**が成り立つ．

$$x^\alpha x^\beta = x^{\alpha+\beta}, \quad \frac{x^\alpha}{x^\beta} = x^{\alpha-\beta}, \quad (x^\alpha)^\beta = x^{\alpha\beta},$$

$$(xy)^\alpha = x^\alpha y^\alpha$$

例1 （1） $f(x) = c$ （定数）

$$f'(x) = \lim_{h \to 0} \frac{c - c}{h} = \lim_{h \to 0} 0 = 0$$

（2） $f(x) = x$

$$f'(x) = \lim_{h \to 0} \frac{x + h - x}{h} = \lim_{h \to 0} 1 = 1$$

（3） $f(x) = x^3$

$$f'(x) = \lim_{h \to 0} \frac{(x+h)^3 - x^3}{h} = \lim_{h \to 0} \frac{3x^2 h + 3xh^2 + h^3}{h}$$

$$= \lim_{h \to 0} (3x^2 + 3xh + h^2) = 3x^2$$

（4） $f(x) = \sqrt{x}$ （$x > 0$）

$$f'(x) = \lim_{h \to 0} \frac{\sqrt{x+h} - \sqrt{x}}{h} = \lim_{h \to 0} \frac{(\sqrt{x+h} + \sqrt{x})(\sqrt{x+h} - \sqrt{x})}{(\sqrt{x+h} + \sqrt{x})h}$$

$$= \lim_{h \to 0} \frac{1}{\sqrt{x+h} + \sqrt{x}} = \frac{1}{2\sqrt{x}}$$

（5）　$f(x) = \dfrac{1}{x^2}$　$(x \neq 0)$

$$f'(x) = \lim_{h \to 0} \frac{\dfrac{1}{(x+h)^2} - \dfrac{1}{x^2}}{h} = \lim_{h \to 0} \frac{x^2 - (x+h)^2}{(x+h)^2 x^2 h}$$

$$= \lim_{h \to 0} \frac{-2x - h}{(x+h)^2 x^2} = -\frac{2}{x^3}$$

これらの例を指数を用いてまとめると次のようになる.

$$y = x \quad \longrightarrow \quad y' = 1$$

$$y = x^3 \quad \longrightarrow \quad y' = 3x^2$$

$$y = x^{\frac{1}{2}} \quad \longrightarrow \quad y' = \frac{1}{2} x^{-\frac{1}{2}}$$

$$y = x^{-2} \quad \longrightarrow \quad y' = -2x^{-3}$$

一般に $f(x) = x^{\alpha}$ の導関数は次の公式で与えられることが予想できる.

(3.1)　　　　$(\boldsymbol{x^{\alpha}})' = \boldsymbol{\alpha x^{\alpha - 1}}$　（$\boldsymbol{\alpha}$：実数）

(3.1) が成り立つことは，(i) α が自然数のとき，(ii) α が整数のとき，(iii) α が有理数のときに分けて順次示せるが，後に§6で任意の実数 α について示すので，ここでは結果を認めて使うことにする.

例2　（1）　$y = \dfrac{1}{\sqrt{x}}$ は $y = x^{-\frac{1}{2}}$ と書ける.（3.1）を用いると，

$$y' = -\frac{1}{2} x^{-\frac{3}{2}} = -\frac{1}{2\sqrt{x^3}}$$

（2）　$y = 2x^4 - x\sqrt{x} + \dfrac{5}{x} - 6$ は $y = 2x^4 - x^{\frac{3}{2}} + 5x^{-1} - 6$ と書ける.（3.1）と§2定理2を用いると，

$$y' = 2(x^4)' - (x^{\frac{3}{2}})' + 5(x^{-1})' - (6)'$$

$$= 2 \cdot 4x^3 - \frac{3}{2}x^{\frac{1}{2}} + 5(-x^{-2}) - 0 = 8x^3 - \frac{3}{2}\sqrt{x} - \frac{5}{x^2}$$

（3） $y = \dfrac{2x-1}{x^2+5}$ とする．商の微分を用いると，

$$y' = \frac{(2x-1)'(x^2+5) - (2x-1)(x^2+5)'}{(x^2+5)^2}$$

$$= \frac{2 \cdot (x^2+5) - (2x-1) \cdot 2x}{(x^2+5)^2} = \frac{-2x^2+2x+10}{(x^2+5)^2}$$

（4） $y = (x^2+1)^8$ は $y = t^8$ と $t = x^2+1$ の合成関数である．合成関数の微分を用いると，

$$\frac{dy}{dx} = \frac{dy}{dt}\frac{dt}{dx} = 8t^7 \cdot 2x = 16x(x^2+1)^7$$

例2（4）をもっと一般の場合に拡張する．$y = \{f(x)\}^\alpha$ は $y = t^\alpha$ と $t = f(x)$ の合成関数である．合成関数の微分より，

(3.2)　　　$\dfrac{dy}{dx} = \dfrac{dy}{dt}\dfrac{dt}{dx} = \alpha t^{\alpha-1}f'(x) = \alpha\{f(x)\}^{\alpha-1}f'(x)$

(3.2) は次の形に書くと使いやすい．$\boxed{}$ は微分可能な関数を表す．

(3.3)　　　$\left(\boxed{}^\alpha\right)' = \boldsymbol{\alpha}\boxed{}^{\alpha-1} \times \boxed{}'$

例3　（1） $y = (2x+1)^5$

$y' = 5(2x+1)^4 \times (2x+1)' = 5(2x+1)^4 \times 2 = 10(2x+1)^4$

（2） $y = \sqrt{x^2+1} = (x^2+1)^{\frac{1}{2}}$

$y' = \dfrac{1}{2}(x^2+1)^{-\frac{1}{2}} \times (x^2+1)' = \dfrac{1}{2}(x^2+1)^{-\frac{1}{2}} \times 2x = \dfrac{x}{\sqrt{x^2+1}}$

（3） $y = \dfrac{4}{(3-4x)^3} = 4(3-4x)^{-3}$

$y' = 4(-3)(3-4x)^{-4} \times (3-4x)' = \dfrac{48}{(3-4x)^4}$

（4） $y = x^2\sqrt{x+2} = x^2(x+2)^{\frac{1}{2}}$．積の微分を用いる．

$y' = (x^2)'\sqrt{x+2} + x^2\{(x+2)^{\frac{1}{2}}\}'$

$$= 2x\sqrt{x+2} + x^2 \frac{1}{2}(x+2)^{-\frac{1}{2}} \times (x+2)'$$

$$= 2x\sqrt{x+2} + \frac{x^2}{2\sqrt{x+2}}$$

例 2，例 3 の計算でわかるように，微分する関数を指数を用いて表しておくことが大切である．

これまで扱ってきた関数は，$y = f(x)$ の形に書かれていた．これに対し，変数 x と y を含む方程式 $G(x, y) = 0$ によって定義される関数を**陰関数**という．

例 4　方程式 $x^2 + y^2 - 1 = 0$ によって x と y の関係を定める．この式を y について解くと，$y = \pm\sqrt{1-x^2}$ となる．これは，それぞれ円の上半分と下半分を表す（図 3.1）．

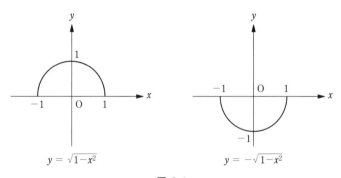

$$y = \sqrt{1-x^2} \qquad\qquad y = -\sqrt{1-x^2}$$

図 3.1

一般に，方程式 $G(x, y) = 0$ は平面上の曲線を表すが，これを例 4 のように $y = f(x)$ の形に表示することは，困難な場合が多い．そこで，方程式 $G(x, y) = 0$ から直接陰関数の導関数を求める方法を説明しよう．

例 5　（1）　方程式 $\dfrac{x^2}{4} + \dfrac{y^2}{8} = 1$ の定める陰関数について，y' を求める．

y が x の関数 $f(x)$ に等しいと考えると，$y^2 = \{f(x)\}^2$ となる．そこで

(3.3) を用いて，$\dfrac{x^2}{4}+\dfrac{y^2}{8}=1$ の両辺を x で微分すると，$\dfrac{2x}{4}+\dfrac{2yy'}{8}=0$ となる．これより $y'=-\dfrac{2x}{y}$ を得る．

（2）　方程式 $xy+x^2y^3-5x+7=0$ で定まる陰関数について，$x=1$ における微分係数 $\left.\dfrac{dy}{dx}\right|_{x=1}$ を求める．方程式の両辺を x で微分すると，

$$1\cdot y+x\cdot y'+2x\cdot y^3+x^2\cdot 3y^2y'-5=0$$

$$y'=\dfrac{-y-2xy^3+5}{x+3x^2y^2}$$

（xy や x^2y^3 を x で微分する際に，積の微分を用いた．）

$x=1$ のとき，方程式より $y=-1$ となるので，$\left.\dfrac{dy}{dx}\right|_{x=1}=2$.

注　例 5 において，y^n を y の関数とみて変数 y で微分した $\dfrac{d}{dy}y^n$ と，x の関数とみて変数 x で微分した $\dfrac{d}{dx}y^n$ は異なるものであることに注意せよ．(3.3) より $\dfrac{d}{dx}y^n=\dfrac{d}{dy}y^n\cdot\dfrac{dy}{dx}=ny^{n-1}y'$ である．

問 題 3

1.　次の関数を微分せよ．

(1)　$x^4-\sqrt{2}\,x$　　(2)　$\dfrac{x^5}{5}-\dfrac{x^3}{3}$　　(3)　$2x^n-n$　（n：自然数）

(4)　$x^{\sqrt{3}}$　　(5)　$x^{\frac{5}{2}}$　　(6)　x^{-3}　　(7)　$\dfrac{x^{n+1}}{n+1}$　（n：自然数）

(8)　$x^{2n}-x^n+2^n$　（n：自然数）　　(9)　$x^{-\frac{3}{2}}$　　(10)　$\dfrac{1}{5}x^{-5}$

2.　次の関数を微分せよ．

(1)　$\dfrac{2}{x}$　　(2)　$-\dfrac{1}{x^2}$　　(3)　$\dfrac{1}{x^n}$　（n：自然数）　　(4)　$\dfrac{1}{2x}-\dfrac{1}{3x^3}$

(5)　$2\sqrt{x}$　　(6)　πx^π　　(7)　$\left(x+\dfrac{1}{x}\right)^2$　　(8)　$\dfrac{1}{3}\sqrt[3]{x}$

(9)　$x\sqrt{x}$　　(10)　$\sqrt[3]{x^4}$　　(11)　$\dfrac{5}{\sqrt{x}}$　　(12)　$\dfrac{x^3}{\sqrt{x}}$

3. 次の関数を微分せよ.

(1) $(2x-1)^5$ (2) $(3-2x)^{10}$ (3) $\dfrac{1}{2x+3}$ (4) $\dfrac{1}{1-x}$

(5) $\dfrac{1}{(x-5)^2}$ (6) $\dfrac{1}{(x^2+1)^3}$ (7) $(5x^3+1)^n$ （n：自然数）

(8) $\sqrt{3x+4}$ (9) $\sqrt{x^2+1}$ (10) $\dfrac{1}{\sqrt{x^2+x+1}}$ (11) $\dfrac{1}{\sqrt{9-x^2}}$

(12) $\left(\dfrac{1-x}{\sqrt{3}}\right)^3$

4. 次の関数を微分せよ.

(1) $\dfrac{x+5}{2x-1}$ (2) $\dfrac{2x}{x^2+1}$ (3) $\dfrac{3x^3+1}{x}$ (4) $\dfrac{2+x^2}{2-x^2}$

(5) $\dfrac{\sqrt{x}-1}{\sqrt{x}+1}$ (6) $x\sqrt{x-2}$ (7) $(x^2+1)\sqrt{4-x^2}$ (8) $\dfrac{1}{x^2+4}$

(9) $x(3x-1)^{10}$ (10) $(x^2+1)^7(1-x^2)^5$

5. 次の関数を微分せよ.

(1) $\left(\dfrac{x-3}{x+5}\right)^{10}$ (2) $\left(x-\dfrac{1}{x}\right)^5$ (3) $\left(x+\dfrac{1}{x}\right)^7\left(x-\dfrac{1}{x}\right)^7$

(4) $\dfrac{1}{\sqrt{x+2}+\sqrt{x-2}}$ (5) $\dfrac{(x+2)^5}{x+1}$ (6) $\sqrt{\dfrac{x^2-1}{x^2+1}}$

(7) $\dfrac{(2-x^2)^4}{(x^2+2)^4}$ (8) $\dfrac{(2x^2+x-1)^6}{(2x-1)^6}$ (9) $\dfrac{2x^2+4x+2}{\sqrt{x+1}}$

(10) $\sqrt{1+\sqrt{1+\sqrt{x}}}$

6. (1) 次の方程式で定義される陰関数 y の導関数 y' を x,y を用いて表せ.

$$\dfrac{x^2}{2}-\dfrac{y^2}{3}=1$$

(2) 次の方程式で定義される陰関数 y のグラフにおいて，点 $(3,1)$ での接線の方程式を求めよ.

$$x^2y-\sqrt{x+y^5}=7$$

7. 座礁したタンカーから油が海面に円状に流出している. 流出した油の半径が 50 m のときの半径方向の流出速度を v [m/sec] とすると, この瞬間における油の面積の増加速度はいくらになるか.

8. 図 ⓐ のような底面の半径 2 cm, 高さ 10 cm の円錐形の容器に水が入っていて, 頂点 A から水が流れ出ているものとする. 水の流出速度 [cm³/sec] は A から水面までの高さ h [cm] のある関数になる. A から水面までの高さが a [cm] になった瞬間には, A から毎秒 l [cm³] の水が流出していたとする. この瞬間に水面の高さ h は毎秒何 cm の速度で変化しているか.

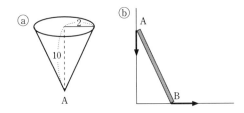

9. 図ⓑのように垂直な壁に立てかけてある長さ l [m] の棒が，下にずり落ちよう
としている．下端 B が壁から 3 m 離れているとき，水平方向の速度は 2 m/sec で
あったという．この瞬間に上端 A が下向きに動く速度を求めよ．

10. (1) 楕円 $\dfrac{x^2}{a^2}+\dfrac{y^2}{b^2}=1$ 上の点 (x_0,y_0) における接線の方程式は

$\dfrac{x_0x}{a^2}+\dfrac{y_0y}{b^2}=1$ となることを示せ．

(2) 放物線 $y^2=4px$ 上の点 (x_0,y_0) における接線の方程式は

$y_0y=2p(x+x_0)$ となることを示せ．

11. $f(x)$ を微分可能な関数とするとき，次の 2 つの関数は等しいか．

$$f'(2-x), \qquad \frac{d}{dx}f(2-x)$$

4. 三角関数の微分

まず角の測り方として，**弧度法**について説明しよう．半径 r，弧長 l の扇形の中心角 θ を $\theta = \dfrac{l}{r}$ と測る方法を弧度法といい，弧度法で測った角の単位を**ラジアン**とよぶ．1ラジアンとは半径に等しい弧長をもつ扇形の中心角であり，約57度（°）である．ラジアンと度の関係は次のようにしてわかる．半径 r の半円を考えると，この半円の中心角は 180° であるが，ラジアンで測ると，弧長 ＝ 円周の半分 だから，$\theta = \dfrac{\pi r}{r} = \pi$ となる．すなわち，

$$(4.1) \qquad \begin{cases} 180° = \pi\,(\text{ラジアン}) \\[2mm] 1° = \dfrac{\pi}{180}\,(\text{ラジアン}), \quad 1\,(\text{ラジアン}) = \dfrac{180°}{\pi} \end{cases}$$

微積分では角の単位としてラジアンを用いるのが普通である．以後，断らない限り，ラジアンという単位で角の大きさを表すことにする．

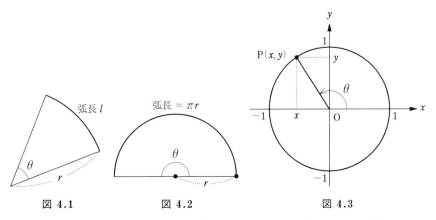

| 図 4.1 | 図 4.2 | 図 4.3 |

任意の角について**三角関数**を定義しよう．原点 O を中心とする半径1の円（**単位円**）を座標平面上に描く．円周上の点 P を，OP が x 軸の正の向きとなす角が θ になるようにとる．ただし，角 θ は x 軸の正の向きから左回り（反時計回り）に測るときプラスの符号をつけ，右回り（時計回り）に測るときは

マイナスの符号をつける．角 θ と $\theta+2n\pi$（n：整数）について，P の座標 (x, y) は同じになる．P の座標を用いて三角関数を次のように定義する．

(4.2)
$$\begin{cases} x = \cos\theta \\ y = \sin\theta \\ \dfrac{y}{x} = \tan\theta \end{cases}$$

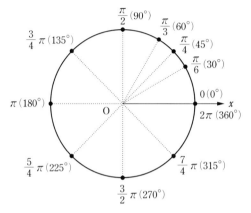

(x, y) が単位円上の点だから，$x^2+y^2=1$ が成り立つ．すなわち，

(4.3)　$\cos^2\theta+\sin^2\theta=1$

三角関数に関するさまざまな公式は付録1にまとめてある．図 4.4 は P が円周上のいろいろな

図 4.4

位置にあるとき，OP が x 軸の正の向きとなす角（正で最小のもの）を表示している．

例1（1）$\theta=\pi$ のとき，P の座標は $(-1, 0)$ である．よって $\cos\pi=-1$, $\sin\pi=0$, $\tan\pi=0$ となる．

（2）$\theta=-\dfrac{\pi}{2}$ のとき，P の座標は $(0, -1)$ である．よって $\cos\left(-\dfrac{\pi}{2}\right)=0$, $\sin\left(-\dfrac{\pi}{2}\right)=-1$ となる．$\tan\left(-\dfrac{\pi}{2}\right)$ は定義されない．

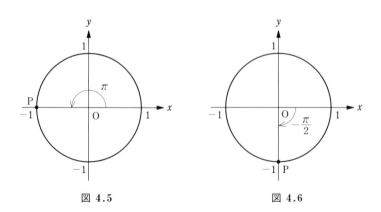

図 4.5　　　　　　図 4.6

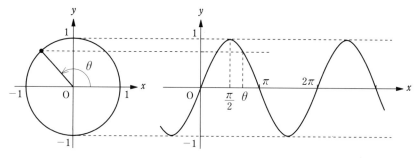

図 **4.7**　$y = \sin x$ のグラフ

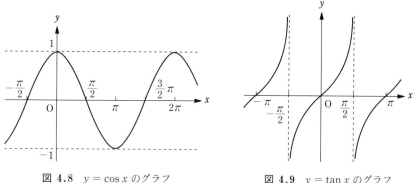

図 **4.8**　$y = \cos x$ のグラフ

図 **4.9**　$y = \tan x$ のグラフ

　三角関数のグラフは図 4.7〜4.9 のようになる．$y = \sin x$ と $y = \cos x$ は周期が 2π の周期関数であり，任意の x について，$f(x+2\pi) = f(x)$ が成り立つ．$y = \tan x$ は周期 π の周期関数であり，任意の x について，$f(x+\pi)$ $= f(x)$ が成り立つ．

注　一般に，任意の x について $f(x+p) = f(x)$ が成り立つような $p \neq 0$ が存在するとき，$f(x)$ は**周期関数**であるといい，p を**周期**という．

　三角関数に関する重要な極限を調べていこう．θ を $0 < \theta < \dfrac{\pi}{2}$ なる角とする．図 4.10 で $\mathrm{OP} = \mathrm{OQ} = 1$ である．弧 PQ の長さを l とすると，ラジアンの定義より，$\theta = \dfrac{l}{r} = l$ となる．また $\mathrm{PH} = \sin \theta$ である．θ が十分小さい

とき，PH ≒ *l* が成り立つことが図 4.10 よりわかる．すなわち，次の近似式が成り立つ．

(4.4)　　　**θ が十分小さいとき，$\sin\theta \fallingdotseq \theta$.**

実際，数表で近似値を調べると次のようになる．

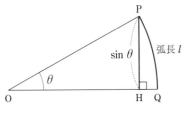

度	ラジアン	sin
1°	0.0175	0.0175
2°	0.0349	0.0349
3°	0.0524	0.0523
10°	0.1745	0.1736

図 4.10

θ が 0 に近づくとき，次の定理が成り立つ．

定理1　　$\displaystyle \lim_{\theta \to 0} \frac{\sin\theta}{\theta} = 1$

証明　$0 < \theta < \dfrac{\pi}{2}$ とする．図 4.11 において OP ＝
OQ ＝ 1 であり，P から OQ に下ろした垂線の足を H
とする．また OP の延長線上に RQ ⊥ OQ となる点
R をとる．このとき面積の比較をすると，

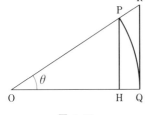

図 4.11

$$\triangle \text{OPQ} < \text{扇形 OPQ} < \triangle \text{ORQ}$$

ここで，$\triangle \text{OPQ} = \dfrac{1}{2}\,\text{PH}\cdot\text{OQ} = \dfrac{1}{2}\sin\theta$,

扇形 $\text{OPQ} = \pi r^2 \times \dfrac{\theta}{2\pi} = \dfrac{1}{2}\theta$,

$\triangle \text{ORQ} = \dfrac{1}{2}\,\text{RQ}\cdot\text{OQ} = \dfrac{1}{2}\tan\theta$. よって

$$\sin\theta < \theta < \tan\theta$$

各辺を $\sin\theta$ で割ると，$1 < \dfrac{\theta}{\sin\theta} < \dfrac{1}{\cos\theta}$ である．逆数をとると，

(4.5)　　　$\cos\theta < \dfrac{\sin\theta}{\theta} < 1$

$\cos(-\theta) = \cos\theta$, $\dfrac{\sin(-\theta)}{-\theta} = \dfrac{\sin\theta}{\theta}$ より，(4.5) は $-\dfrac{\pi}{2} < \theta < 0$ のときも成り
立つ．$\displaystyle \lim_{\theta \to 0} \cos\theta = 1$ だから，はさみうちの原理により，

$$\lim_{\theta \to 0} \frac{\sin \theta}{\theta} = 1$$

注　定理1の証明中に，次の不等式が示されている．

$$(4.6) \qquad \sin|x| < |x| < \tan|x| \quad \left(-\frac{\pi}{2} < x < \frac{\pi}{2}, \ x \neq 0\right)$$

定理1を使うと，次の極限が求まる．

$$(4.7) \qquad \lim_{\theta \to 0} \frac{\cos \theta - 1}{\theta} = 0$$

証明
$$\lim_{\theta \to 0} \frac{\cos \theta - 1}{\theta} = \lim_{\theta \to 0} \frac{(\cos \theta - 1)(\cos \theta + 1)}{\theta(\cos \theta + 1)} = \lim_{\theta \to 0} \frac{\cos^2 \theta - 1}{\theta(\cos \theta + 1)}$$
$$= \lim_{\theta \to 0} \frac{-\sin^2 \theta}{\theta(\cos \theta + 1)} = \lim_{\theta \to 0} \frac{\sin \theta}{\theta} \frac{-\sin \theta}{\cos \theta + 1}$$
$$= 1 \cdot 0 = 0$$

定理1と(4.7)より，三角関数の導関数が求められる．

$$(4.8) \qquad (\sin x)' = \cos x$$

$$(4.9) \qquad (\cos x)' = -\sin x$$

$$(4.10) \qquad (\tan x)' = \frac{1}{\cos^2 x}$$

証明　(4.8)　$f(x) = \sin x$ とおく．
$$f'(x) = \lim_{h \to 0} \frac{\sin(x+h) - \sin x}{h}$$
$$= \lim_{h \to 0} \frac{\sin x \cos h + \cos x \sin h - \sin x}{h} \quad (\text{加法定理による})$$
$$= \lim_{h \to 0} \left(\sin x \frac{\cos h - 1}{h} + \cos x \frac{\sin h}{h}\right) = \sin x \cdot 0 + \cos x \cdot 1 = \cos x$$

(4.9)は(4.8)と同様に示せる．

(4.10)　$f(x) = \tan x$ とおくと，$f(x) = \dfrac{\sin x}{\cos x}$ と書けるので，商の微分を用いて計算する．

$$f'(x) = \left(\frac{\sin x}{\cos x}\right)' = \frac{(\sin x)' \cos x - \sin x (\cos x)'}{\cos^2 x}$$
$$= \frac{\cos^2 x + \sin^2 x}{\cos^2 x} = \frac{1}{\cos^2 x}$$

これらの公式と合成関数の微分を使うと，次の公式が得られる．

(4.11) $\left(\sin \boxed{}\right)' = \cos \boxed{} \times \boxed{}'$

(4.12) $\left(\cos \boxed{}\right)' = -\sin \boxed{} \times \boxed{}'$

(4.13) $\left(\tan \boxed{}\right)' = \dfrac{1}{\cos^2 \boxed{}} \times \boxed{}'$

例2 （1）　$(\sin 5x)' = \cos 5x \times (5x)' = 5\cos 5x$

　　　　（2）　$\{\tan(x^2+1)\}' = \dfrac{1}{\cos^2(x^2+1)} \times (x^2+1)' = \dfrac{2x}{\cos^2(x^2+1)}$

問 題 4

1. 次の角度をラジアンで表せ．
　　(1)　$-270°$　　　(2)　$36°$　　　(3)　$-40°$　　　(4)　$600°$　　　(5)　$330°$
　　(6)　$75°$　　　　(7)　$-50°$　　　(8)　$42°$　　　(9)　$-144°$　　　(10)　$24°$

2. 次の三角関数の値を求めよ．
　　(1)　$\cos \pi$　　　(2)　$\sin \dfrac{5}{4}\pi$　　　(3)　$\tan(-\pi)$　　　(4)　$\cos\left(-\dfrac{\pi}{3}\right)$

　　(5)　$\sin \dfrac{11}{2}\pi$　　　(6)　$\tan \dfrac{\pi}{6}$　　　(7)　$\cos \dfrac{11}{6}\pi$　　　(8)　$\sin\left(-\dfrac{5}{2}\pi\right)$

　　(9)　$\tan\left(-\dfrac{\pi}{3}\right)$　　　(10)　$\sin \dfrac{\pi}{12}$　　　(11)　$\tan \dfrac{5}{12}\pi$

　　(12)　$\cos\left(-\dfrac{\pi}{12}\right)$　　　(13)　$\tan \dfrac{\pi}{8}$

3. 次の極限を求めよ．
　　(1)　$\displaystyle\lim_{x\to 0} \dfrac{\sin x}{2x}$　　　(2)　$\displaystyle\lim_{x\to 0} \dfrac{\sin 3x}{x}$　　　(3)　$\displaystyle\lim_{x\to 0} \dfrac{x}{\tan x}$

　　(4)　$\displaystyle\lim_{x\to 0} \dfrac{x}{\cos x}$　　　(5)　$\displaystyle\lim_{x\to 0} \dfrac{\sin 3x}{\sin 2x}$　　　(6)　$\displaystyle\lim_{x\to 0} \dfrac{\tan 3x}{\tan 4x}$

　　(7)　$\displaystyle\lim_{x\to 0} \dfrac{\sin x^2}{x}$　　　(8)　$\displaystyle\lim_{x\to 0} \dfrac{1-\cos x}{\sin x}$　　　(9)　$\displaystyle\lim_{x\to 0} \dfrac{\sin^2 x}{1-\cos x}$

　　(10)　$\displaystyle\lim_{x\to \frac{\pi}{2}} \dfrac{x}{\tan x}$　　　(11)　$\displaystyle\lim_{x\to 0} \dfrac{x^2}{\sin^2 4x}$　　　(12)　$\displaystyle\lim_{x\to \frac{\pi}{2}} \dfrac{\sin x-1}{1-\cos x}$

　　(13)　$\displaystyle\lim_{x\to 0} \dfrac{1-\cos \dfrac{x}{2}}{x^2}$　　　(14)　$\displaystyle\lim_{x\to 0} \dfrac{(1-\cos x)^2}{1-\cos^2 x}$

4. （ ）内の置き換えを用いて極限を求めよ.

(1) $\displaystyle\lim_{x\to\frac{\pi}{2}}\frac{\cos x}{2x-\pi}$ $(2x-\pi=t)$　　　　(2) $\displaystyle\lim_{x\to\infty}\frac{x-1}{2}\sin\frac{1}{x}$ $\left(\dfrac{1}{x}=t\right)$

(3) $\displaystyle\lim_{x\to\pi}\frac{\sin x}{\pi-x}$ $(\pi-x=t)$　　　　(4) $\displaystyle\lim_{x\to\infty}\sqrt{x+1}\sin\frac{2}{\sqrt{x}}$ $\left(\dfrac{2}{\sqrt{x}}=t\right)$

5. 次の関数を微分せよ.

(1) $\sin x-3\cos x$　　　(2) $5\tan 2x$　　　(3) $\sin 4x$

(4) $\cos(5-2x)$　　　(5) $\tan(x^2+5)$　　　(6) $\sin(-x^3)$

(7) $\cos 2\sqrt{x}$　　　(8) $\sin\dfrac{1}{x}$　　　(9) $\tan\dfrac{1}{x}$　　　(10) $\sin^3 x$

(11) $\cos^4 2x$　　　(12) $\tan^2 3x$　　　(13) $\cos(x+\pi)$

(14) $\cos\left(6-\dfrac{1}{x^2}\right)$　　　(15) $2\tan\sqrt{x}$

6. 次の関数を微分せよ.

(1) $x\sin x$　　　(2) $(3x-1)\cos x$　　　(3) $\dfrac{1}{x}\tan x$

(4) $x^2\cos\dfrac{1}{x}$　　　(5) $\sin 3x\sin 2x$　　　(6) $\sin\dfrac{x}{2}\cos\dfrac{x}{2}$

(7) $\dfrac{1}{\sin x}$　　　(8) $\dfrac{\sin x}{1+\cos x}$　　　(9) $\dfrac{1}{\tan x}$　　　(10) $\dfrac{1}{\sin^3 2x}$

(11) $\dfrac{\cos x-1}{\cos x+1}$　　　(12) $\dfrac{\cos x}{\cos x+\sin x}$

7. 指定された微分係数を求めよ（n：自然数）.

(1) $f(x)=\cos(n\pi-nx)$ $[f'(0)]$

(2) $f(x)=\pi\sin^3\pi x$ $\left[f'\left(-\dfrac{2}{3}\right)\right]$　　　(3) $f(x)=\dfrac{x}{\sin\pi x}$ $\left[f'\left(\dfrac{1}{6}\right)\right]$

8. 次の関数を微分せよ.

(1) $\sqrt{x}\sin\sqrt{x}$　　　(2) $\dfrac{\cos x}{x}$　　　(3) $\dfrac{\sin x-\cos x}{\sin x+\cos x}$

(4) $\dfrac{1}{x}\cos\dfrac{1}{x}$　　　(5) $\sqrt{1+\cos^2 x}$　　　(6) $\dfrac{1}{\tan^2 x}$

(7) $\sin(\cos x)$　　　(8) $\dfrac{\cos^2 3x}{1-\sin 3x}$　　　(9) $\sin x\cos^n x$ （n：自然数）

9. $y=\sin x$ のグラフを x 軸方向へ $-\dfrac{n\pi}{2}$ （n：自然数）だけ平行移動すると，次のどの関数のグラフになるか. n によって答を分類せよ.

(1) $y=\sin x$　　　(2) $y=-\sin x$　　　(3) $y=\cos x$

(4) $y=-\cos x$　　　(5) (1)〜(4) 以外

10. 角の単位として度（°）を用いるとき，次の公式は成り立つか．

$$(\sin x°)' = \cos x°$$

11. O を中心とし，半径 r，中心角 θ の扇形 OAB を考える．弧 AB の長さ $= l$，線分 AB の長さ $= m$，$\triangle$OAB の面積 $= S$ とおくとき，次の極限を求めよ．

(1) $\displaystyle\lim_{\theta \to 0} \frac{m}{l}$　　(2) $\displaystyle\lim_{\theta \to 0} \frac{S}{l}$

12. 関数 $f(x) = \sin\dfrac{1}{x}$ について，次の問に答えよ．

(1) n を自然数とするとき，$f\left(\dfrac{2}{(4n+1)\pi}\right)$, $f\left(\dfrac{2}{(4n-1)\pi}\right)$ を求めよ．

(2) $\displaystyle\lim_{x \to 0} f(x)$ は存在するか．

13. (1) $\cos 0 + \cos\dfrac{\pi}{10} + \cos\dfrac{2}{10}\pi + \cdots + \cos\dfrac{9}{10}\pi + \cos\pi$ を求めよ．

(2) $\sin^2 0 + \sin^2\dfrac{\pi}{10} + \sin^2\dfrac{2}{10}\pi + \cdots + \sin^2\dfrac{9}{10}\pi + \sin^2\pi$ を求めよ．

14. (1) 次の等式を証明せよ（n：自然数）．

$$\sin x = 2^n \sin\frac{x}{2^n} \cos\frac{x}{2} \cos\frac{x}{2^2} \cdots \cos\frac{x}{2^n}$$

(2) 次の等式を示せ（ただし，$x \neq 0$ とする）．

$$\lim_{n \to \infty} \frac{\sin x}{2^n \sin\dfrac{x}{2^n}} = \frac{\sin x}{x}$$

(3) (1), (2) の結果を用いて，次の公式を示せ．

(4.14)　　$\dfrac{2}{\pi} = \displaystyle\lim_{n \to \infty} \cos\dfrac{\pi}{2^2} \cos\dfrac{\pi}{2^3} \cdots \cos\dfrac{\pi}{2^{n+1}}$

$$= \sqrt{\frac{1}{2}} \sqrt{\frac{1}{2} + \frac{1}{2}\sqrt{\frac{1}{2}}} \sqrt{\frac{1}{2} + \frac{1}{2}\sqrt{\frac{1}{2} + \frac{1}{2}\sqrt{\frac{1}{2}}}} \cdots$$

この公式はヴィエートによって 1579 年頃発見されたもので，π を表す公式としては最初のものである．

15. $f(x) = x^2 \sin\dfrac{1}{x}$ $(x \neq 0)$, $f(0) = 0$ とする．

(1) $f'(x)$ を $x \neq 0$ のときと $x = 0$ のときに分けて求めよ．

(2) $f'(x)$ は $x = 0$ で連続であるか．

16. (1) $\cos\left(\dfrac{\pi}{2} + \cos x\right) = -\sin(\cos x)$ を示せ．

(2) $\sin(\cos x)$ と $\cos(\sin x)$ はどちらが大きいか．

5. 逆三角関数の微分

逆関数の定義について説明しよう. x_1, x_2 を関数 $f(x)$ の定義域における任意の点とするとき,

(5.1) $\qquad x_1 \neq x_2 \Longrightarrow f(x_1) \neq f(x_2)$

が成り立つような関数を **1 対 1 の関数** とよぶ. 1 対 1 の関数については, $b =$ $f(a)$ のとき $f^{-1}(b) = a$ と定めることによって, 新しい関数 $\boldsymbol{f^{-1}}$（f インバース）が定義できる. これを f の **逆関数** という（図 5.1）. f の定義域を X, 値域を Y とすると, f^{-1} の定義域は Y, 値域は X である.

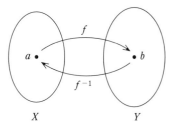

図 **5.1**

注 条件 (5.1) は次の条件と同値である.

(5.2) $\qquad f(x_1) = f(x_2) \Longrightarrow x_1 = x_2$

連続な関数 $f(x)$ が 1 対 1 の関数になるための条件は, $f(x)$ が単調増加（グラフが右上がり）, または単調減少（グラフが右下がり）になることである. 連続関数 $f(x)$ の逆関数 $f^{-1}(x)$ も連続な関数になる.

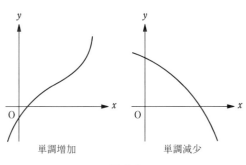

図 **5.2**

例 1 $f(x) = 2x$ の逆関数を求める. $y = 2x$ を x について解くと, $x = \dfrac{1}{2}y$ となる. これが逆関数の対応の規則を表す式である. $x = \dfrac{1}{2}y$ をそ

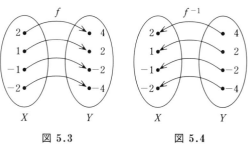

図 **5.3** $\qquad\qquad$ 図 **5.4**

のまま f の逆関数とよんでもさしつかえないが，普通は独立変数を x，従属変数を y で表す習慣に従い，x と y を入れかえた $y = \dfrac{1}{2}x$ を f の逆関数ということが多い．すなわち $f^{-1}(x) = \dfrac{1}{2}x$ である． ▨

　例1の手順をまとめると次のようになる．

$$y = f(x)$$

$\quad\quad\bigg\downarrow\ x$ について解く．

$$x = g(y)$$

$\quad\quad\bigg\downarrow\ x$ と y を入れかえる．

$$y = g(x)$$

こうして得られた関数 $g(x)$ を $f^{-1}(x)$ で表し，$f(x)$ の逆関数とよぶ．

例2　関数 $f(x) = x^2$ は1対1の関数ではない．b（$\neq 0$）を指定したとき，$b = f(a)$ となる a は2個ある．この場合，関数の定義域を制限すると，一意的に逆関数を定義できる．定義域を $x \geqq 0$ に制限すると，$f(x) = x^2$ は1対1の関数になる．$y = x^2$（$x \geqq 0$）を x について解くと，$x = \sqrt{y}$ を得る．したがって，$f^{-1}(x) = \sqrt{x}$ となる．

　定義域を $x \leqq 0$ に制限したときも，$f(x) = x^2$ は1対1の関数になる．$y = x^2$（$x \leqq 0$）を x について解くと，$x = -\sqrt{y}$ となる．したがって，$f^{-1}(x) = -\sqrt{x}$ となる．このように，$f(x)$ の定義域の制限のしかたによって，逆関数は異なる． ▨

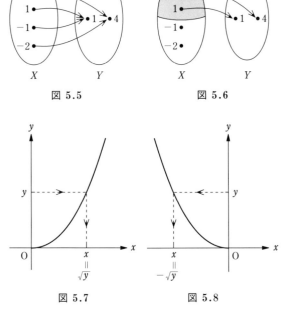

図 5.5　　　　　　図 5.6

図 5.7　　　　　　図 5.8

例2の関数と同じように，三角関数についても定義域を制限することによって，一意的に逆関数を定義できる．定義域の制限のしかたは無数にあるが，ここでは次のように約束する．

① 関数 $f(x) = \sin x$ は定義域を $-\dfrac{\pi}{2} \leqq x \leqq \dfrac{\pi}{2}$ に制限すると1対1の関数になる．y の値を指定したとき，$y = \sin x$ をみたす x は $-\dfrac{\pi}{2} \leqq x \leqq \dfrac{\pi}{2}$ で一意的に決まる．しかし，このような x を具体的に y を用いて表すことはできない．そこで，$y = \sin x \left(-\dfrac{\pi}{2} \leqq x \leqq \dfrac{\pi}{2} \right)$ をみたす x を新しい記号 $\sin^{-1} y$（アークサイン y）で表すことにする．

$$(5.3) \qquad y = \sin x \left(-\frac{\pi}{2} \leqq x \leqq \frac{\pi}{2} \right) \Longleftrightarrow x = \sin^{-1} y$$

$f(x) = \sin x \left(-\dfrac{\pi}{2} \leqq x \leqq \dfrac{\pi}{2} \right)$ の逆関数は $f^{-1}(x) = \sin^{-1} x$ と表せる．

注 $\sin^{-1} x$ は $\sin x$ の (-1) 乗ではない．すなわち，$\sin^{-1} x$ と $\dfrac{1}{\sin x}$ は異なるものである．こうした混同を防ぐため，$\sin^{-1} x$ を **arcsin x** と書くこともある．

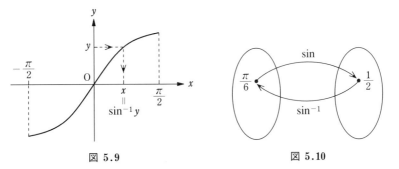

図 5.9　　　　　　　　　　図 5.10

例3 $\sin^{-1} \dfrac{1}{2}$ の値を求める．$\sin^{-1} \dfrac{1}{2} = x$ とおくと，$\dfrac{1}{2} = \sin x \left(-\dfrac{\pi}{2} \leqq x \leqq \dfrac{\pi}{2} \right)$ である．この式をみたす x はただ1つで，$x = \dfrac{\pi}{6}$ である．よって，$\sin^{-1} \dfrac{1}{2} = \dfrac{\pi}{6}$．

一般に $\sin^{-1} a$ とは $\sin$ の値が a になるような角 x $\left(\text{ただし，} -\dfrac{\pi}{2} \leqq x \leqq \dfrac{\pi}{2}\right)$ を表す.

② 関数 $f(x) = \cos x$ において，定義域を $0 \leqq x \leqq \pi$ に制限すると，1対1の関数になる. y の値を指定したとき，$y = \cos x$ をみたす x は $0 \leqq x \leqq \pi$ の範囲でただ1つしかない. この x を記号 **$\cos^{-1} y$** (アークコサイン y) で表す.

$$(5.4) \qquad y = \cos x \ (0 \leqq x \leqq \pi) \Longleftrightarrow x = \cos^{-1} y$$

$f(x) = \cos x \ (0 \leqq x \leqq \pi)$ の逆関数は $f^{-1}(x) = \cos^{-1} x$ と表せる. $\cos^{-1} x$ を **arccos x** と書くこともある.

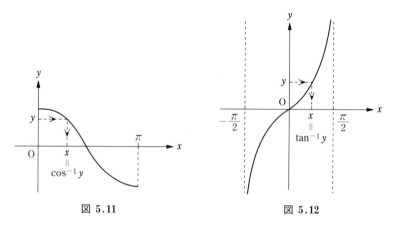

図 5.11　　　　　　　　図 5.12

③ 関数 $f(x) = \tan x$ において，定義域を $-\dfrac{\pi}{2} < x < \dfrac{\pi}{2}$ に制限すると，1対1の関数になる. y の値を指定したとき，$y = \tan x$ をみたす x は $-\dfrac{\pi}{2} < x < \dfrac{\pi}{2}$ の範囲で一意的に決まる. この x を記号 **$\tan^{-1} y$** (アークタンジェント y) で表す.

$$(5.5) \qquad y = \tan x \left(-\dfrac{\pi}{2} < x < \dfrac{\pi}{2}\right) \Longleftrightarrow x = \tan^{-1} y$$

$f(x) = \tan x \left(-\dfrac{\pi}{2} < x < \dfrac{\pi}{2} \right)$ の逆関数は $f^{-1}(x) = \tan^{-1} x$ と表せる.

$\tan^{-1} x$ を **arctan x** と書くこともある.

①〜③ をまとめると以下のようになる.

$$y = \sin x \left(-\dfrac{\pi}{2} \leqq x \leqq \dfrac{\pi}{2} \right) \text{ の逆関数} \cdots\cdots y = \sin^{-1} x$$

$$y = \cos x \ (0 \leqq x \leqq \pi) \text{ の逆関数} \qquad \cdots\cdots y = \cos^{-1} x$$

$$y = \tan x \left(-\dfrac{\pi}{2} < x < \dfrac{\pi}{2} \right) \text{ の逆関数} \cdots\cdots y = \tan^{-1} x$$

三角関数の逆関数を総称して**逆三角関数**とよぶ. 逆三角関数の定義域と値域は次のようになる.

$$y = \sin^{-1} x \qquad \text{定義域：} -1 \leqq x \leqq 1, \ \text{値域：} -\dfrac{\pi}{2} \leqq y \leqq \dfrac{\pi}{2}$$

$$y = \cos^{-1} x \qquad \text{定義域：} -1 \leqq x \leqq 1, \ \text{値域：} 0 \leqq y \leqq \pi$$

$$y = \tan^{-1} x \qquad \text{定義域：実数全体,} \qquad \text{値域：} -\dfrac{\pi}{2} < y < \dfrac{\pi}{2}$$

$y = f(x)$ を x について解いた式を $x = g(y)$ とすると, $y = f(x)$ のグラフと $x = g(y)$ のグラフは同一である. これに対し, x と y を入れかえた $y = g(x)$ のグラフは, $y = f(x)$ のグラフと直線 $y = x$ に関して対称になる. これは点 (a, b) と点 (b, a) が直線 $y = x$ に関して対称な位置にあるからであ

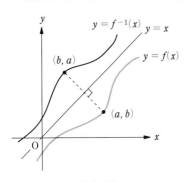

図 5.13

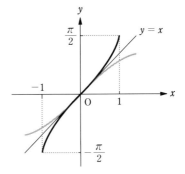

図 5.14　$y = \sin^{-1} x$ のグラフ（太線）

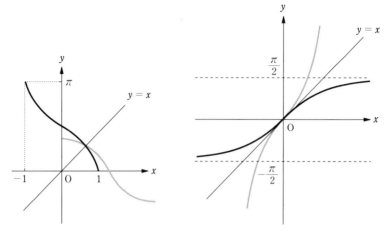

図 5.15　$y = \cos^{-1} x$ のグラフ（太線）　　図 5.16　$y = \tan^{-1} x$ のグラフ（太線）

る．逆三角関数のグラフを描くと，図 5.14〜5.16 のようになる．

次に関数 $f(x)$ とその逆関数 $f^{-1}(x)$ について，それぞれの導関数の関係を調べよう．

例 3　$y = 3x$ を x について解くと，$x = \dfrac{1}{3} y$ となる．$\dfrac{dy}{dx} = 3$, $\dfrac{dx}{dy} = \dfrac{1}{3}$ であるから，次の関係が成り立つ．

$$\frac{dy}{dx} = \frac{1}{\dfrac{dx}{dy}}$$

例 3 を一般化すると，連続な単調増加（減少）関数 $f(x)$ について次の定理が成り立つ．

定理 1　$y = f(x)$ を x について解いた式を $x = g(y)$ とする．このとき，関数 $g(y)$ が微分可能で，$g'(y) \neq 0$ ならば，関数 $f(x)$ も微分可能で，

$$(5.6) \qquad f'(x) = \frac{1}{g'(y)}$$

証明　$f(x) = y$, $f(x+h) = y+t$ とおくと，$t = f(x+h) - f(x)$ だから，$h \to 0$ のとき $t \to 0$．また $x = g(y)$, $x+h = g(y+t)$ となるので，$h = g(y+t) - g(y)$

である.

$$f'(x) = \lim_{h \to 0} \frac{f(x+h)-f(x)}{h} = \lim_{t \to 0} \frac{t}{g(y+t)-g(y)}$$

$$= \lim_{t \to 0} \frac{1}{\dfrac{g(y+t)-g(y)}{t}} = \frac{1}{g'(y)}$$

定理 1 を次のように表すこともできる.

(5.7)
$$\left.\frac{dy}{dx}\right|_{x=a} = \frac{1}{\left.\dfrac{dx}{dy}\right|_{y=f(a)}}$$

定理 1 を用いて逆三角関数の導関数を求める.

① $f(x) = \sin^{-1} x$ とする. $y = \sin^{-1} x$ を x について解くと, $x = \sin y$ $\left(-\dfrac{\pi}{2} \leqq y \leqq \dfrac{\pi}{2}\right)$ となる. $\dfrac{dx}{dy} = \cos y$ だから, $f'(x) = \dfrac{1}{\cos y}$ となる. $\cos y \geqq 0$ より $\cos y = \sqrt{1-\sin^2 y} = \sqrt{1-x^2}$ だから,

(5.8)
$$(\sin^{-1} x)' = \frac{1}{\sqrt{1-x^2}} \quad (-1 < x < 1)$$

② $f(x) = \cos^{-1} x$ のとき, ① と同様にして,

(5.9)
$$(\cos^{-1} x)' = -\frac{1}{\sqrt{1-x^2}} \quad (-1 < x < 1)$$

③ $f(x) = \tan^{-1} x$ とする. $y = \tan^{-1} x$ を x について解くと, $x = \tan y$ $\left(-\dfrac{\pi}{2} < y < \dfrac{\pi}{2}\right)$ となる. $\dfrac{dx}{dy} = \dfrac{1}{\cos^2 y}$ だから, $f'(x) = \cos^2 y$. 三角関数の公式より $\dfrac{1}{\cos^2 y} = 1+\tan^2 y = 1+x^2$ だから,

(5.10)
$$(\tan^{-1} x)' = \frac{1}{x^2+1}$$

以上の結果と合成関数の微分を使うと,

$$(5.11) \qquad \left(\sin^{-1}\boxed{}\right)' = \frac{1}{\sqrt{1-\boxed{}^2}} \times \boxed{}'$$

$$(5.12) \qquad \left(\cos^{-1}\boxed{}\right)' = -\frac{1}{\sqrt{1-\boxed{}^2}} \times \boxed{}'$$

$$(5.13) \qquad \left(\tan^{-1}\boxed{}\right)' = \frac{1}{\boxed{}^2+1} \times \boxed{}'$$

例4　（1）　$\left(\sin^{-1}\dfrac{x}{3}\right)' = \dfrac{1}{\sqrt{1-\left(\dfrac{x}{3}\right)^2}} \times \left(\dfrac{x}{3}\right)' = \dfrac{1}{\sqrt{1-\dfrac{x^2}{9}}} \times \dfrac{1}{3} = \dfrac{1}{\sqrt{9-x^2}}$

（2）　$(\tan^{-1} 5x)' = \dfrac{1}{(5x)^2+1} \times (5x)' = \dfrac{5}{25x^2+1}$

　　最後に逆三角関数の幾何的意味を述べておこう．図5.17 はいずれも半径1
の四分円であり，（ i ）では 弧 PQ の長さ $= \sin^{-1} x$，（ ii ）では 弧 PQ の長さ
$= \cos^{-1} x$，（iii）では 弧 PQ の長さ $= \tan^{-1} x$ となる．

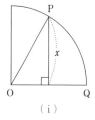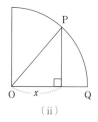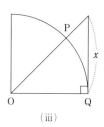

図 5.17

問 題 5

1.　次の関数は1対1の関数であるか（定義域は実数全体とする）．

　　（1）　$y = 5-2x$　　　（2）　$y = |x|+2$　　　（3）　$y = \dfrac{2^x}{1+2^x}$

2.　次の関数 $y = f(x)$ の逆関数 $f^{-1}(x)$ を求めよ．

　　（1）　$y = 3x-1$　　　（2）　$y = x^3$　　　（3）　$y = x^2-1 \quad (x \geqq 0)$

　　（4）　$y = x^2+2x \quad (x \geqq -1)$　　　（5）　$y = 2\sqrt{x+1}$

　　（6）　$y = -x^2+4x \quad (x \leqq 2)$　　　（7）　$y = \tan 2x \quad \left(-\dfrac{\pi}{4} < x < \dfrac{\pi}{4}\right)$

(8) $y = 3\cos 3x \quad \left(0 \leq x \leq \dfrac{\pi}{3}\right)$

3. 次の値を求めよ.

(1) $\sin^{-1}\dfrac{1}{\sqrt{2}}$

(2) $\cos^{-1}\left(-\dfrac{1}{2}\right)$

(3) $\tan^{-1}\dfrac{1}{\sqrt{3}}$

(4) $\sin^{-1}\left(-\dfrac{\sqrt{3}}{2}\right)$

(5) $\cos^{-1}\dfrac{\sqrt{3}}{2}$

(6) $\tan^{-1} 1$

(7) $\cos^{-1} 0$

(8) $\sin^{-1}(-1)$

(9) $\tan^{-1}(-1)$

(10) $\dfrac{1}{\cos^{-1}\dfrac{1}{2}}$

(11) $\tan^{-1}(-\sqrt{3})$

(12) $\sin^{-1}\dfrac{1}{2}$

(13) $\tan^{-1} 0$

(14) $\cos^{-1}\left(-\dfrac{1}{\sqrt{2}}\right)$

4. 次の値を求めよ.

(1) $\cos^{-1}\left(\sin\dfrac{\pi}{6}\right)$

(2) $\sin^{-1}\left(\tan\dfrac{\pi}{4}\right)$

(3) $\tan^{-1}(\cos\pi)$

(4) $\cos\left(\sin^{-1}\dfrac{1}{2}\right)$

(5) $\sin\left(\cos^{-1}\dfrac{1}{\sqrt{2}}\right)$

(6) $\tan(\sin^{-1} 0)$

(7) $\cos\left(\cos^{-1}\dfrac{\pi}{6}\right)$

(8) $\sin^{-1}\left(\sin\dfrac{1}{2}\right)$

(9) $\cos\left(\sin^{-1}\dfrac{1}{3}\right)$

(10) $\sin\left(\cos^{-1}\dfrac{1}{4}\right)$

(11) $\tan\left(\sin^{-1}\dfrac{1}{5}\right)$

(12) $\cos^{-1}\left(\cos\dfrac{4}{3}\pi\right)$

5. 次の等式を証明せよ.

(1) $\sin^{-1}(-x) = -\sin^{-1}x$

(2) $\cos^{-1}(-x) = \pi - \cos^{-1}x$

(3) $\tan^{-1}\dfrac{1}{x} + \tan^{-1}x = \dfrac{\pi}{2} \quad (x > 0)$

(4) $\sin^{-1}x + \cos^{-1}x = \dfrac{\pi}{2}$

6. 次の等式を証明せよ.

(1) $\tan^{-1}\dfrac{1}{2} + \tan^{-1}\dfrac{1}{3} = \dfrac{\pi}{4}$ (オイラー, 1737)

(2) $2\tan^{-1}\dfrac{1}{3} + \tan^{-1}\dfrac{1}{7} = \dfrac{\pi}{4}$ (オイラー, 1737)

　これらの等式は π の計算に利用できる (§ 10).

7. 次の関数を微分せよ.

(1) $2\sin^{-1}x$

(2) $\cos^{-1} 3x$

(3) $\tan^{-1}(5x-1)$

(4) $\sin^{-1}(-x)$

(5) $\cos^{-1}\dfrac{x}{3}$

(6) $\tan^{-1}\dfrac{x}{2}$

(7) $\sin^{-1}\dfrac{1}{x} \quad (x > 0)$

(8) $\cos^{-1}\sqrt{x}$

(9) $\tan^{-1}\left(-\dfrac{1}{x}\right)$

(10) $\sin^{-1}\dfrac{x}{\sqrt{5}}$

8. 次の関数を微分せよ.

(1) $\sin^{-1}\dfrac{2-x}{2}$　　　(2) $\tan^{-1}\dfrac{x+3}{\sqrt{3}}$　　　(3) $\cos^{-1}\sqrt{2}\,x$

(4) $\dfrac{1}{\tan^{-1}x}$　　　(5) $\dfrac{1}{\sin^{-1}2x}$　　　(6) $(\sin^{-1}x)^3$

(7) $\left(\tan^{-1}\dfrac{x}{3}\right)^4$　　　(8) $\sin^{-1}\dfrac{1}{1-2x}$　$\left(x>\dfrac{1}{2}\right)$

9. 次の関数を微分せよ（ただし，a は正の定数とする）.

(1) $x\sin^{-1}x$　　　(2) $\sin^{-1}\dfrac{x}{a}$　　　(3) $\dfrac{1}{a}\tan^{-1}\dfrac{x}{a}$

(4) $\cos^{-1}\dfrac{x}{\sqrt{1+x^2}}$　　　(5) $\sin x\cdot\sin^{-1}x$　　　(6) $\dfrac{1}{(\cos^{-1}x)^2}$

(7) $\cos(\sin^{-1}x)$　　　(8) $x\sqrt{a^2-x^2}+a^2\sin^{-1}\dfrac{x}{a}$　　　(9) $\cos^{-1}(\tan x)$

(10) $\tan^{-1}\dfrac{x-2}{x+2}$　　　(11) $\sin^{-1}\sqrt{1-x^2}$ $(x>0)$

(12) $\sin^{-1}(\cos x)$ $(0<x<\pi)$　　　(13) $\tan(\cos^{-1}x)$

10. 次の等式を証明せよ.

(1) $\cos(2\cos^{-1}x)=2x^2-1$　　　(2) $\tan(\cos^{-1}x)=\dfrac{\sqrt{1-x^2}}{x}$ $(x\neq0)$

(3) $\cos^{-1}\dfrac{x}{\sqrt{1+x^2}}=\dfrac{\pi}{2}-\tan^{-1}x$

11. (1) $y=\sin x\left(\dfrac{3}{2}\pi\leqq x\leqq\dfrac{5}{2}\pi\right)$ の逆関数を求めよ.

(2) $y=\sin x\left(\dfrac{\pi}{2}\leqq x\leqq\dfrac{3}{2}\pi\right)$ の逆関数を求めよ.

12. 次の極限を求めよ.

(1) $\displaystyle\lim_{x\to\infty}\tan^{-1}x$　　　(2) $\displaystyle\lim_{x\to-\infty}\tan^{-1}x$　　　(3) $\displaystyle\lim_{x\to\infty}3\tan^{-1}(x^2+1)$

(4) $\displaystyle\lim_{x\to-\infty}2\tan^{-1}\dfrac{x}{2}$　　　(5) $\displaystyle\lim_{x\to0}\dfrac{\sin^{-1}x}{2x}$　　　(6) $\displaystyle\lim_{x\to0}\dfrac{\tan^{-1}3x}{x}$

13. 平面上の曲線がパラメーター t を用いて，$x=f(t)$, $y=g(t)$ と表されているとする．$f(t),g(t)$ は区間 I で微分可能であり，I でつねに $f'(t)>0$（または $f'(t)<0$）ならば，$f(t)$ は I で単調増加（または単調減少）になり，t を x の関数として表せる．$x=f(t)$ を t について解いた式を $t=\varphi(x)$ とする．

関数 $y=g(\varphi(x))$ の導関数は次の式で与えられることを示せ.

$$(5.14) \qquad \frac{dy}{dx} = \frac{\dfrac{dy}{dt}}{\dfrac{dx}{dt}} = \frac{g'(t)}{f'(t)} \qquad\qquad \left(\frac{dy}{dx}\bigg|_{x=f(t_0)} = \frac{g'(t_0)}{f'(t_0)} \right)$$

この公式を用いて，次の曲線の指定された点 $(f(t_0), g(t_0))$ における接線の傾きを求めよ．

(1) $x = a(t - \sin t), \; y = a(1 - \cos t) \quad (a > 0)$ $\qquad \left[t_0 = \dfrac{\pi}{3} \right]$

(2) $x = a \cos t, \qquad y = b \sin t \qquad (a > 0, \; b > 0)$ $\qquad \left[t_0 = \dfrac{\pi}{2} \right]$

(3) $x = a \cos^3 t, \qquad y = a \sin^3 t \qquad (a > 0)$ $\qquad \left[t_0 = \dfrac{\pi}{4} \right]$

さらに，次の公式を示せ．

$$(5.15) \qquad \frac{d^2 y}{dx^2} = \frac{\dfrac{dx}{dt}\dfrac{d^2 y}{dt^2} - \dfrac{dy}{dt}\dfrac{d^2 x}{dt^2}}{\left(\dfrac{dx}{dt}\right)^3} = \frac{f'(t)g''(t) - g'(t)f''(t)}{\{f'(t)\}^3}$$

6. 指数・対数関数の微分

指数関数と対数関数は互いに逆関数の関係にある. **指数関数** $y = a^x$ $(a > 0,\ a \ne 1)$ は**底** a が $a > 1$ のとき単調増加, $0 < a < 1$ のとき単調減少であり, いずれの場合も1対1の関数である. y の値を指定したとき, $y = a^x$ をみたす x はただ1つ存在する. この x を $\log_a y$ で表す.

$$(6.1) \qquad y = a^x \iff x = \log_a y$$

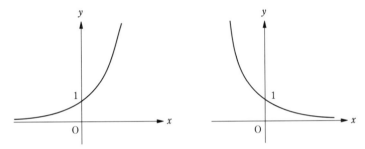

図 6.1 $y = a^x$ $(a > 1)$ 　　　図 6.2 $y = a^x$ $(0 < a < 1)$

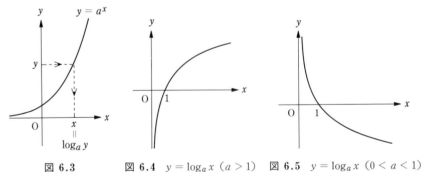

図 6.3 　　　図 6.4 $y = \log_a x$ $(a > 1)$ 　　図 6.5 $y = \log_a x$ $(0 < a < 1)$

$y = a^x$ の逆関数は $y = \log_a x$ であり, これを a を**底**とする**対数関数**という. 対数関数は $a > 1$ のとき単調増加, $0 < a < 1$ のとき単調減少である. 対数関数の定義域は $x > 0$ で, 値域は実数全体である. 指数法則より次の対数の公式が成り立つ.

（ⅰ）　$\log_a AB = \log_a A + \log_a B$

（ⅱ）　$\log_a \dfrac{A}{B} = \log_a A - \log_a B$

（ⅲ）　$\log_a A^p = p \log_a A$　（p：実数）

（ⅳ）　$\log_a b = \dfrac{\log_c b}{\log_c a}$　（底の変換）

　微積分では次の式で定められる **e** という数を底にもつ対数関数を考えると便利である．e を**自然対数の底**とよぶ．

n	$\left(1+\dfrac{1}{n}\right)^n$
100	2.70481
1 000	2.71692
10 000	2.71815
100 000	2.71827
1 000 000	2.71828
10 000 000	2.71828

$$(6.2) \qquad e = \lim_{t \to \infty} \left(1 + \frac{1}{t}\right)^t$$

t が大きくなると，$\left(1+\dfrac{1}{t}\right)^t$ が一定の値に近づくことは右の表からみてとれる．

　極限値 (6.2) が存在することの厳密な証明は付録2にある．e の値は，$2.718281828\cdots$ である．

補題　e は次の極限値にも等しい．

$$(6.3) \qquad e = \lim_{t \to -\infty} \left(1 + \frac{1}{t}\right)^t$$

証明　$t = -s$ とおくと，$t \to -\infty$ のとき $s \to \infty$．また，

$$\left(1+\frac{1}{t}\right)^t = \left(1-\frac{1}{s}\right)^{-s} = \left(\frac{s}{s-1}\right)^s = \left(1+\frac{1}{s-1}\right)^s$$

$$\lim_{t \to -\infty} \left(1+\frac{1}{t}\right)^t = \lim_{s \to \infty} \left(1+\frac{1}{s-1}\right)^{s-1} \cdot \left(1+\frac{1}{s-1}\right) = e \cdot 1 = e$$

注　$t = \dfrac{1}{h}$ とおくと，$h \to +0$ のとき $t \to \infty$，$h \to -0$ のとき $t \to -\infty$ である．

　(6.2)，(6.3) より，e は次の極限値として表せる．

$$(6.4) \qquad e = \lim_{h \to 0} (1+h)^{\frac{1}{h}}$$

　以後 e を底とする対数 $\log_e x$ を，底 e を略して **log x** と書く．これを**自然対数**とよぶ．$\log x$ のかわりに **ln x** という記号も用いられる．$e > 1$ だから，

$y = \log x$ は単調増加になる. なお, 常用対数 $\log_{10} x$ の底は以後省略しない. 自然対数について, 次の公式が成り立つ.

（ⅰ） $\log 1 = 0, \quad \log e = 1$

（ⅱ） $\log AB = \log A + \log B, \quad \log \dfrac{A}{B} = \log A - \log B$

（ⅲ） $\log A^p = p \log A \quad （p：実数）$

$f(x) = \log_a x \ (x > 0)$ の導関数を求めよう.

$$f'(x) = \lim_{h \to 0} \frac{\log_a (x+h) - \log_a x}{h} = \lim_{h \to 0} \frac{1}{h} \log_a \frac{x+h}{x}$$

$$= \lim_{h \to 0} \frac{1}{x} \frac{x}{h} \log_a \left(1 + \frac{h}{x}\right) \cdots\cdots (*)$$

ここで $\dfrac{x}{h} = t$ とおくと, $h \to +0$ のとき $t \to \infty$, $h \to -0$ のとき $t \to -\infty$ となる. $(*)$ で $h = 0$ における右極限を考えると, (6.2) より,

$$\lim_{h \to +0} \frac{1}{x} \frac{x}{h} \log_a \left(1 + \frac{h}{x}\right) = \lim_{t \to \infty} \frac{1}{x} \log_a \left(1 + \frac{1}{t}\right)^t = \frac{1}{x} \log_a e$$

同様に, $h = 0$ における左極限も (6.3) を用いると同じ値になることがわかる. 右極限と左極限が一致するので, 極限値 $(*)$ が存在して $\dfrac{1}{x} \log_a e$ に等しい.

$(6.5) \qquad (\log_a x)' = \dfrac{1}{x} \log_a e$

特に $a = e$ のとき, $\log_e e = 1$ だから,

$(6.6) \qquad (\log x)' = \dfrac{1}{x} \quad (x > 0)$

このように, 対数の底が e のとき, 微分の公式が最も簡単な形になるのである. (6.6) と合成関数の微分を用いると,

$(6.7) \qquad (\log \boxed{})' = \dfrac{1}{\boxed{}} \times \boxed{}'$

例1　（1）　$y = \log(x^2+1)$

$$y' = \frac{1}{x^2+1} \times (x^2+1)' = \frac{2x}{x^2+1}$$

（2）　$y = \log|x|$

$x > 0$ のとき $|x| = x$ だから，$y' = \dfrac{1}{x}$.

$x < 0$ のとき $|x| = -x$ だから，(6.7)

より，$y' = \dfrac{1}{-x} \times (-x)' = \dfrac{1}{x}$. ▨

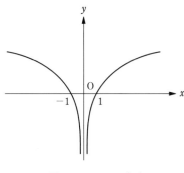

図 **6.6**　$y = \log|x|$

例1(2)の結果および合成関数の微分を用いると，

(6.8)　　　　$(\boldsymbol{\log|x|})' = \dfrac{\boldsymbol{1}}{\boldsymbol{x}} \quad (\boldsymbol{x \neq 0})$

(6.9)　　　　$(\boldsymbol{\log|\boxed{}|})' = \dfrac{\boldsymbol{1}}{\boxed{}} \times \boxed{}'$

公式 (6.8) は $x > 0$ のときの公式 (6.6) を拡張したものである.

例2　$y = \log|3-2x|$

$$y' = \frac{1}{3-2x} \times (3-2x)' = \frac{-2}{3-2x}$$

▨

一般の数 a を底とする対数関数 $y = \log_a x$ の導関数は，底を e に変換することにより以下のように表せる.

$$\log_a e = \frac{\log_e e}{\log_e a} = \frac{1}{\log a}$$

だから，(6.5) より

(6.10)　　　　$(\boldsymbol{\log_a x})' = \dfrac{\boldsymbol{1}}{\boldsymbol{x \log a}}$

(6.11)　　　　$(\boldsymbol{\log_a \boxed{}})' = \dfrac{\boldsymbol{1}}{\boxed{}\boldsymbol{\log a}} \times \boxed{}'$

公式 (6.8)，(6.9) に相当する公式も同様に導ける.

例3　$y = x^\alpha$ の導関数に関する公式（3.1）を示そう．$|y| = |x|^\alpha$ の両辺の自然対数をとると，$\log|y| = \log|x|^\alpha = \alpha \log|x|$．この式の両辺を x で微分すると（左辺の微分には，y が x の関数だから，（6.7）を用いる），

$$\frac{1}{y} \times y' = \alpha \frac{1}{x}$$

$$\text{ゆえに}\quad y' = \frac{\alpha}{x} y = \frac{\alpha}{x} x^\alpha = \alpha x^{\alpha-1}$$

注　$\alpha > 1$ のとき，$y'|_{x=0} = 0$ であることは直接定義から確かめられる．

　例3のように，$\log y$（または $\log|y|$）の導関数を求めることにより y の導関数を求める方法を**対数微分法**という．

例4　（1）　$y = \dfrac{(x+3)^4}{(x-1)^5}$

$$\log|y| = \log\frac{|x+3|^4}{|x-1|^5} = 4\log|x+3| - 5\log|x-1|$$

両辺を x で微分すると，$\dfrac{y'}{y} = \dfrac{4}{x+3} - \dfrac{5}{x-1}$．よって，

$$y' = y\left(\frac{4}{x+3} - \frac{5}{x-1}\right) = -\frac{(x+3)^3(x+19)}{(x-1)^6}$$

（2）　$y = x^x$　（$x > 0$）

$$\log y = \log x^x = x \log x$$

この両辺を x で微分すると，$\dfrac{y'}{y} = 1\cdot\log x + x\cdot\dfrac{1}{x}$．よって，

$$y' = y(1 + \log x) = x^x(1 + \log x)$$

　対数微分法を用いて指数関数の導関数を求める．$y = a^x$ の両辺の対数をとると，$\log y = \log a^x = x \log a$．この両辺を x で微分すると，$\dfrac{y'}{y} = \log a$ だから，$y' = y \log a = a^x \log a$．

（6.12）　　　$(a^x)' = a^x \log a$

(6.13)　　　　$(a^{\boxed{}})' = a^{\boxed{}}\log a \times \boxed{}'$

(6.12)，(6.13) で底 a が e に等しい場合，次の公式が成り立つ．

(6.14)　　　　$(e^x)' = e^x$

(6.15)　　　　$(e^{\boxed{}})' = e^{\boxed{}} \times \boxed{}'$

(6.14) は，対数微分を用いなくても，直接導くことができる．$f(x) = e^x$ とおく．

$$f'(x) = \lim_{h \to 0} \frac{e^{x+h} - e^x}{h} = \lim_{h \to 0} e^x \frac{e^h - 1}{h}$$

ここで $e^h - 1 = t$ とおくと，$e^h = 1 + t$ より $h = \log(1+t)$．

$$\frac{e^h - 1}{h} = \frac{t}{\log(1+t)} = \frac{1}{\log(1+t)^{\frac{1}{t}}} \cdots\cdots(*)$$

$h \to 0$ のとき $t \to 0$ だから，(6.4) より $(*)$ は $\dfrac{1}{\log e} = 1$ に近づく．よって $f'(x) = e^x$．

例 5　（1）　$(e^{4x+3})' = e^{4x+3} \times (4x+3)' = 4e^{4x+3}$

　　　　（2）　$(2^{-x})' = 2^{-x} \log 2 \times (-x)' = -2^{-x} \log 2$

　なお，e を底とする指数関数 e^x を **exp** x と書くこともある．たとえば，$e^{3x+1} = \exp(3x+1)$ である．指数部分が複雑なとき便利な記号である．

問 題 6

1.　次の値を求めよ．

　(1)　$\log_2 8$　　　　(2)　$\log_3 \sqrt{3}$　　　　(3)　$\log_5 \dfrac{1}{5}$　　　　(4)　$\log_{10} \dfrac{1}{1000}$

　(5)　$\log \sqrt{e}$　　　　(6)　$\log \dfrac{1}{\sqrt{e}}$　　　　(7)　$\log e\sqrt{e}$　　　　(8)　$\left(\dfrac{1}{\sqrt{2}}\right)^{-4}$

　(9)　$(-8)^{-\frac{1}{3}}$　　　(10)　$2^{\log_2 5}$　　　(11)　$e^{\log 3}$　　　(12)　$e^{-\log 4}$

　(13)　$e^{\frac{1}{2}\log 3}$

2.　次の式を簡単にせよ．

(1)　$3 \log x^2 - 5 \log \dfrac{1}{x}$　　　(2)　$6 \log x\sqrt{x} - 2 \log \dfrac{1}{\sqrt{x}}$

(3)　$3 \log \sqrt[3]{x^2} + 6 \log \sqrt[3]{x^5}$

3. 次の等式は正しいか. 正しくない場合は反例を具体的に示せ.

(1)　$\log AB = \log A \cdot \log B$　　　(2)　$(\log A)^3 = 3 \log A$

(3)　$\log (A + B) = \log A + \log B$

4. (1)　$\log_{10} 2 = 0.3010$, $\log_{10} 3 = 0.4771$ とするとき, $\log_{10} 5$ および $\log_{10} 6$ を求めよ.

(2)　24^{15} は何けたの数か.

(3)　24^{15} の最高位の数字を求めよ.

(4)　24^{15} を 2 進法で表すと何けたになるか.

5. ある数 a を底とする対数の近似値が次のように与えられている.

$$\log_a 2 = 0.39, \quad \log_a 3 = 0.61, \quad \log_a 5 = 0.90$$

(1)　$\log_a 8$, $\log_a 10$ を求めよ.

(2)　a はどんな自然数に近いと考えられるか.

6. 逆関数の微分 (5.6) を用いて, 関数 $y = a^x$ の導関数を求めよ.

7. (1)　A 銀行の定期預金は 1 年で 6% の利息がつき, B 銀行は 6 か月で 3%, C 銀行は 4 か月で 2% の利息がそれぞれつくとする. 100 万円を預けて複利で運用したとき, 1 年後の受け取り額はそれぞれいくらか. ただし, 利息に対する税金は考えないものとする.

(2)　X 銀行の定期預金は $\dfrac{1}{n}$ 年で $\dfrac{6}{n}$ % の利息がつくとする. 100 万円を複利で運用したとき, 1 年後の受け取り額は (税金を考えないとき) いくらか.

(3)　$n \to \infty$ のとき, (2) で求めた X 銀行での受け取り額は無限大になるか.

8. 次の極限を求めよ.

(1)　$\displaystyle \lim_{x \to \infty} \left(1 + \frac{1}{x}\right)^{2x}$　　　(2)　$\displaystyle \lim_{x \to -\infty} \left(1 + \frac{1}{3x}\right)^{3x+1}$　　　(3)　$\displaystyle \lim_{x \to \infty} \left(1 + \frac{1}{3x}\right)^{x}$

(4)　$\displaystyle \lim_{x \to \infty} \left(1 + \frac{1}{2x+1}\right)^{x}$　　　(5)　$\displaystyle \lim_{x \to \infty} \left(1 + \frac{2}{x}\right)^{x}$　　　(6)　$\displaystyle \lim_{x \to \infty} \left(1 - \frac{1}{x}\right)^{x}$

9. 次の極限を求めよ.

(1)　$\displaystyle \lim_{x \to +0} \frac{1}{\log x}$　　　(2)　$\displaystyle \lim_{x \to -\infty} e^x$　　　(3)　$\displaystyle \lim_{x \to -0} 2^{\frac{1}{x}}$

(4)　$\displaystyle \lim_{x \to 1-0} \log (1 - x)$　　　(5)　$\displaystyle \lim_{x \to \infty} \frac{2^x + 3}{2^x - 1}$　　　(6)　$\displaystyle \lim_{x \to \infty} \frac{3^x - 2^x}{3^x + 2^x}$

(7)　$\displaystyle \lim_{x \to \infty} \{\log (3x^2 - 1) - \log (x^2 + 1)\}$　　　(8)　$\displaystyle \lim_{x \to -\infty} \frac{x}{2} \log \left(1 + \frac{1}{x}\right)$

(9)　$\displaystyle \lim_{x \to 0} \log (\cos x)$　　　(10)　$\displaystyle \lim_{x \to -\infty} \frac{3^x + 2}{4 \cdot 3^x + 1}$　　　(11)　$\displaystyle \lim_{x \to 2+0} 3^{\frac{1}{2-x}}$

10. 次の関数を微分せよ．

(1) $-3\log x$ 　　(2) $\log 5x$ 　　(3) $\log(2-x^2)$ 　　(4) $\log\sin x$

(5) $\log\sqrt{x^2+1}$ 　　(6) $\log\dfrac{2}{x}$ 　　(7) $\log\dfrac{1-x}{1+x}$ 　　(8) $(\log x)^4$

(9) $\log\tan x$ 　　(10) $\log(5-3x)^3$

11. 次の関数を微分せよ．

(1) $\log|x+2|$ 　　(2) $\log|\cos x|$ 　　(3) $\log|4-x^2+x|$

(4) $\log\left|x+\dfrac{1}{x}\right|$

12. 次の関数を微分せよ．

(1) $\log_2 x$ 　　(2) $\log_3 x^2$ 　　(3) $\log_{10}(3x+1)$ 　　(4) $\log_2|1-x|$

13. 次の関数を微分せよ．

(1) $x\log x$ 　　(2) $\log\sqrt{x}$ 　　(3) $\log x^2\sqrt{x}$ 　　(4) $\dfrac{\log x}{x}$

(5) $\dfrac{\log x}{x^2}$ 　　(6) $\dfrac{1}{\log x}$ 　　(7) $\dfrac{1-\log x}{1+\log x}$

(8) $\log(x+\sqrt{x^2+4})$ 　　(9) $\log(\log(\log x))$

14. 次の関数を微分せよ．

(1) e^{3x} 　　(2) e^{4-2x} 　　(3) e^{x^2} 　　(4) $e^{\sin x}$

(5) $e^{\frac{1}{x}}$ 　　(6) $(e^x)^{\sqrt{2}}$ 　　(7) $\dfrac{e^{2x}+e^{-2x}}{2}$

15. 次の関数を微分せよ．

(1) xe^x 　　(2) x^2e^{-x} 　　(3) $\dfrac{e^x}{x}$ 　　(4) $e^x\sin x$

(5) $e^{3x}\cos 2x$ 　　(6) $e^x\cdot\log x$ 　　(7) $\dfrac{1}{e^x+1}$

16. 次の関数を微分せよ（$a\neq 0$ は定数）．

(1) $\log\dfrac{1+\cos x}{\sin x}$ 　　(2) $\dfrac{1}{2a}\log\left|\dfrac{x-a}{x+a}\right|$ 　　(3) $\log\cos^2 x$

(4) $\log\sqrt[3]{x^3-1}$ 　　(5) $\log\dfrac{(x-2)^3}{(x+4)^4}$ 　　(6) $\log(e^x+e^{-x})$

(7) $\dfrac{1}{e^{2x}+e^{-2x}}$ 　　(8) $\dfrac{1}{e}(\log x)^e$ 　　(9) $\dfrac{e^{3x}-e^{-3x}}{e^x-e^{-x}}$

17. 次の関数を微分せよ．

(1) 2^x 　　(2) 10^x 　　(3) 3^{-x} 　　(4) 2^{5x+1} 　　(5) $5^{\sin x}$

18. 対数微分法を用いて，次の関数を微分せよ．

(1) x^{3x} 　　(2) $x^{\cos x}$ 　　(3) $(x+1)^x$ 　　(4) $(x^2+1)^{\frac{1}{x}}$

(5) $(\sin x)^x$ (6) $x^{\frac{1}{x}}$ (7) $\dfrac{(x-2)^7}{(x+1)^5}$ (8) $\dfrac{1}{(x-2)^4(3-x)^5}$

(9) $x^{\log x}$ (10) $(\cos x)^{\cos x}$

ただし，(1)，(2)，(6)，(9) では $x>0$，(3) では $x>-1$，(5) では $\sin x>0$，(10) では $\cos x>0$ とする．

19. 次の式で定義される関数を総称して**双曲線関数**という．

$$\sinh x\,(\text{ハイパボリック・サイン }x)=\dfrac{e^x-e^{-x}}{2}$$

$$\cosh x\,(\text{ハイパボリック・コサイン }x)=\dfrac{e^x+e^{-x}}{2}$$

$$\tanh x\,(\text{ハイパボリック・タンジェント }x)=\dfrac{e^x-e^{-x}}{e^x+e^{-x}}$$

(1) 次の等式を証明せよ．

$\sinh(x+y)=\sinh x\cdot\cosh y+\cosh x\cdot\sinh y$

$\cosh(x+y)=\cosh x\cdot\cosh y+\sinh x\cdot\sinh y$

$\cosh^2 x-\sinh^2 x=1$

(2) $\sinh x,\ \cosh x,\ \tanh x$ の導関数を $\sinh x,\ \cosh x$ を用いて表せ．

(3) 関数 $y=\sinh x$ および $y=\tanh x$ の逆関数を求めよ．

20. $f(x)=(x-a_1)\cdot(x-a_2)\cdot\cdots\cdot(x-a_n)$ のとき，次の等式を示せ．

$$\dfrac{f'(x)}{f(x)}=\dfrac{1}{x-a_1}+\dfrac{1}{x-a_2}+\cdots+\dfrac{1}{x-a_n}$$

21. $y_1(x)=e^x,\ y_{n+1}(x)=\exp(y_n(x))$ で順次，関数 $y_n(x)\,(n=1,2,3,\cdots)$ を定義する．このとき，$y_5{}'(x)$ を求めよ（この例はオイラー，1755 による）．

22. $f(x)=x^{\frac{2}{\log x}}\,(x>0)$ は定数関数であることを示し，定数の値を求めよ．

7. 高次導関数

関数 $f(x)$ の導関数 $f'(x)$ はひとつの関数であるから，$f'(x)$ の導関数を考えることができる．これを $f(x)$ の**第2次導関数**とよび，記号 $f''(x)$ で表す．

$$(7.1) \qquad f''(x) = \lim_{h \to 0} \frac{f'(x+h) - f'(x)}{h}$$

$f''(x)$ が存在するとき，$f(x)$ は**2回微分可能**という．$f''(x)$ のかわりに次のような記号も用いられる．

$$y'', \qquad \frac{d^2 f}{dx^2}, \qquad \frac{d^2 y}{dx^2}, \qquad \frac{d^2}{dx^2} f(x)$$

同様にして，$f(x)$ を n 回微分して得られる**第 n 次導関数**を次のような記号で表す．

$$(7.2) \qquad f^{(n)}(x), \qquad y^{(n)}, \qquad \frac{d^n f}{dx^n}, \qquad \frac{d^n y}{dx^n}, \qquad \frac{d^n}{dx^n} f(x)$$

$f^{(n)}(x)$ が存在するとき，$f(x)$ は **n 回微分可能**という．

例1 （1） $y = x^4$

$$y' = 4x^3, \quad y'' = 12x^2, \quad y''' = 24x,$$
$$y^{(4)} = 24, \quad y^{(n)} = 0 \quad (n \geqq 5)$$

（2） $y = e^x$

すべての自然数 n について，$y^{(n)} = e^x$.

（3） $y = a^x$

$$y' = a^x \log a, \quad y'' = a^x (\log a)^2, \quad y''' = a^x (\log a)^3, \quad \cdots,$$
$$y^{(n)} = a^x (\log a)^n$$

（4） $y = \sin x$

$y' = \cos x = \sin\left(x + \dfrac{\pi}{2}\right)$. 合成関数の微分を使うと，

$$(7.3) \qquad (\sin \boxed{})' = \sin\left(\boxed{} + \frac{\pi}{2}\right) \times \boxed{}'$$

(7.3) より

$$y'' = \left\{ \sin\left(x + \frac{\pi}{2}\right) \right\}' = \sin\left(x + \frac{\pi}{2} + \frac{\pi}{2}\right) \times \left(x + \frac{\pi}{2}\right)'$$
$$= \sin(x + \pi)$$

これを繰り返すと次の式を得る.

(7.4) $$(\sin x)^{(n)} = \sin\left(x + \frac{n\pi}{2}\right)$$

同様にして

(7.5) $$(\cos x)^{(n)} = \cos\left(x + \frac{n\pi}{2}\right)$$

次の例で使われる**階乗**の記号を定義しよう. n を自然数とする.

(7.6) $$n! = n(n-1)(n-2)\cdots 2\cdot 1$$

ただし, $0! = 1$ と定める.

例2 （1） $y = \log x$

$$y' = \frac{1}{x} = x^{-1}, \quad y'' = (-1)x^{-2}, \quad y''' = (-1)(-2)x^{-3},$$
$$y^{(4)} = (-1)(-2)(-3)x^{-4}$$

一般に, $y^{(n)} = (-1)(-2)\cdots(-(n-1))x^{-n} = (-1)^{n-1}\cdot 1\cdot 2\cdots(n-1)x^{-n}$
だから,

(7.7) $$(\log x)^{(n)} = \frac{(-1)^{n-1}(n-1)!}{x^n}$$

（2） $y = (1+x)^\alpha$ （α：実数）

$$y' = \alpha(1+x)^{\alpha-1}, \quad y'' = \alpha(\alpha-1)(1+x)^{\alpha-2},$$
$$y''' = \alpha(\alpha-1)(\alpha-2)(1+x)^{\alpha-3}$$

一般に次の公式が成り立つ.

(7.8) $$\{(1+x)^\alpha\}^{(n)} = \alpha(\alpha-1)(\alpha-2)\cdots(\alpha-n+1)(1+x)^{\alpha-n}$$

ただし, α が自然数のとき, $y^{(\alpha)} = \alpha!$, $y^{(n)} = 0$ （$n \geqq \alpha+1$）となっている.

$f(x), g(x)$ を n 回微分可能な関数とすると，次の公式が成り立つ．

(7.9)
$$\{kf(x)\}^{(n)} = kf^{(n)}(x) \quad (k：定数),$$
$$\{f(x)+g(x)\}^{(n)} = f^{(n)}(x)+g^{(n)}(x)$$

$f(x)$ と $g(x)$ の積 $f(x)g(x)$ の第 n 次導関数については，次の定理が成り立つ．

定理1（ライプニッツ，1710）

(7.10)
$$\{f(x)g(x)\}^{(n)} = \sum_{r=0}^{n} \binom{n}{r} f^{(n-r)}(x)g^{(r)}(x)$$

（ここで，$f^{(0)}(x) = f(x), \ g^{(0)}(x) = g(x)$）

この定理に現れる記号を説明しよう．n, r は自然数とする（$n \geqq r$）．

(7.11)
$$\binom{n}{r} = \frac{n(n-1)(n-2)\cdots(n-r+1)}{r!}$$

ただし，$\binom{n}{0} = 1$ と定める．

(7.11) の右辺の分母・分子に $(n-r)!$ をかけると，次の等式が成り立つ．

(7.12)
$$\binom{n}{r} = \frac{n!}{(n-r)! \, r!}$$

注　$n, r \ (n \geqq r)$ が自然数のとき，$\binom{n}{r}$ は組合せの記号 $_nC_r$ と同じであるが，後に $\binom{n}{r}$ は n が実数の場合に拡張して用いられる．$\binom{n}{r}$ を**二項係数**という．

(7.12) を用いて，次の等式が成り立つことを示そう．

(7.13)
$$\binom{n}{r}+\binom{n}{r-1}=\binom{n+1}{r}$$

実際，

$$\text{左辺} = \frac{n!}{(n-r)!\,r!} + \frac{n!}{(n-r+1)!\,(r-1)!}$$

$$= \frac{n!\{(n-r+1)+r\}}{(n-r+1)!\,r!} = \frac{(n+1)!}{(n+1-r)!\,r!} = \text{右辺}$$

となる．

定理1の証明　(7.10) を n についての数学的帰納法で示す．

（ⅰ）　$n = 1$ のとき，(7.10) は積の微分 (2.9) にほかならない．

（ⅱ）　$n = k$ のとき (7.10) が成り立つと仮定する．すなわち，

$$\{f(x)g(x)\}^{(k)} = \sum_{r=0}^{k} \binom{k}{r} f^{(k-r)}(x)g^{(r)}(x)$$

両辺を x で微分すると，積の微分より，

$$\{f(x)g(x)\}^{(k+1)}$$

$$= \sum_{r=0}^{k} \binom{k}{r} f^{(k+1-r)}(x)g^{(r)}(x) + \sum_{r=0}^{k} \binom{k}{r} f^{(k-r)}(x)g^{(r+1)}(x)$$

$$= \sum_{r=0}^{k} \binom{k}{r} f^{(k+1-r)}(x)g^{(r)}(x) + \sum_{r=1}^{k+1} \binom{k}{r-1} f^{(k+1-r)}(x)g^{(r)}(x)$$

$$= \binom{k}{0} f^{(k+1)}(x)g^{(0)}(x) + \sum_{r=1}^{k} \left\{ \binom{k}{r} + \binom{k}{r-1} \right\} f^{(k+1-r)}(x)g^{(r)}(x)$$

$$+ \binom{k}{k} f^{(0)}(x)g^{(k+1)}(x)$$

ここで，$\binom{k}{0} = 1 = \binom{k+1}{0}$, $\binom{k}{r} + \binom{k}{r-1} = \binom{k+1}{r}$, $\binom{k}{k} = 1 = \binom{k+1}{k+1}$ だから

$$\{f(x)g(x)\}^{(k+1)} = \sum_{r=0}^{k+1} \binom{k+1}{r} f^{(k+1-r)}(x)g^{(r)}(x)$$

これは (7.10) が $n = k+1$ のときも成り立つことを示している．　■

例3　$f(x) = x^2 e^x$ について，$f^{(n)}(x)$ を求める．ライプニッツの公式より，

$$(x^2 e^x)^{(n)} = \sum_{r=0}^{n} \binom{n}{r} (e^x)^{(n-r)}(x^2)^{(r)}$$

$$= \binom{n}{0}(e^x)^{(n)}x^2 + \binom{n}{1}(e^x)^{(n-1)}(x^2)'$$

$$+ \binom{n}{2}(e^x)^{(n-2)}(x^2)'' + \binom{n}{3}(e^x)^{(n-3)}(x^2)''' + \cdots$$

ここで $(x^2)^{(r)} = 0$ $(r \geqq 3)$ に注意すると，

$$(x^2 e^x)^{(n)} = \binom{n}{0} x^2 e^x + \binom{n}{1} 2x e^x + \binom{n}{2} 2 e^x$$
$$= \{x^2 + 2nx + n(n-1)\} e^x$$

問 題 7

1. 次の関数の第2次導関数を求めよ.

(1) $y = x^3 - x^2 + 5$ (2) $y = e^{3x-1}$ (3) $y = \cos 4x$

(4) $y = \log(2+x)$ (5) $y = \sqrt{x}$ (6) $y = \tan x$

(7) $y = \sin^{-1} x$ (8) $y = \tan^{-1} \dfrac{x}{2}$ (9) $y = e^x \cos x$

2. 次の関数の第 n 次導関数を求めよ.

(1) $y = \sin(x+2)$ (2) $y = e^{5x}$ (3) $y = \dfrac{1}{1+x}$

(4) $y = \dfrac{1}{1-x}$ (5) $y = \cos 2x$ (6) $y = \log(1+x)$

(7) $y = \dfrac{x+2}{x+1}$ (8) $y = \sqrt{x}$ (9) $y = \sqrt[3]{e^x}$

(10) $y = \log(1-2x)$ (11) $y = (\pi x)^3$

3. $f(x) = e^{2x}(c_1 \cos 3x + c_2 \sin 3x)$ とするとき, $f'(0) = -8$, $f''(0) = -58$ をみたすように定数 c_1, c_2 を定めよ.

4. 次の関数の第 n 次導関数を求めよ.

(1) xe^x (2) $(2x+2)e^{-2x}$ (3) $x^2 \log x$ (4) $x^2 \sin 3x$

5. $f(x) = \tan^{-1} x$ は $(1+x^2)f'(x) = 1$ をみたす. この両辺を x について n 回微分することにより, 次の等式を示せ.
$$(x^2+1)f^{(n+1)}(x) + 2nx f^{(n)}(x) + n(n-1)f^{(n-1)}(x) = 0$$
また, この等式を利用して $f^{(n)}(0)$ を求めよ.

6. (1) $f(x) = \sin^{-1} x$ は $(1-x^2)f''(x) - xf'(x) = 0$ をみたすことを示せ.

(2) (1)の等式の両辺を x について n 回微分することにより, 次の等式を示せ.
$$(1-x^2)f^{(n+2)}(x) - (2n+1)x f^{(n+1)}(x) - n^2 f^{(n)}(x) = 0$$

(3) (2)を利用して, $f^{(n)}(0)$ を求めよ.

7. $f(x) = (x-1)^3 e^x$ とするとき, $f^{(100)}(0)$ を求めよ.

8. $f(x) = (1+x) \log(1+x)$ とするとき, $f^{(100)}(0)$ を求めよ.

9. (1) $\dfrac{1}{1-x^2} = \dfrac{a}{1+x} + \dfrac{b}{1-x}$ となるような定数 a, b を求めよ.

(2) $f(x) = \dfrac{1}{1-x^2}$ とするとき, $f^{(n)}(0)$ を求めよ.

10. $f(x) = \sin 5x \cos 3x$ とするとき，$f^{(n)}(0)$ は $n \geqq 4$ のときつねに 16 で割り切れる整数であることを証明せよ．

11. $f(x) = x^2 \sin \dfrac{1}{x}$ $(x \neq 0)$，$f(0) = 0$ とする．$f(x)$ は $x = 0$ で微分可能であるが，$f''(0)$ は存在しないことを示せ．

12. 次の等式のうち，正しいのはどれか．

(1) $20! = 380 \times 18!$ 　　(2) $4! + 4! = 8!$ 　　(3) $1! + 4! + 5! = 145$

(4) $\dfrac{6!}{3!} = 2!$ 　　　　(5) $10! = 6! \times 7!$

13. ライプニッツの公式に現れる二項係数 $\dbinom{n}{r}$ について，次の表が成り立つことを確かめよ．これを**パスカルの三角形**という（上段の2つの数を矢印のように加えると，下段の数が得られる）．

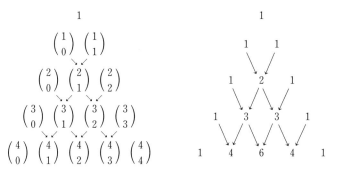

ライプニッツの公式と $(a+b)^n$ の展開公式を対比させてみよ．

14. $f(x) = \dfrac{x^n(1-x)^n}{n!}$ （n：自然数）とするとき，以下の問に答えよ．

(1) $f(0) = 0$，$f^{(m)}(0) = 0$（$m < n$ または $m > 2n$）を示せ．

(2) $x^n(1-x)^n = \displaystyle\sum_{k=n}^{2n} a_k x^k$ とするとき，$f^{(m)}(0) = \dfrac{m!}{n!} a_m$（$n \leq m \leq 2n$）を示せ．

(3) $f^{(m)}(0)$ はすべて整数であることを示せ．

(4) $f(x) = f(1-x)$ を利用して，$f^{(m)}(1)$ はすべて整数であることを示せ．

15. $H_n(x) = (-1)^n \exp(x^2) \dfrac{d^n}{dx^n} \exp(-x^2)$ とする．$H_n(x)$ は n 次の多項式で，最高次の係数は 2^n であることを数学的帰納法を用いて示せ．$H_n(x)$ は**エルミートの多項式**とよばれる．

8. 平均値の定理と不定形の極限

次の3つの定理は，関数の変化と導関数を結びつける重要な役割を果たす．
定理1～3に登場する関数はすべて $[a, b]$ で連続で，(a, b) で微分可能とする．

> **定理1**（ロル，1690） 関数 $f(x)$ が $f(a) = f(b)$ をみたすとき，ある c
> $(a < c < b)$ が存在して，$f'(c) = 0$ が成り立つ．

証明 $f(x)$ は $[a, b]$ で連続だから，次の3つの場合のいずれかが起こる．
（ i ） $f(x)$ は $[a, b]$ で定数．
（ ii ） $f(x)$ は $a < c < b$ なる点 c で最大値をとる．
（iii） $f(x)$ は $a < c < b$ なる点 c で最小値をとる．

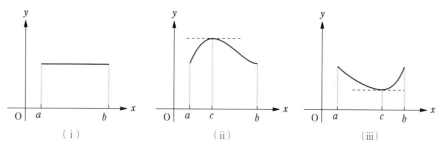

図 8.1

（i）の場合は，$a < x < b$ なる任意の x について $f'(x) = 0$ だから，定理は明らかに成り立つ．（ii）の場合，最大値をとる点 c において接線の傾きが0になることは，直観的には明らかである．より正確に $f'(c) = 0$ を示そう．h の正負にかかわらず $f(c) \geqq f(c+h)$ だから，

$h > 0$ のとき

$$\frac{f(c+h) - f(c)}{h} \leq 0 \quad \text{よって} \quad f'(c) = \lim_{h \to +0} \frac{f(c+h) - f(c)}{h} \leq 0$$

$h < 0$ のとき

$$\frac{f(c+h) - f(c)}{h} \geq 0 \quad \text{よって} \quad f'(c) = \lim_{h \to -0} \frac{f(c+h) - f(c)}{h} \geq 0$$

$f'(c) \leqq 0$ かつ $f'(c) \geqq 0$ だから，$f'(c) = 0$ となる．（iii）の場合も同様である．

定理2（平均値の定理：ラグランジュ，1794）　ある c $(a < c < b)$ が存在して，次の等式が成り立つ．

(8.1) $\qquad \dfrac{f(b)-f(a)}{b-a} = f'(c)$

(8.1) の左辺は2点 $(a, f(a))$，$(b, f(b))$ を結ぶ線分の傾きを表す．定理2は，c をうまく選ぶと，点 c における接線の傾きがこの線分の傾きに等しくなることを意味する．$f(a) = f(b)$ の場合には (8.1) の左辺が0になり，ロルの定理となる．したがって，定理2は定理1を一般化したものである．

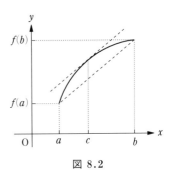

図 8.2

例1　$f(x) = x - x^3$ とする．$f(0) = f(1) = 0$ だから，区間 $[0, 1]$ で定理1を適用すると，$f'(c) = 0$ となる c $(0 < c < 1)$ が存在する．実際，$f'(x) = 1 - 3x^2$ だから，$c = \dfrac{1}{\sqrt{3}}$ のとき，$f'(c) = 0$ である．また区間 $[0, 2]$ で定理2を適用すると，$\dfrac{f(2) - f(0)}{2 - 0} = f'(c)$ をみたす c $(0 < c < 2)$ が存在する．実際，$c = \dfrac{2}{\sqrt{3}}$ のときこの等式が成り立つ．

関数によっては，定理1，定理2における c は，複数個存在する．また，c を具体的に求めるのは不可能なこともある．

定理2の証明　$F(x) = f(b) - f(x) - k(b - x)$ とおく．ただし，k は次の式で定める．

$$k = \dfrac{f(b) - f(a)}{b - a}$$

すると，$F(a) = F(b) = 0$ が成り立つ．よって，ロルの定理から，$F'(c) = 0$ となる c $(a < c < b)$ が存在する．$F'(x) = -f'(x) + k$ だから，$k = f'(c)$ となる．k の定義から，(8.1) が成り立つ．

　平均値の定理は c を a と b の間の数と言いかえることにより，$a < b$ でも $a > b$ でも成り立つ．また，次の形で使われることも多い．

(8.2) $\qquad \boldsymbol{f(b) - f(a) = f'(c)(b - a)}$ （$\boldsymbol{c}$ は $\boldsymbol{a}$ と $\boldsymbol{b}$ の間の数）

定理 3（コーシー，1821）　(a, b) において $g'(x) \neq 0$ とする．このとき，ある c（$a < c < b$）が存在して次の等式が成り立つ．

(8.3) $\qquad \dfrac{f(b) - f(a)}{g(b) - g(a)} = \dfrac{f'(c)}{g'(c)}$

証明　まず (a, b) で $g'(x) \neq 0$ だから，ロルの定理（の対偶）により，$g(a) \neq g(b)$ であることに注意する．$F(x) = f(b) - f(x) - k\{g(b) - g(x)\}$ とおく．ただし，k は次の式で定める．

$$k = \frac{f(b) - f(a)}{g(b) - g(a)}$$

すると，$F(a) = F(b) = 0$ だから，ロルの定理より $F'(c) = 0$ となる c（$a < c < b$）が存在する．$F'(x) = -f'(x) + kg'(x)$ だから，$k = \dfrac{f'(c)}{g'(c)}$ となる．k の定義から，(8.3) が成り立つ．　　　　　　　　　　　　　　　　　　　▨

注　定理 3 も c を a と b の間の数と言いかえると，$a > b$ でも成り立つ．

　次の定理はロピタルが 1696 年に著書で発表したが，実際にはヨハン・ベルヌーイによって 1691 年頃に発見されたものだという．彼らは厳密な証明は与えていない．$f(x), g(x)$ は a を含む区間 I で連続であり，$x \neq a$ において微分可能で $g'(x) \neq 0$ とする．

定理 4（ロピタル）　$f(a) = g(a) = 0$ とする．このとき，次の等式が成り立つ．

(8.4) $\qquad \displaystyle\lim_{x \to a} \frac{f(x)}{g(x)} = \lim_{x \to a} \frac{f'(x)}{g'(x)}$

　正確に言えば，(8.4) の右辺の極限が存在すれば左辺の極限も存在して，両

者の極限が一致する．極限は ∞ または $-\infty$ でもよい．この定理は $\dfrac{0}{0}$ 形の不定形である (8.4) の左辺の極限を求めるのに，右辺の形に変形して極限を求めればよいことを意味する．多くの場合には，この変形により極限が求まる形になる．なお，(8.4) の右辺では，分母・分子を別々に微分している点に注意し，商の微分 (2.10) と混同しないようにする．

定理 4 の証明   定理 3 より，a と x の間の数 c が存在して，次の等式が成り立つ．

$$\frac{f(x)-f(a)}{g(x)-g(a)} = \frac{f'(c)}{g'(c)}$$

$f(a)=g(a)=0$ だから，左辺は $\dfrac{f(x)}{g(x)}$ に等しい．また，$x \to a$ のとき $c \to a$ である．よって，

$$\lim_{x \to a} \frac{f(x)}{g(x)} = \lim_{c \to a} \frac{f'(c)}{g'(c)} = \lim_{x \to a} \frac{f'(x)}{g'(x)}$$
▨

例 2   （1） $\displaystyle\lim_{x \to 2} \frac{x^2-4}{x-2} = \lim_{x \to 2} \frac{(x^2-4)'}{(x-2)'} = \lim_{x \to 2} \frac{2x}{1} = 4$

（2） $\displaystyle\lim_{x \to 0} \frac{1-\cos x}{x^2} = \lim_{x \to 0} \frac{\sin x}{2x} = \lim_{x \to 0} \frac{\cos x}{2} = \frac{1}{2}$
▨

例 2 (2) のように，$\dfrac{0}{0}$ 形である限り，ロピタルの定理は繰り返して用いることができる．また，ロピタルの定理は定理 4 を含むより一般な場合に成り立つ．そこで，次のような略記法を用いて定理を述べる．

lim は次のいずれかの極限を表すものとする．ロピタルの定理は 5 種類の極限すべてについて成り立つ．

$$\left[\lim_{x \to a+0}, \quad \lim_{x \to a-0}, \quad \lim_{x \to a}, \quad \lim_{x \to \infty}, \quad \lim_{x \to -\infty}\right]$$

次の定理 5，定理 6 においては，関数の微分可能性などの条件は省略する．実際の応用上はこれらの条件はみたされていると考えてよい．

定理5（ロピタル） $\dfrac{0}{0}$ 形　$\lim f(x) = 0$, $\lim g(x) = 0$ とする．このとき，

$$\lim \frac{f(x)}{g(x)} = \lim \frac{f'(x)}{g'(x)}$$

定理6（ロピタル） $\dfrac{\infty}{\infty}$ 形　$\lim f(x) = \infty$, $\lim g(x) = \infty$ とする．このとき，

$$\lim \frac{f(x)}{g(x)} = \lim \frac{f'(x)}{g'(x)}$$

注　定理 6 は $f(x)$ または $g(x)$ の極限が $-\infty$ のときも成り立つ．定理の正確な記述および証明は付録 3 を参照．

例 3　（1）　$\displaystyle\lim_{x\to\infty} \frac{2x^2 - 5x}{x^2 + 1} = \lim_{x\to\infty} \frac{4x - 5}{2x} = \lim_{x\to\infty} \frac{4}{2} = 2$

（2）　$\displaystyle\lim_{x\to\infty} \frac{x}{\log x} = \lim_{x\to\infty} \frac{1}{\dfrac{1}{x}} = \infty$

（3）　$\displaystyle\lim_{x\to +0} x^2 \log x$ を求める．$x \to +0$ のとき $x^2 \to 0$, $\log x \to -\infty$ だから，形式的には $0 \times (-\infty)$ 形である．次のように変形してロピタルの定理を使える形 $\left(\dfrac{-\infty}{\infty}\ 形\right)$ にする．

$$
\begin{aligned}
\lim_{x\to +0} x^2 \log x &= \lim_{x\to +0} \frac{\log x}{\dfrac{1}{x^2}} \qquad\ \Big\} \ \text{ロピタル}\\[2mm]
&= \lim_{x\to +0} \frac{\dfrac{1}{x}}{-\dfrac{2}{x^3}} \quad\ \Big\} \ \text{分母・分子に } x^3 \text{ をかける．}\\[2mm]
&= \lim_{x\to +0} \left(-\frac{x^2}{2}\right)\\[2mm]
&= 0
\end{aligned}
$$

（4） $\displaystyle\lim_{x\to\infty}(2+x)^{\frac{1}{x}}$ を求める．形式的には $x\to\infty$ のとき ∞^0 形をしている．

$y=(2+x)^{\frac{1}{x}}$ とおいて対数をとると，

$$\log y=\log(2+x)^{\frac{1}{x}}=\frac{\log(2+x)}{x}$$

ロピタルの定理より，

$$\lim_{x\to\infty}\log y=\lim_{x\to\infty}\frac{\log(2+x)}{x}=\lim_{x\to\infty}\frac{\frac{1}{2+x}}{1}=0$$

ここで，対数の定義から任意の $y>0$ について $e^{\log y}=y$ が成り立つことに注意する．よって，

$$\lim_{x\to\infty}y=\lim_{x\to\infty}e^{\log y}=e^0=1$$

問 題 8

1. 次の極限を求めよ．

(1) $\displaystyle\lim_{x\to 0}\frac{\tan x}{x+\sin x}$ 　　　(2) $\displaystyle\lim_{x\to 3}\frac{x^2-9}{x^3-7x-6}$ 　　　(3) $\displaystyle\lim_{x\to 0}\frac{1-\cos x}{2x}$

(4) $\displaystyle\lim_{x\to 0}\frac{e^{2x}-1}{x^2+x}$ 　　　(5) $\displaystyle\lim_{x\to 2}\frac{x^2-4}{\log x-\log 2}$ 　　　(6) $\displaystyle\lim_{x\to 0}\frac{\sin(x+\pi)}{e^x-1}$

(7) $\displaystyle\lim_{x\to 0}\frac{\sin 5x}{\sin 2x}$ 　　　(8) $\displaystyle\lim_{x\to 0}\frac{\tan 2x}{\sin 3x}$ 　　　(9) $\displaystyle\lim_{x\to 0}\frac{x-\sin x}{x^3}$

(10) $\displaystyle\lim_{x\to\frac{\pi}{3}}\frac{\tan x-\sqrt{3}}{\sin\left(x-\frac{\pi}{3}\right)}$

2. 次の極限を求めよ．

(1) $\displaystyle\lim_{x\to\infty}\frac{2x-5}{x+2}$ 　　　(2) $\displaystyle\lim_{x\to-\infty}\frac{-3x^2+5x}{x^2+x+1}$ 　　　(3) $\displaystyle\lim_{x\to\infty}\frac{x}{e^x}$

(4) $\displaystyle\lim_{x\to\infty}\frac{\log x}{x}$ 　　　(5) $\displaystyle\lim_{x\to\infty}\frac{x-5}{\sqrt{x}+2}$ 　　　(6) $\displaystyle\lim_{x\to\infty}\frac{\log(1+2x)}{\log x}$

(7) $\displaystyle\lim_{x\to\infty}\frac{x\log x}{x+\log x}$ 　　　(8) $\displaystyle\lim_{x\to\infty}8^{\frac{x+1}{3x+1}}$ 　　　(9) $\displaystyle\lim_{x\to\infty}\frac{e^x+e^{-x}}{e^x-e^{-x}}$

3. 次の極限を求めよ．

(1) $\displaystyle\lim_{x\to 9}\frac{\sqrt{x}-3}{\sin^{-1}(x-9)}$ 　　　(2) $\displaystyle\lim_{x\to 0}\frac{\tan^{-1}x}{\sin 2x}$ 　　　(3) $\displaystyle\lim_{x\to\frac{\pi}{2}}\frac{1-\sin x}{\cos x}$

(4) $\displaystyle\lim_{x\to\infty}\frac{x^3}{e^{2x}}$ 　　　(5) $\displaystyle\lim_{x\to0}\frac{x^2}{e^x-1}$ 　(6) $\displaystyle\lim_{x\to\infty}\frac{x}{\sqrt{x^2+1}}$

(7) $\displaystyle\lim_{x\to0}\frac{x-\sin x}{x\cos x}$ 　　　(8) $\displaystyle\lim_{x\to+0}\frac{\log\tan x}{\log x}$

(9) $\displaystyle\lim_{x\to-2}\frac{2x^3+x^2-5x+2}{3x^3+x^2-12x-4}$ 　　(10) $\displaystyle\lim_{x\to8}\frac{\sqrt[3]{x}-2}{\log(x-7)}$

(11) $\displaystyle\lim_{x\to\infty}\frac{\log(1+x^2)}{\log x}$ 　(12) （ロピタルがあげた例）$\displaystyle\lim_{x\to1}\frac{\sqrt{2x-x^2}-\sqrt[3]{x}}{1-\sqrt[4]{x^3}}$

4. 次の極限を求めよ．

(1) $\displaystyle\lim_{x\to0}\left(\frac{1}{x}-\frac{1}{\sin x}\right)$ 　　(2) $\displaystyle\lim_{x\to+0}x^3\log x$ 　　(3) $\displaystyle\lim_{x\to0}\frac{e^{2x}-1-2x}{x^2}$

(4) $\displaystyle\lim_{x\to\infty}\frac{(\log x)^2}{x^3}$ 　　(5) $\displaystyle\lim_{x\to0}\frac{\pi x-\sin\pi x}{x^3}$ 　　(6) $\displaystyle\lim_{x\to\infty}\frac{x\log x}{e^x}$

(7) $\displaystyle\lim_{x\to0}\frac{(\sin^{-1}x)^2}{x}$ 　　(8) $\displaystyle\lim_{x\to\frac{\pi}{4}+0}\frac{\cos2x}{\left(x-\dfrac{\pi}{4}\right)^2}$

(9) $\displaystyle\lim_{x\to1}\frac{\sqrt{x+5}-\sqrt6}{\sqrt{x}-1}$ 　　(10) $\displaystyle\lim_{x\to\infty}x\left(\frac{\pi}{2}-\tan^{-1}x\right)$

(11) $\displaystyle\lim_{x\to\infty}\frac{\log\left(1+\dfrac{2}{x}\right)}{\sin\dfrac{1}{x}}$

5. 次の極限を求めよ．

(1) $\displaystyle\lim_{x\to\infty}x^{\frac{1}{x}}$ 　　(2) $\displaystyle\lim_{x\to0}(1+3x)^{\frac{1}{x}}$ 　　(3) $\displaystyle\lim_{x\to+0}x^x$

(4) $\displaystyle\lim_{x\to+0}x^{\sin x}$ 　　(5) $\displaystyle\lim_{x\to\infty}(1+x^2)^{\frac{1}{\log x}}$ 　　(6) $\displaystyle\lim_{x\to1}x^{\frac{1}{1-x}}$

(7) $\displaystyle\lim_{x\to-0}(1-e^x)^x$ 　　(8) $\displaystyle\lim_{x\to+0}(\tan x)^x$

6. 次の極限を求めよ．

(1) $\displaystyle\lim_{x\to\infty}(1+e^x)^{\frac{1}{x}}$ 　　(2) $\displaystyle\lim_{x\to+0}(\tan x)^{\frac{1}{1-\cos x}}$ 　　(3) $\displaystyle\lim_{x\to\infty}(\log x)^{\frac{1}{x}}$

(4) $\displaystyle\lim_{x\to-\infty}(1-x)^{\frac{1}{x}}$ 　　(5) $\displaystyle\lim_{x\to+0}(3x)^{\frac{4}{\log x}}$ 　　(6) $\displaystyle\lim_{x\to+0}x^{\log(x+1)}$

(7) $\displaystyle\lim_{x\to0}(\cos x)^{\frac{1}{x^2}}$

7. 次の極限を求めよ．

(1) $\displaystyle\lim_{x\to\infty}x\tan^{-1}\frac{1}{x}$ 　　(2) $\displaystyle\lim_{x\to+0}x\log\left(\frac{1}{x}-2\right)$

(3) $\displaystyle\lim_{x\to 0}\frac{\log(1+e^x)-\frac{1}{2}x-\log 2}{e^x-1-x}$

(4) $\displaystyle\lim_{x\to 0}(3-2e^{-x})^{\frac{1}{x}}$

(5) $\displaystyle\lim_{x\to 0}\frac{\sin^{-1}x-x}{x^3}$

(6) $\displaystyle\lim_{x\to +0}(\tan x)^{\sin x}$

8. $f(x)$ は $a, b\ (a < b)$ を含む区間で 3 回微分可能な関数とする．$f(a)=f'(a)$ $=f(b)=f'(b)=0$ のとき，ある $c\ (a<c<b)$ が存在して，$f'''(c)=0$ となることを示せ．

9. (1) $f(x)$ は 2 回微分可能な関数で，$f''(x)$ は連続とする．このとき，次の極限を求めよ．

$$\lim_{h\to 0}\frac{f(a+h)+f(a-h)-2f(a)}{h^2}$$

（ロピタルの定理を用いると簡単であるが，コーシーの平均値の定理を直接用いると，$f''(x)$ が連続であることを使わずにすむ．）

(2) $f(x)$ は微分可能で，$f'(x)$ は連続とする．このとき，次の極限を求めよ．

$$\lim_{x\to a}\frac{x^3 f(a)-a^3 f(x)}{x-a}$$

10. $a_1, a_2, \cdots, a_n$ は相異なる実数とする．$f(x)=(x-a_1)(x-a_2)\cdots(x-a_n)$ とおく．$(n-1)$ 次以下の多項式 $g(x)$ に対し，

$$\frac{g(x)}{f(x)}=\frac{A_1}{x-a_1}+\frac{A_2}{x-a_2}+\cdots+\frac{A_n}{x-a_n}$$

をみたす定数 $A_1, A_2, \cdots, A_n$ は次の式で求められることを示せ．

$$A_i=\frac{g(a_i)}{f'(a_i)}\quad(i=1,2,\cdots,n)$$

11. 指定された区間 $[a,b]$ において，平均値の定理が成り立つような $c\ (a<c<b)$ を具体的に求めよ．

(1) $f(x)=\log x\quad[1,3]$

(2) $f(x)=\sqrt{x}\quad[1,4]$

12. (1) 区間 $[a,b]$ において，$m\leq|f'(x)|\leq M$ が成り立つとする（$m>0,\ M>0$ は定数）．このとき，次の不等式を示せ．

$$m(b-a)\leq|f(b)-f(a)|\leq M(b-a)$$

(2) $f(x)=\sqrt{1+x}$ を $[0,h]$ で考えることにより，$h>0$ に対し次の不等式を示せ．

$$1+\frac{h}{2\sqrt{1+h}}<\sqrt{1+h}<1+\frac{h}{2}$$

(3) (2) を用いて，$\sqrt{25.1}$ の近似値を求めよ．

(4) $\displaystyle\lim_{x\to\infty}\{\tan^{-1}(x+1)-\tan^{-1}x\}$ を求めよ．

13. (1)　$\displaystyle\lim_{x\to 0}\frac{e^x-e^{\sin x}}{x-\sin x}$ を平均値の定理を用いて求めよ．

(2)　$\displaystyle\lim_{x\to 0}\frac{\sin x-\sin x^2}{x-x^2}$ を平均値の定理を用いて求めよ．

14. (1)　$a<b$ のとき，次の不等式を示せ．

$$e^a<\frac{e^b-e^a}{b-a}<e^b$$

(2)　任意の a,b に対し，$|\sin b-\sin a|\leqq|b-a|$ が成り立つことを示せ．

15.　$f(x)=x^2$ とするとき，次の式をみたす θ $(0<\theta<1)$ を求めよ．

(8.5)　　　$\boldsymbol{f(a+h)-f(a)=hf'(a+\theta h)}$

この等式は平均値の定理を別の形で表現したものである．

16. (1)　$f(x)=\sqrt{x}$，$a>0$ とするとき，次の式をみたす θ を a,h を用いて表せ．

（＊）　　　$f(a+h)-f(a)=hf'(a+\theta h)$

また，$\displaystyle\lim_{h\to 0}\theta$ を求めよ．

(2)　$f(x)=\log x$ について，(1) と同様に（＊）をみたす θ を a,h を用いて表し，さらに $\displaystyle\lim_{h\to 0}\theta$ を求めよ．

17.　$\displaystyle\lim_{x\to\infty}f'(x)=k$ のとき，$\displaystyle\lim_{x\to\infty}\{f(x+a)-f(x)\}$ を求めよ（a：定数）．

18. (1)　$f(x)=x^2\sin\dfrac{1}{x}$，$g(x)=\sin x$ とおく．このとき，$\displaystyle\lim_{x\to 0}\frac{f'(x)}{g'(x)}$ は存在しないが，$\displaystyle\lim_{x\to 0}\frac{f(x)}{g(x)}$ は存在することを示し，この極限値を求めよ．

(2)　$f(x)=2x+x\sin x$，$g(x)=x^2+1$ とおく．このとき，$\displaystyle\lim_{x\to\infty}\frac{f'(x)}{g'(x)}$ は存在しないが，$\displaystyle\lim_{x\to\infty}\frac{f(x)}{g(x)}$ は存在することを示し，この極限値を求めよ．

19.　$f(x)=\dfrac{x}{2}+\dfrac{1}{4}\sin 2x+\sin x$，$g(x)=(x+\sin x\cos x)(2+\sin x)^2$ とおく．

(1)　$\displaystyle\lim_{x\to\infty}f(x)=\infty$，$\displaystyle\lim_{x\to\infty}g(x)=\infty$ となることを確かめよ．

(2)　$\displaystyle\lim_{x\to\infty}\frac{f'(x)}{g'(x)}=0$ であるが，$\displaystyle\lim_{x\to\infty}\frac{f(x)}{g(x)}$ は存在しないことを示せ．

R. P. Boas によるこの例は，$g'(x)$ の符号変化がいくらでも大きな x について起こるとき，ロピタルの定理が成り立たないことを示す．

20.　定理3を次のように証明した．この証明は正しいか．

(8.2) より，$f(b)-f(a)=f'(c)(b-a)$，$g(b)-g(a)=g'(c)(b-a)$（ただ

し，$a < c < b$）．よって，$\dfrac{f(b)-f(a)}{g(b)-g(a)} = \dfrac{f'(c)(b-a)}{g'(c)(b-a)} = \dfrac{f'(c)}{g'(c)}$．

21. $f(x)$ を微分可能な関数とする．$f(x) = 0$ が n 個の相異なる実数解をもつとき，$f'(x) = 0$ は少なくとも $(n-1)$ 個の相異なる実数解をもつことを示せ．

22. (1) 関数 $f(x)$ は点 a を含む区間で連続であり，$x \neq a$ で微分可能とする．$\lim\limits_{x \to a} f'(x) = L$ が存在するならば，$f(x)$ は $x = a$ でも微分可能で，$f'(a) = L$ となることを示せ．

(2) $f(x) = \begin{cases} e^{-1/x^2} & (x \neq 0) \\ 0 & (x = 0) \end{cases}$ とするとき，$f'(0) = 0$ を示せ．

23. 実数 $a_0, a_1, \cdots, a_n$ $(a_n \neq 0)$ が $a_0 + \dfrac{a_1}{2} + \dfrac{a_2}{3} + \cdots + \dfrac{a_n}{n+1} = 0$ をみたすとき，次の n 次方程式は少なくとも 1 つの実数解を区間 $(0,1)$ にもつことを示せ．
$$a_0 + a_1 x + a_2 x^2 + \cdots + a_n x^n = 0$$

9. 関数の近似

$f(x)$ を次のような n 次多項式で表される関数とする.

$$f(x) = a_0 + a_1 x + a_2 x^2 + \cdots + a_n x^n$$

$f(x)$ の係数 $a_0, a_1, \cdots, a_n$ を $f(x)$ の導関数を用いて表してみよう.

$$f'(x) = a_1 + 2a_2 x + \cdots + na_n x^{n-1}$$
$$f''(x) = 2a_2 + 3 \cdot 2a_3 x + \cdots + n(n-1)a_n x^{n-2}$$
$$f'''(x) = 3 \cdot 2a_3 + 4 \cdot 3 \cdot 2a_4 x + \cdots + n(n-1)(n-2)a_n x^{n-3}$$
$$\vdots$$
$$f^{(n)}(x) = n(n-1)(n-2) \cdots \cdot 2a_n$$

よって, $f(0) = a_0$, $f'(0) = a_1$, $f''(0) = 2a_2$, $f'''(0) = 3 \cdot 2a_3$, $\cdots$,

$f^{(n)}(0) = n! a_n$ となる. したがって, $a_k = \dfrac{f^{(k)}(0)}{k!}$ $(k = 0, 1, \cdots, n)$ と表せ

るから

$$(9.1) \qquad f(x) = f(0) + f'(0)x + \frac{f''(0)}{2!}x^2 + \cdots + \frac{f^{(n)}(0)}{n!}x^n$$

例1 $f(x) = \sin x$ は x の多項式で表せないことを示そう. $f(x)$ がある n 次
多項式 $g(x) = a_0 + a_1 x + \cdots + a_n x^n$ $(a_n \neq 0)$ に等しいと仮定する. $g(x) = 0$ は多くても n 個の解しかもたないが, $f(x) = 0$ は無数の解 $(x = 0, \pm\pi,$
$\pm 2\pi, \cdots)$ をもつから矛盾が生じる. また, $|g(x)| = |a_n x^n| \left| \dfrac{a_0}{a_n x^n} + \dfrac{a_1}{a_n x^{n-1}} \right.$
$\left. + \cdots + 1 \right|$ は $x \to \infty$ のとき $|g(x)| \to \infty$ となる. 一方, すべての実数 x につい
て $|f(x)| \leqq 1$ だから, このことからも矛盾が出る. 　　　　　　　　　▨

　$f(x)$ が多項式でなければ, (9.1) の右辺の形に $f(x)$ を表すことはできな
い. しかし, 多くの関数 $f(x)$ について, (9.1) の右辺に近い形で表すことが
可能である. これが後で述べるマクローリンの定理である.

　次の定理 1, 定理 2 において, 関数 $f(x)$ は点 a, b を含むある区間で

$(n+1)$ 回微分可能とする．本書に出てくる大部分の関数は無限回微分可能であり，この仮定はみたされている．定理1はテイラーの定理とよばれるが，この形で述べたのはラグランジュ（1797）である．

定理1（テイラー）　ある c（$a < c < b$）が存在して，次の等式が成り立つ．

$$(9.2) \qquad f(b) = f(a) + f'(a)(b-a) + \frac{f''(a)}{2!}(b-a)^2 + \cdots$$

$$+ \frac{f^{(n)}(a)}{n!}(b-a)^n + \frac{f^{(n+1)}(c)}{(n+1)!}(b-a)^{n+1}$$

証明　$F(x) = f(b) - f(x) - \sum_{l=1}^{n} \frac{f^{(l)}(x)}{l!}(b-x)^l - k(b-x)^{n+1}$ とおく．ただし，k は次の等式をみたす定数である．

$$(9.3) \qquad f(b) - f(a) - \sum_{l=1}^{n} \frac{f^{(l)}(a)}{l!}(b-a)^l - k(b-a)^{n+1} = 0$$

すると，$F(a) = F(b) = 0$ だから，ロルの定理より $F'(c) = 0$ となる c（$a < c < b$）が存在する．

$$F'(x) = -f'(x) - \sum_{l=1}^{n} \frac{f^{(l+1)}(x)}{l!}(b-x)^l$$

$$- \sum_{l=1}^{n} \frac{f^{(l)}(x)}{l!}\{-l(b-x)^{l-1}\} + (n+1)k(b-x)^n$$

$$= -f'(x) - \sum_{l=1}^{n} \frac{f^{(l+1)}(x)}{l!}(b-x)^l + f'(x)$$

$$+ \sum_{l=1}^{n-1} \frac{f^{(l+1)}(x)}{l!}(b-x)^l + (n+1)k(b-x)^n$$

$$= -\frac{f^{(n+1)}(x)}{n!}(b-x)^n + (n+1)k(b-x)^n$$

$F'(c) = 0$ より

$$(b-c)^n\left\{(n+1)k - \frac{f^{(n+1)}(c)}{n!}\right\} = 0. \qquad \text{よって，} \qquad k = \frac{f^{(n+1)}(c)}{(n+1)!}.$$

これを (9.3) に代入して移項すると (9.2) を得る．　　　　　■

テイラーの定理で $n = 0$ の場合が平均値の定理である．(9.2) において，$\frac{c-a}{b-a} = \theta$ とおくと，$0 < \theta < 1$ であり $c = a + \theta(b-a)$ と書ける．よって，

(9.2)の右辺の最後の項は，次のように書ける．

$$\frac{f^{(n+1)}(c)}{(n+1)!}(b-a)^{n+1} = \frac{f^{(n+1)}(a+\theta(b-a))}{(n+1)!}(b-a)^{n+1}$$

$$(0 < \theta < 1)$$

このように θ を用いて書きかえておくと，(9.2)は $a < b$ でも $a > b$ でも成り立つ． $a = 0$, $b = x$ とおくと次の定理が得られる．

定理2（マクローリン） ある θ $(0 < \theta < 1)$ が存在して，次の等式が成り立つ．

$$(9.4) \qquad f(x) = f(0) + f'(0)x + \frac{f''(0)}{2!}x^2 + \cdots + \frac{f^{(n)}(0)}{n!}x^n$$

$$+ \frac{f^{(n+1)}(\theta x)}{(n+1)!}x^{n+1}$$

この定理は，$(n+1)$ 回微分可能な任意の関数が次の形に書けることを示す．

$$f(x) = (n\text{ 次多項式}) + (剰余項)$$

ここで**剰余項** R_{n+1} は次の式で定められる．θ の値は関数ごとに，また x や n の値により変わりうる．

$$(9.5) \qquad R_{n+1} = \frac{f^{(n+1)}(\theta x)}{(n+1)!}x^{n+1} \quad (0 < \theta < 1)$$

$f(x)$ を n 次多項式で近似したとき，誤差に相当するのが剰余項である．

例2 （1） $f(x) = e^x$ に定理2を適用する． $f^{(n)}(x) = e^x$ より $f^{(n)}(0) = 1$.

$$(9.6) \qquad e^x = 1 + x + \frac{1}{2!}x^2 + \cdots + \frac{1}{n!}x^n + \frac{e^{\theta x}}{(n+1)!}x^{n+1} \quad (0 < \theta < 1)$$

(9.6)を用いて，e の近似値を求めてみよう．$x = 1$, $n = 3$ とおくと，

$$e = 1 + 1 + \frac{1}{2!} + \frac{1}{3!} + \frac{e^{\theta}}{4!}$$

よって，剰余項を無視すると $e \fallingdotseq 2.667$ となる．誤差 R_4 は次のように評価できる．ここで $e < 3$ は既知とする．

$$R_4 = \frac{e^{\theta}}{4!} < \frac{e^1}{4!} < \frac{3}{4!} = \frac{1}{8}$$

同様に (9.6) で $x = 1$, $n = 5$ とおいて近似値を求めると，$e \fallingdotseq 2.717$ となり，誤差 R_6 は $\dfrac{1}{240}$ 以下なので，より良い近似値が得られる．

（2）$f(x) = \sin x$ に定理 2 を適用する．$f^{(n)}(x) = \sin\left(x + \dfrac{n\pi}{2}\right)$ だから，$f^{(2n)}(0) = 0$, $f^{(2n+1)}(0) = (-1)^n$.

$$(9.7)\quad \begin{cases} \sin x = x - \dfrac{1}{3!}x^3 + \dfrac{1}{5!}x^5 - \dfrac{1}{7!}x^7 + \cdots + \dfrac{(-1)^n}{(2n+1)!}x^{2n+1} \\[2mm] \qquad\quad + R_{2n+2} \\[2mm] R_{2n+2} = \dfrac{\sin\left(\theta x + (n+1)\pi\right)}{(2n+2)!}x^{2n+2} \\[2mm] \qquad\quad = \dfrac{(-1)^{n+1}\sin\theta x}{(2n+2)!}x^{2n+2} \end{cases}$$

（3）$f(x) = \cos x$ のとき，（2）と同様にして，

$$(9.8)\quad \begin{cases} \cos x = 1 - \dfrac{1}{2!}x^2 + \dfrac{1}{4!}x^4 - \dfrac{1}{6!}x^6 + \cdots + \dfrac{(-1)^n}{(2n)!}x^{2n} + R_{2n+1} \\[2mm] R_{2n+1} = \dfrac{\cos\left(\theta x + \left(n + \dfrac{1}{2}\right)\pi\right)}{(2n+1)!}x^{2n+1} \\[2mm] \qquad\quad = \dfrac{(-1)^{n+1}\sin\theta x}{(2n+1)!}x^{2n+1} \end{cases}$$

（4）$f(x) = \log(1+x)$. $f^{(n)}(x) = \dfrac{(-1)^{n-1}(n-1)!}{(1+x)^n}$ より $f^{(n)}(0) = (-1)^{n-1}(n-1)!$.

$$(9.9)\quad \begin{cases} \log(1+x) = x - \dfrac{x^2}{2} + \dfrac{x^3}{3} - \dfrac{x^4}{4} + \cdots + \dfrac{(-1)^{n-1}}{n}x^n + R_{n+1} \\[2mm] R_{n+1} = \dfrac{(-1)^n}{(n+1)(1+\theta x)^{n+1}}x^{n+1} \end{cases}$$

（5）$f(x) = (1+x)^\alpha$ （α：実数）．$f^{(n)}(x) = \alpha(\alpha-1)(\alpha-2)\cdots(\alpha-n+1) \times (1+x)^{\alpha-n}$ より $f^{(n)}(0) = \alpha(\alpha-1)(\alpha-2)\cdots(\alpha-n+1)$. ここで §7 で定義した記号を α が実数の場合に拡張する．

(9.10)　　$\displaystyle \binom{\alpha}{n} = \frac{\alpha(\alpha-1)(\alpha-2)\cdots(\alpha-n+1)}{n!}$

　　　　ただし，$\displaystyle \binom{\alpha}{0} = 1$ と定める.

$\displaystyle \binom{\alpha}{n}$ の計算では，分母も分子も n 個の積であることに注意する. たとえば，

$$1\text{ ずつ引いていく}$$

$$\binom{\dfrac{1}{2}}{4} = \frac{\dfrac{1}{2}\times\left(-\dfrac{1}{2}\right)\times\left(-\dfrac{3}{2}\right)\times\left(-\dfrac{5}{2}\right)}{4\times 3\times 2\times 1} = -\frac{5}{128}$$

この記号を用いると，$f(x) = (1+x)^{\alpha}$ は次の形に書ける.

(9.11)

$$\begin{cases} (1+x)^{\alpha} = \dbinom{\alpha}{0} + \dbinom{\alpha}{1}x + \dbinom{\alpha}{2}x^2 + \cdots + \dbinom{\alpha}{n}x^n + R_{n+1} \\[2mm] R_{n+1} = \dbinom{\alpha}{n+1}\dfrac{x^{n+1}}{(1+\theta x)^{n+1-\alpha}} \end{cases}$$

注　α が自然数のとき，$n=\alpha$ とおくと $R_{n+1}=0$ となり，$(1+x)^{\alpha}$ の展開公式 (**二項定理**) が得られる.

(9.12)　　$\displaystyle (1+x)^{\alpha} = \binom{\alpha}{0} + \binom{\alpha}{1}x + \binom{\alpha}{2}x^2 + \cdots + \binom{\alpha}{\alpha}x^{\alpha}$

例3　$f(x) = \sqrt{1+x}$ を 2 次式で近似する. (9.11) で $\alpha = \dfrac{1}{2}$，$n=2$ とおくと，

$$(1+x)^{\frac{1}{2}} = \binom{\frac{1}{2}}{0} + \binom{\frac{1}{2}}{1}x + \binom{\frac{1}{2}}{2}x^2 + R_3$$

$$\binom{\frac{1}{2}}{0} = 1, \qquad \binom{\frac{1}{2}}{1} = \frac{\dfrac{1}{2}}{1} = \frac{1}{2},$$

$$\left(\begin{array}{c} \dfrac{1}{2} \\ 2 \end{array}\right) = \frac{\dfrac{1}{2} \times \left(-\dfrac{1}{2}\right)}{2 \times 1} = -\frac{1}{8}$$

よって

$$\sqrt{1+x} \fallingdotseq 1 + \frac{1}{2}x - \frac{1}{8}x^2$$

ここで $x = 0.02$ を代入すると，$\sqrt{1.02}$ の近似値として 1.00995 を得る．

　さて，関数の多項式による近似式として最も簡単な式は 1 次式である．そこで曲線の接線を近似の立場からみてみよう．関数 $y = f(x)$ が与えられたとき，点 $(x, f(x))$ における接線の傾きは $f'(x)$ である．この点における接線の方程式を $(x, y$ と区別するため)変数 X, Y を用いて表すと次のようになる．

(9.13)　　　$Y - f(x) = f'(x)(X - x)$

ここで，$X - x = dx$，$Y - f(x) = dy$ とおくと，(9.13)は次の形になる．

(9.14)　　　$\boldsymbol{dy = f'(x)\,dx}$

これを $f(x)$ の**微分**とよぶ．一方，$\varDelta y = f(x + \varDelta x) - f(x)$ とおくと，$\varDelta y$ は独立変数が x から $x + \varDelta x$ まで変化したときの y の値の変化量を表す．導関数の定義から，

$$\lim_{\varDelta x \to 0} \frac{\varDelta y}{\varDelta x} = \lim_{\varDelta x \to 0} \frac{f(x + \varDelta x) - f(x)}{\varDelta x} = f'(x)$$

である．$\varDelta x = dx$ のとき，$dy = f'(x)\,\varDelta x$ だから，

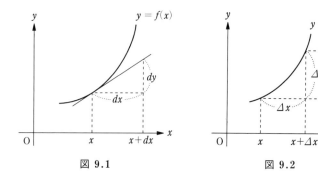

図 9.1　　　　　　　　　　　　　図 9.2

(9.15)
$$\lim_{\Delta x \to 0} \frac{\Delta y - dy}{\Delta x} = \lim_{\Delta x \to 0} \left(\frac{\Delta y}{\Delta x} - f'(x) \right)$$
$$= 0$$

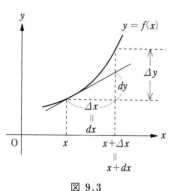

図 9.3

(9.15) は $\Delta x = dx$ が 0 に近いとき，$|\Delta y - dy|$ は微小量 Δx に比べても十分小さいことを表す．よって，$f(x)$ が微分可能であるとき，微小量 Δx について次の近似式が成り立つ．

(9.16) 　　$\boldsymbol{f(x + \Delta x) - f(x) \doteqdot f'(x)\,\Delta x}$

注　Δx や dx は $\Delta \times x$ や $d \times x$ を意味するものではなく，全体としてひとつの変数を表す記号である．微分 dy を df で表すこともある．

例4 球の半径 r を測定したときの誤差を 1% 以内とする．半径 r を用いて球の表面積 S を計算したとき，誤差の限界はどのくらいか求めてみる．r の誤差を Δr とする．$S(r) = 4\pi r^2$ より，$\Delta S = S(r + \Delta r) - S(r)$ を計算すると，

$$\Delta S = 4\pi(r + \Delta r)^2 - 4\pi r^2 = 8\pi r\, \Delta r + 4\pi(\Delta r)^2$$

Δr は r に比べて小さいので，$(\Delta r)^2$ は十分小さな値になる．よって，

$$\Delta S \doteqdot 8\pi r\, \Delta r$$

となる．この結果は S の微分 $dS = 8\pi r\, dr$ を用いて，$\Delta r = dr$ が 0 に近いとき，$\Delta S \doteqdot dS$ と近似したことに相当する．$\left| \dfrac{\Delta r}{r} \right| \leq 0.01$ なので，

$$\left| \frac{\Delta S}{S} \right| \doteqdot \frac{8\pi r}{4\pi r^2} |\Delta r| = 2 \left| \frac{\Delta r}{r} \right| \leq 0.02$$

よって，S の誤差は約 2% 以内である．

問 題 9

1. 次の値を求めよ（n：自然数）．

(1) $\begin{pmatrix} 6 \\ 3 \end{pmatrix}$ 　　(2) $\begin{pmatrix} \dfrac{3}{2} \\ 1 \end{pmatrix}$ 　　(3) $\begin{pmatrix} \sqrt{3} \\ 0 \end{pmatrix}$ 　　(4) $\begin{pmatrix} -\dfrac{1}{2} \\ 3 \end{pmatrix}$

$(5)\ \begin{pmatrix} \dfrac{2}{3} \\ 4 \end{pmatrix}$ $(6)\ \begin{pmatrix} 1-\sqrt{2} \\ 3 \end{pmatrix}$ $(7)\ \begin{pmatrix} -n \\ 3 \end{pmatrix}$ $(8)\ \begin{pmatrix} -2 \\ n \end{pmatrix}$

$(9)\ \begin{pmatrix} \dfrac{1}{2} \\ n \end{pmatrix}$ （ただし，$n \geqq 2$） $(10)\ \begin{pmatrix} 2 \\ n \end{pmatrix}$ （ただし，$n \geqq 3$）

2. マクローリンの定理を用いて，次の関数を [　] 内に指定された次数の多項式で近似せよ．

(1) $\sqrt{(1+x)^3}$ ［3 次式］   (2) $\log(1-x)$ ［3 次式］

(3) $\sin 2x$ ［3 次式］   (4) $\cos 3x$ ［4 次式］   (5) e^{-4x} ［3 次式］

3. (1) $f(x) = \log(1+x)$ にマクローリンの定理（$n=2$）を適用した式を書け．

(2) $\log(1.02)$ の近似値を小数第 4 位まで求めよ．

(3) (2) で求めた近似値の誤差の限界について調べよ．

4. (1) $f(x) = \sqrt[3]{1+x}$ を 2 次式で近似せよ．

(2) $\sqrt[3]{0.97}$ の近似値を小数第 4 位まで求めよ．

(3) (2) で求めた近似値の誤差の限界を調べよ．

5. マクローリンの定理を用いて，次の数の近似値を小数第 3 位まで求めよ．誤差については調べなくてよい．

(1) $e^{\frac{3}{50}}$ (2) $\sin 0.2$

6. e が無理数であることを次の手順で証明せよ．ただし，$2 < e < 3$ であることは使ってよい．

(1) e が有理数と仮定すると，$e = \dfrac{q}{p}$（p, q：自然数，$p > 1$）という既約分数で表せる．マクローリンの定理を用いて次の式を示せ．

（＊） $\dfrac{q}{p} = 1 + 1 + \dfrac{1}{2!} + \cdots + \dfrac{1}{p!} + \dfrac{e^\theta}{(p+1)!}$ （$0 < \theta < 1$）

(2) （＊）の両辺に $p!$ をかけて矛盾を導け．

7. 次の関数 $f(x)$ について，接点の x 座標が（　）内に指定されているとき，接線の方程式を求めよ．

(1) $y = \dfrac{x}{x+1}$ （$x=0$）   (2) $y = \sin 3x$ $\left(x = \dfrac{\pi}{4} \right)$

(3) $y = \sqrt{9-x^2}$ （$x = -\sqrt{5}$）

8. $f(x) = 2\log(1+3x)$ において，x が 1 から 1.01 まで増加するとき，y の値はどれくらい増加するか．$f(x)$ の微分を利用して近似値で答えよ．

9. 半径 r の測定誤差が 0.2% 以内であるとき，r を用いて計算した球の体積 V の誤差の限界は何 % ぐらいであるか．

10. 地球の中心からの距離 r [km] の地点における人間の体重 w [kg] は，

$w = \dfrac{k}{r^2}$（k は正の定数）で表されるものとする．地表から $8\,\mathrm{km}$ の高さを飛んでいる飛行機内の人の体重は，地表に比べて何 % 減少するか．ただし，地球の半径は $6400\,\mathrm{km}$ とする．

11.　(1)　$f(x)$ は $(n+1)$ 回微分可能な関数とする．関数 $F(x)$ を次のように定める．

$$F(x) = f(b) - f(x) - \sum_{k=1}^{n} \frac{f^{(k)}(x)}{k!}(b-x)^k - \frac{M(b-x)}{n!}$$

ただし，M は $F(a) = 0$ が成り立つような定数である．$F(b) = 0$ だから，ロルの定理より $F'(c) = 0$ をみたす c が a と b の間に存在する．$M = (b-c)^n f^{(n+1)}(c)$ となることを示せ．

(2)　$\theta = \dfrac{c-a}{b-a}$ とおくとき，次の等式を示せ．

$$f(b) = \sum_{k=0}^{n} \frac{f^{(k)}(a)}{k!}(b-a)^k + \frac{(1-\theta)^n f^{(n+1)}(a+\theta(b-a))}{n!}(b-a)^{n+1}$$
$$(0 < \theta < 1)$$

(3)　(2)で $a = 0$，$b = x$ とおいて，次の等式を示せ．

(9.17)　$f(x) = \displaystyle\sum_{k=0}^{n} \frac{f^{(k)}(0)}{k!}x^k + \frac{(1-\theta)^n f^{(n+1)}(\theta x)}{n!}x^{n+1}$　$(0 < \theta < 1)$

(9.17)の形に書いたときの剰余項を**コーシーの剰余形**という．これに対し，(9.5)の形の剰余項を**ラグランジュの剰余形**という．

12.（ニュートン法）　$f(x) = x^2 - a\ (a > 0)$ とするとき，数列 $\{x_n\}$ を次のように定める．まず $x_1 > 0$ を $x_1^2 > a$ なる任意の数とする．$x_2, x_3, \cdots$ は次の規則で順次定めていく．点 $(x_n, f(x_n))$ における $y = f(x)$ の接線が x 軸と交わる点を $(x_{n+1}, 0)$ とおく．

(1)　$x_{n+1} = \dfrac{1}{2}\left(x_n + \dfrac{a}{x_n}\right)$ が成り立つことを示せ．

(2)　任意の n について，$\sqrt{a} < x_{n+1} < x_n$ が成り立つことを示せ．

(3)　$a > 0$ を $a = \dfrac{1}{2}\left(a + \dfrac{a}{a}\right)$ をみたす数とするとき，$\displaystyle\lim_{n\to\infty} x_n = a$ を示せ．

(4)　この方法を用いて，$x_1 = 2$ とおいて x_4 を計算することにより，$\sqrt{2}$ の近似値を求めよ．

10. 関 数 の 展 開

前節では，関数 $f(x)$ を多項式で近似するマクローリンの定理を述べた．この定理において，(9.4) の右辺の多項式部分が $f(x)$ に近いことを保証するには，剰余項が十分小さいことを示す必要がある．剰余項 $R_{n+1} = R_{n+1}(x)$ は x の関数である．$x = 0$ のとき，$R_{n+1}(0) = 0$ であるが，$x \neq 0$ について，n が限りなく大きくなるとき，

$$(10.1) \qquad \lim_{n \to \infty} R_{n+1}(x) = 0$$

が成り立つであろうか．実は無限回微分可能な関数 $f(x)$ を与えたとき，すべての x について，(10.1) が成り立つとは限らない．(10.1) が成り立つためのひとつの十分条件が次の定理で示される．

定理1 ある定数 $M > 0$ が存在して，$|x| < a$ なる任意の x とすべての自然数 n について，$|f^{(n)}(x)| \leqq M$ が成り立つならば，$\displaystyle \lim_{n \to \infty} R_{n+1}(x) = 0$ が $|x| < a$ において成り立つ．

証明　まず，$r \geqq 0$ を定数とするとき，次の式を示そう．

$$(10.2) \qquad \lim_{n \to \infty} \frac{r^n}{n!} = 0$$

$k > r$ なる自然数 k をとり，固定する．このとき，

$$0 \leqq \frac{r^n}{n!} = \frac{r}{n} \frac{r}{n-1} \cdots \frac{r}{k} \frac{r^{k-1}}{(k-1)!} \leqq \frac{r}{n} \frac{r^{k-1}}{(k-1)!}$$

が $n > k$ について成り立つ．ここで $\displaystyle \lim_{n \to \infty} \frac{1}{n} \frac{r^k}{(k-1)!} = 0$ だから，はさみうちの原理により，(10.2) が成り立つ．

定理の仮定から，

$$|R_{n+1}(x)| = \frac{|f^{(n+1)}(\theta x)|}{(n+1)!} |x|^{n+1} \leqq M \frac{a^{n+1}}{(n+1)!}$$

(10.2) より $\displaystyle \lim_{n \to \infty} M \frac{a^{n+1}}{(n+1)!} = 0$ だから，はさみうちの原理により定理の結論が成り立つ．

(10.1) が成り立つとき，関数 $f(x)$ は**マクローリン級数**に展開できるとい

い，$f(x)$ を次の形で表す．これを $f(x)$ の**マクローリン展開**ともいう．

$$(10.3) \qquad f(x) = \sum_{k=0}^{\infty} \frac{f^{(k)}(0)}{k!} x^k$$

$$= f(0) + f'(0)x + \frac{f''(0)}{2!} x^2 + \cdots + \frac{f^{(n)}(0)}{n!} x^n + \cdots$$

テイラー（1715）やマクローリン（1742）の著書では，関数を（10.3）の形の無限次数の多項式に展開するというアイデアがみられるものの，（10.3）が成り立つための明確な条件（すなわち（10.1））は示されていない．

例1（1）$f(x) = e^x$．$|x| < a$ において $|f^{(n)}(x)| < e^a$ が成り立つ．よって，定理1より $|x| < a$ においてマクローリン展開ができる．a は任意の正の数だから，結局，任意の実数 x について，マクローリン展開ができる．

（2）$f(x) = \sin x$．任意の x について，$|f^{(n)}(x)| = \left| \sin\left(x + \frac{n\pi}{2}\right) \right| \leq 1$ が成り立つ．よって，定理1より任意の実数 x についてマクローリン展開ができる．

（3）$f(x) = \cos x$．（2）と同様に，任意の x についてマクローリン展開ができる．

（4）$f(x) = \log(1+x)$．（9.8）より

$$|R_{n+1}(x)| = \frac{1}{n+1} \left| \frac{x}{1+\theta x} \right|^{n+1} \quad (0 < \theta < 1)$$

（i）$0 \leq x \leq 1$ のとき，$\left| \dfrac{x}{1+\theta x} \right| \leq 1$ だから，$|R_{n+1}(x)| \leq \dfrac{1}{n+1}$．よって $\lim_{n\to\infty} R_{n+1}(x) = 0$．

（ii）$-1 < x < 0$ のとき，コーシーの剰余形（9.17）を用いる．$x = -\dfrac{1}{1+h}$（$h > 0$）とおく．

$$|R_{n+1}(x)| = (1-\theta)^n \left| \frac{x}{1+\theta x} \right|^{n+1} = \left| \frac{1-\theta}{1+\theta x} \right|^n \frac{1}{1+\theta x} |x|^{n+1}$$

ここで，

$$\left| \frac{1-\theta}{1+\theta x} \right| \leq 1, \qquad \frac{1}{1+\theta x} \leq \frac{1}{1+x} = \frac{1+h}{h},$$

$$|x|^{n+1} = \frac{1}{(1+h)^{n+1}} < \frac{1}{1+(n+1)h}$$

よって,

$$|R_{n+1}(x)| \leqq \frac{1+h}{h} \frac{1}{1+(n+1)h} \quad \cdots\cdots (*)$$

$n \to \infty$ のとき $(*)$ の右辺 $\to 0$ だから, $\displaystyle\lim_{n\to\infty} R_{n+1}(x) = 0.$

（5）　$f(x) = (1+x)^{\alpha}.$ $|x| < 1$ のとき, (10.1) を示す. $x = 0$ のとき明ら

かだから, $x = \pm \dfrac{1}{(1+h)^2}$ $(h > 0)$ とおく. コーシーの剰余形から,

$$|R_{n+1}(x)| = \frac{(1-\theta)^n}{n!} \alpha(\alpha-1)\cdots(\alpha-n) \frac{|x|^{n+1}}{|1+\theta x|^{\alpha-n-1}}$$

$$\leqq (1+\theta x)^{\alpha-1} |\alpha x| \left|\frac{1-\theta}{1+\theta x}\right|^n |(1-\alpha)x| \left|\left(1-\frac{\alpha}{2}\right)x\right|\cdots\left|\left(1-\frac{\alpha}{n}\right)x\right|$$

k を十分大きくとると, $m > k$ に対し, $\left|\left(1-\dfrac{\alpha}{m}\right)x\right| = \left|1-\dfrac{\alpha}{m}\right| \dfrac{1}{(1+h)^2} <$

$\dfrac{1}{1+h}$ とできる. また, ある $M > 0$ が存在して, $(1+\theta x)^{\alpha-1} \leqq M.$ よって

$$|R_{n+1}(x)| \leqq M |\alpha| |1-\alpha| \left|1-\frac{\alpha}{2}\right|\cdots\left|1-\frac{\alpha}{k}\right| \frac{1}{(1+h)^{n-k}}$$

$$(n > k)$$

$\dfrac{1}{(1+h)^{n-k}} < \dfrac{1}{1+(n-k)h}$ より, $\displaystyle\lim_{n\to\infty} R_{n+1}(x) = 0$ がわかる.　▨

　例1の結果をまとめておこう.

定理 2

(10.4)　　$e^x = 1 + x + \dfrac{1}{2!}x^2 + \cdots + \dfrac{1}{n!}x^n + \cdots$ 　　　　（x：任意の実数）

(10.5)　　$\sin x = x - \dfrac{1}{3!}x^3 + \cdots + \dfrac{(-1)^n}{(2n+1)!}x^{2n+1} + \cdots$ （x：任意の実数）

(10.6)　　$\cos x = 1 - \dfrac{1}{2!}x^2 + \cdots + \dfrac{(-1)^n}{(2n)!}x^{2n} + \cdots$ 　　（x：任意の実数）

$$(10.7) \qquad \log(1+x) = x - \frac{x^2}{2} + \cdots + \frac{(-1)^{n-1}}{n} x^n + \cdots \quad (-1 < x \leqq 1)$$

$$(10.8) \qquad (1+x)^a = \binom{a}{0} + \binom{a}{1} x + \cdots + \binom{a}{n} x^n + \cdots \quad (-1 < x < 1)$$

注　(10.8) において a が自然数のときは，$\binom{a}{n} = 0 \,(n > a)$ であり，二項定理 (9.12) に一致する．(10.8) を**二項級数**とよぶ．

例2　（1）　(10.7) で $x = 1$ とおくと，

$$\log 2 = 1 - \frac{1}{2} + \frac{1}{3} - \frac{1}{4} + \cdots + \frac{(-1)^{n-1}}{n} + \cdots$$

適当な n で打ち切ると，$\log 2$ の近似値が得られるが，小さな n ではあまり精度は良くない．

（2）　$f(x) = \dfrac{1}{1-x}$ $(|x| < 1)$ のマクローリン展開を求める．(10.8) で $a = -1$ とおくと，

$$(10.9) \qquad (1+x)^{-1} = \binom{-1}{0} + \binom{-1}{1} x + \cdots + \binom{-1}{n} x^n + \cdots$$

(10.9) で x のかわりに $-x$ を代入すると，

$$(1-x)^{-1} = \binom{-1}{0} + \binom{-1}{1}(-x) + \cdots + \binom{-1}{n}(-x)^n + \cdots$$

$$\binom{-1}{n} = \frac{(-1)(-2)\cdots(-n)}{n!} = (-1)^n \text{ だから，}$$

$$(10.10) \qquad \boldsymbol{(1-x)^{-1} = 1 + x + x^2 + \cdots + x^n + \cdots \quad (|x| < 1)}$$

これは，**無限等比級数**の和の公式である．

　定理2において，e^x や $\sin x$, $\cos x$ がマクローリン級数で表されることを知った．逆にこれらの関数をマクローリン級数を用いて定義することもできる．この考えをさらに進めて，すべての複素数について，e^x, $\sin x$, $\cos x$ を (10.4), (10.5), (10.6) の右辺のマクローリン級数で定義する．(10.4) にお

いて，x のかわりに ix（i は虚数単位）を代入すると，

$$e^{ix} = 1 + ix + \frac{1}{2!}(ix)^2 + \frac{1}{3!}(ix)^3 + \frac{1}{4!}(ix)^4 + \frac{1}{5!}(ix)^5 + \cdots$$

$$= \left(1 - \frac{1}{2!}x^2 + \frac{1}{4!}x^4 - \cdots\right) + i\left(x - \frac{1}{3!}x^3 + \frac{1}{5!}x^5 - \cdots\right)$$

$$= \cos x + i \sin x$$

すなわち，

(10.11)　　　$e^{ix} = \cos x + i \sin x$

という関係式が成り立つ．これを**オイラーの公式**という．オイラーが微分方程式の研究に関連して 1740 年に発見したものである．実数の世界ではまるで無関係にみえた指数関数と三角関数が，複素数の世界ではオイラーの公式でひとつに結びつくのである．(10.11) で $x = \pi$ とおくと，

(10.12)　　　$e^{i\pi} = -1$

となり，e, π, i という 3 つの数をめぐる，思いがけず簡単な関係が明らかになる．

　関数のマクローリン展開は，無限次数の多項式による関数の表現である．展開が成り立つ x の範囲に注意すれば，和や積，微分，積分の計算は普通の多項式と同様に行える．

定理3　$f(x), g(x)$ のマクローリン展開を次のとおりとする．

$$f(x) = a_0 + a_1 x + a_2 x^2 + \cdots + a_n x^n + \cdots \quad (|x| < r)$$

$$g(x) = b_0 + b_1 x + b_2 x^2 + \cdots + b_n x^n + \cdots \quad (|x| < r)$$

このとき，$f(x) + g(x)$, $f(x)g(x)$ も $|x| < r$ でマクローリン展開ができて，次の式で表される．

(10.13)　　$f(x) + g(x) = (a_0 + b_0) + (a_1 + b_1)x + (a_2 + b_2)x^2 + \cdots$

$$+ (a_n + b_n)x^n + \cdots$$

(10.14)　　$f(x)g(x) = a_0 b_0 + (a_0 b_1 + a_1 b_0)x$

$$+ (a_0 b_2 + a_1 b_1 + a_2 b_0)x^2 + \cdots + \left(\sum_{k=0}^{n} a_k b_{n-k}\right)x^n + \cdots$$

また，$f(x)$ の微分や積分は，各項ごとに計算を行ったものを加えればよ

い．すなわち，$|x| < r$ において次の式が成り立つ．

(10.15)　　$f'(x) = a_1 + 2a_2 x + 3a_3 x^2 + \cdots + n a_n x^{n-1} + \cdots$　　（項別微分）

(10.16)　　$\displaystyle\int_0^x f(t)\, dt = a_0 x + \frac{a_1}{2} x^2 + \frac{a_2}{3} x^3 + \cdots + \frac{a_n}{n+1} x^{n+1} + \cdots$

　　　　　　　　　　　　　　　　　　　　　　　　　（項別積分）

例3　（1）　$f(x) = \log(1 - x - 2x^2)$ のマクローリン展開を求める．

（＊）　　　$\displaystyle \log(1+x) = x - \frac{x^2}{2} + \frac{x^3}{3} - \cdots + \frac{(-1)^{n-1}}{n} x^n + \cdots$　　$(|x| < 1)$

この式で x のかわりに $-2x$ を代入すると，

$$\log(1 - 2x) = -2x - 2x^2 - \frac{8}{3} x^3 - \cdots - \frac{2^n}{n} x^n - \cdots \quad \left(|x| < \frac{1}{2}\right)$$

$f(x) = \log(1+x) + \log(1-2x)$ だから，

$$f(x) = -x - \frac{5}{2} x^2 - \cdots - \frac{2^n - (-1)^{n-1}}{n} x^n - \cdots \quad \left(|x| < \frac{1}{2}\right)$$

（2）　（1）の（＊）において，両辺を x で微分すると，

$$\frac{1}{1+x} = 1 - x + x^2 - x^3 + \cdots \quad (|x| < 1)$$

この式で x のかわりに x^2 を代入すると，

$$\frac{1}{1+x^2} = 1 - x^2 + x^4 - x^6 + \cdots \quad (|x| < 1)$$

この式の両辺を x について積分すると，$\tan^{-1} 0 = 0$ より次の式が成り立つ．

(10.17)　　$\displaystyle \tan^{-1} x = x - \frac{x^3}{3} + \frac{x^5}{5} - \frac{x^7}{7} + \cdots \quad (|x| < 1)$

この公式は 15 世紀にインドの数学者マーダヴァによって得られたという．ヨーロッパでは 17 世紀にグレゴリーやライプニッツによって再発見された．

　（10.17）で $x = \dfrac{1}{\sqrt{3}}$ を代入すると，

(10.18)　　$\displaystyle \frac{\pi}{6} = \frac{\sqrt{3}}{3}\left(1 - \frac{1}{3\cdot 3} + \frac{1}{5\cdot 3^2} - \frac{1}{7\cdot 3^3} + \cdots\right)$

これを用いて π の値を求めることができる．また，オイラーが発見した次の式を利用して π の値を計算することもできる（問題 5-6）．

$$(10.19) \qquad \frac{\pi}{4} = \tan^{-1}\frac{1}{2} + \tan^{-1}\frac{1}{3}$$

$$= \frac{1}{2} + \frac{1}{3} - \frac{1}{3}\left(\frac{1}{2^3} + \frac{1}{3^3}\right) + \frac{1}{5}\left(\frac{1}{2^5} + \frac{1}{3^5}\right) - \cdots$$

(10.17) は，実は $-1 \leqq x \leqq 1$ の範囲で成り立つことが知られている．よって，(10.17) で $x = 1$ とおくと，次の公式を得る（なお，問題 18-15 参照）．

$$(10.20) \qquad \boldsymbol{\frac{\pi}{4} = 1 - \frac{1}{3} + \frac{1}{5} - \frac{1}{7} + \cdots} \quad \textbf{（ライプニッツの級数）}$$

(10.20) は美しい形をしているが，π の値の計算にはあまり向いていない．

例 4　マクローリン級数を利用して，不定形の極限を求めることができる．

$$\lim_{x \to 0} \frac{x - \sin x}{x^3} = \lim_{x \to 0} \frac{x - \left(x - \dfrac{1}{3!}x^3 + \dfrac{1}{5!}x^5 - \cdots\right)}{x^3}$$

$$= \lim_{x \to 0} \frac{\dfrac{1}{3!}x^3 - \dfrac{1}{5!}x^5 + \cdots}{x^3}$$

$$= \lim_{x \to 0} \left(\frac{1}{3!} - \frac{1}{5!}x^2 + \cdots\right) = \frac{1}{3!} = \frac{1}{6}$$

問 題 10

1.　次の関数をマクローリン展開したとき，0 でないはじめの 3 項を求めよ．

　　(1)　$\sin 2x$　　　(2)　$\cos\dfrac{x}{2}$　　　(3)　$\log(1+3x)$

　　(4)　e^{-5x}　　　(5)　$\dfrac{1}{(1+x)^2}$

2.　次の関数をマクローリン展開したとき，[　] 内に指定された係数を求めよ．

　　(1)　$\sin 5x - \sin 3x$　[x^3 の係数]　　　(2)　$\dfrac{1}{\sqrt{1+x}}$　[x^3 の係数]

　　(3)　$\sqrt[3]{1+2x}$　[x^2 の係数]　　　(4)　$\log(1-x)$　[x^{10} の係数]

　　(5)　$\log\dfrac{1-x}{1+x}$　[x^{21} の係数]　　　(6)　$\dfrac{1}{4x-1}$　[x^4 の係数]

3. 次の関数をマクローリン展開したとき，0 でないはじめの 3 項を求めよ．

(1)　$\sin 4x \sin x$　　　　(2)　$\log(1+x^3)$　　　　(3)　$(x+1)\log(x+1)$

(4)　$\dfrac{x+2}{1-x}$　　　　(5)　$\dfrac{1}{\sqrt{1-2x}}$

4. 次の関数をマクローリン展開したとき，[　] 内に指定された係数を求めよ．

(1)　$\sin\left(x+\dfrac{\pi}{3}\right)$　[x^3 の係数]　　　(2)　e^{2x+3}　[x^4 の係数]

(3)　$(x^2+2)e^x$　[x^5 の係数]　　　(4)　$\dfrac{e^x+e^{-x}}{2}$　[x^{20} の係数]

(5)　$\dfrac{1}{2+x}$　[x^4 の係数]　　　(6)　$\dfrac{x}{(1-x)^2}$　[x^{100} の係数]

(7)　$\log(1-2x^3)$　[x^{15} の係数]

5. マクローリン級数を利用して，次の極限を求めよ．

(1)　$\displaystyle\lim_{x\to 0}\dfrac{\sin x-x+\dfrac{1}{6}x^3}{x^5}$　　　(2)　$\displaystyle\lim_{x\to 0}\dfrac{\log(1+x)-x+\dfrac{x^2}{2}}{x^3}$

(3)　$\displaystyle\lim_{x\to 0}\dfrac{\cos x-1+\dfrac{1}{2}x^2}{x^4}$　　　(4)　$\displaystyle\lim_{x\to 0}\dfrac{e^x-1-x}{x^2}$

(5)　$\displaystyle\lim_{x\to 0}\dfrac{e^x-e^{-x}-2x}{x^3}$　　　(6)　$\displaystyle\lim_{x\to 0}\dfrac{\sqrt{1+x}-1-\dfrac{1}{2}x}{x^2}$

6. マクローリン級数を利用して，次の極限を求めよ．

(1)　$\displaystyle\lim_{x\to 0}\dfrac{\log(1-x)}{e^x-e^{-x}}$　　　(2)　$\displaystyle\lim_{x\to 0}\dfrac{e^{x^2}-1-x^2}{x-\sin x}$

(3)　$\displaystyle\lim_{x\to 0}\dfrac{e^{2x}-\sqrt{1+4x}}{\log(1-x^2)}$　　　(4)　$\displaystyle\lim_{x\to \infty}\left\{x^3\log\left(1+\dfrac{2}{x}\right)-2x^2+2x\right\}$

7. マクローリン級数を利用して，$f(x)=\dfrac{x}{1-x^2}$ について，$f^{(5)}(0)$ と $f^{(6)}(0)$ を求めよ．

8. 次の無限級数の和を求めよ．

(1)　$\dfrac{\pi}{6}-\dfrac{1}{3!}\left(\dfrac{\pi}{6}\right)^3+\dfrac{1}{5!}\left(\dfrac{\pi}{6}\right)^5-\cdots$

(2)　$1+\log 2+\dfrac{1}{2!}(\log 2)^2+\dfrac{1}{3!}(\log 2)^3+\cdots$

(3)　$(\sqrt{e}-1)-\dfrac{(\sqrt{e}-1)^2}{2}+\dfrac{(\sqrt{e}-1)^3}{3}-\cdots$　　　(4)　$\dfrac{1}{2!}-\dfrac{1}{3!}+\dfrac{1}{4!}-\dfrac{1}{5!}+\cdots$

(5) $\displaystyle\sum_{n=0}^{\infty} e^{-at}\frac{(at)^n}{n!}$ $(a, t : 定数)$ (6) $\displaystyle\sum_{n=1}^{\infty} \frac{t^{n-1}a^n}{(n-1)!}$ $(a, t : 定数)$

9. (1) $\sin^2 x$ をマクローリン展開したとき，0 でない最初の 4 項を求めよ．

(2) $\displaystyle\lim_{x\to 0}\left(\frac{1}{x^2}-\frac{1}{\sin^2 x}\right)$ をマクローリン展開を利用して求めよ．また，ロピタルの定理を用いて求めてみよ．

10. $f(x)=\dfrac{1}{2}(\sin^{-1} x)^2$ のマクローリン展開を次の手順で求めよ．

(1) $f(x)$ は $(1-x^2)f''(x)-xf'(x)=1$ をみたすことを示せ．

(2) (1) の等式の両辺を n 回微分して，次の式が成り立つことを示せ．
$$(1-x^2)f^{(n+2)}(x)-(2n+1)xf^{(n+1)}(x)-n^2 f^{(n)}(x)=0$$

(3) $f^{(n+2)}(0)=n^2 f^{(n)}(0)$, $f'(0)=0$, $f''(0)=1$ が成り立つことを確かめ，これから $f^{(n)}(0)$ を求めよ．

(4) $f(x)=\dfrac{x^2}{2}+\displaystyle\sum_{n=1}^{\infty}\frac{2^2\cdot 4^2\cdot 6^2\cdots\cdots(2n)^2}{1\cdot 2\cdot 3\cdots\cdots(2n+2)}x^{2n+2}$ となることを示せ．この公式はオイラー (1737) によるが，江戸時代の和算家建部賢弘 (1722) によっても直観的方法で発見されていた．

(5) (4) を利用して π を表す公式をつくれ ((4) の等式が $|x|\leqq 1$ で成り立つとは認めてよい)．

(6) $\displaystyle\sum_{n=1}^{\infty}\frac{(n!)^2}{(2n+2)!}$ を求めよ．

11. 次の等式を証明せよ．

(1) $\dfrac{1}{(1-x)^n}=\displaystyle\sum_{r=0}^{\infty}\binom{n+r-1}{n-1}x^r$ $(|x|<1)$

(2) $\dfrac{1}{\sqrt{1-4x}}=\displaystyle\sum_{r=0}^{\infty}\binom{2r}{r}x^r$ $\left(|x|<\dfrac{1}{4}\right)$

(3) $\dfrac{x}{(1-x)^2}=\displaystyle\sum_{r=0}^{\infty}rx^r$ $(|x|<1)$

(4) $\dfrac{x(1+x)}{(1-x)^3}=\displaystyle\sum_{r=0}^{\infty}r^2 x^r$ $(|x|<1)$

12. マクローリン級数を利用して，次の極限を求めよ．
$$\lim_{x\to 0}\frac{\exp(-x^2)-1+x\sin x}{\sqrt{1-x^2+ax^2}-1} (a : 定数)$$

13. (1) $f(x)=\log\dfrac{1+x}{1-x}$ をマクローリン展開したとき，0 でない最初の 4 項を求めよ．

(2) $\log 5$ の近似値を求めるのに，(10.7) は直接使えない．どのようにすればよいか．

14. (1) $\log 2 = \log \dfrac{1+\dfrac{1}{5}}{1-\dfrac{1}{5}} + \log \dfrac{1+\dfrac{1}{7}}{1-\dfrac{1}{7}}$ を示せ.

(2) $\log 2 = 7\log\dfrac{10}{9} - 2\log\dfrac{25}{24} + 3\log\dfrac{81}{80}$ を示せ.

(3) (1), (2)の式は $\log 2$ の値の計算にどのように役立つか.

15. (1) $(1-x)^{-\frac{1}{2}} = \dfrac{5}{7}\sqrt{2}$ をみたす x を求めよ.

(2) $(1-x)^{-\frac{1}{2}}$ のマクローリン展開を利用して，次の式を示せ（オイラー，1755）.

$$\sqrt{2} = \frac{7}{5}\left(1 + \frac{1}{100} + \frac{1\cdot 3}{100\cdot 200} + \frac{1\cdot 3\cdot 5}{100\cdot 200\cdot 300} + \cdots\right)$$

(3) (2)の式の右辺を4項まで計算して $\sqrt{2}$ の近似値を求めよ.

16. (1) $(1-x^2)^{-\frac{1}{2}}$ のマクローリン展開を求めよ（0でない最初の4項）.

(2) (1)の両辺を x について積分することにより，$f(x) = \sin^{-1}x$ のマクローリン展開を求めよ（0でない最初の4項）.

(3) 次の公式を示せ（ニュートン，1665）.

$$\frac{\pi}{6} = \frac{1}{2} + \frac{1}{2}\frac{1}{3\cdot 2^3} + \frac{1\cdot 3}{2\cdot 4}\frac{1}{5\cdot 2^5} + \frac{1\cdot 3\cdot 5}{2\cdot 4\cdot 6}\frac{1}{7\cdot 2^7} + \cdots$$

17. マクローリン級数を利用して，次の極限を求めよ.

$$\lim_{x\to 0}\frac{2\sin^{-1}x + \tan^{-1}x - 3x\sqrt[3]{1+x^4}}{x^5}$$

18. 次の文章の意味を説明せよ.

　　　If π were 3, the W◯RLD W◯ULD L◯◯K like this.

11. 関数の増減と最大・最小

関数 $f(x)$ が区間 I で**単調増加**であるとは，$f(x)$ が次の条件をみたすことをいう．

(11.1)　x_1, x_2 を I の任意の点とするとき，$x_1 < x_2$ ならば $f(x_1) < f(x_2)$.

同様に，$x_1 < x_2$ ならば $f(x_1) > f(x_2)$ が成り立つとき，$f(x)$ は**単調減少**という．なお，$x_1 < x_2$ ならば $f(x_1) \leqq f(x_2)$（$f(x_1) \geqq f(x_2)$）が成り立つとき，**広義の単調増加（減少）**という．関数 $f(x)$ が点 p において $f'(p) > 0$ をみたすとき，微分係数の定義から，p の近くの x について $\dfrac{f(x)-f(p)}{x-p} > 0$ となる．すなわち，x を p の近くの点とするとき，次のことが成り立つ．

(11.2)　$x > p \Longrightarrow f(x) > f(p)$,　$x < p \Longrightarrow f(x) < f(p)$

(11.2) が成り立つことを，$f(x)$ は $x = p$ において**増加の状態**にあるという．しかし，これは $x = p$ の近くで $f(x)$ が単調増加であることを必ずしも意味しない（問題 11-6）．$f(x)$ が単調増加になるための条件は次の定理で与えられる．$f(x)$ は $[a, b]$ で連続で，(a, b) で微分可能とする．

> **定理1**　（ i ）　(a, b) においてつねに $f'(x) > 0 \Longrightarrow [a, b]$ で $f(x)$ は単調増加．
> （ ii ）　(a, b) においてつねに $f'(x) < 0 \Longrightarrow [a, b]$ で $f(x)$ は単調減少．
> （iii）　(a, b) においてつねに $f'(x) = 0 \Longrightarrow [a, b]$ で $f(x)$ は定数．

証明　(i)　x_1, x_2（ただし，$x_1 < x_2$）を $[a, b]$ の任意の点とする．平均値の定理より，ある c（$x_1 < c < x_2$）が存在して，$f(x_2)-f(x_1) = f'(c)(x_2-x_1)$ が成り立つ．仮定より $f'(c) > 0$ だから，$f(x_2) > f(x_1)$ となる．(ii), (iii) も同様に示せる． ∎

次に関数の極大・極小を定義しよう．x（$\neq a$）を a の近くの任意の点とす

るとき,

（ i ） $f(a) > f(x)$ が成り立つならば，$f(x)$ は $x = a$ で**極大**,

（ ii ） $f(a) < f(x)$ が成り立つならば，$f(x)$ は $x = a$ で**極小**,

という．（i）において，$f(a)$ を**極大値**，（ii）において，$f(a)$ を**極小値**という．極大値と極小値を合わせて**極値**とよぶ．極大（小）値は複数存在することもある．

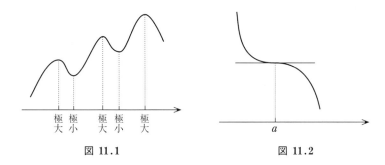

図 11.1   図 11.2

微分可能な関数 $f(x)$ が $x = a$ で極値をとるならば，ロルの定理の証明と同様にして，次のことが示せる．

定理2　$f(x)$ が $x = a$ で極値をとる $\Longrightarrow$ $f'(a) = 0$.

定理2の逆は必ずしも正しくない（図 11.2）．なお，上の定義（i），（ii）でそれぞれ $f(a) \geqq f(x)$，$f(a) \leqq f(x)$ となる場合を**広義の極大（極小）**というが，広義の極値についても，定理2はそのまま成り立つ．

微分可能な関数 $f(x)$ について，導関数の符号変化を調べると，$f(x)$ が極値をとるための十分条件が得られる．

定理3　$f(x)$ は $f'(a) = 0$ をみたすとする．a の近くの x について，

（ i ） $x < a$ のとき $f'(x) > 0$, $x > a$ のとき $f'(x) < 0$ $\Longrightarrow$ $f(x)$ は $x = a$ で極大．

（ ii ） $x < a$ のとき $f'(x) < 0$, $x > a$ のとき $f'(x) > 0$ $\Longrightarrow$ $f(x)$ は $x = a$ で極小．

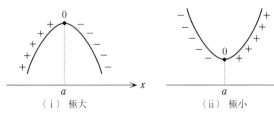

図 11.3 $f'(x)$ の符号変化

$x = a$ の近くで**増減表**を書くと次のようになる.

（ⅰ）の場合

x	$\cdots$	a	$\cdots$
$f'(x)$	$+$	0	$-$
$f(x)$	$\nearrow$		$\searrow$

（ⅱ）の場合

x	$\cdots$	a	$\cdots$
$f'(x)$	$-$	0	$+$
$f(x)$	$\searrow$		$\nearrow$

　関数 $f(x)$ が微分可能であり, さらに $f''(a)$ が存在するときは, 極値をとるための十分条件は次のようになる.

定理4　$f(x)$ は $f'(a) = 0$ をみたすとする.

（ⅰ）　$f''(a) > 0 \implies f(x)$ は $x = a$ で極小.

（ⅱ）　$f''(a) < 0 \implies f(x)$ は $x = a$ で極大.

証明　（ⅰ）$f''(a) > 0$ だから, $f'(x)$ は $x = a$ において増加の状態にある. すなわち, x を a の近くの点とするとき, $x < a$ ならば $f'(x) < f'(a) = 0$, $x > a$ ならば $f'(x) > f'(a) = 0$. よって, 定理3より $f(x)$ は極小になる. （ⅱ）も同様.　▨

例2　$f(x) = x^3 - 3x + 5$ の極値を求める. $f'(x) = 3x^2 - 3$ だから, $f'(x) = 0$ より $x = \pm 1$. $f''(x) = 6x$ だから, $f''(1) = 6 > 0$, $f''(-1) = -6 < 0$. よって $f(x)$ は $x = 1$ で極小, $x = -1$ で極大になる. 極小値は $f(1) = 3$, 極大値は $f(-1) = 7$ である.　▨

　図11.4の2つのグラフは, ともにある区間 I で単調増加な関数のグラフである. 区間 I において, （ⅰ）では曲線上の各点における接線の下側に曲線 $y = f(x)$ がある. このようなとき, $f(x)$ は**上に凸**であるという. （ⅱ）では曲線上

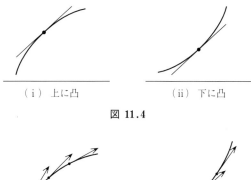

（ⅰ）上に凸　　　　　　　（ⅱ）下に凸

図 **11.4**

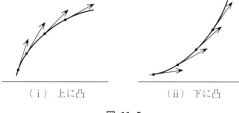

（ⅰ）上に凸　　　　　　　（ⅱ）下に凸

図 **11.5**

の各点における接線の上側に曲線 $y = f(x)$ がある．このとき $f(x)$ は**下に凸**であるという．$f(x)$ が単調減少のときも同様に定義する．$f(x)$ が与えられたとき，（ⅰ）と（ⅱ）を区別するための方法を調べていこう．（ⅰ）では I で接線の傾きが減少し，（ⅱ）では増加している（図 11.5）．接線の傾き $f'(x)$ の増減は $f''(x)$ の符号で決まることに注目する．いま，I において $f''(x) > 0$ とする．a を I の任意の点として，曲線上の点 $P(a, f(a))$ における接線を $g(x) = f'(a)(x-a) + f(a)$ とする．テイラーの定理より，$x \neq a$ のとき，

$$f(x) = f(a) + f'(a)(x-a) + \frac{f''(c)}{2!}(x-a)^2 > g(x)$$

（c は a と x の間の数）

すなわち，I において曲線 $y = f(x)$ が接線よりも上にある．よって $f(x)$ は下に凸である．$f''(x) < 0$ のときも同様に考えると，次の定理が成り立つ．

定理 5

（ⅰ）　区間 I で $f''(x) > 0 \implies$ 区間 I で $f(x)$ は下に凸．

（ⅱ）　区間 I で $f''(x) < 0 \implies$ 区間 I で $f(x)$ は上に凸．

　定理1と定理5を組み合わせると，$y = f(x)$のグラフがより正確に描ける．曲線 $y = f(x)$ が $x = a$ の前後の区間で上に凸から下に凸（または下に凸から上に凸）に変わるとき，点 $(a, f(a))$ を**変曲点**という．

(11.3)　　　　点 $(a, f(a))$ が変曲点 $\Longrightarrow f''(a) = 0$.

この逆は必ずしも正しくない．なお，関数が上に凸か，下に凸かを調べることを**凹凸**を調べるともいう．関数のグラフを y', y'' の符号によって分類すると図11.7のようになる．

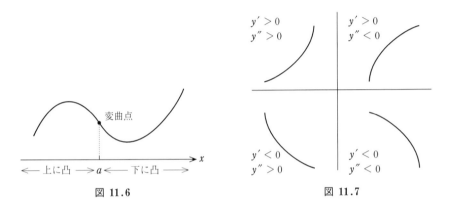

図 11.6　　　　　　　　　　　図 11.7

例2　$f(x) = \dfrac{1}{x^2+1}$ のグラフを描く．

$$f'(x) = -\frac{2x}{(x^2+1)^2}, \quad f'(x) = 0 \quad より \quad x = 0,$$

$$f''(x) = \frac{6x^2-2}{(x^2+1)^3}, \quad f''(x) = 0 \quad より \quad x = \pm\frac{1}{\sqrt{3}}.$$

$f(x)$ の増減，凹凸は下のようになる．$y = f(x)$ の各区間における形をそのまま記号として最下段に記入している．$\displaystyle\lim_{x \to \infty} f(x) = \lim_{x \to -\infty} f(x) = 0$ だから，

x	$\cdots$	$-\dfrac{1}{\sqrt{3}}$	$\cdots$	0	$\cdots$	$\dfrac{1}{\sqrt{3}}$	$\cdots$
$f'(x)$	$+$	$+$	$+$	0	$-$	$-$	$-$
$f''(x)$	$+$	0	$-$	$-$	$-$	0	$+$
$f(x)$	↗	変曲点	↗	極大	↘	変曲点	↘

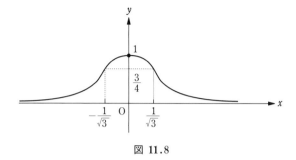

図 11.8

$y = f(x)$ のグラフは図 11.8 のようになる.

区間 $[a, b]$ における関数 $f(x)$ の最大値を求めるには，極大値および区間の端点における関数の値 $f(a), f(b)$ を比較して，これらの中から最大のものを選べばよい．$f(x)$ が微分可能ならば，極大値をとる点は定理 2 や定理 3，定理 4 により求められる．以上のことは最小値についても同様である．

例3 $f(x) = x\sqrt{1-x}$ の $[-1, 1]$ における最大値・最小値を求める.

$$f'(x) = \frac{2-3x}{2\sqrt{1-x}}, \quad f'(x) = 0 \quad \text{より} \quad x = \frac{2}{3}.$$

増減表は次のようになる.

x	-1	$\cdots$	$\dfrac{2}{3}$	$\cdots$	1
$f'(x)$	$+$	$+$	0	$-$	
$f(x)$	$-\sqrt{2}$	$\nearrow$	$\dfrac{2\sqrt{3}}{9}$	$\searrow$	0

よって，$x = -1$ のとき最小値 $-\sqrt{2}$，$x = \dfrac{2}{3}$ のとき最大値 $\dfrac{2\sqrt{3}}{9}$ をとる．

例3のように，$[a, b]$ で連続な関数 $f(x)$ が (a, b) においてただ 1 つの極値をもち，そこで極大になるならば，$f(x)$ の $[a, b]$ における最大値は極大値に等しい．これは 1 変数関数に特有の性質である（問題 13-15，13-16 参照）．

一般に $[a, b]$ で連続な関数は，$[a, b]$ において必ず最大値・最小値をもつという定理が成り立つ（§27 参照）．これを用いると，導関数に対する中間値の定理を証明できる．

> **定理 5**　$f(x)$ は点 a, b $(a < b)$ を含む区間で微分可能な関数であり，$f'(a) \neq f'(b)$ とする．γ を $f'(a)$ と $f'(b)$ の間にある任意の数とするとき，$f'(c) = \gamma$ となるような c $(a < c < b)$ が存在する．

証明　$f'(a) < \gamma < f'(b)$ とする．関数 $F(x) = \gamma x - f(x)$ は $[a, b]$ で連続である．よって，$F(x)$ が最大値をとる点 c が $[a, b]$ に存在する．$F'(a) = \gamma - f'(a) > 0$ だから，$F(x)$ は $x = a$ で増加の状態にあり，$F(a)$ は最大値ではない．同様に，$F(b)$ も最大値ではない．よって，最大値をとる点 c は $a < c < b$ をみたす．ロルの定理の証明より，$F'(c) = 0$ となる．よって $\gamma = f'(c)$．　∎

注　微分可能な関数 $f(x)$ の導関数 $f'(x)$ は必ずしも連続ではない．したがって，定理 5 は連続関数における中間値の定理（§27 定理 11）に含まれるわけではない．

問 題 11

1. 次の関数のグラフを描け．

    (1)　$y = x - x^3$　　　(2)　$y = x^3 - 3x^2 - 9x + 1$　　　(3)　$y = x^4 - 2x^2 + 2$

    (4)　$y = \cos 2x + 2\cos x$　$(0 \leq x \leq 2\pi)$　　　(5)　$y = x\sqrt{4 - x^2}$

    (6)　$y = \dfrac{2x^2 - 5x + 1}{x^2 + 3}$　　　(7)　$y = xe^{-2x}$

    (8)　$y = e^{-x}\sin x$　$(0 \leq x \leq 2\pi)$　　　(9)　$y = \dfrac{e^x}{x}$

    (10)　$y = \log\left(1 + \dfrac{1}{x}\right) - \dfrac{2}{1 + x}$　$(x > 0)$

2. 次の関数のグラフを描け（凹凸も調べよ）．

    (1)　$y = x^4 - 2x^3$　　　(2)　$y = x^3 + 6x^2 + 9x - 1$　　　(3)　$y = \dfrac{x^2}{1 + x^2}$

    (4)　$y = \dfrac{x}{1 + x^2}$　　　(5)　$y = x^2 e^{-x}$　　　(6)　$y = e \cdot x - \log x$

    (7)　$y = x^2 \log x$　　　(8)　$y = 2x^2 - \sqrt{x}$　　　(9)　$y = \dfrac{\log x}{x^2}$

    (10)　$y = \dfrac{4}{x^2 + 4}$　　　(11)　$y = \cos 2x - 4\sin x$　$(0 \leq x \leq 2\pi)$

3. (1) $y = \dfrac{\log x}{x}$ のグラフを描け（凹凸も調べよ）.

(2) この関数の最大値を求めよ.

(3) e^{π} と π^{e} はどちらが大きいか.

4. 次の関数の最大値・最小値を求めよ.

(1) $y = x + \sqrt{2 - x^2}$ 　　(2) $y = x^3 + \dfrac{8}{x^3}$ $(1 \leqq x \leqq 2)$

(3) $y = \sin^3 x + \cos^3 x$ $(0 \leqq x \leqq \pi)$ 　(4) $y = \dfrac{\sin x}{1 + \sin x}$ $(0 \leqq x \leqq \pi)$

(5) $y = \sin^4 x + \cos^4 x$ $(0 \leqq x \leqq \pi)$ 　(6) $y = xe^{-x}$ $(x \geqq 0)$

5. 次の不等式を証明せよ.

(1) $e^x \geqq 1 + x$ 　　(2) $x \cos x < \sin x$ $\left(0 < x \leqq \dfrac{\pi}{2}\right)$

(3) $\log x < \sqrt{x}$ $(x > 0)$ 　(4) $\log(1 + x) \geqq x - \dfrac{x^2}{2}$ $(x \geqq 0)$

(5) $1 + \log x + \dfrac{1}{2\sqrt{x}} > 0$ $(x > 0)$ 　(6) $\dfrac{\sin x}{x} \geqq \dfrac{2}{\pi}$ $\left(0 < x \leqq \dfrac{\pi}{2}\right)$

6. $f(x) = x + 2x^2 \sin \dfrac{1}{x}$ （ただし, $f(0) = 0$）とする.

(1) $f'(0) > 0$ を示せ.

(2) $x_1 = \left(2n\pi + \dfrac{\pi}{2}\right)^{-1}$, $x_2 = \left(2n\pi - \dfrac{\pi}{2}\right)^{-1}$ とおくと, $x_2 > x_1$ かつ $f(x_2) <$ $f(x_1)$ であることを示せ（n：自然数）.

7. a を定数とするとき, $\dfrac{1}{\cos x} + \dfrac{1}{\sin x} = a$ をみたす x は区間 $(0, \pi)$ にいくつあるか.

8. (1) $x \geqq 1$ のとき, 次の不等式を示せ.

$$\log(3x+2) - \log(3x-1) < \dfrac{1}{x} < \log(2x+1) - \log(2x-1)$$

(2) n を任意の自然数とするとき, 次の不等式を示せ.

$$\log\left(\dfrac{3}{2}n + 1\right) < \sum_{k=1}^{n} \dfrac{1}{k} < \log(2n+1)$$

(2)より $\displaystyle\lim_{n \to \infty} \sum_{k=1}^{n} \dfrac{1}{k} = \infty$ がわかる（§28 参照）.

9. 次の関数 $f(x)$ は $x > 0$ で単調増加であることを示せ.

$$f(x) = \dfrac{1}{\dfrac{1}{x+1} + \dfrac{1}{x+2} + \dfrac{1}{x+3}} - \dfrac{1}{3}x$$

10. (1) 関数 $f(x) = \sin x + \dfrac{1}{2}\sin 2x + \dfrac{1}{3}\sin 3x$ はすべての x について

$f(-x) = -f(x)$ をみたすことを示せ（このとき，$f(x)$ は**奇関数**であるという）．

(2) $y = f(x)$ のグラフを $[-\pi, \pi]$ で描け（凹凸は調べなくてよい）．

11. ある未知の物理量 X（長さ，温度など）を n 回測定して得られた結果を a_1，$a_2, \cdots, a_n$ とする．$f(x) = (x-a_1)^2+(x-a_2)^2+\cdots+(x-a_n)^2$ を最小にするような x の値 x_0 を X の推定値として採用することにしたい．x_0 を実測値 $a_1, \cdots, a_n$ を用いて表せ．

12. (1) 高さ 1 m の絵が垂直な壁に掛けられていて，絵の下端は床から 2 m の高さにある．目の高さが h [m]（$h < 2$）の人が壁から x [m] 離れて絵を見上げるとき，絵の上端と下端を見る角度の差 θ が最も大きくなる x を求めよ．

(2) $h = 1.8$ のとき，θ の最大値とそのときの x の値を求めよ．

13. (1) 図 ⓐ のように南北に $(a+b)$ [km]，東西に c [km] 離れた A 地点から B 地点まで石油のパイプラインを建設したい．地質の違いから，直線 l より北（境界を含まず）では建設費は v_1 [円/km] かかり，直線 l より南（境界を含む）では建設費は v_2 [円/km] かかる．建設費を最も安くするには，どのような経路でパイプラインをつくればよいか．直線 l 上の地点 P における垂線と AP のなす角を θ_1，垂線と BP のなす角を θ_2 とするとき，θ_1, θ_2 を用いて建設費が最小になるような P の位置を表せ．

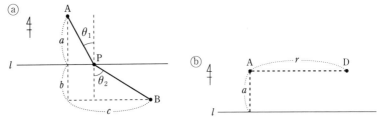

(2) (1)において B 地点が直線 l 上にあるとき，建設費が最小になるような P の位置を求めよ．

(3) 図 ⓑ のように A 地点から真東に r [km] 離れた D 地点までパイプラインを建設したい．建設費の条件は (1) と同じとするとき，最も建設費が安くなる経路を示せ．ただし，$v_1 > v_2$ とする．

14. (1) 無風状態において時速 v [km] で飛ぶ鳥の単位時間あたりのエネルギー消費は v^3-3v+a（$a > 2$ は定数）に比例するものと仮定する．一定の距離 L [km] を飛行するのに，エネルギー消費を最小にするには，鳥はどのような速度で飛べばよいか．

(2) (1)と同じ条件で，時速 $\dfrac{a}{3}$ [km] の向かい風に逆らって飛ぶとき，エネルギー消費を最小にする速度を求めよ．

(3) (1)と同じ条件で，時速 r [km] の向かい風に逆らって飛ぶとき，エネル

ギー消費を最小にする速度を $V(r)$ [km/h] とする. $r \to \infty$ のとき, $\dfrac{V}{r}$ はどのような値に近づくか.

15. (1) 長さ l [m] ($l > 2$) の棒を水平に保ったまま, 図ⓒのような壁に囲まれた道路の角を曲がりたい. 棒の先端 A を道路の左側の壁につけ, かつ棒の一点を角 C につけるとき, 棒の先端 B から壁までの距離 y を図の中の θ を用いて表せ. また y の最大値を求めよ.

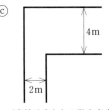 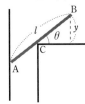

(実線はまわりの壁を表す)

(2) 棒が角を曲がれるような l の最大値を求めよ.

((1), (2) とも棒の太さは無視するものとする.)

16. (急がば回れ?) 半径 r の円形の池で溺れかけている人がいる. 岸で見ていた人は, 陸上では水中で泳ぐときの3倍の速度で走れるという. 池の中心を原点とするとき, 溺れかけている人の位置を座標で表すと $(-ar, 0)$ になり, 助けに行く人の位置は $(r, 0)$ とする. ただし, a は $-1 < a < 1$ なる定数である.

(1) $a \leqq \dfrac{1}{3}$ のとき, どのような経路で助けにいけば最も速いか.

(2) $a = \dfrac{2}{3}$ のとき, どのような経路で助けにいけば最も速いか.

17. (**T, V, or Y**) 距離が D だけ離れた2本の木から針金を延ばして鳥の巣箱をつるしたい. リスなどの侵入を防ぐため, 巣箱は2本の木から等距離だけ離れたところにつるすことにした. 巣箱は針金が木に結ばれている点から, 高さ d だけ下に設置する. 針金は丈夫で曲がらないものとするとき, 必要な針金が最も短くてすむのは, 針金が図のうちどの形のものか.

(問題自体は古くから知られているが, このような状況を設定したのは John W. Dawson, Jr. による.)

18. 狭いトンネル内での安全な車間距離は, 車の速度を v [m/sec] とするとき, $\left(\dfrac{1}{6}v^2 + 2v + 6 \right)$ [m] で与えられるものとする. 安全な距離を保ちながらトンネルを一定時間内に最も多くの車が通過できるのは, 車の時速がいくらのときか. ただし, トンネルを通過するすべての車の速度は同一とする.

19. (1) 関数 $f(x)$ は $x = a$ の近くで $(n-1)$ 回微分可能であり, さらに $x = a$ において $f^{(n)}(a)$ が存在すると仮定する. $f'(a) = f''(a) = \cdots = f^{(n-1)}(a) = 0$, $f^{(n)}(a) \neq 0$ ($n \geqq 2$) とするとき, 次のことを示せ.

（ i ） n が偶数で $f^{(n)}(a) > 0 \Longrightarrow f(x)$ は $x = a$ で極小.

（ ii ） n が偶数で $f^{(n)}(a) < 0 \Longrightarrow f(x)$ は $x = a$ で極大.

（iii） n が奇数 $\Longrightarrow f(x)$ は $x = a$ で極値をとらない.

(2) $f(x) = e^x - \sum_{k=0}^{n} \dfrac{x^k}{k!}$ は $x = 0$ において極値をとるか.

(3) $f(x) = x^n e^x$（n：自然数）は $x = 0$ において極値をとるか.

20. (1) $f(x)$ は a, b（$a < b$）を含む区間で2回微分可能で，(a, b) において $f''(x) < 0$ をみたすものとする. 2点 $(a, f(a))$, $(b, f(b))$ を結ぶ直線を $y = g(x)$ とするとき，$f(x) > g(x)$（$a < x < b$）が成り立つことを示せ.

(2) 次の不等式を示せ.

(11.4) $\sin x > \dfrac{2}{\pi} x \quad \left(0 < x < \dfrac{\pi}{2} \right)$ （ジョルダンの不等式）

21. (1) $f(x)$ は区間 I で $f''(x) > 0$ をみたすものとする. x_i（$i = 1, 2, \cdots, n$）を I の点とするとき，次の不等式を示せ.

(11.5) $f\left(\dfrac{x_1 + x_2 + \cdots + x_n}{n} \right) \leqq \dfrac{f(x_1) + f(x_2) + \cdots + f(x_n)}{n}$

$\left(a = \dfrac{1}{n} \sum_{k=1}^{n} x_k \text{ とする.}\ f(x) \geqq f(a) + f'(a)(x - a) \text{ が } x = x_i\ (i = 1, 2, \cdots, n) \right.$

について成り立つことを示す.$\Big)$

(2) $f(x) = -\log x$ に (11.5) を適用して，次の不等式を示せ. ただし，x_i（$i = 1, 2, \cdots, n$）は正の数とする.

$$\dfrac{x_1 + x_2 + \cdots + x_n}{n} \geqq \sqrt[n]{x_1 x_2 \cdots x_n} \quad \text{（相加・相乗平均の不等式）}$$

12. 偏導関数

長さ l の1本の針金があり，片方の端を熱するとしよう．このとき，針金の温度分布を表すには，加熱を始めてからの時間 t と，温度を測定する位置 x の2つの変数が必要になる．針金のかわりに鉄板を用いれば，測定する位置は (x, y) という2次元の座標で表される．それぞれの場合に温度分布を表す関数を $u = f(t, x)$，$v = g(t, x, y)$ と書くことにする．ここで大切なのは，変数 t, x, y はそれぞれ独立だということである．

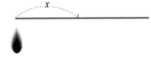

図 12.1

$$t \longrightarrow \boxed{f} \longrightarrow u \qquad \begin{array}{c} t \longrightarrow \\ x \longrightarrow \end{array} \boxed{g} \longrightarrow v$$

この節では2つ以上の独立変数をもつ関数を扱う．特に独立変数が2つの場合を詳しく取り上げる．これを **2変数関数** といい，$z = f(x, y)$ という記法を用いることが多い．

例1 関数 $z = x^2 + y^2$ は2つの独立変数 x, y をもつ関数である．この関数のグラフを3次元の座標 (x, y, z) を用いて描いてみよう．まず，$z = x^2 + y^2$ と平面 $z = k$ の交わりを調べると，$k > 0$ のとき半径 $\sqrt{k}$ の円 $x^2 + y^2 = k$ になる．また，$z = x^2 + y^2$ の平面 $y = 0$ での切り口は，放物線 $z = x^2$ になる．（図 12.2）．よって，$z = x^2 + y^2$ のグラフは，放物線 $z = x^2$ を z 軸のまわり

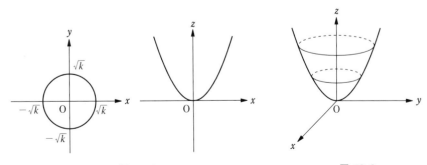

図 12.2 　　　　　　　　　　　　　　　　　　　図 12.3

に回転してできる回転放物面である．

　関数 $z = f(x, y)$ のグラフは，一般に3次元空間内での曲面になる．2変数関数 $z = f(x, y)$ が**連続**であるとは，そのグラフである曲面がつながっていて，穴があいたり断層ができたりしていないことを意味する（正確には付録4参照）．本書で扱う関数はほとんどが定義域全体で連続である．

　1変数関数の微分係数 $f'(a)$ に相当する**偏微分係数** $f_x(a, b)$, $f_y(a, b)$ を次のように定義する．

$$(12.1) \qquad f_x(a, b) = \lim_{h \to 0} \frac{f(a+h, b) - f(a, b)}{h}$$

$$(12.2) \qquad f_y(a, b) = \lim_{h \to 0} \frac{f(a, b+h) - f(a, b)}{h}$$

$f_x(a, b)$, $f_y(a, b)$ をそれぞれ点 (a, b) における x についての**偏微分係数**，y についての**偏微分係数**という．極限値 (12.1) が存在するとき，$f(x, y)$ は x について**偏微分可能**という．y についても同様である．x および y について偏微分可能であるとき，単に**偏微分可能**という．

　偏微分係数の幾何的意味を調べよう．まず，曲面 $z = f(x, y)$ と平面 $y = b$ の交わりを求めると，空間内の曲線 $z = f(x, b)$, $y = b$ になる（図12.4）．この曲線上の点 $\mathrm{P}(a, b, f(a, b))$ における接線の傾きが $f_x(a, b)$ である．同様に，曲面 $z = f(x, y)$ と平面 $x = a$ の交わりは曲線 $z = f(a, y)$, $x = a$ である（図12.5）．この曲線上の点 $\mathrm{P}(a, b, f(a, b))$ における接線の傾きが

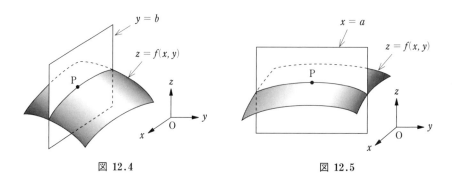

図 12.4　　　　　　　　　　　　　　　図 12.5

$f_y(a, b)$ である．つまり，曲面 $z =$
$f(x, y)$ の 2 平面 $y = b$ および $x = a$
による切り口の曲線を考えたとき，点
P における x 軸方向の接線の傾きが
$f_x(a, b)$ で，y 軸方向の接線の傾きが
$f_y(a, b)$ である．偏微分係数は次の式
で定義してもよい．

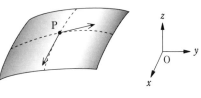

図 12.6

$$(12.3) \quad \begin{cases} f_x(a, b) = \lim_{x \to a} \dfrac{f(x, b) - f(a, b)}{x - a} \\[2mm] f_y(a, b) = \lim_{y \to b} \dfrac{f(a, y) - f(a, b)}{y - b} \end{cases}$$

例 2　$f(x, y) = x^2 + xy$ について，偏微分係数を求める．

$$\begin{aligned} f_x(a, b) &= \lim_{h \to 0} \frac{(a+h)^2 + (a+h)b - a^2 - ab}{h} \\ &= \lim_{h \to 0} \frac{2ah + bh + h^2}{h} = \lim_{h \to 0}(2a + b + h) = 2a + b \\ f_y(a, b) &= \lim_{h \to 0} \frac{a^2 + a(b+h) - a^2 - ab}{h} = \lim_{h \to 0} \frac{ah}{h} = a \end{aligned}$$

　$f_x(a, b)$，$f_y(a, b)$ はともに 2 つの変数 (a, b) の関数になる．そこで，(a, b) のかわりに変数 (x, y) を用いて，$f_x(x, y)$ と $f_y(x, y)$ を次のように定める．

$$(12.4) \quad \begin{cases} \boldsymbol{f_x(x, y) = \lim_{h \to 0} \dfrac{f(x+h, y) - f(x, y)}{h}} \\[2mm] \boldsymbol{f_y(x, y) = \lim_{h \to 0} \dfrac{f(x, y+h) - f(x, y)}{h}} \end{cases}$$

これらをそれぞれ，**x についての偏導関数**，**y についての偏導関数**とよぶ．両者を合わせて，$f(x, y)$ の**偏導関数**という．偏導関数を求めることを，$f(x, y)$ を**偏微分する**という．

　$f_x(x, y)$ のかわりに次のような記号も用いられる．

(12.5)　　f_x,　　z_x,　　$\dfrac{\partial f}{\partial x}$,　　$\dfrac{\partial z}{\partial x}$,　　$\dfrac{\partial}{\partial x}f(x, y)$

$f_y(x, y)$ についても同様の記号が使われる. 偏導関数を求めるには次のことに注意すればよい.

　　f_x の計算 …… y を定数とみなして, x について微分する.

　　f_y の計算 …… x を定数とみなして, y について微分する.

例3　$z = x^2 + xy^3$ の偏導関数を求める.
$$z_x = 2x + y^3, \qquad z_y = 3xy^2$$

　偏微分の計算は, 実質的には x または y, どちらか1つの変数についての微分であるから, 1変数関数の微分の公式がそのまま使える. 主なものを次にまとめておく. 同様であるから x についての偏微分の公式をあげる.

(12.6)　　$(\boxed{}^{\alpha})_x = \alpha \boxed{}^{\alpha-1} \times \boxed{}_x$　（α：実数）

(12.7)　　$(\sin \boxed{})_x = \cos \boxed{} \times \boxed{}_x$

(12.8)　　$(\cos \boxed{})_x = -\sin \boxed{} \times \boxed{}_x$

(12.9)　　$(\tan \boxed{})_x = \dfrac{1}{\cos^2 \boxed{}} \times \boxed{}_x$

(12.10)　　$(\sin^{-1} \boxed{})_x = \dfrac{1}{\sqrt{1-\boxed{}^2}} \times \boxed{}_x$

(12.11)　　$(\tan^{-1} \boxed{})_x = \dfrac{1}{\boxed{}^2+1} \times \boxed{}_x$

(12.12)　　$(e^{\boxed{}})_x = e^{\boxed{}} \times \boxed{}_x$

(12.13)　　$(\log |\boxed{}|)_x = \dfrac{1}{\boxed{}} \times \boxed{}_x$

(12.14)　　$(f+g)_x = f_x + g_x$,　　$(kf)_x = kf_x$　（k：定数）

(12.15)　　$(f \cdot g)_x = f_x \cdot g + f \cdot g_x$　（**積の偏微分**）

(12.16)　　$\left(\dfrac{f}{g}\right)_x = \dfrac{f_x \cdot g - f \cdot g_x}{g^2}$　特に, $\left(\dfrac{1}{g}\right)_x = -\dfrac{g_x}{g^2}$　（**商の偏微分**）

例4　（1）　$z = \sin(x^2 - y)$ を偏微分する.
$$z_x = \cos(x^2-y) \times (x^2-y)_x = 2x\cos(x^2-y)$$

$$z_y = \cos(x^2 - y) \times (x^2 - y)_y = -\cos(x^2 - y)$$

（2）　$z = \sqrt{x+2y}$ を偏微分する．$z = (x+2y)^{\frac{1}{2}}$ と書けるので，

$$z_x = \frac{1}{2}(x+2y)^{-\frac{1}{2}} \times (x+2y)_x = \frac{1}{2\sqrt{x+2y}}$$

$$z_y = \frac{1}{2}(x+2y)^{-\frac{1}{2}} \times (x+2y)_y = \frac{1}{\sqrt{x+2y}}$$

（3）　$z = \dfrac{2x-y}{x+3y}$ を偏微分する．商の偏微分の公式より，

$$z_x = \frac{(2x-y)_x \cdot (x+3y) - (2x-y) \cdot (x+3y)_x}{(x+3y)^2}$$

$$= \frac{2 \cdot (x+3y) - (2x-y) \cdot 1}{(x+3y)^2} = \frac{7y}{(x+3y)^2}$$

$$z_y = \frac{(2x-y)_y \cdot (x+3y) - (2x-y) \cdot (x+3y)_y}{(x+3y)^2} = \frac{-7x}{(x+3y)^2}$$

　2変数関数における合成関数の微分公式を述べる．関数 $z = f(x, y)$ に関数 $x = p(t)$，$y = q(t)$ を代入すると，1変数 t についての関数 $z = f(p(t), q(t))$ が得られる．これを t について微分するとき，次の公式が成り立つ．$f(x, y)$ は偏微分可能で f_x, f_y はともに連続，$p(t)$ と $q(t)$ は微分可能とする．

定理1　$z = f(p(t), q(t))$ とする．このとき

(12.17)　$\dfrac{dz}{dt} = f_x(p(t), q(t)) \cdot p'(t) + f_y(p(t), q(t)) \cdot q'(t)$

証明　1変数関数における平均値の定理より，次の式をみたす c_1, c_2 が a と b の間に存在する．

$$f(b, y) - f(a, y) = f_x(c_1, y) \cdot (b-a) \cdots\cdots ①$$
$$f(x, b) - f(x, a) = f_y(x, c_2) \cdot (b-a) \cdots\cdots ②$$

①，② を用いると，

$$f(p(t+h), q(t+h)) - f(p(t), q(t))$$
$$= f(p(t+h), q(t+h)) - f(p(t), q(t+h))$$
$$+ f(p(t), q(t+h)) - f(p(t), q(t))$$

$$= f_x(c_1, q(t+h)) \cdot \{p(t+h) - p(t)\}$$
$$+ f_y(p(t), c_2) \cdot \{q(t+h) - q(t)\}$$

ここで c_1 は $p(t+h)$ と $p(t)$ の間の数だから，$h \to 0$ のとき $c_1 \to p(t)$．同様に，$h \to 0$ のとき $c_2 \to q(t)$．

$$\frac{dz}{dt} = \lim_{h \to 0} \frac{f(p(t+h), q(t+h)) - f(p(t), q(t))}{h}$$
$$= \lim_{h \to 0} \left\{ f_x(c_1, q(t+h)) \frac{p(t+h) - p(t)}{h} \right.$$
$$\left. + f_y(p(t), c_2) \frac{q(t+h) - q(t)}{h} \right\}$$
$$= f_x(p(t), q(t)) \cdot p'(t) + f_y(p(t), q(t)) \cdot q'(t)$$

注　一般に，関数 $f(x, y)$ の偏導関数 f_x, f_y がともに連続なとき，$f(x, y)$ は **C^1 級の関数**であるという．

（12.17）は次のようにも表せる．

（12.18）　　$\dfrac{\partial z}{\partial t} = \dfrac{\partial z}{\partial x} \dfrac{dx}{dt} + \dfrac{\partial z}{\partial y} \dfrac{dy}{dt}$

（12.18）を右のような図式で表すとわかりやすい．

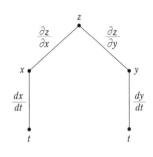

定理1は次のように拡張される．$f(x, y)$ は C^1 級の関数とする．また，関数 $p(u, v)$, $q(u, v)$ は偏微分可能とする．

定理2　$z = f(x, y)$ に $x = p(u, v)$, $y = q(u, v)$ を代入して得られる関数 $z = f(p(u, v), q(u, v))$ は u, v について偏微分可能で，次の公式が成り立つ．

（12.19）　　$\dfrac{\partial z}{\partial u} = f_x(p(u, v), q(u, v)) \cdot p_u(u, v)$

$$+ f_y(p(u, v), q(u, v)) \cdot q_u(u, v)$$

これはまた，次のように表せる．

（12.20）　　$\dfrac{\partial z}{\partial u} = \dfrac{\partial z}{\partial x} \dfrac{\partial x}{\partial u} + \dfrac{\partial z}{\partial y} \dfrac{\partial y}{\partial u}$

同様に

(12.21)　$\dfrac{\partial z}{\partial v} = \dfrac{\partial z}{\partial x}\dfrac{\partial x}{\partial v} + \dfrac{\partial z}{\partial y}\dfrac{\partial y}{\partial v}$

(12.20), (12.21) を図式で表すと下のようになる. いずれも実線部分をたどると公式が得られる. 定理 1, 定理 2 を 2 変数関数の**連鎖律** (chain rule) とよぶ.

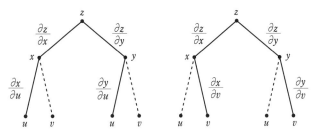

例 5　（1）　$z = f(x, y)$, $x = 2+3t$, $y = 5-6t$ のとき, $\dfrac{dz}{dt}$ を求める. $\dfrac{dx}{dt} = 3$, $\dfrac{dy}{dt} = -6$ だから, 定理 1 より,

$$\dfrac{dz}{dt} = 3f_x(2+3t, 5-6t) - 6f_y(2+3t, 5-6t)$$

（2）　$z = f(x, y)$, $x = r\cos\theta$, $y = r\sin\theta$ のとき, $\dfrac{\partial z}{\partial r}, \dfrac{\partial z}{\partial \theta}$ を求める. $\dfrac{\partial x}{\partial r} = \cos\theta$, $\dfrac{\partial y}{\partial r} = \sin\theta$ だから, 定理 2 (変数 (u, v) のかわりに変数 (r, θ) で適用する) より,

$$\dfrac{\partial z}{\partial r} = \cos\theta\,\dfrac{\partial z}{\partial x} + \sin\theta\,\dfrac{\partial z}{\partial y}$$

$\dfrac{\partial x}{\partial \theta} = -r\sin\theta$, $\dfrac{\partial y}{\partial \theta} = r\cos\theta$ だから,

$$\dfrac{\partial z}{\partial \theta} = -r\sin\theta\,\dfrac{\partial z}{\partial x} + r\cos\theta\,\dfrac{\partial z}{\partial y}$$

2 つ以上の独立変数をもつ多変数関数 $z = f(x_1, x_2, \cdots, x_n)$ についても, 2

変数の場合と同様の計算ができる. $z = f(x_1, x_2, \cdots, x_n)$ を x_i について偏微分するには, x_i 以外の変数をすべて定数とみなして, x_i のみについて微分すればよい. $\dfrac{\partial f}{\partial x_i}$ $(i = 1, 2, \cdots, n)$ が存在して, これらがすべて連続のとき, $f(x_1, \cdots, x_n)$ は **C^1 級**の関数であるという.

例 6　（1）　$u = x^2 + y^2 + z^4$ を偏微分する.

$$\frac{\partial u}{\partial x} = 2x, \qquad \frac{\partial u}{\partial y} = 2y, \qquad \frac{\partial u}{\partial z} = 4z^3$$

（2）　$z = f(x_1, x_2, \cdots, x_n)$ について, n 次元ベクトル $\nabla f = \left(\dfrac{\partial f}{\partial x_1}, \dfrac{\partial f}{\partial x_2}, \cdots, \dfrac{\partial f}{\partial x_n} \right)$ を f の**グラディエント**（勾配）とよぶ. ∇f（ナブラ f）を **grad** f とも書く. $u = \sqrt{x^2 + 2y^2 + 3z^2}$ とすると,

$$\nabla u = \left(\frac{x}{\sqrt{x^2 + 2y^2 + 3z^2}}, \frac{2y}{\sqrt{x^2 + 2y^2 + 3z^2}}, \frac{3z}{\sqrt{x^2 + 2y^2 + 3z^2}} \right)$$

2 変数関数 $z = f(x, y)$ を例にとり, グラディエントの意味を述べる. $f(x, y)$ は C^1 級とする. ベクトル $\nabla f(x_0, y_0) = (f_x(x_0, y_0), f_y(x_0, y_0))$ は点 (x_0, y_0) からみて関数 $f(x, y)$ が最も速く増加する方向を示す. 曲面 $z = f(x, y)$ を山にたとえるならば, 点 (x_0, y_0) からみて最も勾配の急な方向が $\nabla f(x_0, y_0)$ である. また, $z_0 = f(x_0, y_0)$ とするとき, $\nabla f(x_0, y_0)$ は等高線 $f(x, y) = z_0$ に垂直である（問題 12-10）.

　1 変数の関数 $y = f(x)$ において, 点 $A(a, f(a))$ における接線は, $f'(a)$ が存在するとき傾き $f'(a)$ の直線として定義された. 2 変数関数 $z = f(x, y)$ において, 接線と同様の意味をもつのが点 $P(a, b, f(a, b))$ における**接平面**である. 曲面 $z = f(x, y)$ の 2 平面 $x = a$ および $y = b$ による切り口

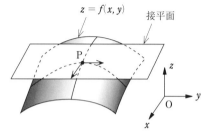

図 **12.7**

の曲線の P における 2 本の接線をともに含む平面を考える．この平面は P を通るので，次の形に書ける．

$$z - f(a, b) = \alpha(x-a) + \beta(y-b)$$

この平面と平面 $y = b$ の交線（交わり）は $z - f(a, b) = \alpha(x-a)$, $y = b$ となる．交線の傾き α は P における x 軸方向の接線の傾き $f_x(a, b)$ と一致しなければならないから，$\alpha = f_x(a, b)$ である．同様に $\beta = f_y(a, b)$ である．そこで，次の方程式で定まる平面を考える．

$$(12.22) \qquad z - f(a, b) = f_x(a, b)(x-a) + f_y(a, b)(y-b)$$

偏微分係数 $f_x(a, b)$, $f_y(a, b)$ が存在するとき，(12.22) で定まる平面を P における接平面とよんでよいだろうか．残念ながら 1 変数関数からの類推によるこの接平面の定義は適切でない．たとえば，図 12.8 のようになめらかな曲面を表面とするケーキを考えよう．ケーキの表面の破線は x 軸方向および y 軸方向の切り口を表す．いま，破線には触れないよう図 12.9 のようにケーキを切り取る．この場合，P における偏微分係数は図 12.8 と図 12.9 では変わらない．しかし，図 12.9 の曲面は P において不連続（断層がある）であり，P における接平面は存在しないと考えるのが妥当である．このように，偏微分可能性はただちに接平面の存在には結びつかない．そこで，接平面を関数の近似の観点から考える．

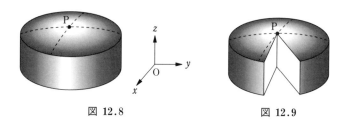

図 12.8　　　　　　　　　　図 12.9

1 変数関数における微分 dy の概念を 2 変数関数に拡張しよう．(12.22) において，(a, b) のかわりに (x, y) を代入した平面の方程式を考える．(x, y) と区別するため，空間の点の座標は大文字の (X, Y, Z) で表す．

$$(12.23) \qquad Z - f(x, y) = f_x(x, y)(X-x) + f_y(x, y)(Y-y)$$

ここで，$X - x = dx$, $Y - y = dy$, $Z - f(x, y) = dz$ とおく．

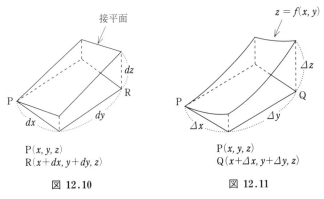

図 12.10　　　　　　　　図 12.11

(12.24)　　　$dz = f_x(x, y)\,dx + f_y(x, y)\,dy$

一方, $\Delta z = f(x+\Delta x, y+\Delta y)-f(x, y)$ とおくと, Δz は独立変数 x, y がそ
れぞれ $\Delta x, \Delta y$ だけ変化したときの z の値の変化量を表す. $\Delta x = dx$, $\Delta y = dy$ であり, Δx および Δy が 0 に近いとき, dz が Δz の良い近似になるなら
ば, 関数 $f(x, y)$ は (x, y) において**全微分可能**という. このとき dz を関数
$f(x, y)$ の**全微分**という. dz のかわりに df という記号も使われる.「良い近
似」を正確に定義すると次のようになる.

(12.25)　　$\begin{cases} f(x+\Delta x, y+\Delta y) = f(x, y)+f_x(x, y)\,\Delta x+f_y(x, y)\,\Delta y+R(x, y) \\[2mm] \sqrt{(\Delta x)^2+(\Delta y)^2} \to 0 \quad \text{のとき} \quad \dfrac{R(x, y)}{\sqrt{(\Delta x)^2+(\Delta y)^2}} \to 0 \end{cases}$

関数 $f(x, y)$ が (12.25) の形に書けるとき,
$f(x, y)$ は (x, y) において**全微分可能**という.
全微分可能ならば, $f(x, y)$ は連続であることが
定義よりわかる (付録4). $\Delta x = dx$, $\Delta y = dy$
のとき $R(x, y) = \Delta z-dz$ である. (12.25) は
$\Delta x = dx$, $\Delta y = dy$ がともに 0 に近いとき,
$|\Delta z-dz|$ が微小量 $\sqrt{(\Delta x)^2+(\Delta y)^2}$ に比べても
十分小さいことを表す. よって, $f(x, y)$ が全

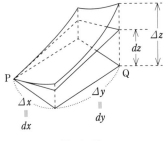

図 12.12

微分可能であるとき, 微小量 $\Delta x, \Delta y$ について次の近似式が成り立つ.

(12.26)　　　$f(x+\Delta x, y+\Delta y)-f(x, y) \fallingdotseq f_x(x, y)\,\Delta x+f_y(x, y)\,\Delta y$

　関数 $f(x, y)$ が (a, b) において全微分可能であるとき，(12.22) で表される平面を点 $(a, b, f(a, b))$ における**接平面**という．1 変数関数では微分可能性が接線の存在に対応したが，2 変数関数では全微分可能性が接平面の存在に対応する．関数 $f(x, y)$ が全微分可能であることを示すには，次の定理が知られている（付録 4）.

> **定理 3**　関数 $f(x, y)$ が偏微分可能で，$f_x(x, y)$, $f_y(x, y)$ がともに (a, b) で連続ならば，$f(x, y)$ は (a, b) で全微分可能である.

　本書で扱う関数は，ほとんどが C^1 級の関数であり，したがって全微分可能である．これより C^1 級の関数は連続な関数であることがわかる．つまり，次の関係が成り立つ.

(12.27)　　　C^1 級 $\Longrightarrow$ 全微分可能 $\Longrightarrow$ 連続

例 7　全微分を利用して，$1.01^2 \times 3.98^3$ の近似値を求める．$f(x, y) = x^2 y^3$ とする．$\Delta x = 0.01$, $\Delta y = -0.02$ とおくと，求める値は $f(1+\Delta x, 4+\Delta y)$ である．(12.26) より，

$$f(1+\Delta x, 4+\Delta y)-f(1, 4) \fallingdotseq f_x(1, 4)\,\Delta x+f_y(1, 4)\,\Delta y$$

$f(1, 4) = 64$, $f_x(1, 4) = 128$, $f_y(1, 4) = 48$ を代入すると，$f(1+\Delta x, 4+\Delta y)$ の近似値として 64.32 を得る.

　最後に陰関数の存在とその偏導関数について述べる．一般に方程式

(12.28)　　　$f(x_1, x_2, \cdots, x_n, y) = 0$

によって定義される関数 $y = \varphi(x_1, x_2, \cdots, x_n)$ を**陰関数**という．(12.28) から y を具体的に変数 $(x_1, x_2, \cdots, x_n)$ を用いて表すのは困難なことが多い.

> **定理 4（陰関数定理）**　関数 $f(x_1, \cdots, x_n, y)$ は各変数 $x_1, \cdots, x_n, y$ について偏微分可能で，点 $(a_1, \cdots, a_n, b)$ の近くですべての偏導関数は連続とする．この点において，
>
> $$f(a_1, \cdots, a_n, b) = 0, \quad f_y(a_1, \cdots, a_n, b) \neq 0$$

が成り立つならば，点 $(a_1, \cdots, a_n)$ の近くで次の式をみたす C^1 級の関数 $y = \varphi(x_1, \cdots, x_n)$ がただ 1 つ存在する.

$$f(x_1, \cdots, x_n, \varphi(x_1, \cdots, x_n)) = 0, \qquad b = \varphi(a_1, \cdots, a_n)$$

このとき，$\varphi(x_1, \cdots, x_n)$ の偏導関数は次の式で求められる.

(12.29) $$\frac{\partial \varphi}{\partial x_i} = -\frac{\dfrac{\partial f}{\partial x_i}}{\dfrac{\partial f}{\partial y}} \quad (i = 1, 2, \cdots, n)$$

例8　（1）　$f(x, y, z) = x^2 + y^2 + z^2 - 4$ とする. $f(\sqrt{2}, -1, 1) = 0$, $f_z(\sqrt{2}, -1, 1) = 2 \neq 0$ だから，点 $(\sqrt{2}, -1)$ の近くで $f(x, y, \varphi(x, y)) = 0$, $1 = \varphi(\sqrt{2}, -1)$ をみたす関数 $z = \varphi(x, y)$ が存在する. この場合 $\varphi(x, y) = \sqrt{4 - x^2 - y^2}$ と具体的に求められる.

$$\varphi_x = \frac{\partial z}{\partial x} = -\frac{\dfrac{\partial f}{\partial x}}{\dfrac{\partial f}{\partial z}} = -\frac{x}{z}$$

$z = \sqrt{4 - x^2 - y^2}$ であるから，$\varphi(x, y)$ の具体的な式を用いて計算した結果と一致する.

　この例において，$f(\sqrt{2}, -1, 1) = 0$, $f_x(\sqrt{2}, -1, 1) = 2\sqrt{2} \neq 0$ だから，点 $(-1, 1)$ の近くで $f(g(y, z), y, z) = 0$, $\sqrt{2} = g(-1, 1)$ をみたす関数 $x = g(y, z)$ が存在する. 具体的には $x = \sqrt{4 - y^2 - z^2}$ である. 同様にして，点 $(\sqrt{2}, 1)$ の近くで $f(x, h(x, z), z) = 0$, $-1 = h(\sqrt{2}, 1)$ をみたす関数 $y = h(x, z)$ が存在する. 具体的には $y = -\sqrt{4 - x^2 - z^2}$ である.

　（2）　陰関数の存在を前提に，その（偏）導関数を求める公式 (12.29) を $n = 1, 2$ の場合に説明する. まず，$f(x, y) = 0$ で定義される関数 $y = y(x)$ の導関数は，$f(x, y(x)) = 0$ の両辺を定理 1 を用いて x で微分する（右の図式を参照）ことにより求まる.

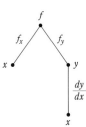

$$f_x + f_y \cdot \frac{dy}{dx} = 0 \text{ より,}$$

(12.30)　　$\dfrac{dy}{dx} = -\dfrac{f_x}{f_y}$

$f(x, y, z) = 0$ で定義される関数 $z = z(x, y)$ の偏導関数は，$f(x, y, z(x, y))$ $= 0$ の両辺を定理 2 を用いて偏微分すれば求まる（下の図式参照）．

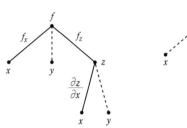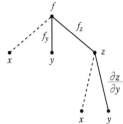

(12.31)　$\begin{cases} f_x + f_z \cdot \dfrac{\partial z}{\partial x} = 0 \quad \text{より} \quad \dfrac{\partial z}{\partial x} = -\dfrac{f_x}{f_z} \\[3mm] f_y + f_z \cdot \dfrac{\partial z}{\partial y} = 0 \quad \text{より} \quad \dfrac{\partial z}{\partial y} = -\dfrac{f_y}{f_z} \end{cases}$

　なお，(1) で扱った例のように，$f(x, y, z) = 0$ から x が (y, z) の関数として表せ，また y が (x, z) の関数として表せる場合は，次の等式が成り立つ．

(12.32)　　$\dfrac{\partial z}{\partial x} \cdot \dfrac{\partial x}{\partial y} \cdot \dfrac{\partial y}{\partial z} = \left(-\dfrac{f_x}{f_z} \right) \cdot \left(-\dfrac{f_y}{f_x} \right) \cdot \left(-\dfrac{f_z}{f_y} \right) = -1$

問 題 12

1. 次の関数の偏導関数を求めよ．

(1)　$z = x^2 + y^3$ 　　　(2)　$z = x^2 y^2$ 　　　(3)　$z = 2x^2 - 5xy + y^2$

(4)　$z = (2x - y)^3$ 　　(5)　$z = \sqrt{x - y}$ 　　(6)　$z = \dfrac{1}{\sqrt{2x + y}}$

(7)　$z = \dfrac{1}{x - 2y}$ 　　(8)　$z = \dfrac{2x + y}{x + 2y}$ 　　(9)　$z = \sin(3x + y)$

(10)　$z = \tan(x - y)$ 　(11)　$z = e^{3x - y}$ 　　(12)　$z = \log|x^2 - y^2|$

2. 次の関数の偏導関数を求めよ．

(1)　$z = x\sqrt{y + 2}$ 　　(2)　$z = x^2 e^y$ 　　(3)　$z = (2x - y)\sin x$

(4)　$z = xy \cos y$ 　　　(5)　$z = \dfrac{1}{xy}$ 　　　(6)　$z = \sqrt{x^2 + y^2}$

(7)　$z = \sin^3(x+2y)$　　(8)　$z = x^2 y \cos xy$　　(9)　$z = \sin^{-1}(3x+2y)$

(10)　$z = \tan^{-1}(y-x)$　　　(11)　$z = \dfrac{x-\cos y}{x+\sin y}$　　　(12)　$z = x^2 y^2 e^{xy}$

(13)　$z = \log \cos xy$　　　　(14)　$z = \tan^{-1}\dfrac{x}{y}$

(15)　$z = x^y$　$(x > 0,\ x \neq 1)$

3. 次の関数について，指定された偏微分係数を求めよ

(1)　$f(x,y) = x^4 + xy^2$　$[f_x(-1,2)]$　　　(2)　$f(x,y) = e^{xy}$　$[f_y(2,1)]$

(3)　$f(x,y) = \sqrt{2x^2 + y^4}$　$[f_x(-\sqrt{2},\sqrt{2})]$

(4)　$f(x,y) = \log(e^x + e^{-y})$　$[f_y(1,-1)]$

(5)　$f(x,y) = x \cos xy$　$\left[f_x\left(\dfrac{\pi}{6},-1\right)\right]$

(6)　$f(x,y) = \dfrac{x-y}{x+y}$　$[f_y(2,2)]$

4. 次の関数 $z = f(x,y)$ のグラフにおいて，接点の x, y 座標を指定したときの接平面の方程式を求めよ．

(1)　$z = (x+y)e^{-2x+y}$　$(x = 0,\ y = 1)$

(2)　$z = \sin \pi x \cos \pi y$　$\left(x = \dfrac{1}{6},\ y = \dfrac{1}{3}\right)$

5. 全微分を応用して次の近似値を求めよ．誤差は調べなくてよい．

(1)　$\dfrac{(1.99)^5}{(2.01)^6}$　（小数第 3 位）　　(2)　$\sqrt{\dfrac{1.01}{3.98}}$　（小数第 3 位）

6. 長さ l の単振り子の周期 T は $T = 2\pi\sqrt{\dfrac{l}{g}}$ で表される．ただし，g は重力加速度である．l, g がそれぞれ $\varDelta l, \varDelta g$ だけ変化したとき，T の変化量を $\varDelta T$ とすると次の近似式が成り立つことを示せ．ただし，$\varDelta l, \varDelta g$ は微小量とする．

$$\frac{\varDelta T}{T} \fallingdotseq \frac{1}{2}\left(\frac{\varDelta l}{l} - \frac{\varDelta g}{g}\right)$$

l, g の測定誤差がそれぞれ 2％，1％ であるとき，T の誤差はどのくらいか．

7. $f(x,y)$ が C^1 級の関数とするとき，次の関数 $g(t)$ について，$g'(0)$ を f_x, f_y を用いて表せ．

(1)　$g(t) = f(1-3t, 1+5t)$　　　(2)　$g(t) = f(\sin t, \cos t)$

8. $f(x,y)$ は C^1 級の関数とする．$g(r,\theta) = f(r\cos\theta + r\sin\theta,\ r\cos\theta - r\sin\theta)$ とおくとき，$\dfrac{\partial g}{\partial r}, \dfrac{\partial g}{\partial \theta}$ を f_x, f_y を用いて表せ．

9. $f(x,y)$ は C^1 級の関数とする．$z = f(x,y)$，$x = r\cos\theta$，$y = r\sin\theta$ とするとき，次の等式を証明せよ．

$$\left(\frac{\partial z}{\partial r}\right)^2 + \frac{1}{r^2}\left(\frac{\partial z}{\partial \theta}\right)^2 = \left(\frac{\partial z}{\partial x}\right)^2 + \left(\frac{\partial z}{\partial y}\right)^2$$

10. $\boldsymbol{u} = (u_1, u_2)$ を $|\boldsymbol{u}| = 1$ なるベクトル（単位ベクトル）とする．このとき，次の極限値が存在するならば，関数 $f(x, y)$ の (a, b) における $\boldsymbol{u}$ 方向の**方向微分**といい，$D_{\boldsymbol{u}}f(a, b)$ で表す．以下の問では，$f(x, y)$ は C^1 級の関数とする．

(12.33) $\quad D_{\boldsymbol{u}}f(a, b) = \lim_{h \to 0} \dfrac{f(a+hu_1, b+hu_2) - f(a, b)}{h}$

(1) $\boldsymbol{u} = (1, 0)$ のとき，$D_{\boldsymbol{u}}f(a, b)$ は $f_x(a, b)$ に等しいことを確かめよ．

(2) $D_{\boldsymbol{u}}f(a, b) = \nabla f(a, b) \cdot \boldsymbol{u}$ が成り立つことを示せ．ここで，・は内積を表す．

(3) $|D_{\boldsymbol{u}}f(a, b)|$ が最大になるのは，$\boldsymbol{u}$ がどんなベクトルのときか．また，そのときの最大値を求めよ．

(4) 平面上の曲線をパラメーター t を用いて $(x(t), y(t))$ と表すと，$t = t_0$ におけるこの曲線の接ベクトル（接線方向のベクトル）はベクトル $(x'(t_0), y'(t_0))$ と同じ方向になる．これを用いて，曲面 $z = f(x, y)$ の等高線 $f(x, y) = z_0$（ただし，$z_0 = f(a, b)$）は $\nabla f(a, b)$ と直交することを示せ．

(5) 曲面 $z = \exp\left(-x^2 - \dfrac{y^2}{4}\right)$ で表される "山" がある．等高線 $z = \dfrac{1}{e}$ はどんな曲線になるか．また，この等高線上の点において，最も勾配の大きい方向は山頂を向く方向であるといえるか．

11. 双曲線 $\dfrac{x^2}{a^2} - \dfrac{y^2}{b^2} = 1$ 上の点 (x_0, y_0) における接線の方程式を求めよ．この結果を用いて，双曲線 $\dfrac{x^2}{4} - \dfrac{y^2}{6} = 1$ 上の点 $(\sqrt{8}, -\sqrt{6})$ における接線の方程式を求めよ．

12. 次の方程式で定義される陰関数 y の導関数を求めよ．

(1) $2x^2 + xy - 3y^2 + 5 = 0$ $\qquad$ (2) $x + y + \log(x+y) = 0$

(3) $xy - e^{\sin xy} = 0$ $\qquad$ (4) $\sin^{-1}(x+2y) + \sin(x+2y) = 0$

13. 次の関数 $f(x, y, z)$ について，指定された偏導関数を求めよ．

(1) $u = x^3 + y^3 + z^3$ $\ [u_z]$ $\qquad$ (2) $u = \sqrt{2x - 3y + z}$ $\ [u_y]$

(3) $u = \sin xyz$ $\ [u_x]$ $\qquad$ (4) $u = \dfrac{x - y + z}{x + y - z}$ $\ [u_y]$

(5) $u = \log \dfrac{x^2}{yz}$ $\ [u_z]$ $\qquad$ (6) $u = e^{\sqrt{xyz}}$ $\ [u_x]$

14. $f(t)$ は微分可能な関数とする．

(1) $u = f(-x^2 + 2y^2)$ とするとき，$2yu_x + xu_y = 0$ が成り立つことを示せ．

(2) $u = f\left(\dfrac{y}{x}\right)$ とするとき，$xu_x + yu_y = 0$ が成り立つことを示せ．

15. (1) すべての $t > 0$ について $f(tx, ty) = t^m f(x, y)$ をみたす関数を m 次の

同次関数という. 次の関数は何次の同次関数になるか.

ⓐ $z = x^2 + y^2$ ⓑ $z = \sqrt{x^3 + y^3}$ ⓒ $z = \log(x^2 + xy + y^2) - 2\log x$

(2) 関数 $z = f(x, y)$ は C^1 級とする. さらに $f(x, y)$ は m 次の同次関数であるとき, 次の等式を示せ.

$$x f_x(x, y) + y f_y(x, y) = m f(x, y)$$

16. 理想気体の状態方程式は, 圧力 p, 体積 V, 温度 T を用いて $pV = RT$ と表される (R は気体定数). このとき, p, V, T はそれぞれ他の2変数の関数となる. $S = \alpha \log T + R \log V + \beta$ (α, β: 定数) によってエントロピー S を定義するとき, 次の等式を示せ.

$$\left(\frac{\partial S}{\partial V}\right)_T = \left(\frac{\partial p}{\partial T}\right)_V, \quad \left(\frac{\partial S}{\partial p}\right)_T = -\left(\frac{\partial V}{\partial T}\right)_p$$

ここで, たとえば $\left(\dfrac{\partial p}{\partial T}\right)_V$ は p を T と V の関数と考えて, T について偏微分することを意味する.

17. 次の方程式で定義される陰関数について, 以下の問に答えよ.

(∗) $\qquad x^2 + 2y^2 + (z-1)^2 - 4 = 0$

(1) (∗) より関数 $z = \varphi(x, y)$ が定義できるための定理4の条件を, 点 P(1, $-1, 0$) において確かめよ. また, $z = \varphi(x, y)$ を具体的に求めよ.

(2) 同様に点 P の近くで (∗) より定義される関数 $x = g(y, z)$, $y = h(x, z)$ を, 具体的に求めよ.

(3) 点 P において, 等式 (12.32) が成り立つことを直接確かめよ.

18. $z = z(x, y)$ は次の方程式で定まる陰関数とする.

$$x - y^2 + z^5 + xy^2 = 4z$$

(1) 点 $(-1, 1, -1)$ において, z_x, z_y の値を求めよ.

(2) この点における曲面 $z = z(x, y)$ の接平面を求めよ.

(3) $z(-0.97, 1.01)$ の近似値を求めよ.

19. 次の方程式より定まる陰関数 $z = z(x, y)$ について, z_x, z_y を求めよ.

(1) $\log(x + y + z) = 1 - x - y - z$ 　　 (2) $e^{xyz} + xyz = 1 + e$

(3) $\sin\sqrt{x + 2y + 3z} + \sqrt{x + 2y + 3z} = \pi$

20. z を方程式 $z = x + y\sin z$ で定まる陰関数とするとき, 次の等式を示せ.

$$\frac{\partial z}{\partial y} = \sin z \cdot \frac{\partial z}{\partial x}$$

21. $f(x, y)$ は C^1 級の関数とする. ある連続関数 $g(x)$ が存在して, $\nabla f(x, y) = (xg(x), yg(x))$ が成り立つとき, $f(x, y)$ は円 $x^2 + y^2 = r^2$ 上で定数になることを示せ.

13. 2変数関数の極値

関数 $z = f(x, y)$ の偏導関数 f_x, f_y は (x, y) の関数である。f_x, f_y が x および y について偏微分可能なとき，**第 2 次偏導関数** $f_{xx}, f_{xy}, f_{yx}, f_{yy}$ を次の表のように定める。

（$\xrightarrow{\ x\ }$ は x についての偏微分，$\xrightarrow{\ y\ }$ は y についての偏微分を表す。）

第 2 次偏導関数は，それぞれ次のような記号で表すこともある。

$$(13.1) \quad \begin{cases} f_{xx} \cdots\cdots f_{xx}(x, y), & \dfrac{\partial^2 f}{\partial x^2}, \quad \dfrac{\partial^2}{\partial x^2} f(x, y) \\[2mm] f_{yx} \cdots\cdots f_{yx}(x, y), & \dfrac{\partial^2 f}{\partial x\,\partial y}, \quad \dfrac{\partial^2}{\partial x\,\partial y} f(x, y) \\[2mm] f_{xy} \cdots\cdots f_{xy}(x, y), & \dfrac{\partial^2 f}{\partial y\,\partial x}, \quad \dfrac{\partial^2}{\partial y\,\partial x} f(x, y) \\[2mm] f_{yy} \cdots\cdots f_{yy}(x, y), & \dfrac{\partial^2 f}{\partial y^2}, \quad \dfrac{\partial^2}{\partial y^2} f(x, y) \end{cases}$$

これらの記号において，f のかわりに z を用いて表すこともある。第 2 次偏導関数がすべて連続なとき，関数 $f(x, y)$ は **C^2 級の関数**であるという。第 3 次以上の高次偏導関数も同様に定義される。

例1 $z = x^2 y + xy^3$ の第 2 次偏導関数を求める。$z_x = 2xy + y^3$ より

$$z_{xx} = 2y, \quad z_{xy} = 2x + 3y^2$$

$z_y = x^2 + 3xy^2$ より

$$z_{yx} = 2x + 3y^2, \quad z_{yy} = 6xy$$

例1の結果をみると，$z_{xy} = z_{yx}$ が成り立っている。これは偶然ではなく，一般に次の定理が成り立つ（付録4参照）。

> **定理1**　関数 $z = f(x, y)$ の第2次偏導関数が存在して，z_{xy}, z_{yx} がとも
> に連続ならば，$z_{xy} = z_{yx}$ が成り立つ.

本書で扱う関数は，ほとんどが C^2 級の関数であり，定理1の仮定をみたし
ている. したがって，偏微分の順序は交換できる. たとえば第3次以上の高次
偏導関数についても，次のような等式が成り立つ（それぞれ第3次，第4次の
偏導関数が連続と仮定する）.

$$z_{xxy} = z_{xyx} = z_{yxx}, \qquad z_{xyy} = z_{yxy} = z_{yyx}$$
$$z_{xxxy} = z_{xxyx} = z_{xyxx} = z_{yxxx}$$

次の定理では $f(x, y)$ は C^1 級の関数とする.

> **定理2（2変数関数の平均値の定理）**　ある θ $(0 < \theta < 1)$ が存在して，
> 次の等式が成り立つ.
> $$f(a+h, b+k) = f(a, b) + h f_x(a+\theta h, b+\theta k)$$
> $$+ k f_y(a+\theta h, b+\theta k)$$

証明　$g(t) = f(a+ht, b+kt)$ とおく. マクローリンの定理で $n = 0$ の場合を適用
すると，ある θ $(0 < \theta < 1)$ が存在して，
$$(13.2) \qquad g(t) = g(0) + g'(\theta t) t$$
が成り立つ. §12 定理1より
$$g'(t) = h f_x(a+ht, b+kt) + k f_y(a+ht, b+kt)$$
だから，(13.2) で $t = 1$ とおくと，定理2が成り立つことがわかる. ∎

次の定理では，$f(x, y)$ は C^1 級とする.

> **定理3**　（ⅰ）　つねに $f_x = f_y = 0$ となるならば，$f(x, y)$ は定数関数で
> ある.
> 　（ⅱ）　つねに $f_x = 0$ となるならば，$f(x, y)$ は y だけの関数になる.
> 　（ⅲ）　つねに $f_y = 0$ ならば，$f(x, y)$ は x だけの関数になる.

証明　（ⅰ）　任意の (x, y) に対し $x - a = h$，$y - b = k$ とおいて定理2を適用する
と $f(x, y) = f(a, b)$ となり，$f(x, y)$ は定数関数である.（ⅱ），（ⅲ）も同様. ∎

例2　$z = f(x, y)$ が C^1 級で，次の偏微分方程式をみたすものとする．

(＊)　　　　$bf_x(x, y) - af_y(x, y) = 0$　（$a, b : 0$ でない定数）

このとき，$u = ax + by$，$v = bx - ay$ とおくと，

$$x = \frac{au + bv}{a^2 + b^2}, \quad y = \frac{bu - av}{a^2 + b^2}$$

関数 $g(u, v) = f\left(\dfrac{au + bv}{a^2 + b^2}, \dfrac{bu - av}{a^2 + b^2}\right)$ を考えると，

$$\frac{\partial g}{\partial v} = \frac{b}{a^2 + b^2} f_x - \frac{a}{a^2 + b^2} f_y = 0$$

よって，$g(u, v)$ は u だけの関数 $\varphi(u)$ に等しい．したがって，(＊)の解は微分可能な任意の関数 φ を用いて，$f(x, y) = \varphi(ax + by)$ と表せる．　▨

次の例は後の定理5の証明中に使われる．

例3　$f(x, y)$ は C^2 級の関数とする．

$$F(t) = f(a + ht, b + kt) \quad (a, b, h, k : 定数)$$

とするとき，$F'(t), F''(t)$ を求める．§12 定理1より，

$$F'(t) = hf_x(a + ht, b + kt) + kf_y(a + ht, kt)$$

$u(t) = f_x(a + ht, b + kt)$ および $v(t) = f_y(a + ht, b + kt)$ に再び §12 定理1
を適用する．

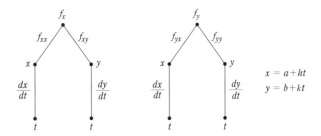

$$F''(t) = h(hf_{xx} + kf_{xy}) + k(hf_{yx} + kf_{yy})$$
$$= h^2 f_{xx} + 2hk f_{xy} + k^2 f_{yy}$$

ただし，第2次偏導関数の値はすべて $(a + ht, b + kt)$ におけるものである．
途中の変形で $f_{xy} = f_{yx}$ を用いた．　▨

2 変数関数 $z = f(x, y)$ の極大・極小を次のように定義する．

(x, y) を (a, b) の近くの任意の点とするとき（ただし，$(x, y) \neq (a, b)$），

極大 　　　　極小

図 **13.1**

（ⅰ）　$f(x, y) < f(a, b)$ が成り立つならば，$f(x, y)$ は (a, b) で**極大**，

（ⅱ）　$f(x, y) > f(a, b)$ が成り立つならば，$f(x, y)$ は (a, b) で**極小**，

という．（ⅰ）において $f(a, b)$ を**極大値**，（ⅱ）において $f(a, b)$ を**極小値**という．極大値と極小値を合わせて**極値**とよぶ．極大値や極小値は複数存在することもある．

注　極大・極小の定義で，（ⅰ）の場合に $f(x, y) \leqq f(a, b)$，（ⅱ）の場合に $f(x, y) \geqq f(a, b)$ と等号を含めて定義することもある．これらを**広義の極大**（**極小**）という．

定理 4　$f(x, y)$ が P(a, b) で極値をとれば，P において

$$f_x(a, b) = f_y(a, b) = 0 \qquad \text{（図 13.2）}$$

なぜなら，P は x 軸方向の断面でみても，y 軸方向の断面でみても極値をとる点だからである（図 13.3）．しかし，定理 4 の逆は必ずしも正しくない．$f_x(a, b) = f_y(a, b) = 0$ であっても，$f(x, y)$ は (a, b) で極値をとらないことがある．

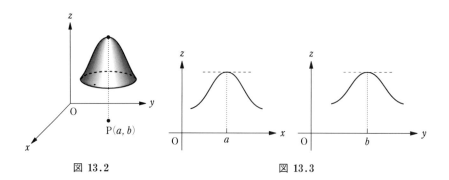

図 **13.2** 　　　　　　　　　　図 **13.3**

例4　図 13.4 のような曲面 $z = y^2 - x^2$ を考える. P(0, 0) において, $f_x(0, 0)$ $= f_y(0, 0) = 0$ が成り立つが, $f(x, y)$ は P で極値をとらない. より詳しくいえば, x 軸方向の断面でみると $f(x, y)$ は P で極大になるが, y 軸方向の断面でみると $f(x, y)$ は P で極小になる. このように, ある方向の断面でみると関数 $f(x, y)$ が極大になり, 別の方向の断面でみると関数 $f(x, y)$ が極小になる点のことを**鞍点**(saddle point) という. 図 13.4 の曲面が馬の鞍に似ていることから名づけられたものである.

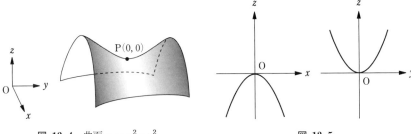

図 13.4　曲面 $z = y^2 - x^2$　　　　　図 13.5

次の定理で 2 変数関数の極大・極小を判定する方法を述べる. $f(x, y)$ は 3 回偏微分可能で, 第 3 次偏導関数はすべて連続とする (このとき $f(x, y)$ は **C^3 級の関数**であるという). 定理は, 実は C^2 級の関数について成り立つことが知られているが, ここではやや強い仮定のもとで証明を行う. 本書で扱う例では定理の仮定 (C^3 級) はみたされている.

定理5（ラグランジュ, 1759）　関数 $f(x, y)$ は $f_x(a, b) = f_y(a, b) = 0$ をみたすとする. $D = \{f_{xy}(a, b)\}^2 - f_{xx}(a, b) \cdot f_{yy}(a, b)$ とおく.

① $D < 0$ のとき.

（ i ）　$f_{xx}(a, b) > 0$ ならば $f(x, y)$ は (a, b) で極小になる.

（ ii ）　$f_{xx}(a, b) < 0$ ならば $f(x, y)$ は (a, b) で極大になる.

② $D > 0$ のとき.　$f(x, y)$ は (a, b) で極値をとらない.

注　$D = 0$ のときは, (a, b) で極値をとることも, とらないこともある.

証明　Q(x, y) を P(a, b) の近くの任意の点とする.
$$x - a = t \cos \varphi, \quad y - b = t \sin \varphi \quad (0 \leqq t \leqq r, \ 0 \leqq \varphi \leqq 2\pi)$$

とおく．QはPの近くの点だけを考えればよ
いので，r は十分小さくとってよい．

$$F(t) = f(a+ht, b+kt) - f(a, b),$$
$$h = \cos\varphi, \qquad k = \sin\varphi$$

とする．任意の t $(0 < t \le r)$，h, k $(h^2 + k^2$
$= 1)$ について $F(t) > 0$ ならば，$f(x, y)$ は
(a, b) で極小になり，任意の t, h, k について
$F(t) < 0$ ならば，$f(x, y)$ は (a, b) で極大に
なる．マクローリンの定理より，ある θ $(0 <$
$\theta < 1)$ が存在して，次の式が成り立つ．

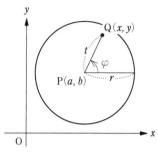

図 13.6

$$F(t) = F(0) + F'(0)t + \frac{F''(0)}{2!}t^2 + \frac{F'''(\theta t)}{3!}t^3$$

ここで明らかに $F(0) = 0$．また例3より，

$$F'(0) = hf_x(a, b) + kf_y(a, b) = 0$$
$$F''(0) = h^2 f_{xx}(a, b) + 2hk f_{xy}(a, b) + k^2 f_{yy}(a, b)$$

よって，$F(t) = \dfrac{t^2}{2}\left(F''(0) + \dfrac{F'''(\theta t)}{3!}t\right)$ となる．

（ⅰ）　任意の h, k について $F''(0) > 0$ のとき．

ある $p > 0$ が存在して $F''(0) \ge p$ となる．$0 \le t \le 1$ における $|F'''(t)|$ の最大値
を M とすると，$r \le 1$ のとき

$$\left|\frac{F'''(\theta t)}{3}t\right| \le \frac{M}{3}r$$

よって，r を十分小さくとると，

$$F''(0) + \frac{F'''(\theta t)}{3}t \ge p - \frac{Mr}{3} \ge \frac{p}{2}$$

とできる．このとき $F(t) > 0$ が任意の t $(\neq 0)$，h, k について成り立つ．

（ⅱ）　任意の h, k について $F''(0) < 0$ のとき．

（ⅰ）と同様にして，$F(t) < 0$ が任意の t $(\neq 0)$，h, k について成り立つ．

（ⅲ）　(h, k) のとり方により $F''(0)$ は正にも負にもなるとき．

（ⅰ），（ⅱ）と同様にして，$F(t)$ は正にも負にもなることがわかる．

以上から，r が十分小さいとき，$F(t)$ の符号は $F''(0)$ の符号で決まる．そこで，
$f_{xx}(a, b) = A$，$f_{xy}(a, b) = B$，$f_{yy}(a, b) = C$ とおくと，

$$F''(0) = Ah^2 + 2Bhk + Ck^2$$

①　$B^2 - AC < 0$ のとき．

（ⅰ）　$A > 0$ のとき．　$F''(0) = A\left(h + \dfrac{B}{A}k\right)^2 + \dfrac{AC - B^2}{A}k^2 > 0$ が任意の h，
k について成り立つ．

（ii）　$A<0$ のとき．　（i）と同様にして，$F''(0)<0$ が任意の h, k について成り立つ．

② 　$B^2-AC>0$ のとき．

（i）　$A>0$ のとき．　$h=1$, $k=0$ とおくと $F''(0)>0$. 一方，h, k を $h+\dfrac{B}{A}k=0$, $h^2+k^2=1$ をみたす数とすると $F''(0)<0$. よって，h, k のとり方により $F''(0)$ は正にも負にもなる．

（ii）　$A\leqq 0$ のとき．　（i）と同様にして，$F''(0)$ は正にも負にもなることがわかる．　　　　　　　　　　　　　　　　　　　　　　　　　　　■

定理4の証明から，$D<0$ のときは (a, b) は鞍点になることがわかる．定理4の結果を表で示しておく．

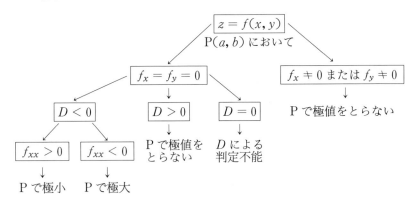

例5　（1）　$f(x, y)=x^2+xy+y^2+6x+3$ の極値を求める．

　　　　$f_x=2x+y+6$, 　$f_y=x+2y$, 　$f_{xx}=2$, 　$f_{xy}=1$, 　$f_{yy}=2$

$f_x=f_y=0$ より $(x, y)=(-4, 2)$. $(x, y)=(-4, 2)$ において，

$D=1^2-2\times 2=-3<0$, $f_{xx}=2>0$. よって，$f(x, y)$ は $(-4, 2)$ において極小値 $f(-4, 2)=-9$ をとる．

　　（2）　$f(x, y)=x^2+y^4$ の極値を求める．

　　　　　$f_x=2x$, 　$f_y=4y^3$, 　$f_{xx}=2$, 　$f_{xy}=0$, 　$f_{yy}=12y^2$

$f_x=f_y=0$ より $(x, y)=(0, 0)$. $(0, 0)$ において，$D=0^2-2\times 0=0$ となり，D による判定はできない．この場合，$(x, y)\neq(0, 0)$ なる任意の x, y について，$f(x, y)=x^2+y^4>0=f(0, 0)$ が成り立つので，$f(x, y)$ は $(0, 0)$ で

極小値 0 をとる.

（3） $f(x,y) = (x-1)^3 + y^2$ の極値を求める.

$$f_x = 3(x-1)^2, \quad f_y = 2y, \quad f_{xx} = 6(x-1), \quad f_{xy} = 0, \quad f_{yy} = 2$$

$f_x = f_y = 0$ より $(x,y) = (1,0)$. $(1,0)$ において, $D = 0^2 - 0 \times 2 = 0$ となり, D による判定はできない.

この場合, $f(1,0) = 0$ であるが $f(x,0) = (x-1)^3$ なので

$$x > 1 \quad \text{のとき} \quad f(x,0) > f(1,0)$$
$$x < 1 \quad \text{のとき} \quad f(x,0) < f(1,0)$$

よって, $f(x,y)$ は $(1,0)$ において極大にも極小にもならない. $f(x,y)$ が極値をとる可能性のある点は $(1,0)$ だけなので, $f(x,y)$ は極値をもたない. ▨

2変数関数においては, 有界閉集合 D で連続な関数は D において必ず最大値・最小値をもつことが証明できる. 平面上の点の集合 D が**有界**とは, ある $R > 0$ に対し, D の任意の点 (x,y) が $x^2 + y^2 \leq R^2$ をみたすことをいう. すなわち, D は無限遠方まで広がっていないことを意味する. 有界閉集合の正確な定義はここでは行わないが, 具体的な例をいくつかあげておこう（図 13.7, 付録 4 参照）.

（ⅰ） 線分や円, 楕円など無限遠方に延びていない曲線.

（ⅱ） いくつかの直線や曲線で囲まれた境界を含む図形で, 無限遠方に広がっていないもの. たとえば, 円や三角形や長方形の周および内部.

図 13.7 平面上の有界閉集合の例

例6 3辺の長さの和が一定な三角形のうち, 面積が最大のものを求める. 3辺の長さを x, y, z として, $x + y + z = 2s$ とおくと, ヘロンの公式より三角形の面積 S は次の式で与えられる.

$$S = \sqrt{s(s-x)(s-y)(s-z)}$$

s は一定だから, $(s-x)(s-y)(s-z)$ が最大になるとき S も最大になる.

$z = 2s - x - y$ より $(s-x)(s-y)(s-z) = (s-x)(s-y)(x+y-s)$ となる.

$$f(x,y) = (s-x)(s-y)(x+y-s)$$
$$D: \quad 0 \le x \le s, \ 0 \le y \le s, \ x+y \ge s$$

とする．D は有界閉集合だから，$f(x,y)$ は D で必ず最大値をとる．D の境界上で $f(x,y)$ の値を調べるとつねに $f(x,y) = 0$ となる．また，D の内部ではつねに $f(x,y) > 0$ だから，$f(x,y)$ は D の内部で最大値をとり，そこでは $f_x = f_y = 0$ が成り立つ．

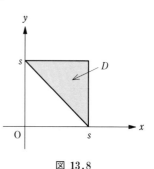

図 13.8

$$f_x = (2s-2x-y)(s-y),$$
$$f_y = (2s-x-2y)(s-x)$$

D の内部で $f_x = f_y = 0$ となる点は $(x,y) = \left(\dfrac{2}{3}s, \dfrac{2}{3}s\right)$ だけである．このとき $z = \dfrac{2}{3}s$ となるから，面積が最大になるのは正三角形である．　▨

例7（等周問題）　長さが L の曲線が囲む平面図形のうち，その面積が最大のものを求めるという問題は古くから知られていて，等周問題とよばれている．漠然として手がかりのないこの問題に驚くべき方法で解答を与えたのは，スイスの数学者シュタイナーである．シュタイナーの解答をいくつかの段階に分けて説明しよう．

（ⅰ）　求める（面積が最大となる）図形 C は凸図形である．

凸図形とは，図形の内部に任意に点 P，Q をとるとき，線分 PQ が完全に図形に含まれることを意味する．もし C が凸図形でなければ，同じ長さ L で囲まれる図形で C より面積の大きいものが存在する（図 13.10）ので，C が面積最大であることに反する．

（ⅱ）　C はある直線に関して対称な図形としてよい．

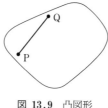

図 13.9　凸図形

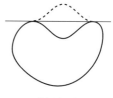

図 13.10

C の周上に 2 点 A，B を選び，A から B に至る曲線の長さが $\dfrac{L}{2}$ になるよう

にする. 直線 AB によって分けられた C の 2 つの部分の面積を S_1, S_2 とする. $S_1 \geqq S_2$ ならば, 面積が S_1 である部分を直線 AB に関して対称に折り返すと, 周の長さ L, 面積 $2S_1$ の図形 C' ができる. $2S_1 \geqq S_1 + S_2$ だから, 図形 C 以上の面積をもつ図形 C' が存在する (図13.11). よって, 最大の面積をもつ図形は直線 AB に関して対称であるとしてよい.

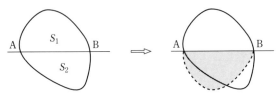

図 13.11

（iii） C の周上に (A, B とは異なる) 任意の点 R をとると, $\angle \mathrm{ARB} = \dfrac{\pi}{2}$ である.

仮に $\angle \mathrm{ARB} \neq \dfrac{\pi}{2}$ としよう. 直線 AB に関して R と対称な点を R′ とする. いま, 4 つの「関節」A, R, B, R′ を適当に動かして, $\angle \mathrm{ARB} = \angle \mathrm{AR'B} = \dfrac{\pi}{2}$ となるように調節する (図13.12). すると, ウスアミ部の面積は変わらないが, 三角形の面積は増加している. よって, $\angle \mathrm{ARB} \neq \dfrac{\pi}{2}$ なる点 R が周上にある図形は面積最大でない.

（iv） C は円である.

$\angle \mathrm{ARB} = \dfrac{\pi}{2}$ となるような点 R は AB を直径とする円周上にある.

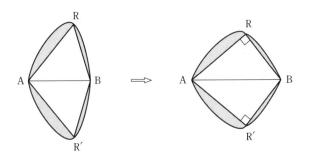

図 13.12

シュタイナーはこのようにして，面積最大の図形 C が円であることを示した．しかし，シュタイナーの証明には1つの欠陥があった．それは，周の長さが L であるような図形の面積に最大値が存在するという暗黙の仮定をおいていたことである．シュタイナーが示したのは，面積最大の図形が「もし存在すれば」，それは円でなければならないということである．等周問題において面積最大の図形が確かに存在することを示すのは，例6と違って簡単ではなく，本質的に新しい議論が必要となるのである．

例8（最小2乗法）　さまざまな実験を行ってデータを得たとき，これをもとにある規則性をつかむ方法について考える．いま，得られたデータを (x_1, y_1),

$(x_2, y_2), \cdots, (x_n, y_n)$ とする．ここで x_i $(i = 1, 2, \cdots, n)$ は互いに相異なるものとする．y_i と x_i の間に1次関数で表される規則性が読み取れるとしよう．この1次関数 $y = mx + c$ をどのように求めるかを述べる．x_i と y_i の間に予想される関係 $y = mx + c$ と，実際のデータとのずれを次の量 S で表す．

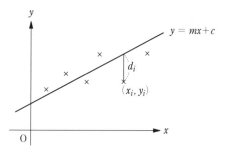

図 **13.13**

$$(13.3) \qquad S = \sum_{i=1}^{n} d_i^2 = \sum_{i=1}^{n} (mx_i + c - y_i)^2$$

S を最小にするような直線 $y = mx + c$ を**最適直線**とよぶ．S は2変数 (m, c) の連続関数なので，有界閉集合 $G: |m| \leqq R, |c| \leqq R$ $(R > 0)$ において最小値をとる．$\dfrac{\partial S}{\partial m} = \dfrac{\partial S}{\partial c} = 0$ より次の式を得る．

$$\sum_{i=1}^{n} 2x_i(mx_i + c - y_i) = 0, \qquad \sum_{i=1}^{n} 2(mx_i + c - y_i) = 0$$

これらを整理すると，

$$(13.4) \qquad m \sum_{i=1}^{n} x_i^2 + c \sum_{i=1}^{n} x_i = \sum_{i=1}^{n} x_i y_i$$

$$(13.5) \qquad m \sum_{i=1}^{n} x_i + cn = \sum_{i=1}^{n} y_i$$

(13.4), (13.5) より m, c を求めると次のようになる.

$$(13.6) \qquad m = \frac{n \sum\limits_{i=1}^{n} x_i y_i - \left(\sum\limits_{i=1}^{n} x_i \right) \left(\sum\limits_{i=1}^{n} y_i \right)}{n \sum\limits_{i=1}^{n} x_i{}^2 - \left(\sum\limits_{i=1}^{n} x_i \right)^2}, \qquad c = \frac{\sum\limits_{i=1}^{n} y_i - m \sum\limits_{i=1}^{n} x_i}{n}$$

$x_i, y_i \ (i = 1, 2, \cdots, n)$ の平均値 p, q を次の式で定めると, 点 (p, q) は直線 $y = mx + n$ 上にあることが (13.6) よりわかる.

$$p = \frac{1}{n} \sum_{i=1}^{n} x_i, \qquad q = \frac{1}{n} \sum_{i=1}^{n} y_i$$

(13.6) で求まった点 (m, c) において, S が実際に最小値をとることを示そう. 第 2 次偏導関数を計算すると次のようになる.

$$(13.7) \qquad \frac{\partial^2 S}{\partial m^2} = 2 \sum_{i=1}^{n} x_i{}^2, \qquad \frac{\partial^2 S}{\partial c \, \partial m} = 2 \sum_{i=1}^{n} x_i, \qquad \frac{\partial^2 S}{\partial c^2} = 2n$$

$$(13.8) \qquad D = 4 \left(\sum_{i=1}^{n} x_i \right)^2 - 4n \sum_{i=1}^{n} x_i{}^2 = -2 \sum_{i<j} (x_i - x_j)^2 < 0$$

ただし, $\sum\limits_{i<j}$ は $1 \leqq i < j \leqq n$ なるすべての組 (i, j) についての和を表す.

(13.7), (13.8) より, S は (13.6) で定まる点 (m, c) において極小になることがわかる. しかし, これだけではこの点で S が最小値をとると断定はできないことに注意する (問題 13-15, 13-16). $|m|, |c|$ のいずれかが限りなく大きくなると, S の値が限りなく大きくなることが示せる. よって, 十分大きな R をとれば, G の境界上 ($|m| = R$ または $|c| = R$) で S の値は十分大きくなるから, S が最小値をとるのは, (13.6) で定まる点 (m, c) である. ▨

問 題 13

1. 次の関数の第 2 次偏導関数を求めよ.

   (1) $z = x^2 + y^2$ (2) $z = x^3 y^2$ (3) $z = \sqrt{x - y}$

   (4) $z = xe^{xy}$ (5) $z = \log |x + 2y|$ (6) $z = \cos (y - x)$

   (7) $z = \dfrac{x - y}{x + y}$ (8) $z = (x - 3y)^{10}$ (9) $z = \tan xy$

2. [ ] 内に指定された偏導関数を求めよ.

   (1) $\begin{cases} u = x + y \\ v = x - y \end{cases}$ $\left[\dfrac{\partial u}{\partial x} \dfrac{\partial v}{\partial y} - \dfrac{\partial u}{\partial y} \dfrac{\partial v}{\partial x} \right]$

(2) $\begin{cases} u = \log (x^2 + y^2) \\ v = \tan^{-1} \dfrac{y}{x} \end{cases}$ $\left[\dfrac{\partial u}{\partial x} \dfrac{\partial v}{\partial y} - \dfrac{\partial u}{\partial y} \dfrac{\partial v}{\partial x} \right]$

(3) $\begin{cases} x = r \cos \theta \\ y = r \sin \theta \end{cases}$ $\left[\dfrac{\partial x}{\partial r} \dfrac{\partial y}{\partial \theta} - \dfrac{\partial x}{\partial \theta} \dfrac{\partial y}{\partial r} \right]$

(4) $f(x, t) = e^{-t} \sin x$ $[f_t - f_{xx}]$

(5) $f(x, t) = \dfrac{1}{\sqrt{t}} \exp\left(-\dfrac{x^2}{4t}\right)$ $[f_t - f_{xx}]$

(6) $f(x, y) = \log (x^2 + y^2)$ $[f_{xx} + f_{yy}]$

3. 関数 $f(x_1, x_2, \cdots, x_n)$ に対して，Δf（**ラプラシアン** f）を次のように定める．

$$\Delta f = \frac{\partial^2 f}{\partial x_1{}^2} + \frac{\partial^2 f}{\partial x_2{}^2} + \cdots + \frac{\partial^2 f}{\partial x_n{}^2}$$

次の 2 変数または 3 変数の関数 f について，Δf を求めよ．

(1) $f(x, y) = \dfrac{y}{x^2 + y^2}$ 　　(2) $f(x, y) = e^{3x}(\cos 2y + \sin 2y)$

(3) $f(x, y) = \tan^{-1} \dfrac{y}{x}$ 　　(4) $f(x, y, z) = \dfrac{\exp(-\sqrt{x^2 + y^2 + z^2})}{\sqrt{x^2 + y^2 + z^2}}$

(5) $f(x, y, z) = \dfrac{\sin \sqrt{x^2 + y^2 + z^2}}{\sqrt{x^2 + y^2 + z^2}}$

(6) $f(x, y, z) = \log (x^2 + y^2 + z^2 - xy - yz - zx)$

(7) $f(x, y, z) = \log (x^3 + y^3 + z^3 - 3xyz)$

4. 偏微分の順序が交換できるとき，2 変数関数の第 10 次偏導関数は実質的に何種類あるか．

5. $g(x), h(x)$ は 2 回微分可能な関数とする．$F(x, t) = g(x + at) + h(x - at)$ とするとき，$F(x, t)$ は次の偏微分方程式をみたすことを示せ（a：定数）．

$$\frac{\partial^2 F}{\partial t^2} = a^2 \frac{\partial^2 F}{\partial x^2}$$

6. $u = \log (e^x + e^y + e^z)$ とするとき，次の式を示せ．

$$u_{xyz} = 2 \exp (x + y + z - 3u)$$

7. $f(x, y)$ を C^2 級の関数とする．$x = u \cos \theta - v \sin \theta$，$y = u \sin \theta + v \cos \theta$（$\theta$：定数）とするとき，次の等式を証明せよ．

(1) $\left(\dfrac{\partial z}{\partial u}\right)^2 + \left(\dfrac{\partial z}{\partial v}\right)^2 = \left(\dfrac{\partial z}{\partial x}\right)^2 + \left(\dfrac{\partial z}{\partial y}\right)^2$ 　　(2) $\dfrac{\partial^2 z}{\partial u^2} + \dfrac{\partial^2 z}{\partial v^2} = \dfrac{\partial^2 z}{\partial x^2} + \dfrac{\partial^2 z}{\partial y^2}$

8. $u(x, t) = e^{-a^2 t}(c_1 \sin ax + c_2 \cos ax)$ とする（$a > 0$，c_1, c_2：定数）．

(1) $u(x, t)$ は偏微分方程式 $u_t = u_{xx}$ をみたすことを示せ．

(2) $u(0, t) = u(\pi, t) = 0$，$u(x, 0) = 4 \sin 3x$ をみたすように定数を定めよ．

9. 次の関数の極値を求めよ．

   (1) $f(x, y) = \dfrac{x^2}{4} + \dfrac{y^2}{9}$ (2) $f(x, y) = x^2 + 2xy + 3y^2 - 2$

   (3) $f(x, y) = x^2 + 2xy + 2y^2 + 2x - 2y + 3$

   (4) $f(x, y) = -x^2 + 2xy - 2y^2 + 4x - 2y + 1$

   (5) $f(x, y) = x^2 - 2xy - 2y^2$ (6) $f(x, y) = x^3 + 3xy + y^3$

   (7) $f(x, y) = y^2 - 4x^2 + 5x + 2y - 3$

10. 次の関数の極値を求めよ.

   (1) $f(x, y) = \exp(-3x^2 - y^2)$ (2) $f(x, y) = xy + \dfrac{1}{2x} + \dfrac{2}{y}$

   (3) $f(x, y) = e^{-x}(x^2 + y^2)$ (4) $f(x, y) = 2x^2 - 2xy + 5y^2 - 6x + 12y + 2$

   (5) $f(x, y) = x^2y + xy + 1$ (6) $f(x, y) = e^{xy} + x^2 + 2y^2$

11. 次の関数の極値を求めよ.

   (1) $f(x, y) = x^3 + x - 2xy^2 + 1$ (2) $f(x, y) = 2x^2 + 3y^4 + 5$

   (3) $f(x, y) = (x + 2)^2 - y^3$ (4) $f(x, y) = x^2 - 4x + y^4 + 6$

   (5) $f(x, y) = 2(x + y)^2 + y^5$

   (6) $f(x, y) = (x + 1)(y - 1)^3 + (y - 1)(x + 1)^3$

   (7) $f(x, y) = \dfrac{1}{xy} + \dfrac{1}{x} + \dfrac{1}{y}$ (8) $f(x, y) = \exp(x^4 + y^2)$

   (9) $f(x, y) = x^4 + y^4 - (x - y)^2$

   (10) $f(x, y) = (x^2 - y^2)\exp(-x^2 - y^2)$

   (11) $f(x, y) = x^3 + y^3 + 9x^2 + 9y^2 + 12xy$

12. $D : 0 \leqq x \leqq 1,\ 0 \leqq y \leqq 1,\ x + y \leqq 1$ における $f(x, y) = xy(1 - x - y)$ の最大値・最小値を求めよ.

13. 平面上の点 A$(a, 0)$, B$(-a, 0)$, C$(0, a)$ を頂点とする三角形 ABC の内部（周を含む）の点 P で, PA^2 + PB^2 + PC^2 が最小となるような P の座標と最小値を求めよ.

14. 体積が一定値 k の直方体の中で, 3 辺の和が最小になるものを求めよ.

15. (**Mountain, River, and Cliff**) $f(x, y) = 3xe^y - x^3 - e^{3y}$ とする.

   (1) $f_x = f_y = 0$ となる点はただ 1 つで, $f(x, y)$ はそこで極大になることを示せ.

   (2) $|x| \leqq 3$, $|y| \leqq 3$ において, $f(x, y)$ は (1) で求めた極大値よりも大きな値をとりうることを示せ.

   この例は Ira Rosenholtz, Lowell Smylie による. ( ) 内の表題は曲面のイメージを表している. 2 変数関数においては, 次の主張が必ずしも正しくないことを示している.

     「ある領域 D の内部において, $f(x, y)$ は $f_x = f_y = 0$ となる点を 1 つだけもち, そこで極大（小）になるならば, $f(x, y)$ はそこで最大（小）値をとる.」

16. (**Spring**) $F(x, y) = f(y)\{g(x) + h(x)\} - f(1) \cdot g(x)$ とする. ここで, $f, g,$

h は次の関数である.

$$f(y) = (1+y^2)\cdot \exp\left(-\frac{y^2}{2}\right)-1, \quad g(x) = \frac{1}{1+x^2},$$

$$h(x) = \frac{e^x}{e^x+e^{-x}}$$

(1) $F(x,y)$ は有界な関数であること, すなわち, ある $M > 0$ に対して, $|F(x,y)| < M$ が成り立つことを示せ.

(2) $F_x = F_y = 0$ となる点はただ1つで, $F(x,y)$ はそこで極小になることを示せ.

(3) (2)で求めた極小値は $F(x,y)$ の最小値ではないことを示せ.

この例は J. Marshall Ash, Harlan Sexton の例を改変したものである.

17. (**Two Mountains without a Valley**) 曲面 $f(x,y) = 4x^2e^y-2x^4-e^{4y}$ は2つの山(極大)をもつが, 他に $f_x = f_y = 0$ となる点は存在しないことを示せ. この例は I. Rosenholtz による.

18. (**Old Home, New Home**) 新婚の夫婦が住居を決める際に, 双方の両親の家を訪問する年間の日数をできるだけ減らそうと考えた. 夫または妻の両親の家と新居との距離を $L\,[\mathrm{km}]$ とするとき, 夫婦は次のようなモデルを立てた. まず, 年間の訪問回数 V は $V = 1+\dfrac{1000}{L}$ で表されるものとする. また, 1回の訪問に要する日数 D は $D = \dfrac{1}{20}\left(1+\dfrac{L}{10}\right)$ で表されるものとする. 夫婦はそれぞれの実家に対する $V\cdot D$ の和 S を最小にしたい. 新居はどこに構えればよいか.

(1) 新居と夫の実家の距離を $x\,[\mathrm{km}]$, 新居と妻の実家の距離を $y\,[\mathrm{km}]$ として, S を x と y の式で表せ.

(2) S の最小値を求めよ. 夫の実家と妻の実家の距離は結果に影響があるか.

(このようなモデルの設定は Harvey P. Greenspan, David J. Benney による.)

19. (ペアノの例, 1884) $f(x,y) = xy\dfrac{x^2-y^2}{x^2+y^2}$ $((x,y) \ne (0,0))$, $f(0,0) = 0$ とする. $f_{xy}(0,0)$, $f_{yx}(0,0)$ を求めよ. 両者の値は一致するか

20. p, V, T が次の状態方程式(ファン・デル・ワールスの方程式)をみたすとき, $\dfrac{\partial p}{\partial V} = \dfrac{\partial^2 p}{\partial V^2} = 0$ となる点における p, V, T の値を定数 a, b, R を用いて表せ.

$$\left(p+\frac{a}{V^2}\right)(V-b) = RT$$

21. 弁護士が n 人の顧客を抱えている. 連絡をとりやすくするため, 事務所と顧客の住所との距離の2乗の和を最小にしたい. 弁護士は事務所をどこに置けばよいか.

22. ある実験を行って，変数 X と Y の値が右のようになった．最小2乗法に従って，(13.6) より Y と X の関係を与える最適直線を求めよ．

X	1	3	4	6	9
Y	11	15	21	26	32

23. (ペアノの反例，1884) $f(x, y) = (y - x^2)(y - 2x^2)$ とする．$f(x, y)$ は原点 $(0, 0)$ を通るあらゆる直線上で考えたとき，$(0, 0)$ で極小になることを示せ．しかし，$f(x, y)$ は $(0, 0)$ で極小値をとらないことを示せ．

24. $f(x, y)$ は C^1 級の関数とする．$x = r \cos \theta$, $y = r \sin \theta$ とするとき，次のことを示せ．

(1) つねに $x \dfrac{\partial f}{\partial x} + y \dfrac{\partial f}{\partial y} = 0$ ならば，$f(r \cos \theta, r \sin \theta)$ は θ だけの関数である．

(2) つねに $y \dfrac{\partial f}{\partial x} - x \dfrac{\partial f}{\partial y} = 0$ ならば，$f(r \cos \theta, r \sin \theta)$ は r だけの関数である．

25. $f(x, y)$ は2回偏微分可能な関数で，任意の x, y について，$f(x, y) = f(y, x)$ をみたすものとする．このとき $f_{xx}(x, y) = f_{yy}(y, x)$ が成り立つことを示せ．

26. (1) $F(x, y)$ は C^2 級の関数で，$F_y(a, b) \neq 0$ とする．方程式 $F(x, y) = 0$ によって定まる陰関数 $y = \varphi(x)$ が $\varphi'(a) = 0$ をみたすとき，次の等式を示せ．ただし，$b = \varphi(a)$ とする．

$$F(a, b) = 0, \quad F_x(a, b) = 0, \quad \varphi''(a) = -\frac{F_{xx}(a, b)}{F_y(a, b)}$$

$F = F_x = 0$ をみたす点が極値をとる候補となる点であり，§11 定理4を用いると，極値の判定ができる．

(2) 等高線 $F(x, y) = k$ $(k \geqq 0)$ が次の関数で与えられる島がある．y 軸の正の向きを真北とするとき，島の最北端と最南端の地点の座標を求めよ．

$$F(x, y) = -x^2 + 2xy - 2y^2 + 2x - 6y + 3$$

14. 不定積分の基本公式

関数 $f(x)$ に対し，$F'(x) = f(x)$ となる関数 $F(x)$ を $f(x)$ の**原始関数**という．$f(x)$ の原始関数は 1 つではない．たとえば，x^2+1，$x^2-\sqrt{2}$，$x^2+\pi$ などはすべて $2x$ の原始関数である．$f(x)$ の原始関数 $F(x)$ を 1 つ選ぶと，$G'(x) = f(x)$ となるような関数 $G(x)$ は C を定数として $G(x) = F(x)+C$ と書ける．なぜなら，$\{G(x)-F(x)\}' = f(x)-f(x) = 0$ となるので，§11 定理 1 より $G(x)-F(x)$ は定数になるからである．そこで，$f(x)$ の原始関数全体を $f(x)$ の**不定積分**とよび，1 つの原始関数 $F(x)$ を用いて次のように表す．

$$\int f(x)\,dx = F(x)+C$$

C を**積分定数**という．関数 $f(x)$ の不定積分を求めることを，$f(x)$ を**積分する**といい，$f(x)$ を**被積分関数**という．

例 1 $(x^3)' = 3x^2$ だから，

$$\int 3x^2\,dx = x^3+C \qquad 3x^2 \underset{微分する}{\overset{積分する}{\rightleftarrows}} x^3+C$$

注 不定積分において，$\int 1\,dx$ を $\int dx$，$\int \dfrac{1}{f(x)}\,dx$ を $\int \dfrac{dx}{f(x)}$ と書くこともある．たとえば $\int \dfrac{1}{x^3}\,dx$ を $\int \dfrac{dx}{x^3}$ とも書く．

以後 §14〜17 では積分定数を省略する．微分の公式から，次の不定積分の公式が得られる．いずれも右辺の関数を微分すると被積分関数になることが容易に確かめられる．

$$(14.1) \qquad \int x^\alpha\,dx = \frac{x^{\alpha+1}}{\alpha+1} \quad (\alpha：実数,\ \alpha \neq -1)$$

$$(14.2) \qquad \int \frac{1}{x}\,dx = \log|x|$$

(14.3) $\displaystyle\int e^x \, dx = e^x$

(14.4) $\displaystyle\int a^x \, dx = \dfrac{a^x}{\log a} \quad (a > 0, \ a \neq 1) \quad ((14.3)\text{の一般化})$

(14.5) $\displaystyle\int \sin x \, dx = -\cos x$

(14.6) $\displaystyle\int \cos x \, dx = \sin x$

(14.7) $\displaystyle\int \dfrac{1}{\cos^2 x} \, dx = \tan x$

(14.8) $\displaystyle\int \dfrac{1}{\sqrt{a^2 - x^2}} \, dx = \sin^{-1} \dfrac{x}{a} \quad (a > 0)$

(14.9) $\displaystyle\int \dfrac{1}{x^2 + a^2} \, dx = \dfrac{1}{a} \tan^{-1} \dfrac{x}{a} \quad (a \neq 0)$

(14.10) $\displaystyle\int \dfrac{\boxed{}'}{\boxed{}} \, dx = \log \left| \boxed{} \right| \quad (\boxed{}\text{は微分可能な関数})$

以下の公式は本書の例や問題ではほとんど使用しないが，参考までに載せておく．

(14.11) $\displaystyle\int \dfrac{1}{x^2 - a^2} \, dx = \dfrac{1}{2a} \log \left| \dfrac{x - a}{x + a} \right| \quad (a \neq 0)$

(14.12) $\displaystyle\int \dfrac{1}{\sqrt{x^2 + A}} \, dx = \log \left| x + \sqrt{x^2 + A} \right| \quad (A \neq 0)$

(14.13) $\displaystyle\int \dfrac{1}{\sin^2 x} \, dx = -\dfrac{1}{\tan x}$

不定積分について，次の一般的な定理が成り立つ．

定理 1（不定積分の線形性）

（1） $\displaystyle\int \{f(x) + g(x)\} \, dx = \int f(x) \, dx + \int g(x) \, dx$

（2） $\displaystyle\int k f(x) \, dx = k \int f(x) \, dx \quad (k：定数)$

例2 （1） $\displaystyle\int (2x^2-5x+3)\,dx = 2\int x^2\,dx - 5\int x\,dx + \int 3\,dx$

$$= 2\cdot\frac{x^3}{3} - 5\cdot\frac{x^2}{2} + 3x \qquad \text{（公式 (14.1)）}$$

（2） $\displaystyle\int (\sin x + 3e^x)\,dx = \int \sin x\,dx + 3\int e^x\,dx$

$$= -\cos x + 3e^x \qquad \text{（公式 (14.3), (14.5)）}$$

（3） $\displaystyle\int \sqrt{x}\,dx = \int x^{\frac{1}{2}}\,dx = \frac{x^{\frac{1}{2}+1}}{\frac{1}{2}+1} = \frac{2}{3}x^{\frac{3}{2}} = \frac{2}{3}\sqrt{x^3} \quad \text{（公式 (14.1)）}$

（4） $\displaystyle\int \frac{1}{x^4}\,dx = \int x^{-4}\,dx = \frac{x^{-4+1}}{-4+1} = \frac{x^{-3}}{-3} = -\frac{1}{3x^3} \quad \text{（公式 (14.1)）}$

（5） $\displaystyle\int \frac{1}{\sqrt{9-x^2}}\,dx = \int \frac{1}{\sqrt{3^2-x^2}}\,dx = \sin^{-1}\frac{x}{3} \qquad \text{（公式 (14.8)）}$

（6） $\displaystyle\int \frac{1}{x^2+5}\,dx = \int \frac{1}{x^2+(\sqrt{5})^2}\,dx = \frac{1}{\sqrt{5}}\tan^{-1}\frac{x}{\sqrt{5}}$

$$\text{（公式 (14.9)）}$$

（7） $\displaystyle\int \frac{2x-5}{x^2-5x+6}\,dx = \int \frac{(x^2-5x+6)'}{x^2-5x+6}\,dx = \log|x^2-5x+6|$

$$\text{（公式 (14.10)）}$$

（8） $\displaystyle\int \frac{x^2}{x^3+1}\,dx = \frac{1}{3}\int \frac{3x^2}{x^3+1}\,dx = \frac{1}{3}\int \frac{(x^3+1)'}{x^3+1}\,dx = \frac{1}{3}\log|x^3+1|$

$$\text{（公式 (14.10)）}$$

（9） $\displaystyle\int \tan x\,dx = \int \frac{\sin x}{\cos x}\,dx = -\int \frac{-\sin x}{\cos x}\,dx = -\int \frac{(\cos x)'}{\cos x}\,dx$

$$= -\log|\cos x| \qquad \text{（公式 (14.10)）}$$

公式 (14.3) において，被積分関数が e^{2x+3} の場合を考える．

$$(e^{2x+3})' = e^{2x+3}\times(2x+3)' = 2e^{2x+3}$$

よって，e^{2x+3} の不定積分は次のようになる．

$$\int e^{2x+3}\,dx = \frac{1}{2}e^{2x+3}$$

一般に次のことが成り立つ（p, q：定数，$p \neq 0$）．

$$(14.14) \qquad f(x) \xrightarrow{\text{積分}} F(x) \quad \text{ならば} \quad f(px+q) \xrightarrow{\text{積分}} \frac{1}{p} F(px+q)$$

(14.14)は合成関数の微分を用いると示せる．$t = px+q$ とおくと，

$$\frac{d}{dx} F(px+q) = \frac{d}{dt} F(t) \cdot \frac{dt}{dx} = f(t) \cdot p = pf(px+q)$$

$$\text{ゆえに} \quad \int f(px+q)\, dx = \frac{1}{p} F(px+q)$$

(14.14)を公式(14.1)〜(14.9)にあてはめると，次のようになる（p, q：定数，$p \neq 0$）．

$$(14.1)' \qquad \int (px+q)^a\, dx = \frac{1}{\boldsymbol{p}} \cdot \frac{(px+q)^{a+1}}{a+1} \quad (a：\text{実数}, \ a \neq -1)$$

$$(14.2)' \qquad \int \frac{1}{px+q}\, dx = \frac{1}{\boldsymbol{p}} \log |px+q|$$

$$(14.3)' \qquad \int e^{px+q}\, dx = \frac{1}{\boldsymbol{p}} e^{px+q}$$

$$(14.4)' \qquad \int a^{px+q}\, dx = \frac{1}{\boldsymbol{p}} \cdot \frac{a^{px+q}}{\log a}$$

$$(14.5)' \qquad \int \sin (px+q)\, dx = -\frac{1}{\boldsymbol{p}} \cos (px+q)$$

$$(14.6)' \qquad \int \cos (px+q)\, dx = \frac{1}{\boldsymbol{p}} \sin (px+q)$$

$$(14.7)' \qquad \int \frac{1}{\cos^2 (px+q)}\, dx = \frac{1}{\boldsymbol{p}} \tan (px+q)$$

$$(14.8)' \qquad \int \frac{1}{\sqrt{a^2 - (px+q)^2}}\, dx = \frac{1}{\boldsymbol{p}} \sin^{-1} \frac{px+q}{a} \quad (a > 0)$$

$$(14.9)' \qquad \int \frac{1}{(px+q)^2 + a^2}\, dx = \frac{1}{\boldsymbol{p}} \cdot \frac{1}{a} \tan^{-1} \frac{px+q}{a} \quad (a \neq 0)$$

例3　（1）$\displaystyle \int (2x+1)^4\, dx = \frac{1}{2} \cdot \frac{(2x+1)^5}{5} = \frac{1}{10}(2x+1)^5$

　　（2）$\displaystyle \int \frac{1}{(3x-5)^2}\, dx = \int (3x-5)^{-2}\, dx = \frac{1}{3} \cdot \frac{(3x-5)^{-2+1}}{-2+1} = -\frac{1}{3(3x-5)}$

（3） $\displaystyle\int \frac{1}{\sqrt{1-5x}}\,dx = \int (1-5x)^{-\frac{1}{2}}\,dx = \frac{1}{-5}\cdot\frac{(1-5x)^{-\frac{1}{2}+1}}{-\frac{1}{2}+1}$

$\displaystyle\qquad\qquad\qquad = -\frac{2}{5}\sqrt{1-5x}$

（4） $\displaystyle\int \sin 6x\,dx = -\frac{1}{6}\cos 6x$

（5） $\displaystyle\int \frac{1}{\sqrt{4-(3x+1)^2}}\,dx = \int \frac{1}{\sqrt{2^2-(3x+1)^2}}\,dx = \frac{1}{3}\sin^{-1}\frac{3x+1}{2}$

（6） $\displaystyle\int \frac{1}{4x^2-4x+6}\,dx = \int \frac{1}{(2x-1)^2+(\sqrt{5})^2}\,dx$

$\displaystyle\qquad\qquad\qquad = \frac{1}{2}\cdot\frac{1}{\sqrt{5}}\tan^{-1}\frac{2x-1}{\sqrt{5}}$

　ここで注意しなければならないのは，(14.14) を一般の合成関数に拡張することはできないという点である．すなわち，

$$f(x) \xrightarrow{\text{積分}} F(x) \quad \text{ならば} \quad f(\boxed{}) \xrightarrow{\text{積分}} \frac{1}{\boxed{}'}\,F(\boxed{})$$

が成り立つのは，$\boxed{}$ が 1 次関数のときのみである．たとえば，

$$\int e^{\sin x}\,dx \not= \frac{1}{\cos x}e^{\sin x}, \quad \int (x^2+1)^5\,dx \not= \frac{1}{2x}\cdot\frac{(x^2+1)^6}{6}$$

実際，

$$\left(\frac{1}{\cos x}e^{\sin x}\right)' = \left(\frac{1}{\cos x}\right)'\cdot e^{\sin x} + \frac{1}{\cos x}\cdot(e^{\sin x})'$$

$$= \frac{\sin x}{\cos^2 x}e^{\sin x} + \frac{1}{\cos x}e^{\sin x}\cos x \not= e^{\sin x}$$

微分の場合と異なり，$f(x)$ の不定積分が求まっても，合成関数 $f(g(x))$ の不定積分を求める一般的な公式は（$g(x)$ が 1 次関数のときを除いて）存在しない．

例 4　次のような形の関数の不定積分は，部分分数分解という方法で求められる（詳しくは §17 参照）．

$$\int \frac{px+q}{(x-a)(x-\beta)}\,dx$$

たとえば $\int \dfrac{-x+8}{x^2-x-2}\,dx$ を求めてみよう. まず

$$\frac{-x+8}{(x+1)(x-2)} = \frac{a}{x+1} + \frac{b}{x-2}$$

となるような定数 a,b を求める. 両辺に $(x+1)(x-2)$ をかけると,

(*) $\qquad -x+8 = a(x-2)+b(x+1)$

(*) の両辺に $x=2$ を代入すると, $6=3b$. ゆえに $b=2$. (*) の両辺に $x=-1$ を代入すると, $9=-3a$. ゆえに $a=-3$. よって,

$$\frac{-x+8}{(x+1)(x-2)} = \frac{-3}{x+1} + \frac{2}{x-2}$$

$$\int \frac{-x+8}{(x+1)(x-2)}\,dx = -3\int \frac{1}{x+1}\,dx + 2\int \frac{1}{x-2}\,dx$$

$$= -3\log|x+1| + 2\log|x-2|$$

　多項式やべき関数, 三角関数, 逆三角関数, 指数・対数関数, およびこれらの関数の合成や四則演算によってできる関数を**初等関数**という. 初等関数はいかに複雑な関数であっても, その導関数は初等関数を用いて表せる. これに対し, 初等関数の不定積分は必ずしも初等関数では表せない. たとえば,

$$\int \frac{\sin x}{x}\,dx, \quad \int \frac{e^x}{x}\,dx, \quad \int e^{x^2}\,dx, \quad \int \frac{1}{\sqrt{x^4+1}}\,dx$$

などは初等関数で表せないことが知られている.

問 題 14

1. 次の関数の不定積分を求めよ.

(1) $\dfrac{x^5}{5}$　　(2) $\dfrac{1}{3}x^3+2x-5$　　(3) $\dfrac{3}{x}+2$　　(4) $\dfrac{1}{x^2}$

(5) $\dfrac{1}{3x^3}$　　(6) $\sqrt{x}$　　(7) $\dfrac{2}{\sqrt{x}}$　　(8) $\sqrt[3]{x}$　　(9) $-\sqrt{x^3}$

(10) $\dfrac{1}{x\sqrt{x}}$　　(11) $\dfrac{1}{\sqrt[4]{x^3}}$

2. 次の関数の不定積分を求めよ.

(1) $(2x+3)^5$ (2) $(6-x)^7$ (3) $\left(\dfrac{2-3x}{5}\right)^6$ (4) $\left(\dfrac{x+1}{2}\right)^3$

(5) $\dfrac{1}{2+3x}$ (6) $\dfrac{1}{1-x}$ (7) $\sqrt{2x+5}$ (8) $\dfrac{1}{\sqrt{2-x}}$

(9) $\dfrac{1}{(3x+1)^3}$ (10) $\dfrac{\sqrt{2x+1}}{2x+1}$ (11) $\dfrac{1}{\sqrt[3]{x-1}}$ (12) $\sqrt{\dfrac{1+2x}{5}}$

(13) $(x^2-1)^3$

3. 次の関数の不定積分を求めよ.

(1) $\cos x - 2\sin x$ (2) $\dfrac{1}{5\cos^2 x}$ (3) $\cos 2x$

(4) $\sin(3x-1)$ (5) $\dfrac{1}{\cos^2\sqrt{2}\,x}$ (6) $\cos\dfrac{3-5x}{3}$

(7) $\dfrac{2}{\cos^2\dfrac{x}{2}}$ (8) $\sin\pi x$ (9) $\tan^2 x$

4. 次の関数の不定積分を求めよ.

(1) e^{2x} (2) e^{-x} (3) $\dfrac{e^{2x}+e^{-2x}}{2}$ (4) 3^x (5) 10^x

(6) e^{4-3x} (7) $(e^{3x}-e^{-3x})^2$ (8) $\dfrac{e^x+e^{5x}}{e^{2x}}$

(9) $\dfrac{e^{3x}+e^{-3x}}{e^x+e^{-x}}$ (10) $\sqrt{e^x}$

5. 次の関数の不定積分を求めよ.

(1) $\dfrac{2x}{x^2-1}$ (2) $\dfrac{2x-1}{x^2-x-1}$ (3) $\dfrac{x^3}{x^4+3}$ (4) $2\tan x$

(5) $\dfrac{1}{\tan x}$ (6) $\dfrac{e^x-e^{-x}}{e^x+e^{-x}}$ (7) $\tan 3x$ (8) $\dfrac{1}{\tan\dfrac{x}{2}}$

(9) $\dfrac{e^{2x}}{e^{2x}+2}$ (10) $\dfrac{1}{x\log x}$ (11) $\dfrac{1}{\cos^2 x\tan x}$

6. 次の関数の不定積分を求めよ.

(1) $\dfrac{1}{x^2+4}$ (2) $\dfrac{1}{\sqrt{4-x^2}}$ (3) $\dfrac{1}{x^2+3}$ (4) $\dfrac{1}{\sqrt{2-x^2}}$

(5) $\dfrac{1}{9x^2+1}$ (6) $\dfrac{1}{3x^2+1}$ (7) $\dfrac{1}{\sqrt{8-2x^2}}$ (8) $\dfrac{1}{\sqrt{1-16x^2}}$

(9) $\dfrac{1}{9x^2+16}$ (10) $\dfrac{1}{\sqrt{7-4x^2}}$

7. 次の関数の不定積分を求めよ．

(1) $\dfrac{1}{(x+2)^2+1}$ (2) $\dfrac{1}{\sqrt{4-(x-1)^2}}$ (3) $\dfrac{1}{(2x+1)^2+1}$

(4) $\dfrac{1}{\sqrt{4-(3x+1)^2}}$ (5) $\dfrac{1}{x^2-2x+2}$ (6) $\dfrac{1}{\sqrt{-x^2-2x}}$

(7) $\dfrac{1}{(2x+1)^2+3}$ (8) $\dfrac{1}{\sqrt{2-x^2-x}}$ (9) $\dfrac{1}{4x^2-4x+3}$

(10) $\dfrac{1}{\sqrt{-4x^2-4x+8}}$

8. 次の関数の不定積分を求めよ．

(1) $\left(x-\dfrac{1}{x}\right)^2$ (2) $\dfrac{x+2}{x+1}$ (3) $\dfrac{x-1}{\sqrt{x}}$ (4) $(2x+1)\sqrt{x}$

(5) $\dfrac{1}{4}\left(\dfrac{1}{2-x}+\dfrac{1}{2+x}\right)$ (6) $\tan^2\dfrac{x}{3}$ (7) $\dfrac{1}{\sqrt{x}(\sqrt{x}-1)}$

(8) $\left(\dfrac{x+5}{\sqrt{2}}\right)^5$ (9) $\dfrac{1}{\sqrt{x+2}+\sqrt{x-2}}$ (10) $\sin^2 3x$

(11) $\cos^2 2x-\sin^2 2x$ (12) $\sin 5x\sin 3x$ (13) $\dfrac{x^3+x^2-8x-11}{(x+2)^2}$

(14) $\dfrac{\exp(2\log|x^2-1|)}{(x+1)^2}$

9. 公式 (14.12) を用いて，次の不定積分を求める公式をつくれ．

$$\int \dfrac{1}{\sqrt{(px+q)^2+A}}\,dx$$

また，これを用いて，$\displaystyle\int \dfrac{1}{\sqrt{4x^2+4x+5}}\,dx$ を求めよ．

10. 公式 (14.13) を用いて，次の不定積分を求める公式をつくれ．

$$\int \dfrac{1}{\sin^2(px+q)}\,dx$$

11. 次の公式を応用して，$\displaystyle\int \sqrt{-9x^2+6x+3}\,dx$ を求めよ．

$$\int \sqrt{a^2-x^2}\,dx = \dfrac{1}{2}\left(x\sqrt{a^2-x^2}+a^2\sin^{-1}\dfrac{x}{a}\right) \quad (a>0)$$

12. (1) $\dfrac{2x+6}{x^2-2x-3}=\dfrac{a}{x-3}+\dfrac{b}{x+1}$ となるような定数 a,b を求めよ．

(2) $\displaystyle\int \dfrac{2x+6}{x^2-2x-3}\,dx$ を求めよ．

(3) 同様に部分分数分解をして，$\displaystyle\int \dfrac{1}{x^2-2}\,dx$ を求めよ．

15. 置換積分

関数の置き換えによって不定積分を計算する置換積分について説明する.

> **定理1（置換積分）**
> $$\int f(g(x))g'(x)\,dx = \int f(t)\,dt$$

証明 $\int f(t)\,dt = F(t)$, $t = g(x)$ とする. 合成関数の微分より,

$$\frac{d}{dx}F(g(x)) = \frac{d}{dt}F(t)\cdot\frac{dt}{dx} = f(t)g'(x) = f(g(x))g'(x)$$

ゆえに $\quad \int f(g(x))g'(x)\,dx = F(g(x)) = F(t) = \int f(t)\,dt$ ▨

定理1は，左辺の積分を右辺の積分に変換するときと，右辺の積分を左辺の積分に変換するときの両方に使われる．左辺から右辺への変形は形式的に次のようにすればよい.

$t = g(x)$ とおくと, $\dfrac{dt}{dx} = g'(x)$. これより $g'(x)\,dx = dt$ となる.

$$\int f(\boxed{g(x)})\boxed{g'(x)\,dx} = \int f(t)\,dt$$
$$\quad\ \ \overset{\|}{t}\qquad \overset{\|}{dt}$$

右辺の t についての積分を計算して，その結果に $t = g(x)$ を代入すればよい.

例1 （1） $\displaystyle\int \sin^2 x \cos x\,dx$ を求める. $t = \sin x$ とおくと, $\dfrac{dt}{dx} = \cos x$, $\cos x\,dx = dt$.

$$\int \boxed{\sin^2 x}\,\boxed{\cos x\,dx} = \int t^2\,dt = \frac{t^3}{3} = \frac{\sin^3 x}{3}$$
$$\quad\ \overset{\|}{t^2}\qquad \overset{\|}{dt}$$

（2） $\displaystyle\int xe^{x^2}\,dx$ を求める. $t = x^2$ とおくと, $\dfrac{dt}{dx} = 2x$, $x\,dx = \dfrac{1}{2}dt$.

$$\int \boxed{e^{x^2}}\;\boxed{x\,dx} = \int \frac{1}{2}\,e^t\,dt = \frac{e^t}{2} = \frac{e^{x^2}}{2}$$

$$\overset{\|}{e^t}\quad \overset{\|}{\dfrac{1}{2}\,dt}$$

（3） $\displaystyle\int (8x-5)^6\,dx$ を 求 め る． $t = 8x-5$ と お く と， $\dfrac{dt}{dx} = 8$, $dx = \dfrac{1}{8}\,dt$.

$$\int \boxed{(8x-5)^6}\;\boxed{dx} = \int \frac{1}{8}\,t^6\,dt = \frac{1}{8}\cdot\frac{t^7}{7} = \frac{1}{56}(8x-5)^7 \qquad \blacksquare$$

$$\overset{\|}{t^6}\quad \overset{\|}{\dfrac{1}{8}\,dt}$$

　置換積分では，どんな関数を置き換えるかが重要である．

例2 $\displaystyle\int \sin^3 x\,dx$ を求めるのに $t = \sin x$ とおくと， $\dfrac{dt}{dx} = \cos x$ より，

$dx = \dfrac{1}{\cos x}\,dt$. よって， $\displaystyle\int \sin^3 x\,dx = \int t^3\cdot\dfrac{1}{\cos x}\,dt$ となり，右辺に変数 x が残ってしまう．

　そこで，まず $\sin^3 x = \sin^2 x\cdot\sin x = (1-\cos^2 x)\sin x$ と変形して， $t = \cos x$ とおくと， $\dfrac{dt}{dx} = -\sin x$ より $\sin x\,dx = -dt$.

$$\int (1-\boxed{\cos^2 x})\;\boxed{\sin x\,dx} = \int (t^2-1)\,dt = \frac{t^3}{3} - t = \frac{\cos^3 x}{3} - \cos x \qquad \blacksquare$$

$$\overset{\|}{t^2}\quad \overset{\|}{-dt}$$

　たとえば次のような形の積分では，右の置き換えが有効である（ k ：定数）．

$$\int \boxed{}^a\cdot k\boxed{}'\,dx \qquad t = \boxed{}$$

$$\int e^{\boxed{}}\cdot k\boxed{}'\,dx \qquad t = \boxed{}$$

$$\int \sin\boxed{}\cdot k\boxed{}'\,dx \qquad t = \boxed{}$$

例3　（1）　$\displaystyle\int x(x^2+1)^5\,dx = \int (x^2+1)^5\cdot\frac{1}{2}(x^2+1)'\,dx$

　　　　　　$t = x^2+1$ とおく.

　　（2）　$\displaystyle\int \frac{\sin x}{\sqrt{\cos^3 x}}\,dx = \int (\cos x)^{-\frac{3}{2}}\cdot\{-(\cos x)'\}\,dx$

　　　　　　$t = \cos x$ とおく.

　　（3）　$\displaystyle\int \frac{(\log x)^3}{2x}\,dx = \int \frac{(\log x)^3}{2}(\log x)'\,dx$

　　　　　　$t = \log x$ とおく.

　　（4）　$\displaystyle\int x^2 \sin(x^3+1)\,dx = \int \sin(x^3+1)\cdot\frac{1}{3}(x^3+1)'\,dx$

　　　　　　$t = x^3+1$ とおく. 　　　　　　　　　　　　　　　　▨

例4　$\displaystyle\int \frac{x}{\sqrt{x-5}}\,dx$ を求める.

　（解1）　$t = x-5$ とおくと, $\dfrac{dt}{dx}=1$ より $dx = dt$. また, $x = t+5$ だから,

$$\int \frac{x}{\sqrt{x-5}}\,dx = \int \frac{t+5}{\sqrt{t}}\,dt = \int\left(\sqrt{t}+\frac{5}{\sqrt{t}}\right)dt$$

$$= \int (t^{\frac{1}{2}}+5t^{-\frac{1}{2}})\,dt = \frac{2}{3}t^{\frac{3}{2}}+5\cdot 2t^{\frac{1}{2}}$$

$$= \frac{2}{3}\sqrt{(x-5)^3}+10\sqrt{x-5}$$

　（解2）　$t = \sqrt{x-5}$ とおくと, $x-5 = t^2$ より $x = t^2+5$. $\dfrac{dx}{dt}=2t$ だから, $dx = 2t\,dt$.

$$\int \frac{x}{\sqrt{x-5}}\,dx = \int \frac{t^2+5}{t}\cdot 2t\,dt = \int (2t^2+10)\,dt = \frac{2}{3}t^3+10t$$

$$= \frac{2}{3}\sqrt{(x-5)^3}+10\sqrt{x-5}$$ 　　　　　　　　　　▨

例4の解2では, $x = t^2+5$ とおいて, 次の変換を用いたことになる.

$$x = g(t) \text{ とおくと, } \frac{dx}{dt} = g'(t) \text{ より } dx = g'(t)\,dt.$$

$$(15.1) \qquad \int f(x)\,dx = \int f(g(t))g'(t)\,dt$$

これは，定理1において，右辺の積分を左辺の積分に変換したことに相当する．

問 題 15

1. ［ ］内の置換によって次の関数の不定積分を求めよ．

(1) $(3x+1)^{10}$ $[t = 3x+1]$

(2) $\left(\dfrac{2-6x}{5}\right)^4$ $\left[t = \dfrac{2-6x}{5}\right]$

(3) $\dfrac{1}{\cos^2{(2+5x)}}$ $[t = 2+5x]$

(4) $\dfrac{1}{3-2x}$ $[t = 3-2x]$

(5) $\sin^4 x \cos x$ $[t = \sin x]$

(6) $\dfrac{2(\log x)^2}{x}$ $[t = \log x]$

(7) $x(x^2+1)^5$ $[t = x^2+1]$

(8) $\dfrac{x^2}{(x^3+5)^3}$ $[t = x^3+5]$

(9) $\dfrac{x}{\sqrt{2-x^2}}$ $[t = 2-x^2]$

(10) xe^{-x^2} $[t = -x^2]$

(11) $(x+1)\sin{(x^2+2x+3)}$ $[t = x^2+2x+3]$

2. 次の関数の不定積分を求めよ．

(1) $(2x-2)(x^2-2x+2)^5$

(2) $\cos^3 x \sin x$

(3) $\dfrac{\log x}{3x}$

(4) $\sin x \cdot e^{\cos x}$

(5) $x\sqrt{x^2+3}$

(6) $\dfrac{x}{(x^2-5)^3}$

(7) $\dfrac{1}{\cos^2 x\,(\tan x+1)^4}$

(8) $\dfrac{\cos x}{\sin^2 x}$

(9) $\dfrac{\sin x}{2+3\cos x}$

(10) $\dfrac{e^{2x}}{e^x+1}$

(11) $x^2(x^2+1)^3$

(12) $\sin^3 x \cos^2 x$

3. 次の関数の不定積分を求めよ．

(1) $x(x+1)^5$

(2) $x\sqrt{x-2}$

(3) $\dfrac{2x}{\sqrt{x+1}}$

(4) $\dfrac{x}{(3-x)^4}$

(5) $x(3x-1)^4$

(6) $\dfrac{x}{\sqrt[3]{x-1}}$

4. 次の関数の不定積分を求めよ．

(1) $\dfrac{1}{x(\log x)^3}$　　(2) $5x^2 \cdot \exp(x^3+2)$　　(3) $\dfrac{2+\log x^3}{x}$

(4) $\cos^3 x$　　(5) $\dfrac{\sin x}{\sqrt{1-\cos x}}$　　(6) $\dfrac{x}{\sqrt{2x-1}}$

(7) $x \cdot \sqrt[n]{2x-1}$　$[\,t=\sqrt[n]{2x-1}\,]$　　(8) $\dfrac{\cos x}{\sin^2 x+4}$　　(9) $\dfrac{x}{x^4+1}$

(10) $\dfrac{x^3}{\sqrt{x^2+2}}$

5. 次の関数の不定積分を求めよ.

(1) $\dfrac{e^x}{\sqrt{4-e^{2x}}}$　　(2) $\dfrac{e^x}{(e^x-2)^4}$　　(3) $-x^2 \sin(x^3+2)$

(4) $\dfrac{1}{e^x+e^{-x}}$　　(5) $\dfrac{\sin^{-1} x}{\sqrt{1-x^2}}$　　(6) $\sin^2 \dfrac{x}{2} \cos \dfrac{x}{2}$

(7) $\dfrac{\log x}{x(\log x+1)^2}$　　(8) $\dfrac{1}{1+\sin x}$　　(9) $\tan^4 x$　　(10) $\dfrac{1}{\cos x}$

6. $\displaystyle\int \dfrac{2}{x+1}\,dx = 2\log|x+1|$ である. 一方, この積分を $t=\dfrac{x+1}{2}$ とおいて求め

ると, $dx=2\,dt$ より, $\displaystyle\int \dfrac{2}{x+1}\,dx = \int \dfrac{2}{t}\,dt = 2\log|t| = 2\log\left|\dfrac{x+1}{2}\right|$ となる.

両者の答が異なる理由を説明せよ.

7. (1) $t=\tan\dfrac{x}{2}$ とおくとき, 次の式が成り立つことを示せ.

$$\sin x = \frac{2t}{1+t^2}, \quad \cos x = \frac{1-t^2}{1+t^2}, \quad \tan x = \frac{2t}{1-t^2},$$

$$dx = \frac{2}{1+t^2}\,dt$$

(2) (1)の置換を用いて次の不定積分を求めよ.

$$\int \frac{1}{3+\cos x}\,dx$$

16. 部 分 積 分

部分積分は 2 つの関数の積を積分する際に用いられる.

定理 1（部分積分）

$$\int f(x)g'(x)\,dx = f(x)g(x) - \int f'(x)g(x)\,dx$$

証明　積の微分 (2.8) より，$\{f(x)g(x)\}' = f'(x)g(x)+f(x)g'(x)$. よって

$$\int \{f'(x)g(x)+f(x)g(x)\}\,dx = f(x)g(x)$$

ゆえに　$\int f(x)g'(x)\,dx = f(x)g(x) - \int f'(x)g(x)\,dx$ ∎

定理 1 は次のように考えて使えばよい.

$$\int f(x)\,\boxed{g'(x)}\,dx = f(x)\,\boxed{g(x)} - \int f'(x)\,\boxed{g(x)}\,dx$$

例 1　（1）
$$\int x\,\boxed{\cos x}\,dx = x\,\boxed{\sin x} - \int 1\cdot\boxed{\sin x}\,dx = x\sin x + \cos x$$

（2）
$$\int \boxed{x}\log x\,dx = \boxed{\frac{x^2}{2}}\log x - \int \boxed{\frac{x^2}{2}}\cdot\frac{1}{x}\,dx = \frac{x^2}{2}\log x - \frac{x^2}{4}$$ ∎

　部分積分による変形において，どちらの関数を積分するかという選択は重要である. 例 1 (1) で，逆の選択をすると，次のようになる.

$$\int \boxed{x} \cos x \, dx = \boxed{\frac{x^2}{2}} \cos x - \int \boxed{\frac{x^2}{2}} \cdot (-\sin x) \, dx$$

（上に「微分」、下に「積分」の矢印）

右辺第 2 項の積分は，左辺の積分よりかえって複雑になってしまい，変形の意味がない．どちらの関数を積分するかの選択の目安として，次のように考えればよい．

$$\boxed{\text{多項式}} \times \boxed{e^x, \ \sin x, \ \cos x} \qquad \boxed{\text{多項式}} \times \boxed{\log x}$$

（左：上に「微分」、下に「積分」　右：上に「積分」、下に「微分」）

　部分積分には，次のような使い方もある．

例 2　（1）　$\int \log x \, dx$ を求める．$\log x = 1 \cdot \log x$ であるから，

$$\int \boxed{1} \cdot \log x \, dx = \boxed{x} \cdot \log x - \int \boxed{x} \cdot \frac{1}{x} \, dx = x \log x - x$$

（上に「微分」、下に「積分」の矢印）

　（2）　$I = \displaystyle\int e^x \cos x \, dx$ を求める．

$$\int \boxed{e^x} \cos x \, dx = \boxed{e^x} \cos x - \int \boxed{e^x} \cdot (-\sin x) \, dx$$

（上に「微分」、下に「積分」の矢印）

$$= e^x \cos x + \boxed{\int e^x \sin x \, dx}$$

もう 1 回部分積分

$$= e^x \cos x + \left(e^x \sin x - \int e^x \cos x \, dx \right)$$

上の変形より，$I = e^x \cos x + e^x \sin x - I$ が成り立つ．よって，

$$2I = e^x (\cos x + \sin x) \quad \text{ゆえに} \quad I = \frac{e^x}{2} (\cos x + \sin x).$$

問 題 16

1. 次の関数の不定積分を求めよ.

(1) xe^x　　(2) $x\sin x$　　(3) $(x^2+1)e^x$　　(4) $(1-3x)\cos x$

(5) $x^3\log x$　　(6) $(x^2-1)\cos x$　　(7) $x(x-1)^8$　　(8) $x\sqrt{x-1}$

2. 次の関数の不定積分を求めよ.

(1) xe^{-x}　　　　(2) $x\cos 2x$　　　(3) $x\sin\dfrac{x}{3}$　　(4) x^2e^{2x}

(5) $2x(\log x)^2$　　(6) $(3x+1)\log x$

3. 次の関数の不定積分を求めよ.

(1) $\log 2x$　　(2) $\sin^{-1}x$　　(3) $\tan^{-1}x$　　(4) $\log(x+1)$

(5) $\tan^{-1}\dfrac{x}{5}$　　(6) $\sin^{-1}4x$　　(7) $(\log x)^2$

4. 次の関数の不定積分を求めよ.

(1) $e^x\sin x$　　(2) $e^{2x}\cos x$　　(3) $e^{-x}\sin 2x$　　(4) $e^{-2x}\cos 3x$

(5) $\sin\log x$

5. 次の関数の不定積分を求めよ.

(1) x^3e^{-x}　　　　　　　(2) $\dfrac{\log x}{\sqrt{x}}$　　　　(3) $\cos\log x$

(4) $x\sqrt[n]{x-1}$　（n：自然数）　(5) $x\tan^{-1}x$　　(6) $\log(1+x^2)$

(7) $e^x\left(\dfrac{1}{x}+\log x\right)$　　(8) $\cos x\cdot\log|\sin x|$　　(9) $x^2\sin^{-1}x$

(10) $\dfrac{x\sin^{-1}x}{\sqrt{1-x^2}}$

6. $I_n=\displaystyle\int\sin^n x\,dx$（$n$：自然数）とする. $\sin^n x=\sin^{n-1}x\cdot\sin x$ に部分積分を適用して次の等式を導け.

$$I_n=-\frac{1}{n}\sin^{n-1}x\cdot\cos x+\frac{n-1}{n}I_{n-2}\quad(n\geqq 2)$$

また，これを用いて I_5 を求めよ.

7. $I_n=\displaystyle\int\frac{dx}{(x^2+a^2)^n}$（$n$：自然数）とする.

$$\frac{1}{(x^2+a^2)^n}=\frac{1}{a^2}\cdot\frac{x^2+a^2-x^2}{(x^2+a^2)^n}=\frac{1}{a^2}\cdot\frac{1}{(x^2+a^2)^{n-1}}-\frac{x}{a^2}\cdot\frac{x}{(x^2+a^2)^n}$$

と変形して，右辺第2項を部分積分することにより次の等式を導け.

$$I_n=\frac{1}{2(n-1)a^2}\left\{\frac{x}{(x^2+a^2)^{n-1}}+(2n-3)I_{n-1}\right\}\quad(n\geqq 2)$$

また，これを用いて I_2 を求めよ.

8. (1)　部分積分を用いて次の等式を示せ.

$$\int \sqrt{a^2 - x^2}\, dx = x\sqrt{a^2 - x^2} - \int \sqrt{a^2 - x^2}\, dx + a^2 \int \frac{1}{\sqrt{a^2 - x^2}}\, dx \quad (a > 0)$$

(2)　$\displaystyle\int \sqrt{a^2 - x^2}\, dx \ (a > 0)$ を求めよ.

9.　前問と同様にして, $\displaystyle\int \sqrt{x^2 + A}\, dx \ (A \neq 0)$ を求めよ. 公式 (14.12) を用いてよい.

10.　次の公式を示せ $(a^2 + b^2 \neq 0)$.

(16.1)　　$\displaystyle\int e^{ax} \cos bx\, dx = \frac{e^{ax}}{a^2 + b^2}(a \cos bx + b \sin bx)$

(16.2)　　$\displaystyle\int e^{ax} \sin bx\, dx = \frac{e^{ax}}{a^2 + b^2}(a \sin bx - b \cos bx)$

17．有理関数の積分

　この節では有理関数の不定積分を扱う．**有理関数**とは，$P(x), Q(x)$ を多項式とするとき，$\dfrac{P(x)}{Q(x)}$ の形に書ける関数である．まず，有理関数をいくつかのより簡単な形の分数関数の和に分解することを考える．これを**部分分数分解**というが，その手順は次のとおりである．

　①　（$P(x)$ の次数）$\geqq$（$Q(x)$ の次数）であるとき．$P(x)$ を $Q(x)$ で割って，商と余りを求める．

$$P(x) = Q(x)\underbrace{R(x)}_{商} + \underbrace{S(x)}_{余り}$$

$$\frac{P(x)}{Q(x)} = \frac{Q(x)R(x) + S(x)}{Q(x)} = R(x) + \frac{S(x)}{Q(x)}$$

ここで，（$Q(x)$ の次数）＞（$S(x)$ の次数）であることに注意する．

　②　$\dfrac{S(x)}{Q(x)}$ を部分分数に分解する．そのために，$Q(x)$ を実数の範囲で因数分解しておく．

　（ⅰ）　$Q(x)$ が $(x-a)^n$ （a：実数）の形の因数をもつとき．

　このとき $\dfrac{S(x)}{Q(x)}$ を部分分数に分解すると，次の項が出てくる．

$$\frac{a_1}{x-a} + \frac{a_2}{(x-a)^2} + \cdots + \frac{a_n}{(x-a)^n} \quad (a_i：実数)$$

　（ⅱ）　$Q(x)$ が $(x^2+px+q)^m$ （p, q は $p^2-4q < 0$ なる実数）の形の因数をもつとき（$p^2-4q < 0$ は 2 次式 x^2+px+q が実数の範囲では因数分解できないことを表す）．

　このとき $\dfrac{S(x)}{Q(x)}$ を部分分数に分解すると，次の項が出てくる．

$$\frac{b_1 x + c_1}{x^2+px+q} + \frac{b_2 x + c_2}{(x^2+px+q)^2} + \cdots + \frac{b_m x + c_m}{(x^2+px+q)^m}$$

$$(b_i, c_i：実数)$$

例1　$S(x)$ を 6 次以下の多項式とする．このとき，$\dfrac{S(x)}{(x-2)^3(x^2+x+3)^2}$ を部分分数分解すると，次の形になる．

$$\frac{S(x)}{(x-2)^3(x^2+x+3)^2} = \frac{a_1}{x-2} + \frac{a_2}{(x-2)^2} + \frac{a_3}{(x-2)^3}$$
$$+ \frac{b_1 x + c_1}{x^2+x+3} + \frac{b_2 x + c_2}{(x^2+x+3)^2}$$

注　最初から $(P(x)$ の次数$) < (Q(x)$ の次数$)$ であるときは，手順① は必要ない．

例2　$\dfrac{5x-7}{x^2-2x-3} = \dfrac{5x-7}{(x+1)(x-3)}$ を部分分数分解する．次の式が成り立つように定数 a, b を定める．

$$\frac{5x-7}{(x+1)(x-3)} = \frac{a}{x+1} + \frac{b}{x-3}$$

両辺に $(x+1)(x-3)$ をかけると，

（**＊**）　　　　$5x-7 = a(x-3) + b(x+1)$

（＊）の両辺に $x=3$ を代入すると，$8 = 4b$．ゆえに $b=2$．（＊）の両辺に $x=-1$ を代入すると，$-12 = -4a$．ゆえに $a=3$．よって，

$$\frac{5x-7}{(x+1)(x-3)} = \frac{3}{x+1} + \frac{2}{x-3}$$

注　（＊）から a, b を求めるのに，次のようにしてもよい．

$$5x-7 = (a+b)x + b - 3a$$

両辺の係数を比較すると，

$$\begin{cases} 5 = a+b \\ -7 = b-3a \end{cases}$$

これより $a=3, \ b=2$．

例3　$\dfrac{x^3}{x^2-3x+2}$ を部分分数に分解する．（分子の次数）$>$（分母の次数）だから，まず分子を分母で割る．

$$x^3 = (x+3)(x^2-3x+2) + 7x - 6 \quad [\text{商 } x+3, \ \text{余り } 7x-6]$$

$$\frac{x^3}{x^2-3x+2} = x+3+\frac{7x-6}{x^2-3x+2}$$

$\dfrac{7x-6}{(x-1)(x-2)} = \dfrac{a}{x-1}+\dfrac{b}{x-2}$ をみたす定数 a,b を求める．例2と同様にすると $a=-1$, $b=8$ となる．よって，

$$\frac{x^3}{(x-1)(x-2)} = x+3+\frac{-1}{x-1}+\frac{8}{x-2}$$

例 4　$\dfrac{1}{(x-1)^2(x^2+1)}$ を部分分数に分解する．

$\dfrac{1}{(x-1)^2(x^2+1)} = \dfrac{a}{x-1}+\dfrac{b}{(x-1)^2}+\dfrac{cx+d}{x^2+1}$ が成り立つように，定数 $a,b,$ c,d を定める．両辺に $(x-1)^2(x^2+1)$ をかけると，

（＊）　　　　$1 = a(x-1)(x^2+1)+b(x^2+1)+(cx+d)(x-1)^2$

（＊）の両辺に $x=1$ を代入すると，$1=2b$．ゆえに

$$b = \frac{1}{2} \cdots\cdots ①$$

（＊）の両辺に $x=0$ を代入すると，

$$1 = -a+b+d \cdots\cdots ②$$

（＊）の両辺に $x=i$ $(=\sqrt{-1})$ を代入すると，
$$1 = (ci+d)(i-1)^2 \cdots\cdots ③$$

③ より $1=2c-2di$．c,d は実数だから，$c=\dfrac{1}{2}$，$d=0$．$d=0$ と①，② より $a=-\dfrac{1}{2}$ がわかる．よって，

$$\frac{1}{(x-1)^2(x^2+1)} = \frac{-\dfrac{1}{2}}{x-1}+\frac{\dfrac{1}{2}}{(x-1)^2}+\frac{\dfrac{1}{2}x}{x^2+1}$$

（別解）　（＊）より，
$$1 = (a+c)x^3+(-a+b+d-2c)x^2+(a+c-2d)x$$
$$+(-a+b+d)$$

両辺の係数を比較して，
$$a+c = 0, \quad -a+b+d-2c = 0, \quad a+c-2d = 0,$$

$$-a+b+d=1$$

これを解くと，$a=-\dfrac{1}{2}$，$b=\dfrac{1}{2}$，$c=\dfrac{1}{2}$，$d=0$.

　部分分数分解ができれば，それぞれの項を積分することにより，もとの関数
の不定積分が求まる．例2，例3，例4より，

$$\int\frac{5x-7}{x^2-2x-3}\,dx = 3\int\frac{1}{x+1}\,dx+2\int\frac{1}{x-3}\,dx$$
$$= 3\log|x+1|+2\log|x-3|$$

$$\int\frac{x^3}{x^2-3x+2}\,dx = \int(x+3)\,dx-\int\frac{1}{x-1}\,dx+8\int\frac{1}{x-2}\,dx$$
$$= \frac{x^2}{2}+3x-\log|x-1|+8\log|x-2|$$

$$\int\frac{1}{(x-1)^2(x^2+1)}\,dx = -\frac{1}{2}\int\frac{1}{x-1}\,dx+\frac{1}{2}\int\frac{1}{(x-1)^2}\,dx$$
$$+\frac{1}{2}\int\frac{x}{x^2+1}\,dx$$
$$= -\frac{1}{2}\log|x-1|-\frac{1}{2}\cdot\frac{1}{x-1}$$
$$+\frac{1}{4}\log(x^2+1)$$

一般に部分分数分解をした後，それぞれの項は次のいずれかの形の積分にな
る．

（ⅰ）　$\displaystyle\int\frac{1}{x-\alpha}\,dx = \log|x-\alpha|$

（ⅱ）　$\displaystyle\int\frac{1}{(x-\alpha)^n}\,dx = \frac{1}{(1-n)(x-\alpha)^{n-1}}$　$(n\geqq 2)$

（ⅲ）　$\displaystyle\int\frac{bx+c}{(x^2+px+q)^m}\,dx$　$(p^2-4q<0)$

このうち（ⅲ）の場合の計算はやや面倒なので，$m=1$ の場合に具体例をあげ
るにとどめる（なお，問題 16-7 を参照）．

例5 $\displaystyle\int \frac{4x-5}{x^2+x+1}\,dx$ を求める. $(x^2+x+1)' = 2x+1$ に注目して, $4x-5$ を

$2x+1$ で割ると,

$$4x-5 = 2(2x+1)-7 \quad [\text{商}\,2, \ \text{余り}\ -7]$$

よって,

$$\int \frac{4x-5}{x^2+x+1}\,dx = \int \frac{2(2x+1)-7}{x^2+x+1}\,dx$$

$$= 2\int \frac{2x+1}{x^2+x+1}\,dx - 7\int \frac{1}{x^2+x+1}\,dx$$

ここで,

$$\int \frac{2x+1}{x^2+x+1}\,dx = \int \frac{(x^2+x+1)'}{x^2+x+1}\,dx = \log\,(x^2+x+1)$$

$$\int \frac{1}{x^2+x+1}\,dx = \int \frac{1}{\left(x+\dfrac{1}{2}\right)^2 + \dfrac{3}{4}}\,dx$$

$$= \frac{2}{\sqrt{3}} \tan^{-1} \frac{2}{\sqrt{3}}\left(x+\frac{1}{2}\right)$$

よって,

$$\int \frac{4x-5}{x^2+x+1}\,dx = 2\log\,(x^2+x+1) - \frac{14}{\sqrt{3}}\tan^{-1}\left(\frac{2}{\sqrt{3}}\,x + \frac{1}{\sqrt{3}}\right)$$

問 題 17

1. 次の関数の不定積分を求めよ.

(1) $\dfrac{2}{x-1} - \dfrac{3}{x+1}$ (2) $x+2 - \dfrac{5}{x+3}$ (3) $\dfrac{1}{2(1+x)} + \dfrac{1}{2(1-x)}$

(4) $\dfrac{1}{x-3} - \dfrac{5}{(x-3)^2}$ (5) $-\dfrac{1}{2x-1} + \dfrac{1}{(x+2)^3}$

(6) $\dfrac{x}{x^2+4} - \dfrac{1}{5(x-1)^4}$ (7) $\dfrac{1}{\sqrt{2}}\left(\dfrac{1}{\sqrt{2}\,x-1} + \dfrac{1}{\sqrt{2}\,x+1}\right)$

(8) $\dfrac{x}{(x^2+1)^3}$

2. 次の関数を部分分数分解せよ.

(1) $\dfrac{1}{x^2-1}$　　(2) $\dfrac{1}{x^2-3}$　　(3) $\dfrac{1}{x^2-2x-3}$　　(4) $\dfrac{4x-6}{x^2-4x+3}$

(5) $\dfrac{5x+8}{6x^2+x-2}$　　(6) $\dfrac{3x^2+3x-9}{x^3+3x^2}$　　(7) $\dfrac{2x-7}{x^2-2x+1}$

(8) $\dfrac{-x^2+4x-8}{x^3-3x^2+3x-1}$　　(9) $\dfrac{4x^2+2x+5}{x^3-2x^2+x-2}$　　(10) $\dfrac{-x^2-9x-2}{2x^3+3x^2-1}$

3. 前問の関数の不定積分を求めよ.

4. 次の関数の不定積分を求めよ.

(1) $\dfrac{1}{x^2+2x+2}$　　(2) $\dfrac{2x+2}{x^2+2x+3}$　　(3) $\dfrac{x-1}{x^2-2x+4}$

(4) $\dfrac{2x+3}{x^2+1}$　　(5) $\dfrac{x-9}{x^2+4}$　　(6) $\dfrac{2x+4}{x^2+2x+5}$　　(7) $\dfrac{-x-2}{x^2-2x+5}$

5. 次の関数の不定積分を求めよ.

(1) $\dfrac{2x^2-5}{x^2-4}$　　(2) $\dfrac{x^3+3x^2-13x-3}{x^2-2x-3}$　　(3) $\dfrac{x^4-5x^3+4x^2-23x-14}{x^3-5x^2+4x-20}$

(4) $\dfrac{1}{e^x+1}$　　$[t=e^x]$　　(5) $\dfrac{1}{\sqrt{e^x+1}}$　　$[t=\sqrt{e^x+1}]$

(6) $\dfrac{\cos x}{\sin^2 x-2\sin x}$　　(7) $\dfrac{1}{\sin x}$　　(8) $\dfrac{1}{\cos^2 x-\sin^2 x}$

(9) $\dfrac{1}{x^3+1}$

6. 次の不定積分を求めよ.

$$\int \frac{16(x-1)}{(x^2-2)(x^2-2x+2)}\,dx$$

18. 定積分の基本定理

区間 $[a, b]$ における定積分を定義しよう．まず，$[a, b]$ を n 個の小区間に分割する．それぞれの小区間の幅は必ずしも等しくなくてよい．

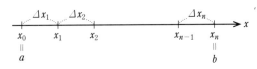

図 18.1

分点 x_i $(i = 0, 1, \cdots, n)$ を指定したとき，**分割 Δ** を次のように表す．

(18.1) $\qquad \Delta : \quad a = x_0 < x_1 < x_2 < \cdots < x_{n-1} < x_n = b$

小区間 $[x_{i-1}, x_i]$ $(i = 1, 2, \cdots, n)$ の長さ $\Delta x_i = x_i - x_{i-1}$ の中で最大のものを $\delta(\Delta)$ とする．

(18.2) $\qquad \delta(\Delta) = \max \{\Delta x_1, \Delta x_2, \cdots, \Delta x_n\}$

各小区間 $[x_{i-1}, x_i]$ の中に任意に点 c_i をとり，次の量 $I(\Delta)$ を考える．

(18.3) $\qquad I(\Delta) = \sum_{i=1}^{n} f(c_i)\, \Delta x_i$

$\qquad\qquad\quad = f(c_1)\, \Delta x_1 + f(c_2)\, \Delta x_2 + \cdots + f(c_n)\, \Delta x_n$

これを分割 Δ に対する関数 $f(x)$ の**リーマン和**とよぶ．$I(\Delta)$ は各小区間においてつくった長方形の符号付き面積の和である（図 18.3）．符号付きという理由は，$f(c_i) < 0$ の場合に $f(c_i)\, \Delta x_i$ が長方形の面積にマイナスをつけた量になるからである．$f(x)$ を与えたとき，$I(\Delta)$ は分割 Δ や c_i のとり方によって値が決まる量である．ここで分割 Δ を $\delta(\Delta)$ が 0 に近づくようにだんだん細

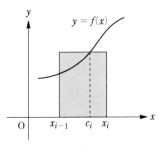

図 18.2

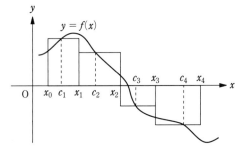

図 18.3

かくする. このとき, 分点 x_i や c_i のとり方によらず, $I(\varDelta)$ が一定の値 I に近づくならば, $f(x)$ は $[a, b]$ で（リーマン）**積分可能**であるという. そして, 極限値 I を $f(x)$ の a から b までの**定積分**とよび, 次のように表す.

$$(18.4) \qquad I = \lim_{\delta(\varDelta) \to 0} I(\varDelta) = \int_a^b f(x)\, dx$$

a を定積分の**下端**, b を**上端**という. $a \geqq b$ のときは定積分を次のように定める. これにより, 任意の a, b に対して, $\int_a^b f(x)\, dx$ が定義できたことになる.

$$(18.5) \qquad \begin{cases} [a > b \text{ のとき}] \quad \int_a^b f(x)\, dx = -\int_b^a f(x)\, dx \\[2mm] [a = b \text{ のとき}] \quad \int_a^a f(x)\, dx = 0 \end{cases}$$

定積分に使われる変数 x は他の文字で代えてもよい. たとえば,

$$\int_a^b f(x)\, dx = \int_a^b f(t)\, dt = \int_a^b f(u)\, du$$

どのような関数が積分可能であるかを調べることは簡単ではないが, 区間 $[a, b]$ で単調増加（減少）な関数や連続な関数は積分可能であることが知られている. 以後, 断らない限り, この節で扱う関数はすべて連続関数とする.

　関数 $f(x)$ が $[a, b]$ で $f(x) \geqq 0$ をみたすものとする. $y = f(x)$ のグラフと x 軸, および2直線 $x = a$, $x = b$ で囲まれた図形の面積を S とおく. リーマン和 $I(\varDelta)$ は分割を細かくしていくと, だんだん S に近づいていくことが直観的にわかる（図 18.4）. 正確にはむしろ, リーマン和の極限で図形の面積 S を定義するのである.

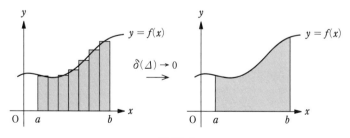

図 18.4

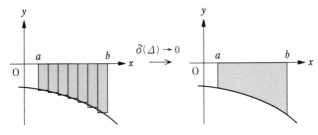

図 18.5

$$(18.6) \qquad S = \int_a^b f(x)\,dx \quad ([a, b] \text{ で } f(x) \geqq 0)$$

$f(x)$ が $[a, b]$ で $f(x) \leqq 0$ をみたすときは，同様に考えると次の式が成り立つ（図 18.5）.

$$(18.7) \qquad S = -\int_a^b f(x)\,dx \quad ([a, b] \text{ で } f(x) \leqq 0)$$

定積分と面積の関係を考えると，次の性質が成り立つのは自然であろう（図 18.6）.

定理1 （ i ） M を定数とするとき，

$$\int_a^b M\,dx = M(b-a)$$

（ ii ） $\displaystyle\int_a^b f(x)\,dx = \int_a^c f(x)\,dx + \int_c^b f(x)\,dx$

（iii） $[a, b]$ で $f(x) \geqq 0$ ならば，$\displaystyle\int_a^b f(x)\,dx \geqq 0.$

　　　（等号は恒等的に $f(x) \equiv 0$ のときのみ成り立つ.）

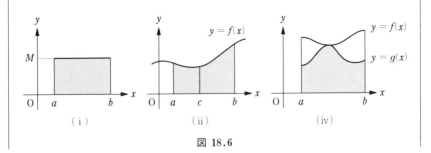

図 18.6

（iv）　$[a, b]$ で $f(x) \geqq g(x)$ ならば, $\displaystyle\int_a^b f(x)\, dx \geqq \int_a^b g(x)\, dx.$

　　（等号は $f(x) \equiv g(x)$ のときのみ成り立つ.）

（v）　$\displaystyle\left|\int_a^b f(x)\, dx\right| \leqq \int_a^b |f(x)|\, dx$

注　定理1の(ii)は a, b, c の大小関係にかかわらず成り立つ. (v)は $-|f(x)| \leqq f(x) \leqq |f(x)|$ を用いると, (iv)より導ける.

例1　$\displaystyle\int_1^2 x\, dx$ を定積分の定義に従って求める. 区間 $[1, 2]$ を n 等分した分割を $\varDelta$ とする.

$$\varDelta:\quad 1 = x_0 < x_1 < x_2 < \cdots < x_n = 2, \quad x_i = 1 + \frac{i}{n}$$

$c_i = x_i$ と選ぶと,

$$\begin{aligned}
I(\varDelta) &= \sum_{i=1}^n f(c_i)(x_i - x_{i-1}) = \sum_{i=1}^n \left(1 + \frac{i}{n}\right)\frac{1}{n} \\
&= \frac{1}{n}\left(\sum_{i=1}^n 1 + \frac{1}{n}\sum_{i=1}^n i\right) = \frac{1}{n}\left\{n + \frac{1}{n}\cdot\frac{n(n+1)}{2}\right\} \\
&= \frac{3}{2} + \frac{1}{2n}
\end{aligned}$$

$\delta(\varDelta) = \dfrac{1}{n}$ だから, $\delta(\varDelta) \to 0$ は $n \to \infty$ と同値である. $\displaystyle\lim_{n\to\infty} I(\varDelta) = \frac{3}{2}$ だから,

$$\int_1^2 x\, dx = \frac{3}{2}$$

　$f(x)$ が $[a, b]$ で積分可能なことがわかっているときは, 例1のように分割 $\varDelta$ として, $[a, b]$ を n 等分したものに限定して極限を求めてもよい. また, c_i のとり方も小区間 $[x_{i-1}, x_i]$ の端点に限定してもよい.

$$\varDelta:\quad a = x_0 < x_1 < x_2 < \cdots < x_n = b,$$

$$x_i = a + \frac{i}{n}(b-a), \quad \delta(\varDelta) = \frac{b-a}{n}$$

ここで，$c_i = x_i$ と選ぶと，

$$(18.8) \qquad \int_a^b f(x)\,dx = \lim_{n\to\infty} \frac{b-a}{n} \sum_{i=1}^{n} f\left(a + \frac{i}{n}(b-a)\right)$$

また，$c_i = x_{i-1}$ と選ぶと，

$$(18.9) \qquad \int_a^b f(x)\,dx = \lim_{n\to\infty} \frac{b-a}{n} \sum_{i=0}^{n-1} f\left(a + \frac{i}{n}(b-a)\right)$$

特に $a = 0$，$b = 1$ のとき，(18.8)，(18.9) より，

$$(18.10) \qquad \int_0^1 f(x)\,dx = \lim_{n\to\infty} \frac{1}{n} \sum_{i=1}^{n} f\left(\frac{i}{n}\right) = \lim_{n\to\infty} \frac{1}{n} \sum_{i=0}^{n-1} f\left(\frac{i}{n}\right)$$

(18.8) や (18.9) によって $f(x)$ の定積分を求める方法を**区分求積法**という．
$f(x)$ が複雑な関数になると，このような方法で定積分を求めるのは困難である．そこで，より簡単な計算法を以下に述べよう．次の定理2，定理3はそのための準備である．

定理2（積分の平均値の定理）　連続な関数 $f(x)$ について，ある c $(a < c < b)$ が存在して次の式が成り立つ．

$$\int_a^b f(x)\,dx = f(c)(b-a)$$

証明　（i）　$f(x)$ が $[a, b]$ で恒等的に定数 k に等しいとき．c を (a, b) 内の任意の点とすると，定理1（i）より，次の等式が成り立つ．

$$\int_a^b k\,dx = k(b-a) = f(c)(b-a)$$

（ii）　$f(x)$ が $[a, b]$ で定数ではないとき．$f(x)$ の $[a, b]$ における最大値を M，最小値を m とする．$m \le f(x) \le M$ だから，定理1（iv）より，

$$\int_a^b m\,dx < \int_a^b f(x)\,dx < \int_a^b M\,dx$$

$$m(b-a) < \int_a^b f(x)\,dx < M(b-a)$$

よって，$\dfrac{1}{b-a}\displaystyle\int_a^b f(x)\,dx = \gamma$ とおくと，$m < \gamma < M$ である．中間値の定理（§27）より，ある c $(a < c < b)$ が存在して，$f(c) = \gamma$ となる．この c に対して，

$$\int_a^b f(x)\,dx = f(c)(b-a)$$ が成り立つ． ▨

注 c を a と b の間の数とすると，$a > b$ でも定理 2 は成り立つ．

定理 3（微分積分学の基本定理） $f(x)$ を連続な関数とするとき，

$$\frac{d}{dx}\int_a^x f(t)\,dt = f(x)$$

証明 $F(x) = \displaystyle\int_a^x f(t)\,dt$ とおく．

$$F(x+h) = \int_a^{x+h} f(t)\,dt = \int_a^x f(t)\,dt + \int_x^{x+h} f(t)\,dt \quad (\text{定理 1 (ii)})$$

定理 2 より，ある c（c は x と $x+h$ の間の数）が存在して，

$$\int_x^{x+h} f(t)\,dt = f(c)h$$

$F(x+h) = F(x) + f(c)\cdot h$ となるから，$h \to 0$ のとき $c \to x$ に注意すると，

$$\lim_{h\to 0}\frac{F(x+h)-F(x)}{h} = \lim_{c\to x} f(c) = f(x)$$

よって，$F'(x) = f(x)$ である． ▨

次の定理 4 のおかげで，定積分の計算は不定積分が求まれば簡単にできるようになる．ニュートン，ライプニッツが得た大きな成果である．

定理 4 $f(x)$ を連続関数とする．$F'(x) = f(x)$ なる関数 $F(x)$ に対して，

$$\int_a^b f(x)\,dx = \Big[F(x)\Big]_a^b = F(b)-F(a)$$

証明 $G(x) = \displaystyle\int_a^x f(t)\,dt$ とおくと，定理 3 より $G'(x) = f(x)$ となる．$\{G(x) - F(x)\}' = f(x)-f(x) = 0$ だから，§11 定理 1 より，$G(x)-F(x) = k$（定数）．$G(a) = 0$ より $k = -F(a)$．ゆえに $G(x) = F(x)-F(a)$．

$$\int_a^b f(x)\,dx = G(b) = F(b)-F(a)$$ ▨

注 原始関数 $F(x)$ のかわりに $F(x)+C$（C：定数）を用いても

$$\Big[F(x)+c\Big]_a^b = (F(b)+C)-(F(a)+C) = F(b)-F(a)$$

となり，定積分の値は変わらない．

例2 （1） $\displaystyle\int_1^2 \frac{1}{x}\,dx = \left[\,\log|x|\,\right]_1^2 = \log 2$

（2） $\displaystyle\int_1^4 \sqrt{x}\,dx = \left[\frac{2}{3}x^{\frac{3}{2}}\right]_1^4 = \frac{2}{3}(\sqrt{4})^3 - \frac{2}{3} = \frac{14}{3}$

（3） $\displaystyle\int_2^3 e^{3x}\,dx = \left[\frac{1}{3}e^{3x}\right]_2^3 = \frac{1}{3}(e^9 - e^6)$

定積分についても，不定積分と同様の性質が成り立つ．

定理 5（定積分の線形性）

（ⅰ） $\displaystyle\int_a^b \{f(x) + g(x)\}\,dx = \int_a^b f(x)\,dx + \int_a^b g(x)\,dx$

（ⅱ） $\displaystyle\int_a^b kf(x)\,dx = k\int_a^b f(x)\,dx$ （k：定数）

　証明は定理 4 を用いれば容易であるが，定理 5 は積分可能な（必ずしも連続ではない）関数 $f(x), g(x)$ について成り立つ．

例3 $\displaystyle\int_0^{\frac{\pi}{2}} \left(3\cos x - \frac{x^2}{2}\right) dx = 3\int_0^{\frac{\pi}{2}} \cos x\,dx - \frac{1}{2}\int_0^{\frac{\pi}{2}} x^2\,dx$

$\displaystyle = 3[\sin x]_0^{\frac{\pi}{2}} - \frac{1}{2}\left[\frac{x^3}{3}\right]_0^{\frac{\pi}{2}} = 3 - \frac{\pi^3}{48}$

　次の例 4 は，区分求積法を利用して極限値を求めたものである．

例4 $\displaystyle S = \lim_{n\to\infty} \frac{1}{n^5} \sum_{k=1}^n k^4$ を求める．（18.10）を用いると，

$$S = \lim_{n\to\infty} \frac{1}{n} \sum_{k=1}^n \left(\frac{k}{n}\right)^4 = \int_0^1 x^4\,dx = \frac{1}{5}$$

例5 m, n を自然数とするとき，

$$S_m(n) = 1^m + 2^m + \cdots + n^m = \sum_{k=1}^n k^m$$

とおく. $S_1(n)$ は等差数列の和であり, $S_1(n) = \dfrac{n(n+1)}{2}$ となることはよく知られている. $S_3(n)$ を求めるのに, 図 18.7 のような図形を考える. k 番目のかぎ形の図形の面積 A_k を求めると,

$$A_k = \frac{k(k-1)}{2} \times k \times 2 + k^2 = k^3$$

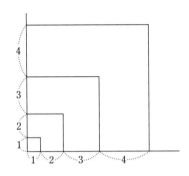
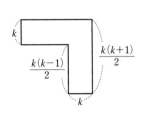

図 18.7

一方, $A_1 + A_2 + \cdots + A_n$ は一辺の長さ $\dfrac{n(n+1)}{2}$ の正方形の面積に等しい. よって,

$$S_3(n) = 1^3 + 2^3 + \cdots + n^3 = \left\{ \frac{n(n+1)}{2} \right\}^2$$

このようなうまい方法は, 一般の m について適用できない. そこで, 次の条件をみたす $(m+1)$ 次の多項式 $f_m(x)$ をみつける問題を考える.

$$(18.11) \qquad \begin{cases} f_m(x) - f_m(x-1) = x^m \\ f_m(0) = 0 \end{cases}$$

このような多項式に対し,

$$S_m(n) = \sum_{k=1}^{n} k^m = \sum_{k=1}^{n} \{ f_m(k) - f_m(k-1) \} = f_m(n)$$

が成り立つ. まず, (18.11) をみたす多項式は 1 つしかないことを示そう. $f_m(x), g_m(x)$ がともに (18.11) をみたすと仮定する. $F(x) = f_m(x) - g_m(x)$ とおくと, (18.11) より, $F(x) - F(x-1) = 0$, $F(0) = 0$ となる. よって, 任意の自然数 n について $F(n) = 0$ が成り立つ. $F(x)$ は多項式だから, 恒

等的に 0 に等しい. よって $f_m(x) \equiv g_m(x)$.

次に (18.11) をみたす多項式 $f_m(x)$ が存在すると仮定して, $f_m(x)$ を具体的に求める方法を考えよう. $f_m(x) - f_m(x-1) = x^m$ の両辺を x で微分すると,

$$f_m{}'(x) - f_m{}'(x-1) = mx^{m-1}$$

$$\frac{f_m{}'(x)}{m} - \frac{f_m{}'(x-1)}{m} = x^{m-1} = f_{m-1}(x) - f_{m-1}(x-1)$$

そこで, $G(x) = \dfrac{f_m{}'(x)}{m} - f_{m-1}(x)$ とおくと, $G(x) = G(x-1)$ が任意の x について成り立つので, $G(x) \equiv C$ (定数) である.

(18.12) $f_m{}'(x) = mf_{m-1}(x) + mC$

(18.12) の両辺を $[0, x]$ で積分すると,

$$f_m(x) - f_m(0) = m \int_0^x f_{m-1}(t)\, dt + mCx$$

$f_m(0) = f_m(-1) = 0$ より, $C = -\displaystyle\int_{-1}^0 f_{m-1}(t)\, dt$ となる. したがって,

(18.13) $f_m(x) = m \displaystyle\int_0^x f_{m-1}(t)\, dt - mx \int_{-1}^0 f_{m-1}(t)\, dt$

$f_1(x) = \dfrac{x(x+1)}{2}$ を使えば, 順次 (18.13) により $f_m(x)$ が計算でき, $S_m(n) = f_m(n)$ が求まる.

(18.13) で順次定義される多項式 $f_m(x)$ が確かに (18.11) をみたすことは, m についての数学的帰納法で証明できる. このような多項式 $f_m(x)$ は関孝和 (1712) やヤコブ・ベルヌーイ (1713) の著書において研究された. ヤコブはロピタルの定理を発見したヨハンの兄である.

例6 (板の重心) 図 18.8 のように, 質量の無視できる細い棒からおもりがつるされているとする. おもりの置かれた点の座標を x_1, x_2, x_3, x_4 とし, おもりの質量をそ

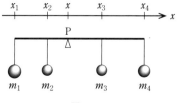

図 18.8

れぞれ m_1, m_2, m_3, m_4 とする．支点 P の座標 x をいくらにすればつり合う
かを求めてみる．

　支点 P のまわりのモーメントの和を計算すると，x と x_i $(i=1,2,3,4)$ の
大小関係によらず，次の式で求められる．

$$I = \sum_{i=1}^{4} m_i(x-x_i)$$
$$= m_1(x-x_1) + m_2(x-x_2) + m_3(x-x_3) + m_4(x-x_4)$$

棒が平衡状態にあるためには，$I=0$ であればよい．これより x を求めると，
次のようになる．この点を**重心**という．

$$x = \frac{m_1 x_1 + m_2 x_2 + m_3 x_3 + m_4 x_4}{m_1 + m_2 + m_3 + m_4}$$

　一般に n 個のおもりがつり下げられている場合，おもりの置かれた点の座
標を x_i $(i=1,2,\cdots,n)$，おもりの質量を m_i $(i=1,2,\cdots,n)$ とすると，重
心の座標は

$$(18.14) \qquad x = \frac{\displaystyle\sum_{i=1}^{n} m_i x_i}{\displaystyle\sum_{i=1}^{n} m_i}$$

で表される．なお，重心の位置は原点のとり方によらないことが示せる．

　以上の考えを拡張しよう．平面上の点 P_i $(i=1,2,\cdots,n)$ に質量 m_i $(i=1,2,\cdots,n)$ の物体が置かれているとする．P_i の位置ベクトル $\overrightarrow{OP_i}$ を $\boldsymbol{X}_i$ で表す
とき，次の式で表される点 X をこの n 個の物体からなる系の重心という．

$$\boldsymbol{X} = \frac{m_1 \boldsymbol{X}_1 + m_2 \boldsymbol{X}_2 + \cdots + m_n \boldsymbol{X}_n}{m_1 + m_2 + \cdots + m_n} \quad (\boldsymbol{X} = \overrightarrow{OX})$$

これを座標ごとに書くと，$P_i(x_i, y_i)$，$X(x, y)$ のとき，重心の座標は次のよ
うになる．

$$(18.15) \qquad x = \frac{\displaystyle\sum_{i=1}^{n} m_i x_i}{\displaystyle\sum_{i=1}^{n} m_i}, \qquad y = \frac{\displaystyle\sum_{i=1}^{n} m_i y_i}{\displaystyle\sum_{i=1}^{n} m_i}$$

　今度は薄い板の重心について考える．板の密度 r は一様であり，厚さ h は
一定であるとする．また，板の形は図 18.9 のような領域 D であるとする．

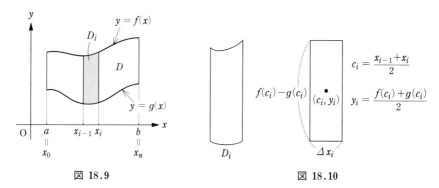

図 18.9　　　　　　　　　　　図 18.10

$$D: \quad a \leq x \leq b, \quad g(x) \leq y \leq f(x)$$

区間 $[a, b]$ を n 個の小区間 $[x_{i-1}, x_i]$ $(i = 1, \cdots, n)$ に分割すると，板は n 個の部分 D_i $(i = 1, 2, \cdots, n)$ に分けられる．それぞれの部分 D_i を図 18.10 のように長方形で近似をする．そして，長方形の質量は中心点 (c_i, y_i) に集中しているとする．D_i の質量を M_i とすると，

$$M_i \doteqdot \{f(c_i) - g(c_i)\} \, \Delta x_i \, rh \quad (\Delta x_i = x_i - x_{i-1})$$

よって，板の総質量 M は

$$M \doteqdot \sum_{i=1}^{n} rh\{f(c_i) - g(c_i)\} \, \Delta x_i$$

(18.15) より，点 (c_i, y_i) に質量 M_i の物体を置いたときの重心の座標は，近似的に次の式で求められる．

$$(18.16) \quad \begin{cases} X = \dfrac{\displaystyle\sum_{i=1}^{n} rhc_i\{f(c_i) - g(c_i)\} \, \Delta x_i}{\displaystyle\sum_{i=1}^{n} rh\{f(c_i) - g(c_i)\} \, \Delta x_i} \\[4ex] Y = \dfrac{\displaystyle\sum_{i=1}^{n} rh\dfrac{f(c_i) + g(c_i)}{2}\{f(c_i) - g(c_i)\} \, \Delta x_i}{\displaystyle\sum_{i=1}^{n} rh\{f(c_i) - g(c_i)\} \, \Delta x_i} \end{cases}$$

ここで分母・分子を rh で割り，$[a, b]$ の分割を細かくした極限を考えると，(X, Y) は次の点 (X_0, Y_0) に近づく．

$$(18.17) \quad \begin{cases} X_0 = \dfrac{\displaystyle\int_a^b x\{f(x)-g(x)\}\,dx}{\displaystyle\int_a^b \{f(x)-g(x)\}\,dx} \\[6mm] Y_0 = \dfrac{\displaystyle\int_a^b \{(f(x))^2-(g(x))^2\}\,dx}{2\displaystyle\int_a^b \{f(x)-g(x)\}\,dx} \end{cases}$$

(18.17) で定まる点 (X_0, Y_0) を薄い板の重心という. なお, 領域 D の面積を S とすると, X_0, Y_0 は次のようにも書ける.

$$(18.18) \quad \begin{cases} X_0 = \dfrac{1}{S}\displaystyle\int_a^b x\{f(x)-g(x)\}\,dx \\[5mm] Y_0 = \dfrac{1}{2S}\displaystyle\int_a^b \{(f(x))^2-(g(x))^2\}\,dx \end{cases}$$

例 7 (π は無理数である) π が有理数だと仮定すると, π^2 も有理数になるので, $\pi^2 = \dfrac{q}{p}$ (p, q : 自然数) とおける. $f(x) = \dfrac{1}{n!}x^n(1-x)^n$ とするとき, $F(x)$ を次の式で定義する.

$$F(x) = p^n\left\{\left(\frac{q}{p}\right)^n f(x) - \left(\frac{q}{p}\right)^{n-1}f''(x) + \left(\frac{q}{p}\right)^{n-2}f^{(4)}(x) - \cdots \right.$$
$$\left. + (-1)^n f^{(2n)}(x)\right\}$$

問題 7-14 より, $F(0)$ と $F(1)$ はともに整数である.

$$(F'(x)\sin\pi x - \pi F(x)\cos\pi x)' = \left\{F''(x) + \frac{q}{p}F(x)\right\}\sin\pi x$$
$$= p^n\left(\frac{q}{p}\right)^{n+1}f(x)\sin\pi x$$
$$= \pi^2 q^n f(x)\sin\pi x$$

よって,

$$I = \int_0^1 \pi q^n f(x)\sin\pi x\,dx = \left[\frac{1}{\pi}F'(x)\sin\pi x - F(x)\cos\pi x\right]_0^1$$
$$= F(0) + F(1)$$

$$0 \leqq f(x) \sin \pi x \leqq \frac{1}{n!} \ (0 \leqq x \leqq 1) \quad \text{より} \quad 0 < I < \frac{\pi q^n}{n!}$$

(10.2) より $\displaystyle\lim_{n\to\infty} \frac{q^n}{n!} = 0$ だから，十分大きな n について，$0 < I < 1$ となる．

これは，$I = F(0)+F(1)$ が整数であることに矛盾する．ゆえに π は有理数ではない．

π が無理数であることは，J. H. ランベルト (1761) によりはじめて証明された．例 7 の証明は I. Niven (1947) による．

問題 18

1. 次の定積分を求めよ．

(1) $\displaystyle\int_0^1 (x^3-2x+2)\,dx$　(2) $\displaystyle\int_{-1}^0 (x+1)^3\,dx$　(3) $\displaystyle\int_0^\pi (\sin x - 2\cos x)\,dx$

(4) $\displaystyle\int_0^2 e^{3x}\,dx$　(5) $\displaystyle\int_1^5 \left(\frac{2}{x}-\frac{1}{x^2}\right)dx$　(6) $\displaystyle\int_{-1}^0 \frac{1}{(2x-1)^3}\,dx$

(7) $\displaystyle\int_{\frac{\pi}{4}}^{\frac{\pi}{2}} \frac{\cos x}{\sin x}\,dx$　(8) $\displaystyle\int_3^{11} \frac{1}{\sqrt{x-2}}\,dx$　(9) $\displaystyle\int_{-1}^1 \frac{2x-1}{x^2-x+1}\,dx$

(10) $\displaystyle\int_0^{\frac{\pi}{6}} \tan^2 x\,dx$

2. 次の定積分を求めよ．

(1) $\displaystyle\int_0^1 \frac{1}{\sqrt{4-x^2}}\,dx$　(2) $\displaystyle\int_{-2}^{2\sqrt3} \frac{1}{x^2+4}\,dx$　(3) $\displaystyle\int_{-1}^0 \frac{1}{2x^2+6}\,dx$

(4) $\displaystyle\int_{-1}^0 \frac{1}{\sqrt{4-2x^2}}\,dx$　(5) $\displaystyle\int_0^1 \frac{1}{x^2-2x+2}\,dx$　(6) $\displaystyle\int_{-3}^{-\frac{3}{2}} \frac{1}{\sqrt{-x^2-6x}}\,dx$

(7) $\displaystyle\int_{-2}^1 \frac{1}{4x^2+4x+10}\,dx$

3. 次の定積分を求めよ．

(1) $\displaystyle\int_2^3 \frac{1}{x^2-1}\,dx$　(2) $\displaystyle\int_{-\frac{1}{2}}^0 \frac{1}{x^2+4x+3}\,dx$

(3) $\displaystyle\int_3^8 \frac{x^3+x^2-4x}{x^2-4}\,dx$ （まず，分子を分母で割る．）

(4) $\displaystyle\int_1^2 \frac{2x+13}{2x^2+5x-3}\,dx$

4. $I = \displaystyle\int_0^{\frac{\pi}{2}} \frac{\sin x}{\sin x + \cos x}\, dx,\ J = \int_0^{\frac{\pi}{2}} \frac{\cos x}{\sin x + \cos x}\, dx$ とおく.

(1) $I+J,\ J-I$ を求めよ.　　(2) I, J を求めよ.

5. 次の定積分を求めよ.

(1) $\displaystyle\int_1^8 \frac{dx}{\sqrt[3]{x}}$ 　　(2) $\displaystyle\int_1^4 \frac{dx}{x\sqrt{x}}$ 　　(3) $\displaystyle\int_0^{\frac{\pi}{3}} \sin 3x\, dx$

(4) $\displaystyle\int_{\frac{\pi}{3}}^{\frac{3}{8}\pi} \frac{dx}{\cos^2 2x}$ 　　(5) $\displaystyle\int_0^{\frac{\pi}{2}} \cos^2 x\, dx$ 　　(6) $\displaystyle\int_{-1}^0 (2x+1)^9\, dx$

(7) $\displaystyle\int_0^1 \frac{e^{5x}+1}{e^{2x}}\, dx$ 　　(8) $\displaystyle\int_{-\frac{\pi}{4}}^0 \sin x \cos x\, dx$ 　　(9) $\displaystyle\int_{-1}^1 \frac{dx}{5-4x}$

(10) $\displaystyle\int_1^9 \sqrt{3x-2}\, dx$ 　　(11) $\displaystyle\int_4^{22} \sqrt{\frac{3}{4+2x}}\, dx$

6. 次の定積分を求めよ.

(1) $\displaystyle\int_0^1 (x^2+\sqrt{x})^3\, dx$ 　　(2) $\displaystyle\int_1^2 \frac{(x+1)^2}{x^2}\, dx$ 　　(3) $\displaystyle\int_{\log 2}^{\log 3} \frac{e^x+e^{-x}}{2}\, dx$

(4) $\displaystyle\int_0^{\frac{\pi}{2}} \sin^2\left(x-\frac{\pi}{3}\right) dx$ 　　(5) $\displaystyle\int_0^\pi \tan^2 \frac{x}{4}\, dx$ 　　(6) $\displaystyle\int_2^{2\sqrt{3}} \frac{x+3}{x^2+4}\, dx$

(7) $\displaystyle\int_{-\frac{\pi}{2}}^0 \frac{\cos^2 x}{1-\sin x}\, dx$ 　　(8) $\displaystyle\int_1^{\frac{3}{2}} \frac{1}{\sqrt{2x+1}+\sqrt{2x-1}}\, dx$

(9) $\displaystyle\int_{\frac{1}{2}}^1 \frac{e^{3x}-e^{-3x}}{e^x-e^{-x}}\, dx$ 　　(10) $\displaystyle\int_0^{\frac{\pi}{4}} \frac{dx}{1+\tan^2 x}$

(11) $\displaystyle\int_0^\pi (\sqrt{1+\cos x}+\sqrt{1+\sin x})\, dx$

7. $f(x)$ は連続な関数, $g(x)$ と $h(x)$ は微分可能な関数とする. このとき, 次の関数を微分せよ.

(1) $F(x) = \displaystyle\int_a^x f(t)\, dt$ 　　(2) $F(x) = \displaystyle\int_a^x (x-t)f(t)\, dt$

(3) $F(x) = \displaystyle\int_0^{g(x)} f(t)\, dt$ 　　(4) $F(x) = \displaystyle\int_{g(x)}^{h(x)} f(t)\, dt$

(5) $F(x) = \displaystyle\int_{2-x}^{3x} \cos^4 t\, dt$

8. 次の不等式をみたす自然数 n の個数を求めよ.

$$\frac{110}{113} < \sum_{k=1}^n \int_0^1 \frac{x^k}{k}\, dx < \frac{111}{113}$$

9. 次の不等式を示せ.

(1) $\log \dfrac{3}{2} < \displaystyle\int_0^1 \frac{1}{x^2+2}\, dx < \frac{1}{2}$ 　（$0 \leqq x \leqq 1$ のとき, $2 \leqq x^2+2 \leqq x+2$ であることを利用.）

(2) $\dfrac{1}{2} < \displaystyle\int_0^{\frac{1}{2}} \dfrac{1}{\sqrt{1-x^6}}\, dx < \dfrac{\pi}{6}$ (3) $1-\dfrac{1}{e} < \displaystyle\int_0^1 e^{-x^2}\, dx < 1$

10. (1) $x \geqq 0$ のとき, $|\sin x| \leqq x$ を示せ.

(2) $I_r = \displaystyle\int_0^r e^{-rx}\dfrac{\sin x}{x}\, dx$ とするとき, $\displaystyle\lim_{r \to \infty} I_r = 0$ を示せ.

11. (1) $x \geqq 0$ のとき, $\dfrac{1+x}{1+x^2} \leqq 2$ を示せ.

(2) $I_r = \displaystyle\int_0^r \dfrac{e^{-rx}(\cos r + x\sin r)}{1+x^2}\, dx$ とするとき, $\displaystyle\lim_{r \to \infty} I_r = 0$ を示せ.

12. 次の極限を求めよ.

(1) $\displaystyle\lim_{x \to \infty} \exp(-x^2)\int_0^x e^{t^2}\, dt$ (2) $\displaystyle\lim_{x \to \infty} \exp(-\sqrt{x})\int_0^x e^{\sqrt{t}}\, dt$

13. (1) (18.13) を利用して, $n = 2, 3, \cdots, 7$ のとき $f_n(x)$ を求めよ.

(2) $f_5(x) + f_7(x) = 2\{f_3(x)\}^2$ が成り立つことを示せ. これを**ヤコービの恒等式**という.

14. (1) $x \neq -1$ のとき, 次の等式を示せ.

$$1 - x + x^2 - x^3 + \cdots + (-1)^n x^n = \dfrac{1}{1+x} - \dfrac{(-1)^{n+1}x^{n+1}}{1+x}$$

(2) (1) の等式の両辺を $[0, 1]$ で積分して, 次の等式を示せ.

$$\log 2 = 1 - \dfrac{1}{2} + \dfrac{1}{3} - \dfrac{1}{4} + \cdots + \dfrac{(-1)^n}{n+1} + (-1)^{n+1}\int_0^1 \dfrac{x^{n+1}}{1+x}\, dx$$

(3) $\dfrac{x^{n+1}}{1+x} \leqq x^{n+1}$ $(x \geqq 0)$ を利用して, $\displaystyle\lim_{n \to \infty}\int_0^1 \dfrac{x^{n+1}}{1+x}\, dx = 0$ を示せ.

(4) $\log 2 = \displaystyle\lim_{n \to \infty}\left(1 - \dfrac{1}{2} + \dfrac{1}{3} - \cdots + \dfrac{(-1)^n}{n+1}\right)$ を示せ.

15. (1) 次の等式を示せ.

$$1 - x^2 + x^4 - x^6 + \cdots + (-1)^n x^{2n} = \dfrac{1}{1+x^2} - \dfrac{(-1)^{n+1}x^{2n+2}}{1+x^2}$$

(2) (1) の等式の両辺を $[0, 1]$ で積分して, 次の等式を示せ.

$$\dfrac{\pi}{4} = 1 - \dfrac{1}{3} + \dfrac{1}{5} - \dfrac{1}{7} + \cdots + \dfrac{(-1)^n}{2n+1} + (-1)^{n+1}\int_0^1 \dfrac{x^{2n+2}}{1+x^2}\, dx$$

(3) $0 < \displaystyle\int_0^1 \dfrac{x^{2n+2}}{1+x^2}\, dx < \dfrac{1}{2n+3}$ を示せ. また, これを使って次の等式を示せ.

$$\dfrac{\pi}{4} = \lim_{n \to \infty}\left(1 - \dfrac{1}{3} + \dfrac{1}{5} - \dfrac{1}{7} + \cdots + \dfrac{(-1)^n}{2n+1}\right) \text{ (ライプニッツの級数)}$$

16. (1) $\cos x \leqq 1$ より $\displaystyle\int_0^x \cos t\, dt < \int_0^x 1\, dt$ $(x > 0)$ が成り立つことを利用し

て，$\sin x < x \ (x > 0)$ を示せ．

(2) $\sin x < x$ より $\displaystyle\int_0^x \sin t\,dt < \int_0^x t\,dt \ (x > 0)$ が成り立つことを利用して，

$1 - \dfrac{x^2}{2} < \cos x \ (x > 0)$ を示せ．

(3) (1)，(2) のような手順を繰り返し用いて，次の不等式を示せ（n は 0 以上の整数）．

$$x - \frac{x^3}{3!} + \frac{x^5}{5!} - \frac{x^7}{7!} + \cdots - \frac{x^{4n+3}}{(4n+3)!} < \sin x < x - \frac{x^3}{3!} + \frac{x^5}{5!} - \cdots + \frac{x^{4n+1}}{(4n+1)!}$$
$$(x > 0)$$

$$1 - \frac{x^2}{2!} + \frac{x^4}{4!} - \frac{x^6}{6!} + \cdots - \frac{x^{4n+2}}{(4n+2)!} < \cos x < 1 - \frac{x^2}{2!} + \frac{x^4}{4!} - \cdots + \frac{x^{4n}}{(4n)!}$$
$$(x \neq 0)$$

(4) $T_1(x) = x$, $T_3(x) = x - \dfrac{1}{3!}x^3$, $T_5(x) = x - \dfrac{1}{3!}x^3 + \dfrac{1}{5!}x^5$,

$T_7(x) = x - \dfrac{1}{3!}x^3 + \dfrac{1}{5!}x^5 - \dfrac{1}{7!}x^7$, $T_\infty(x) = \sin x$ とするとき，$0 < x \leq \pi$ でこれらの関数の大小関係を調べよ．

17. (18.17) を用いて，次の領域の形をした薄い板の重心の座標を求めよ．

(1) $D : x^2 \leq y \leq 1$

(2) $D : 3$ 点 $(0,0), (a,0), (b,c)$ を頂点とする三角形．ただし，a, b, c は正の数とする．

18. 次の領域の形をした薄い板の重心について，以下の問に答えよ．

$$D : \quad -1 \leq x \leq 1, \ x^2 \leq y \leq x^2 + a \quad (a > 0)$$

(1) 板の重心が D 上にあるための a の条件を求めよ．

(2) $a \to 0$ のとき，板の重心はどのような点に近づくか．

19. (1) $n \leq x \leq n+1$（n：自然数）のとき，$\dfrac{1}{n+1} \leq \dfrac{1}{x} \leq \dfrac{1}{n}$ であることを利用して，次の不等式を示せ．

$$\frac{1}{n+1} < \log(n+1) - \log n < \frac{1}{n}$$

(2) $\dfrac{1}{2} + \dfrac{1}{3} + \cdots + \dfrac{1}{n+1} < \log(n+1) < 1 + \dfrac{1}{2} + \cdots + \dfrac{1}{n}$ を示せ．

(3) $\displaystyle\lim_{n\to\infty} \sum_{k=1}^n \frac{1}{k} = \infty$ を示せ．

19. 定積分の計算 (1)

定積分における置換積分について説明しよう．$g(x)$ は微分可能な関数で，$g'(x)$ は連続とする．連続関数 $f(x)$ の原始関数を $F(x)$ とすると，合成関数の微分より，$\{F(g(x))\}' = F'(g(x))g'(x) = f(g(x))g'(x)$ となる．よって，§18 定理 4 より，

$$\int_a^b f(g(x))g'(x)\, dx = \left[F(g(x)) \right]_a^b = F(g(b)) - F(g(a))$$

$$= \int_{g(a)}^{g(b)} f(t)\, dt$$

この公式は右辺の積分を左辺の積分に変形するときにも使われる．

(19.1) $$\int_a^b \boldsymbol{f(g(x))g'(x)\, dx} = \int_{g(a)}^{g(b)} \boldsymbol{f(t)\, dt}$$

(19.2) $$\int_\alpha^\beta \boldsymbol{f(x)\, dx} = \int_a^b \boldsymbol{f(g(t))g'(t)\, dt}$$

$$（ただし，\ \boldsymbol{g(a) = \alpha, \ g(b) = \beta}）$$

例1 $\displaystyle \int_0^1 (3x-1)^5\, dx$ を (19.1) を用いて求める．$t = 3x-1$ とおくと，$\dfrac{dt}{dx} = 3$ より $dx = \dfrac{1}{3}\, dt$．また，$x = 0$ のとき $t = -1$，$x = 1$ のとき $t = 2$ である．これを右の表にまとめる．

x	0 $\cdots$ 1
t	-1 $\cdots$ 2

$$\int_0^1 (3x-1)^5\, dx = \int_{-1}^2 t^5 \cdot \frac{1}{3}\, dt$$

$$= \frac{1}{3} \left[\frac{t^6}{6} \right]_{-1}^2 = \frac{7}{2}$$

このように，変数を置き換えたときは，積分区間がどのように変わるかを調べることが大切である．

例2 $\displaystyle \int_0^{\frac{3}{2}\pi} \sin^3 x \cos x\, dx$ を求める．$t = \sin x$ とおくと，$\dfrac{dt}{dx} = \cos x$ より

$\cos x \, dx = dt$.

$$\int_0^{\frac{3}{2}\pi} \sin^3 x \cos x \, dx = \int_0^{-1} t^3 dt$$

$$= -\int_{-1}^{0} t^3 dt$$

$$= -\left[\frac{t^4}{4}\right]_{-1}^0 = \frac{1}{4}$$

x	0	$\cdots$	$\dfrac{3}{2}\pi$
t	0	$\cdots$	-1

次の例は，(19.2) の形での置換積分である．

例3 $\displaystyle\int_0^1 \sqrt{4-x^2}\, dx$ を求める．$x = 2\sin t \left(-\dfrac{\pi}{2} \leqq t \leqq \dfrac{\pi}{2}\right)$ とおくと，$\dfrac{dx}{dt} = 2\cos t$ より，$dx = 2\cos t\, dt$．$x = 0$ のとき，$0 = 2\sin t$ より $t = 0$．$x = 1$ のとき，$1 = 2\sin t$ より $t = \dfrac{\pi}{6}$．よって積分区間の対応は下表のようになる．

$$\int_0^1 \sqrt{4-x^2}\, dx = \int_0^{\frac{\pi}{6}} \sqrt{4-4\sin^2 t}\cdot 2\cos t\, dt$$

$$= \int_0^{\frac{\pi}{6}} \sqrt{4\cos^2 t}\cdot 2\cos t\, dt$$

x	0	$\cdots$	1
t	0	$\cdots$	$\dfrac{\pi}{6}$

$$= \int_0^{\frac{\pi}{6}} 4\cos^2 t\, dt$$

半角の公式による．

$$= \int_0^{\frac{\pi}{6}} 2(1+\cos 2t)\, dt$$

$$= 2\left[t + \frac{1}{2}\sin 2t\right]_0^{\frac{\pi}{6}} = \frac{\pi}{3} + \frac{\sqrt{3}}{2}$$

例3のように，$\sqrt{a^2-x^2}$ を含む形の積分では，次の置き換えが有効なことがある．

(19.3)　　　$x = a\sin t \left(-\dfrac{\pi}{2} \leqq t \leqq \dfrac{\pi}{2}\right)$　または　$x = a\cos t\ (0 \leqq t \leqq \pi)$

同様に $x^2 + a^2$ を含む形の積分では，次の置き換えが有効なことがある．

(19.4)　　　$x = a \tan t \quad \left(-\dfrac{\pi}{2} < t < \dfrac{\pi}{2} \right)$

次に定積分における部分積分について説明する．積の微分より，

$$\{f(x)g(x)\}' = f'(x)g(x) + f(x)g'(x)$$

よって，

$$\int_a^b \{f'(x)g(x) + f(x)g'(x)\}\, dx = \left[f(x)g(x) \right]_a^b$$

移項すると次の公式を得る．

(19.5)　　$\displaystyle\int_a^b f'(x)g(x)\, dx = \left[f(x)g(x) \right]_a^b - \int_a^b f(x)g'(x)\, dx$

例4

$$\int_0^1 x\, e^{2x}\, dx = \left[x \cdot \frac{1}{2} e^{2x} \right]_0^1 - \int_0^1 1 \cdot \frac{1}{2} e^{2x}\, dx$$

$$= \frac{1}{2} e^2 - \frac{1}{2}\left[\frac{1}{2} e^{2x} \right]_0^1$$

$$= \frac{1}{4}(e^2 + 1)$$

例5（素数定理） x を正の数とするとき，x 以下の素数の個数を $\pi(x)$ で表す．$\pi(10) = 4$, $\pi(100) = 25$ であるが，x が十分大きいときの $\pi(x)$ の近似として，次の2つの関数がある．

$$p(x) = \frac{x}{\log x}, \qquad q(x) = \int_2^x \frac{dt}{\log t}$$

実際，$\pi(x)$ とこれらの関数の値を比較すると右のようになる．

ドイツの数学者ガウスは15歳の頃（1793），次の定理の成立を予想した．

x	$\pi(x)$	$p(x)$	$q(x)$
10^4	1 229	1 086	1 246
10^7	664 579	620 421	664 918
10^{10}	455 052 512	434 294 482	455 055 614

$p(x), q(x)$ は小数第1位を四捨五入．

(19.6)　　　$\displaystyle\lim_{x \to \infty} \frac{\pi(x)}{p(x)} = 1, \quad \lim_{x \to \infty} \frac{\pi(x)}{q(x)} = 1$

これらは素数定理とよばれ，後にアダマールとド・ラ・ヴァレ-プサンが証明

に成功した (1896). ここでは (19.6) の前者から後者が導けることを示そう. それには次のことを示せばよい.

(19.7) $\displaystyle \lim_{x \to \infty} \frac{q(x)}{p(x)} = 1$

なぜなら, $\displaystyle \frac{\pi(x)}{q(x)} = \frac{\pi(x)}{p(x)} \cdot \frac{p(x)}{q(x)}$ と書けるからである.

　部分積分により, $q(x)$ は次のように変形できる.

(19.8) $\displaystyle \int_2^x \frac{dt}{\log t} = \left[\frac{t}{\log t} \right]_2^x + \int_2^x \frac{dt}{(\log t)^2} = p(x) - \frac{2}{\log 2} + \int_2^x \frac{dt}{(\log t)^2}$

$x \geqq 4$ のとき, $[2, \sqrt{x}]$ で $\dfrac{1}{(\log t)^2} \leqq \dfrac{1}{(\log 2)^2}$, $[\sqrt{x}, x]$ で $\dfrac{1}{(\log t)^2} \leqq$

$\dfrac{1}{(\log \sqrt{x})^2}$ だから,

$$\int_2^x \frac{dt}{(\log t)^2} = \int_2^{\sqrt{x}} \frac{dt}{(\log t)^2} + \int_{\sqrt{x}}^x \frac{dt}{(\log t)^2}$$

$$< \frac{\sqrt{x} - 2}{(\log 2)^2} + \frac{x - \sqrt{x}}{(\log \sqrt{x})^2} < \frac{\sqrt{x}}{(\log 2)^2} + \frac{4x}{(\log x)^2}$$

ゆえに,

$$0 < \frac{1}{p(x)} \int_2^x \frac{dt}{(\log t)^2} < \frac{\log x}{\sqrt{x}(\log 2)^2} + \frac{4}{\log x}$$

ロピタルの定理より $\displaystyle \lim_{x \to \infty} \frac{\log x}{\sqrt{x}} = 0$ である. また, $\displaystyle \lim_{x \to \infty} \frac{4}{\log x} = 0$ だから, はさみうちの原理により,

$$\lim_{x \to \infty} \frac{1}{p(x)} \int_2^x \frac{dt}{(\log t)^2} = 0$$

(19.8) の両辺を $p(x)$ で割ると, $\displaystyle \lim_{x \to \infty} p(x) = \infty$ だから,

$$\lim_{x \to \infty} \frac{q(x)}{p(x)} = \lim_{x \to \infty} \left(1 - \frac{2}{p(x) \log 2} - \frac{1}{p(x)} \int_2^x \frac{dt}{(\log t)^2} \right) = 1 \qquad \blacksquare$$

問 題 19

1. 次の定積分を求めよ.

(1) $\displaystyle\int_0^{\frac{\pi}{2}} \cos^2 x \sin x \, dx$ (2) $\displaystyle\int_1^e \frac{(\log x)^2}{x} \, dx$ (3) $\displaystyle\int_0^1 x(x^2+1)^4 \, dx$

(4) $\displaystyle\int_{-1}^0 \frac{x}{(2-x^2)^2} \, dx$ (5) $\displaystyle\int_0^{\pi} \frac{\cos x}{(\sin x +2)^3} \, dx$ (6) $\displaystyle\int_0^1 x^2 e^{-x^3} \, dx$

(7) $\displaystyle\int_0^{\frac{\pi}{4}} \frac{\tan^3 x}{\cos^2 x} \, dx$ (8) $\displaystyle\int_0^{\frac{\pi}{6}} \cos x \sqrt{\sin x} \, dx$ (9) $\displaystyle\int_0^{\pi} \sin^3 x \cos^2 x \, dx$

2. 次の定積分を求めよ.

(1) $\displaystyle\int_0^1 x\sqrt{x+1} \, dx$ (2) $\displaystyle\int_0^{\frac{1}{2}} \sqrt{1-x^2} \, dx$ (3) $\displaystyle\int_0^1 \frac{x^2}{\sqrt{4-x^2}} \, dx$

(4) $\displaystyle\int_{\frac{1}{\sqrt{2}}}^1 \frac{dx}{x^2\sqrt{2-x^2}}$ (5) $\displaystyle\int_3^6 \frac{x}{\sqrt{x-2}} \, dx$ (6) $\displaystyle\int_0^1 \frac{x}{(4-x)^3} \, dx$

(7) $\displaystyle\int_0^2 \frac{dx}{\sqrt{(4+x^2)^3}}$ (8) $\displaystyle\int_0^1 \frac{dx}{(x^2+1)^2}$

3. 次の定積分を求めよ.

(1) $\displaystyle\int_0^{\frac{\pi}{2}} \frac{\sin x}{1+\cos^2 x} \, dx$ (2) $\displaystyle\int_{\frac{1}{e}}^1 \frac{\log x}{x} \, dx$ (3) $\displaystyle\int_0^{\sqrt{3}} (2-x)\sqrt{4-x^2} \, dx$

(4) $\displaystyle\int_0^2 \frac{e^x}{e^{2x}+1} \, dx$ (5) $\displaystyle\int_0^{\frac{\pi}{3}} \frac{\sin x}{\sqrt{\cos x}} \, dx$ (6) $\displaystyle\int_{\frac{1}{2}}^1 \sqrt{-x^2+x} \, dx$

(7) $\displaystyle\int_{-4}^0 \frac{x}{\sqrt{1-2x}} \, dx$ (8) $\displaystyle\int_0^1 \frac{e^x}{e^x+e^{-x}} \, dx$ (9) $\displaystyle\int_0^{\frac{1}{\sqrt{2}}} \frac{x}{\sqrt{1-x^4}} \, dx$

(10) $\displaystyle\int_{-\frac{1}{2}}^0 x\sqrt[n]{2x+1} \, dx$ $\left[t = \sqrt[n]{2x+1} \right]$

(11) $\displaystyle\int_{\log 3}^{\log 8} \frac{dx}{\sqrt{1+e^x}}$ $\left[t = \sqrt{1+e^x} \right]$

(12) $\displaystyle\int_0^{\frac{1}{2}} \sqrt{\frac{x}{1-x}} \, dx$ $\left[x = \cos^2 t \ \left(0 \leq t \leq \frac{\pi}{2} \right) \right]$

(13) $\displaystyle\int_0^1 \sqrt{\frac{4x^2-4x+1}{x^2-x+1}} \, dx$

4. 次の定積分を求めよ.

(1) $\displaystyle\int_0^1 xe^x \, dx$ (2) $\displaystyle\int_0^{\pi} x \sin x \, dx$ (3) $\displaystyle\int_0^{\frac{\pi}{2}} (2x-3)\cos x \, dx$

(4) $\displaystyle\int_1^e x^2 \log x \, dx$ (5) $\displaystyle\int_0^2 x(x-2)^5 \, dx$ (6) $\displaystyle\int_1^{\sqrt{e}} \log x \, dx$

5. 次の定積分を求めよ.

(1) $\displaystyle\int_0^2 \tan^{-1}\frac{x}{2}\,dx$ (2) $\displaystyle\int_1^e \frac{\log x}{x^3}\,dx$ (3) $\displaystyle\int_0^{\frac{\pi}{4}} \frac{2x}{\cos^2 x}\,dx$

(4) $\displaystyle\int_{-1}^1 \frac{x-2}{e^{2x}}\,dx$ (5) $\displaystyle\int_0^1 \sin^{-1}\frac{x}{\sqrt{2}}\,dx$ (6) $\displaystyle\int_{-1}^1 x^2 e^{-x}\,dx$

(7) $\displaystyle\int_0^\pi e^x \cos x\,dx$ (8) $\displaystyle\int_1^{\sqrt{e}} x(\log x)^2\,dx$ (9) $\displaystyle\int_0^\pi x\sin^2 x\,dx$

(10) $\displaystyle\int_0^1 \log\left(x+\sqrt{1+x^2}\right)dx$

6. (1) $\displaystyle\int_0^2 \sqrt{4-(x-2)^2}\,dx$ を $x-2=2\sin t$ $\left(-\dfrac{\pi}{2}\le t\le\dfrac{\pi}{2}\right)$ とおいて求めよ.

(2) (1)の定積分を図形的意味から求めよ.

7. 次の定積分を求めよ (α,β,γ：実数).

(1) $\displaystyle\int_\alpha^\beta (x-\alpha)(x-\beta)\,dx$ (2) $\displaystyle\int_\alpha^\beta (x-\alpha)(x-\beta)^2\,dx$

(3) $\displaystyle\int_\alpha^\gamma (x-\alpha)(x-\beta)(x-\gamma)\,dx$

8. 次の極限値を求めよ.

(1) $\displaystyle\lim_{n\to\infty}\frac{1}{n}\left(\frac{2}{n}+\frac{4}{n}+\cdots+\frac{2n}{n}\right)$ (2) $\displaystyle\lim_{n\to\infty}\frac{1}{n}\left(\frac{1^2}{n^2}+\frac{2^2}{n^2}+\cdots+\frac{n^2}{n^2}\right)$

(3) $\displaystyle\lim_{n\to\infty}\frac{1}{n}\sum_{k=1}^n \log\left(\frac{n+k}{n}\right)$ (4) $\displaystyle\lim_{n\to\infty}\frac{1}{n}\sum_{k=1}^n \frac{n}{n+k}$

(5) $\displaystyle\lim_{n\to\infty}\sum_{k=1}^n \sqrt{\frac{n+3k}{n^3}}$ (6) $\displaystyle\lim_{n\to\infty}\sum_{k=1}^n \sqrt{\frac{1}{4n^2-k^2}}$

(7) $\displaystyle\lim_{n\to\infty}\sum_{k=1}^n \frac{n}{k^2+3n^2}$ (8) $\displaystyle\lim_{n\to\infty}\sum_{k=1}^n \frac{\log(2n-k)-\log n}{2n-k}$

9. 関数 $f(x)$ が次の等式をみたすとき, $f\left(\dfrac{1}{e}\right)$ を求めよ.

$$f(x)=\frac{\log x}{x}+2\int_1^e f(x)\,dx \quad (x>0)$$

10. $\displaystyle F(x)=\int_1^x \frac{1}{t}\,dt$ とする ($x>0$). 対数の性質を使わずに, 以下の等式を示せ.

(1) $F(xy)=F(x)+F(y)$ $(x>0,\ y>0)$

(2) $F\left(\dfrac{x}{y}\right)=F(x)-F(y)$ $(x>0,\ y>0)$

(3) $F(\sqrt[n]{x})=\dfrac{1}{n}F(x)$ $(x>0)$

このように積分を用いて新しい関数を定義するのは, 数学における重要な手法である.

11. $f(x)$ は $(n+1)$ 回微分可能な関数で，$f^{(n+1)}(x)$ は連続とする．

(1) 等式 $f(x) = f(a) + \displaystyle\int_a^x f'(t)\,dt$ において，右辺第 2 項を部分積分して，次の等式を示せ．

$$f(x) = f(a) + (x-a)f'(a) + \int_a^x (x-t)f''(t)\,dt$$

(2) これを繰り返して次の等式を示せ．

(19.9)　　$f(x) = \displaystyle\sum_{k=0}^{n} \frac{(x-a)^k}{k!} f^{(k)}(a) + \int_a^x \frac{(x-t)^n}{n!} f^{(n+1)}(t)\,dt$

これはコーシー (1821) によるテイラーの定理の別の表示である．

12. (1) $\displaystyle\int_0^{\frac{1}{4}} \sqrt{x-x^2}\,dx = \int_0^{\frac{1}{4}} \sqrt{\frac{1}{4} - \left(x - \frac{1}{2}\right)^2}\,dx$ において，$x - \dfrac{1}{2} = \dfrac{1}{2}\sin t$ $\left(-\dfrac{\pi}{2} \leqq t \leqq \dfrac{\pi}{2}\right)$ とおいて，この定積分を求めよ．

(2) $\displaystyle\int_0^{\frac{1}{4}} \sqrt{x-x^2}\,dx = \int_0^{\frac{1}{4}} x^{\frac{1}{2}}(1-x)^{\frac{1}{2}}\,dx$ において，$(1-x)^{\frac{1}{2}}$ をマクローリン展開して，項別積分せよ（最初の 3 項を求めよ）．

(3) 次の等式を示せ．これはニュートンが 1666 年頃発見したものである．

(19.10)　　$\pi = \dfrac{3\sqrt{3}}{4} + 24\left(\dfrac{1}{12} - \dfrac{1}{5\cdot 2^5} - \dfrac{1}{28\cdot 2^7} - \dfrac{1}{72\cdot 2^9} - \cdots\right)$

13. (1) $f(x)$ を連続関数とするとき，次の等式を示せ．

$$\int_{\frac{1}{2}}^{2} \left(1 - \frac{1}{x^2}\right) f\left(x + \frac{1}{x}\right)dx = 0 \quad \left[t = x + \frac{1}{x}\right]$$

(2) $\displaystyle\int_{\frac{1}{2}}^{2} \frac{x^5 + x^3 - x}{x^6 + 1}\,dx$ を求めよ．

14. (1) $f(x)$ を連続関数とするとき，$\displaystyle\int_0^{\pi} \cos x\, f(\sin x)\,dx = 0$ を示せ．

(2) $\displaystyle\int_0^{\pi} \frac{\cos^5 x + \cos^2 x + \cos x}{1 + \sin x}\,dx$ を求めよ．

15. 次の領域 D の形をした薄い板の重心の座標を求めよ．

$$D:\quad 0 \leqq x \leqq \pi,\ 0 \leqq y \leqq \sin x$$

16. 次の領域 D の形をした薄い板の重心の座標を (X, Y) とする．

$$D:\quad x \geqq 0,\ y \geqq 0,\ a^2 \leqq x^2 + y^2 \leqq b^2 \quad (0 < a < b)$$

(1) X, Y を求めよ．

(2) $a \to 0$ のとき，(X, Y) はどんな点に近づくか．また，$a \to b$ のとき，(X, Y) はどんな点に近づくか．

17. 次の領域 D の形をした薄い板の重心の座標を (X, Y) とするとき，$\dfrac{X}{Y}$ を求めよ．

$$D:\quad 0 \le x \le \frac{a}{2},\ 0 \le y \le \sqrt{a^2 - x^2}\quad (a > 0)$$

18. (1) $y = \sqrt{2}\,x$ と置き換えることにより，次の2つの定積分 I, J は等しいことを示せ．

$$I = \int_0^{\frac{1}{\sqrt{2}}} \frac{4\sqrt{2} - 8x^3 - 4\sqrt{2}\,x^4 - 8x^5}{1 - x^8}\,dx,\qquad J = \int_0^1 \frac{16y - 16}{y^4 - 2y^3 + 4y - 4}\,dy$$

(2) $y^4 - 2y^3 + 4y - 4 = (y^2 - 2)(y^2 - 2y + 2)$ を利用して，次の部分分数分解が成り立つように定数 a, b, c, d を定めよ．

$$\frac{16y - 16}{y^4 - 2y^3 + 4y - 4} = \frac{a}{y + \sqrt{2}} + \frac{b}{y - \sqrt{2}} + \frac{cy + d}{y^2 - 2y + 2}$$

(3) $J = \pi$ であることを示せ．

(4)
$$\int_0^{\frac{1}{\sqrt{2}}} \frac{x^{k-1}}{1 - x^8}\,dx = \int_0^{\frac{1}{\sqrt{2}}} x^{k-1}(1 + x^8 + x^{16} + x^{24} + \cdots)\,dx$$
$$= \left(\frac{1}{\sqrt{2}}\right)^k \sum_{n=0}^{\infty} \frac{1}{16^n(8n + k)}\quad (k：自然数)$$

を利用して，次の等式を示せ．

$$(19.11)\qquad \pi = \sum_{n=0}^{\infty} \frac{1}{16^n}\left(\frac{4}{8n+1} - \frac{2}{8n+4} - \frac{1}{8n+5} - \frac{1}{8n+6}\right)$$
$$= \left(4 - \frac{2}{4} - \frac{1}{5} - \frac{1}{6}\right) + \frac{1}{16}\left(\frac{4}{9} - \frac{2}{12} - \frac{1}{13} - \frac{1}{14}\right)$$
$$+ \frac{1}{16^2}\left(\frac{4}{17} - \frac{2}{20} - \frac{1}{21} - \frac{1}{22}\right) + \cdots$$

これは David Bailey, Peter Borwein, Simon Plouffe によって最近 (1996) 発見された π を表す公式である．

20. 定積分の計算（2）

この節では，関数の対称性を利用して，定積分の計算を簡単にする方法を述べる．まず，偶関数・奇関数を定義する．**偶関数**とは，定義域のすべての x について $f(-x) = f(x)$ が成り立つような関数である．そのグラフは y 軸対称になる．

例1（偶関数の例）

$$y = c \ (定数), \quad y = x^2, \quad y = x^4, \quad y = x^6, \quad \cdots$$

$$y = \cos x, \quad y = |x|, \quad y = e^x + e^{-x}, \quad y = \frac{x^2}{1+x^4}$$

定積分と面積の関係を考えると，次の等式が成り立つ（図20.1）．

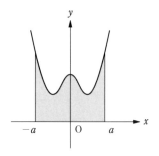

図 20.1

(20.1)　　　**$f(x)$ が偶関数ならば，$\displaystyle\int_{-a}^{a} f(x)\,dx = 2\int_{0}^{a} f(x)\,dx$**

(20.1) は置換積分を用いて示すことができる．

$$\int_{-a}^{a} f(x)\,dx = \int_{-a}^{0} f(x)\,dx + \int_{0}^{a} f(x)\,dx$$

右辺第1項の積分において，$x = -t$ とおく．

$\dfrac{dx}{dt} = -1$ より $dx = -dt$.

x	$-a$ $\cdots$ 0
t	a $\cdots$ 0

$$\int_{-a}^{0} f(x)\,dx = \int_{a}^{0} f(-t)(-dt) = \int_{0}^{a} f(-t)\,dt = \int_{0}^{a} f(t)\,dt$$

よって，

$$\int_{-a}^{a} f(x)\,dx = \int_{0}^{a} f(t)\,dt + \int_{0}^{a} f(x)\,dx = 2\int_{0}^{a} f(x)\,dx$$

奇関数とは，定義域のすべての x について $f(-x) = -f(x)$ が成り立つ関数である．そのグラフは原点対称になる．

例2（奇関数の例）

$$y = x, \quad y = x^3, \quad y = x^5, \quad \cdots$$

$$y = \sin x, \quad y = e^x - e^{-x}, \quad y = \frac{x}{1+x^2}, \quad y = \tan^{-1} x$$

図 20.2 より，次の等式が成り立つ．

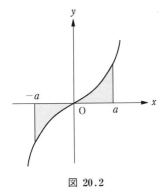

図 **20.2**

(20.2)　　**$f(x)$ が奇関数ならば，$\displaystyle\int_{-a}^{a} f(x)\,dx = 0$**

すべての関数が偶関数か奇関数に分類されるわけではない．$y = e^x$ や $y = \sin(x+2)$ などは，どちらでもない関数の例である（なお，問題 20-3 参照）．

例3 （1）$\displaystyle\int_{-1}^{1} (x^3 - 5x^2 + 6x)\,dx = \int_{-1}^{1} x^3\,dx - 5\int_{-1}^{1} x^2\,dx + 6\int_{-1}^{1} x\,dx$

$$= -10\int_{0}^{1} x^2\,dx = -\frac{10}{3}$$

（2）$\displaystyle\int_{-2}^{2} (e^{2x}+e^{-2x})\, dx = 2\int_{0}^{2} (e^{2x}+e^{-2x})\, dx$

$$= 2\left[\frac{1}{2} e^{2x} - \frac{1}{2} e^{-2x}\right]_{0}^{2} = e^{4} - e^{-4}$$　▓

例 4　$I_n = \displaystyle\int_{0}^{\frac{\pi}{2}} \sin^n x\, dx$　（n：0 以上の整数）を求める．$n \geqq 2$ のとき，$\sin^n x$ $= \sin^{n-1} x \cdot \sin x$ と考えて，部分積分を行う．

$$\int_{0}^{\frac{\pi}{2}} \sin^{n-1} x \cdot \sin x\, dx = \left[\sin^{n-1} x \cdot (-\cos x)\right]_{0}^{\frac{\pi}{2}}$$

$$-\int_{0}^{\frac{\pi}{2}} (n-1) \sin^{n-2} x \cos x \cdot (-\cos x)\, dx$$

$$= (n-1)\int_{0}^{\frac{\pi}{2}} \sin^{n-2} x \cos^2 x\, dx$$

$$= (n-1)\int_{0}^{\frac{\pi}{2}} (\sin^{n-2} x - \sin^n x)\, dx$$

$$(\cos^2 x = 1 - \sin^2 x \text{ より})$$

よって，$n \geqq 2$ のとき $I_n = (n-1)I_{n-2} - (n-1)I_n$ が成り立つ．移項すると，

(20.3)　　$nI_n = (n-1)I_{n-2}$　（$n \geqq 2$）

（ⅰ）　n が偶数のとき．（20.3）を繰り返し用いる．

$$I_n = \frac{n-1}{n} I_{n-2} = \frac{n-1}{n} \cdot \frac{n-3}{n-2} I_{n-4}$$

$$= \frac{n-1}{n} \cdot \frac{n-3}{n-2} \cdot \frac{n-5}{n-4} I_{n-6}$$

以下同様にして，次の等式を得る．

(20.4)　　$I_n = \dfrac{n-1}{n} \cdot \dfrac{n-3}{n-2} \cdots \dfrac{3}{4} \cdot \dfrac{1}{2} I_0$

（ⅱ）　n が奇数のとき．（ⅰ）と同様にして，

(20.5)　　$I_n = \dfrac{n-1}{n} \cdot \dfrac{n-3}{n-2} \cdots \dfrac{4}{5} \cdot \dfrac{2}{3} I_1$

$$I_0 = \int_0^{\frac{\pi}{2}} 1 \, dx = \frac{\pi}{2}, \quad I_1 = \int_0^{\frac{\pi}{2}} \sin x \, dx = 1 \text{ だから，(20.4)，(20.5) より次の}$$

公式を得る．

$$(20.6) \qquad I_n = \int_0^{\frac{\pi}{2}} \sin^n x \, dx = \begin{cases} \dfrac{n-1}{n} \cdot \dfrac{n-3}{n-2} \cdots \dfrac{3}{4} \cdot \dfrac{1}{2} \cdot \dfrac{\pi}{2} & (\boldsymbol{n} : \text{偶数}) \\[3mm] \dfrac{n-1}{n} \cdot \dfrac{n-3}{n-2} \cdots \dfrac{4}{5} \cdot \dfrac{2}{3} & (\boldsymbol{n} : \text{奇数}) \end{cases}$$

$J_n = \displaystyle\int_0^{\frac{\pi}{2}} \cos^n x \, dx$ とする．$x = \dfrac{\pi}{2} - t$ とおくと，$dx = -dt$．$\cos\left(\dfrac{\pi}{2} - t\right)$

$= \sin t$ だから，

$$J_n = -\int_{\frac{\pi}{2}}^0 \cos^n\left(\frac{\pi}{2} - t\right) dt = \int_0^{\frac{\pi}{2}} \sin^n t \, dt$$

$$= I_n$$

x	0	$\cdots$	$\frac{\pi}{2}$
t	$\frac{\pi}{2}$	$\cdots$	0

注　2 から $2n$ までの偶数の積 $2 \cdot 4 \cdot 6 \cdots (2n)$ を $\boldsymbol{(2n)!!}$，1 から $(2n+1)$ までの奇数の積 $1 \cdot 3 \cdot 5 \cdots (2n+1)$ を $\boldsymbol{(2n+1)!!}$ と書くことがある．ただし，$0!! = (-1)!! = 1$ と定める．すると (20.6) は次のように書ける．

$$(20.7) \qquad I_{2n} = \frac{(2n-1)!!}{(2n)!!} \frac{\pi}{2}, \qquad I_{2n+1} = \frac{(2n)!!}{(2n+1)!!}$$

例 5　（1）　$\displaystyle\int_0^{\frac{\pi}{2}} \sin^7 x \, dx = \frac{6}{7} \cdot \frac{4}{5} \cdot \frac{2}{3} = \frac{16}{35}$

（2）　$\displaystyle\int_{-\frac{\pi}{2}}^{\frac{\pi}{2}} \cos^5 x \, dx = 2\int_0^{\frac{\pi}{2}} \cos^5 x \, dx$　（$y = \cos^5 x$ は偶関数）

$$= 2 \cdot \frac{4}{5} \cdot \frac{2}{3} \quad (J_n = I_n \text{ より})$$

$$= \frac{16}{15}$$

（3）　$I = \displaystyle\int_0^{\pi} \sin^4 x \, dx = \int_0^{\frac{\pi}{2}} \sin^4 x \, dx + \int_{\frac{\pi}{2}}^{\pi} \sin^4 x \, dx$

右辺第 2 項の積分において，$x = \pi - t$ とおく．$dx = -dt$，$\sin(\pi - t) = \sin t$ より，

$$\int_{\frac{\pi}{2}}^{\pi} \sin^4 x \, dx = -\int_{\frac{\pi}{2}}^{0} \sin^4 t \, dt = \int_{0}^{\frac{\pi}{2}} \sin^4 t \, dt$$

x	$\frac{\pi}{2}$	$\cdots$	π
t	$\frac{\pi}{2}$	$\cdots$	0

よって,

$$I = 2\int_{0}^{\frac{\pi}{2}} \sin^4 x \, dx$$

$$= 2 \cdot \frac{3}{4} \cdot \frac{1}{2} \cdot \frac{\pi}{2} = \frac{3}{8}\pi$$

なお $I = 2I_4$ であることは, $y = \sin^4 x$

のグラフが $x = \frac{\pi}{2}$ に関して対称であ

ることからもわかる (図 20.3).

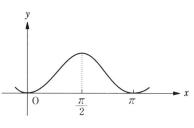

図 **20.3** $y = \sin^4 x$

定理1（ウォリスの公式, 1655）

$$P_n = \frac{2^2}{1\cdot3}\cdot\frac{4^2}{3\cdot5}\cdot\frac{6^2}{5\cdot7}\cdot\cdots\cdot\frac{(2n)^2}{(2n-1)(2n+1)}$$

とおく. このとき,

$$\lim_{n\to\infty} P_n = \frac{\pi}{2}$$

が成り立つ.

証明 $0 < x < \frac{\pi}{2}$ のとき, $0 < \sin^{n+1} x < \sin^n x$ だから, 例4の積分 I_n は, n について単調減少である. すなわち, $I_1 > I_2 > I_3 > \cdots > I_n > I_{n+1} > \cdots$ となる. よって,

$$\frac{I_{2n+1}}{I_{2n-1}} < \frac{I_{2n+1}}{I_{2n}} < 1 \quad \text{また, (20.6) より} \quad \frac{I_{2n+1}}{I_{2n-1}} = \frac{2n}{2n+1}$$

$\displaystyle\lim_{n\to\infty} \frac{I_{2n+1}}{I_{2n-1}} = \lim_{n\to\infty} \frac{1}{1+\dfrac{1}{2n}} = 1$ だから, はさみうちの原理より, $\displaystyle\lim_{n\to\infty} \frac{I_{2n+1}}{I_{2n}} = 1$. ここで,

$$\frac{I_{2n+1}}{I_{2n}} = \frac{2\cdot4\cdot\cdots\cdot2n}{3\cdot5\cdot\cdots\cdot(2n+1)}\cdot\frac{2\cdot4\cdot\cdots\cdot2n}{1\cdot3\cdot\cdots\cdot(2n-1)}\cdot\frac{2}{\pi} = P_n\cdot\frac{2}{\pi}$$

ゆえに $\displaystyle\lim_{n\to\infty} P_n = \lim_{n\to\infty} \frac{I_{2n+1}}{I_{2n}}\cdot\frac{\pi}{2} = \frac{\pi}{2}.$

例6 $S_{2n} = \displaystyle\int_0^{\frac{\pi}{2}} x^2 \cos^{2n} x\, dx$, $J_{2n} = \displaystyle\int_0^{\frac{\pi}{2}} \cos^{2n} x\, dx$ （n：0 以上の整数）とする. 部分積分を 2 度繰り返すと,

$$J_{2n} = \left[x \cos^{2n} x \right]_0^{\frac{\pi}{2}} + \int_0^{\frac{\pi}{2}} 2nx \cos^{2n-1} x \sin x\, dx$$

$$= \left[nx^2 \cos^{2n-1} x \sin x \right]_0^{\frac{\pi}{2}}$$

$$\quad - \int_0^{\frac{\pi}{2}} nx^2 \{ -(2n-1) \cos^{2n-2} x \sin^2 x + \cos^{2n} x \}\, dx$$

$$= n(2n-1) S_{2n-2} - 2n^2 S_{2n} \quad (\sin^2 x = 1 - \cos^2 x \text{ を用いた.})$$

よって, $S_{2n} - \dfrac{2n-1}{2n} S_{2n-2} = -\dfrac{1}{2n^2} J_{2n}$. 例5 より $J_{2n} = \dfrac{(2n-1)!!}{(2n)!!} \dfrac{\pi}{2}$ だから,

$$\frac{(2n)!!}{(2n-1)!!} S_{2n} - \frac{(2n-2)!!}{(2n-3)!!} S_{2n-2} = -\frac{\pi}{4} \cdot \frac{1}{n^2}$$

この等式に $1, 2, 3, \cdots$ を代入したものを辺々加えると,

$$\frac{(2n)!!}{(2n-1)!!} S_{2n} - S_0 = -\frac{\pi}{4} \sum_{k=1}^{n} \frac{1}{n^2}$$

$S_0 = \displaystyle\int_0^{\frac{\pi}{2}} x^2\, dx = \dfrac{\pi^3}{24}$ だから,

$$(20.8) \qquad \frac{(2n)!!}{(2n-1)!!} S_{2n} = \frac{\pi}{4} \left(\frac{\pi^2}{6} - \sum_{k=1}^{n} \frac{1}{k^2} \right)$$

$0 \leq x \leq \dfrac{\pi}{2}$ において, $x \leq \dfrac{\pi}{2} \sin x$ が成り立つので（(11.4) 参照）,

$$S_{2n} = \int_0^{\frac{\pi}{2}} x^2 \cos^{2n} x\, dx \leq \left(\frac{\pi}{2} \right)^2 \int_0^{\frac{\pi}{2}} \sin^2 x \cos^{2n} x\, dx$$

$$= \frac{\pi^2}{4} (J_{2n} - J_{2n+2}) = \frac{\pi^3}{8} \left(\frac{(2n-1)!!}{(2n)!!} - \frac{(2n+1)!!}{(2n+2)!!} \right)$$

$$= \frac{\pi^3}{8} \frac{(2n-1)!!}{(2n+2)!!}$$

よって，$0 < \dfrac{(2n)!!}{(2n-1)!!} S_{2n} < \dfrac{\pi^3}{8}\cdot\dfrac{1}{2n+2}$．はさみうちの原理より

$\displaystyle\lim_{n\to\infty}\dfrac{(2n)!!}{(2n-1)!!} S_{2n} = 0$ が成り立つ．(20.8) より，

(20.9) $\qquad\displaystyle\lim_{n\to\infty}\sum_{k=1}^{n}\dfrac{1}{k^2} = \dfrac{\pi^2}{6}$

　無限級数 (20.9) の和はベルヌーイ兄弟によって最初に取り上げられた．しかし，彼らはこの和を求めることに成功しなかった．オイラーは不完全な証明ながら結果を予想し (1734 年頃)，後に完全な証明を与えた (1748)．なお，例6 の証明は松岡芳男 (1961) による．

問 題 20

1. 次の関数は，ⓐ 偶関数，ⓑ 奇関数，ⓒ どちらでもない関数，のいずれになるか．

(1) $y = |x^2-1| + 5$ 　　(2) $y = \dfrac{x^3+1}{x^2+1}$ 　　(3) $y = x^2\sin 3x$

(4) $y = e^{6-x}$ 　　(5) $y = e^{x^2}\cos x$ 　　(6) $y = \dfrac{e^x-e^{-x}}{e^x+e^{-x}}$

2. $f_1(x)$ と $f_2(x)$ を偶関数，$g_1(x)$ と $g_2(x)$ を奇関数とするとき，次の関数は偶関数，奇関数のいずれになるか．

(1) $f_1(x)+f_2(x)$ 　　(2) $g_1(x)+g_2(x)$ 　　(3) $f_1(x)f_2(x)$
(4) $f_1(x)g_1(x)$ 　　(5) $g_1(x)g_2(x)$ 　　(6) $f_1{}'(x)$
(7) $g_1{}'(x)$ 　　(8) $f_1(x)\cos kx$ 　（k：定数）
(9) $g_1(x)\sin kx$ 　（k：定数）

3. (1) $f(x)$ を実数全体で定義された任意の関数とする．$g(x) = \dfrac{f(x)+f(-x)}{2}$，$h(x) = \dfrac{f(x)-f(-x)}{2}$ とおくと，$g(x)$ は偶関数，$h(x)$ は奇関数であることを示せ．

(2) 実数全体で定義された任意の関数は，偶関数と奇関数の和で書けることを示せ．

4. 次の定積分を求めよ．

(1) $\displaystyle\int_{-1}^{1}(2x^5-x^4+3x^3+2x^2-5x+1)\,dx$ 　　(2) $\displaystyle\int_{-\frac{1}{2}}^{\frac{1}{2}}(e^{2x}+e^{-2x})\,dx$

(3) $\displaystyle\int_{-2}^{2} \frac{1+\sin x}{x^2+4}\,dx$　　(4) $\displaystyle\int_{-\pi}^{\pi} x^3\sin^6 x\,dx$

5. 次の定積分を求めよ（m, n：自然数）.

(1) $\displaystyle\int_{-\pi}^{\pi} \cos mx \cos nx\,dx$　$(m \neq n)$　　(2) $\displaystyle\int_{-\pi}^{\pi} \cos^2 nx\,dx$

(3) $\displaystyle\int_{-\pi}^{\pi} \cos mx \sin nx\,dx$　　　　　　(4) $\displaystyle\int_{-\pi}^{\pi} \sin mx \sin nx\,dx$

6. 次の定積分を求めよ.

(1) $\displaystyle\int_{0}^{\frac{\pi}{2}} \cos^5 x\,dx$　　(2) $\displaystyle\int_{0}^{\frac{\pi}{2}} \sin^6 x\,dx$　　(3) $\displaystyle\int_{-\frac{\pi}{2}}^{\frac{\pi}{2}} \cos^7 x\,dx$

(4) $\displaystyle\int_{-\frac{\pi}{2}}^{\frac{\pi}{2}} \sin^4 x\,dx$　　(5) $\displaystyle\int_{0}^{\frac{\pi}{4}} \cos^3 2x\,dx$　　(6) $\displaystyle\int_{0}^{\pi} \sin^7 \frac{x}{2}\,dx$

(7) $\displaystyle\int_{0}^{\pi} \cos^4 x\,dx$　　(8) $\displaystyle\int_{\pi}^{\frac{3}{2}\pi} \sin^5 x\,dx$　　(9) $\displaystyle\int_{0}^{\frac{\pi}{2}} \sin^2 x \cos^4 x\,dx$

(10) $\displaystyle\int_{0}^{1} x^6\sqrt{1-x^2}\,dx$　　(11) $\displaystyle\int_{-1}^{1} \sin^9 \frac{\pi}{2} x\,dx$

7. $P(a, b) = \dfrac{1}{\sqrt{2\pi}\,t}\displaystyle\int_{a}^{b} \exp\left[-\dfrac{(x-m)^2}{2t^2}\right]dx$ とする（m, t：定数, $t \neq 0$）. $Q(a)$

$= \dfrac{1}{\sqrt{2\pi}}\displaystyle\int_{0}^{a} \exp\left(-\dfrac{y^2}{2}\right)dy$ とするとき, 次の表は $Q(a)$ の近似値を求めたものである.

a	0	0.1	0.2	0.3	0.4	0.5	0.6	0.7	0.8	0.9
$Q(a)$	0.0000	0.0398	0.0793	0.1179	0.1554	0.1915	0.2258	0.2580	0.2881	0.3159

この表を用いて, $m = 9$, $t = 5$ のときの $P(7, 13)$ の近似値を求めよ.

8. $\displaystyle\int_{0}^{1} (1-t^2)^n\,dt$ の値を $t = \cos x$ とおいて求めよ（n：自然数）.

9. $f(x)$ は $(2n+1)$ 次の多項式で, $f(x)+1$ は $(x-1)^{n+1}$ で割り切れ, $f(x)-1$ は $(x+1)^{n+1}$ で割り切れるものとする. このとき, $f(x)$ を積分を用いて表示せよ. また, $n = 3$ のとき, $f(x)$ を具体的に求めよ.

10. $I_n = \displaystyle\int_{0}^{\frac{\pi}{2}} \sin^n x\,dx$ とするとき, 次の式を示せ.

$$\lim_{n\to\infty} \sqrt{n}\,I_{2n+1} = \lim_{n\to\infty} \sqrt{n}\,I_{2n} = \frac{\sqrt{\pi}}{2}$$

$$\left(I_{2n+1} = \sqrt{\frac{\pi}{2(2n+1)}}\sqrt{\frac{I_{2n+1}}{I_{2n}}} \text{ を用いる.}\right)$$

11. ウォリスの公式を用いて, 次の式を示せ.

(1) $\displaystyle \lim_{n \to \infty} \left(1 - \frac{1}{4 \cdot 1^2}\right)\left(1 - \frac{1}{4 \cdot 2^2}\right)\cdots\left(1 - \frac{1}{4n^2}\right) = \frac{2}{\pi}$

(2) $\displaystyle \lim_{n \to \infty} \frac{\sqrt{n}}{2^{2n}} \binom{2n}{n} = \frac{1}{\sqrt{\pi}}$

12. $f(x)$ を連続関数とするとき，次の等式を示せ．

(1) $\displaystyle \int_0^{\frac{\pi}{2}} f(\sin x)\, dx = \int_0^{\frac{\pi}{2}} f(\cos x)\, dx$

(2) $\displaystyle \int_0^{\pi} x f(\sin x)\, dx = \pi \int_0^{\frac{\pi}{2}} f(\sin x)\, dx$

13. 次の定積分を求めよ．

(1) $\displaystyle \int_0^{\pi} x(\sin^2 x + 1)\, dx$ (2) $\displaystyle \int_0^{\pi} x \sin^3 x\, dx$ (3) $\displaystyle \int_0^{\pi} \frac{x \sin x}{1 + \cos^2 x}\, dx$

(4) $\displaystyle \int_0^{\pi} \frac{x \cos^4 x}{1 + \sin x}\, dx$ (5) $\displaystyle \int_0^{\pi} \frac{x \sin x}{1 + \sin x}\, dx$ （問題 15-7 参照）

14. $\displaystyle \int_0^1 \frac{\log(1+x)}{1+x^2}\, dx$ を求めよ．$\left(x = \tan t \left(-\dfrac{\pi}{2} < t < \dfrac{\pi}{2}\right)$ とおき，

$\cos t + \sin t = \sqrt{2} \cos\left(t - \dfrac{\pi}{4}\right)$ を用いる．$\Big)$

21. 広 義 積 分

　これまでは，$[a, b]$ で連続な関数 $f(x)$ の定積分を扱ってきた．この節では $[a, b]$ に $f(x)$ が不連続な点がある場合と，無限区間における定積分を扱う．これらを総称して**広義積分**という．

　①　$f(x)$ が $[a, b]$ に不連続点をもつ場合（不連続点は一点のみとする）．

　（ⅰ）　$f(x)$ が $x = a$ で不連続なとき．　この場合，$[a, b]$ での定積分を次のように定める．

(21.1)　　　$$\int_a^b f(x)\,dx = \lim_{c \to a+0} \int_c^b f(x)\,dx$$

$y = f(x)$ のグラフが図 21.1 のような場合を考えると，$[a, b]$ における定積分は，いわば無限に上方に広がった領域の面積を表すことになる．c $(c > a)$ をとり，$y = f(x)$ と x 軸ではさまれた部分のうち，まず $c \leq x \leq b$ の範囲にある面積 $S(c)$ を計算する．次に c が右から a に近づくときの $S(c)$ の極限値を求める．この極限値を $[a, b]$ にお

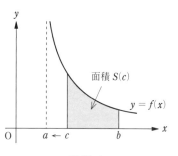

図 21.1

ける定積分と定義するわけである．極限値 (21.1) が存在するとき，$f(x)$ は $[a, b]$ で**広義積分可能**という．また，このとき広義積分は**収束**（存在）するという．極限値が存在しないとき，広義積分は**発散**するという．

例1　（1）　$\displaystyle \int_1^2 \frac{1}{\sqrt{x-1}}\,dx$ において，被積分関数は $x = 1$ で不連続である．したがって，広義積分としてこの定積分を求める．

$$\int_1^2 \frac{dx}{\sqrt{x-1}} = \lim_{c \to 1+0} \int_c^2 \frac{dx}{\sqrt{x-1}} = \lim_{c \to 1+0} \left[2\sqrt{x-1} \right]_c^2$$

$$= \lim_{c \to 1+0} (2 - 2\sqrt{c-1}) = 2$$

（2）$\displaystyle\int_0^3 \frac{1}{x}\,dx$ において，被積分関数は $x=0$ で不連続である．

$$\int_0^3 \frac{dx}{x} = \lim_{c\to+0} \int_c^3 \frac{dx}{x} = \lim_{c\to+0} \big[\log|x|\big]_c^3 = \lim_{c\to+0} (\log 3 - \log|c|) = \infty \quad \blacksquare$$

例 1 （1）の広義積分は収束するが，例 1 （2）の広義積分は発散する．このように，広義積分はつねに存在するわけではない．例 1 （1）において，被積分関数は $x=1$ で不連続であるが，原始関数 $2\sqrt{x-1}$ は $[1,2]$ で連続である．このように原始関数が $[a,b]$ で連続であるときは，広義積分であることを意識せずに，通常の定積分と同じように計算しても正しい結果が得られる．

例 2 $\displaystyle\int_{-2}^0 \frac{1}{\sqrt{4-x^2}}\,dx$ において，被積分関数は $x=-2$ で不連続である．しかし，原始関数 $\sin^{-1}\dfrac{x}{2}$ は $[-2,0]$ で連続であるから，次のように計算してよい．

$$\int_{-2}^0 \frac{dx}{\sqrt{4-x^2}} = \left[\sin^{-1}\frac{x}{2}\right]_{-2}^0 = \sin^{-1}0 - \sin^{-1}(-1) = \frac{\pi}{2} \quad \blacksquare$$

（ⅱ）$f(x)$ が $x=b$ で不連続なとき．この場合，$[a,b]$ での定積分を次のように定める（図 21.2）．

$$(21.1) \qquad \int_a^b f(x)\,dx = \lim_{c\to b-0} \int_a^c f(x)\,dx$$

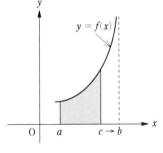

図 21.2

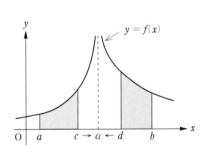

図 21.3

（iii）　$f(x)$ が $x = a$（$a < a < b$）で不連続なとき．このとき，$[a, b]$ での定積分を次のように定める（図 21.3）．

$$(21.3) \qquad \int_a^b f(x)\, dx = \int_a^a f(x)\, dx + \int_a^b f(x)\, dx$$

$$= \lim_{c \to a-0} \int_a^c f(x)\, dx + \lim_{d \to a+0} \int_d^b f(x)\, dx$$

例3　$\displaystyle\int_{-1}^{1} \frac{1}{x}\, dx$ において，被積分関数は $x = 0$ で不連続である．

$$\int_{-1}^{1} \frac{dx}{x} = \lim_{c \to -0} \int_{-1}^{c} \frac{dx}{x} + \lim_{d \to +0} \int_d^1 \frac{dx}{x}$$

$$\text{右辺第 1 項} = \lim_{c \to -0} \big[\log |x|\big]_{-1}^{c} = -\infty,$$

$$\text{右辺第 2 項} = \lim_{d \to +0} \big[\log |x|\big]_d^1 = \infty$$

よって，この広義積分は発散する．

注　例3において，次のように計算するのは誤りである．

$$\int_{-1}^{1} \frac{dx}{x} = \lim_{c \to +0} \left(\int_{-1}^{-c} \frac{dx}{x} + \int_c^1 \frac{dx}{x} \right) = \lim_{c \to +0} (\log |-c| - \log |c|) = 0$$

② 　無限区間における定積分（$f(x)$ は連続とする）．

（i）　$[a, \infty)$ における定積分を次のように定義する．

$$(21.4) \qquad \int_a^\infty f(x)\, dx = \lim_{c \to \infty} \int_a^c f(x)\, dx$$

図 21.4 のような場合を考えると，$[a, \infty)$ における定積分は，いわば無限に右側へ広がった領域の面積を表す．$y = f(x)$ と x 軸ではさまれた部分のうち，まず $a \leqq x \leqq c$ の範囲にある面積 $S(c)$ を計算する．次に $c \to \infty$ のときの $S(c)$ の極限値を求める．この極限値を $[a, \infty)$ における定積分と定義するのである．極限値 (21.4) が存在するとき，$f(x)$ は $[a, \infty)$ で**広義積分可能**であるという．また，この

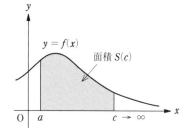

図 **21.4**

とき広義積分は**収束**（存在）するという．極限値が存在しないとき，広義積分は**発散**するという．なお，無限区間の広義積分は**無限積分**ともよばれる．

例4 $\displaystyle\int_1^\infty \frac{1}{x^2}\,dx = \lim_{c\to\infty}\int_1^c \frac{1}{x^2}\,dx = \lim_{c\to\infty}\left[-\frac{1}{x}\right]_1^c = \lim_{c\to\infty}\left(-\frac{1}{c}+1\right) = 1$

注 例4の計算を略して，次のように書くことがある．

$$\int_1^\infty \frac{1}{x^2}\,dx = \left[-\frac{1}{x}\right]_1^\infty = 1$$

例5
$$\int_2^\infty \sin x\,dx = \lim_{c\to\infty}\int_2^c \sin x\,dx = \lim_{c\to\infty}\left[-\cos x\right]_2^c$$
$$= \lim_{c\to\infty}(-\cos c + \cos 2)$$

ここで，$\displaystyle\lim_{c\to\infty}\cos c$ は存在しないから，この広義積分は発散する．

（ⅱ） $(-\infty, b]$ における定積分を次のように定義する（図21.5）．

(21.5) $\displaystyle\int_{-\infty}^b f(x)\,dx = \lim_{c\to-\infty}\int_c^b f(x)\,dx$

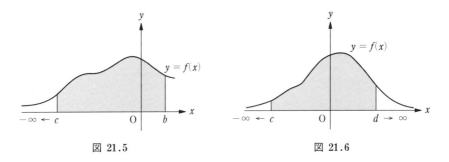

図 21.5　　　　　　　図 21.6

（ⅲ） $(-\infty, -\infty)$ における定積分を次のように定義する（図21.6）．

(21.6) $\displaystyle\int_{-\infty}^\infty f(x)\,dx = \lim_{\substack{c\to-\infty\\d\to\infty}}\int_c^d f(x)\,dx$

例6 $\displaystyle\int_{-\infty}^\infty \frac{dx}{x^2+1} = \lim_{\substack{c\to-\infty\\d\to\infty}}\int_c^d \frac{dx}{x^2+1} = \lim_{\substack{c\to-\infty\\d\to\infty}}\left[\tan^{-1}x\right]_c^d$

$$= \lim_{d \to \infty} \tan^{-1} d - \lim_{c \to -\infty} \tan^{-1} c$$

ここで，$\tan^{-1} a = x \Longleftrightarrow a = \tan x \left(-\dfrac{\pi}{2} < x < \dfrac{\pi}{2} \right)$ だから，$a \to \infty$ のと

き $x \to \dfrac{\pi}{2}$，$a \to -\infty$ のとき $x \to -\dfrac{\pi}{2}$ である．すなわち，

(21.7) $\qquad \displaystyle\lim_{a \to \infty} \tan^{-1} a = \dfrac{\pi}{2}, \qquad \lim_{a \to -\infty} \tan^{-1} a = -\dfrac{\pi}{2}$

よって

$$\int_{-\infty}^{\infty} \frac{dx}{x^2+1} = \frac{\pi}{2} - \left(-\frac{\pi}{2} \right) = \pi$$

注　（1）　$(-\infty, \infty)$ における定積分において，広義積分の収束（存在）が後述の定理 1 などにより確かめられている場合は，(21.6) のかわりに，次の極限値で計算してもよい．

$$\int_{-\infty}^{\infty} f(x)\, dx = \lim_{c \to \infty} \int_{-c}^{c} f(x)\, dx$$

この場合，さらに次のことが成り立つ．

（ⅰ）　$f(x)$ が偶関数 $\Longrightarrow \displaystyle\int_{-\infty}^{\infty} f(x)\, dx = 2 \int_{0}^{\infty} f(x)\, dx$

（ⅱ）　$f(x)$ が奇関数 $\Longrightarrow \displaystyle\int_{-\infty}^{\infty} f(x)\, dx = 0$

（2）　例 6 の計算を次のように略記することがある．

$$\int_{-\infty}^{\infty} \frac{dx}{x^2+1} = 2 \int_{0}^{\infty} \frac{dx}{x^2+1} = 2 \left[\tan^{-1} x \right]_{0}^{\infty} = \pi$$

広義積分の存在については，次の定理が知られている．

定理 1　（ⅰ）　$f(x), g(x)$ は $a < x \leqq b$ で連続とする．$a < x \leqq b$ において，$|f(x)| \leqq g(x)$ が成り立つとき，

$\displaystyle\int_{a}^{b} g(x)\, dx$ が収束すれば $\displaystyle\int_{a}^{b} f(x)\, dx$ も収束して，

$\displaystyle\int_{a}^{b} f(x)\, dx \leqq \int_{a}^{b} g(x)\, dx$ である．

（ⅱ）　$f(x), g(x)$ は $x \geqq a$ で連続で，$x \geqq a$ において $|f(x)| \leqq g(x)$ が成り立つとき，

$$\int_a^\infty g(x)\,dx \ が収束すれば \int_a^\infty f(x)\,dx \ も収束して,$$

$$\int_a^\infty f(x)\,dx \leqq \int_a^\infty g(x)\,dx \ である.$$

注 $f(x), g(x)$ が $a \leqq x < b$ で連続な場合も（ i ）と同様の結果が成り立つ．また，積分区間が $(-\infty, b)$，$(-\infty, \infty)$ の場合も（ ii ）と同様の結果が成り立つ．

例 7（ガンマ関数） $\Gamma(s)\,(s > 0)$ を次の広義積分で定義して，ガンマ関数とよぶ．

(21.8) $$\Gamma(s) = \int_0^\infty e^{-x} x^{s-1}\,dx \quad (s > 0)$$

$\Gamma(s)$ が任意の $s > 0$ に対して定義できることを示す．$s \geqq 1$ のとき，被積分関数は $[0, \infty)$ で連続であるが，$0 < s < 1$ のとき，$x = 0$ で不連続になることに注意する．$s > 0$ のとき，

$$0 < e^{-x} x^{s-1} \leqq x^{s-1} \quad (0 < x \leqq 1)$$

が成り立つ．ここで，

$$\int_0^1 x^{s-1}\,dx = \lim_{c \to +0} \int_c^1 x^{s-1}\,dx = \lim_{c \to +0} \left[\frac{x^s}{s} \right]_c^1 = \frac{1}{s}$$

よって，定理 1（ i ）より，$e^{-x} x^{s-1}$ も $[0, 1]$ で広義積分可能である．また，n を $n > s-1$ なる自然数とするとき，マクローリンの定理より $e^x > \dfrac{x^{n+2}}{(n+2)!}$ $(x > 0)$ であることを用いると，

$$0 < e^{-x} x^{s-1} < \frac{x^n}{e^x} < \frac{(n+2)!}{x^2} \quad (x \geqq 1)$$

ここで，

$$\int_1^\infty \frac{(n+2)!}{x^2}\,dx = \lim_{c \to \infty} \int_1^c \frac{(n+2)!}{x^2}\,dx = \lim_{c \to \infty} \left[-\frac{(n+2)!}{x} \right]_1^c$$
$$= (n+2)!$$

よって，定理 1（ ii ）より，$e^{-x} x^{s-1}$ も $[1, \infty)$ で広義積分可能である．

$$\int_0^\infty e^{-x} x^{s-1}\, dx = \int_0^1 e^{-x} x^{s-1}\, dx + \int_1^\infty e^{-x} x^{s-1}\, dx$$

右辺の 2 つの積分が収束するから，左辺の積分も収束する．

　ガンマ関数の性質を調べよう．部分積分より

(21.9)
$$\int_0^c e^{-x} x^{s-1}\, dx = \left[-e^{-x} \cdot x^{s-1}\right]_0^c - \int_0^c (-e^{-x}) \cdot (s-1) x^{s-2}\, dx$$

$$= -\frac{c^{s-1}}{e^c} + (s-1) \int_0^c e^{-x} x^{s-2}\, dx$$

マクローリンの定理より，$\displaystyle\lim_{c\to\infty} \frac{c^{s-1}}{e^c} = 0$ だから，(21.9)において $c \to \infty$ と

すると，次の等式が成り立つ．

(21.10)　　$\boldsymbol{\Gamma(s) = (s-1)\Gamma(s-1)\quad (s > 1)}$

$$\boldsymbol{\Gamma(1) = \int_0^\infty e^{-x}\, dx = \left[-e^{-x}\right]_0^\infty = 1}$$

(21.10)を繰り返し用いると，

$$\Gamma(2) = 1 \cdot \Gamma(1) = 1, \quad \Gamma(3) = 2 \cdot \Gamma(2) = 2 \cdot 1,$$

$$\Gamma(4) = 3 \cdot \Gamma(3) = 3 \cdot 2 \cdot 1$$

一般に，任意の自然数 n について，次の式が成り立つ．

(21.11)　　$\Gamma(n) = (n-1)!$

このことから，ガンマ関数は階乗の概念を拡張したものと考えられる．　▰

例 8（ベータ関数）　次の式で定義される 2 変数 (p, q) の関数をベータ関数という．

(21.12)　　$\boldsymbol{B(p, q) = \int_0^1 x^{p-1}(1-x)^{q-1}\, dx \quad (p > 0,\ q > 0)}$

$0 < p < 1$ のとき，被積分関数は $x = 0$ で不連続であり，$0 < q < 1$ のとき，

$x = 1$ で不連続になる．$0 < x \leqq \dfrac{1}{2}$ において，

$$0 < x^{p-1}(1-x)^{q-1} \leqq k x^{p-1}$$

$$(q \geqq 1 \text{ のとき } k = 1,\ 0 < q < 1 \text{ のとき } k = 2^{1-q})$$

が成り立つ. kx^{p-1} は $\left[0, \dfrac{1}{2}\right]$ で広義積分可能なので, $x^{p-1}(1-x)^{q-1}$ も $\Big[0,$
$\dfrac{1}{2}\Big]$ で広義積分可能である. 同様にして, $x^{p-1}(1-x)^{q-1}$ は $\left[\dfrac{1}{2}, 1\right]$ で広義積分可能であることが示せる.

$$\int_0^1 x^{p-1}(1-x)^{q-1}\,dx = \int_0^{\frac{1}{2}} x^{p-1}(1-x)^{q-1}\,dx$$
$$+ \int_{\frac{1}{2}}^1 x^{p-1}(1-x)^{q-1}\,dx$$

右辺の 2 つの積分が収束するから, 左辺の積分も収束する. ▨

注 ベータ関数 (21.12) において, $x = \cos^2 t$ とおくと, 次の式を得る.

$$(21.13) \quad B(p,q) = 2\int_0^{\frac{\pi}{2}} \cos^{2p-1} t \sin^{2q-1} t\,dt$$

例 9 次の無限積分は確率論などに現れる重要な積分である.

$$(21.14) \quad I = \int_0^\infty e^{-x^2}\,dx$$

$x \geqq 1$ で $e^{-x^2} \leqq e^{-x}$ が成り立ち, e^{-x} は $[1, \infty)$ で広義積分可能だから, e^{-x^2} も $[1, \infty)$ で広義積分可能である.

$$I = \int_0^1 e^{-x^2}\,dx + \int_1^\infty e^{-x^2}\,dx$$

と分けると, I が収束することがわかる. I の具体的な値を求めよう. マクローリンの定理より $e^x > 1+x$ $(x \neq 0)$ だから,

$$e^{-x^2} > 1-x^2 \quad (x \neq 0), \quad e^{x^2} > 1+x^2 \quad (x \neq 0)$$

よって, $(1-x^2)^n < \exp(-nx^2) < (1+x^2)^{-n}$ $(x \neq 0)$ が成り立つ. これより,

$$\int_0^1 (1-x^2)^n\,dx < \int_0^1 \exp(-nx^2)\,dx < \int_0^\infty \exp(-nx^2)\,dx$$
$$< \int_0^\infty \frac{1}{(1+x^2)^n}\,dx$$

ここで,

$$\int_0^1 (1-x^2)^n \, dx = I_{2n+1} \quad [x = \cos t \ (0 \le t \le \pi)]$$

$$\int_0^\infty \frac{dx}{(1+x^2)^n} = I_{2n-2} \quad \left[x = \tan t \ \left(-\frac{\pi}{2} < t < \frac{\pi}{2} \right) \right]$$

$$\left(I_n = \int_0^{\frac{\pi}{2}} \sin^n x \, dx \right)$$

となることが [　] 内の置換によりわかる．一方，$t = \sqrt{n}\,x$ とおくことにより，

$$\int_0^\infty \exp(-nx^2) \, dx = \frac{1}{\sqrt{n}} \int_0^\infty e^{-t^2} \, dt = \frac{1}{\sqrt{n}} I$$

よって，$\sqrt{n}\,I_{2n+1} < I < \sqrt{n}\,I_{2n-2}$ となる．問題 20-10 より

$$\lim_{n \to \infty} \sqrt{n}\,I_{2n+1} = \lim_{n \to \infty} \sqrt{n}\,I_{2n-2} = \frac{\sqrt{\pi}}{2}$$

であるから，はさみうちの原理により，$I = \dfrac{\sqrt{\pi}}{2}$ である．　▨

問 題 21

1. 次の広義積分が収束するかどうか判定し，収束する場合はその値を求めよ．

(1) $\displaystyle\int_0^1 \frac{dx}{\sqrt{x}}$　　(2) $\displaystyle\int_0^2 \frac{dx}{x}$　　(3) $\displaystyle\int_0^1 \frac{dx}{x^2}$　　(4) $\displaystyle\int_2^4 \frac{dx}{\sqrt{x-2}}$

(5) $\displaystyle\int_2^3 \frac{dx}{(x-2)^3}$　　(6) $\displaystyle\int_{-1}^7 \frac{dx}{\sqrt[3]{x+1}}$　　(7) $\displaystyle\int_1^3 \frac{dx}{x \log x}$　　(8) $\displaystyle\int_{-1}^2 \frac{dx}{x^4}$

2. (1) $f(x) = \sin \dfrac{1}{x}$ において，$f\left(\dfrac{2}{(4n-1)\pi} \right)$, $f\left(\dfrac{2}{(4n+1)\pi} \right)$ を求めよ（n：自然数）．

(2) $\displaystyle\int_0^1 \frac{1}{x^2} \cos \frac{1}{x} \, dx$ は発散することを示せ．

(3) $\displaystyle\int_0^1 \cos \frac{1}{x} \, dx$ は収束するか．

3. ベータ関数 $B(p, q)$ について，以下の問に答えよ．

(1) $B(p, q) = B(q, p)$ を示せ．

(2) $B(1, q)$, $B(p, 1)$, $B\left(\dfrac{1}{2}, 2 \right)$, $B\left(\dfrac{1}{2}, \dfrac{1}{2} \right)$ の値を求めよ．

(3) m, n を自然数とするとき，$B(m+n+1, 1)$ を m, n を用いて表せ．

(4) $p > 0$, $q > 1$ のとき, $B(p, q) = \dfrac{q-1}{p} B(p+1, q-1)$ が成り立つことを示せ.

(5) m, n を自然数とするとき, $B(m+1, n+1) = \dfrac{m!\, n!}{(m+n+1)!}$ を示せ.

(6) 自然数 m, n について, $B(m, n) = \dfrac{\Gamma(m)\Gamma(n)}{\Gamma(m+n)}$ が成り立つことを示せ.

この等式は任意の正の数について成り立つことが知られている ((24.11) 参照).

(7) $\displaystyle\int_0^{\frac{\pi}{2}} \cos^5 x \sin^7 x \, dx$ を求めよ ($t = \cos^2 x \; (0 \leqq x \leqq \pi)$ とおく).

(8) n を自然数とするとき, $B\left(n+1, \dfrac{1}{2}\right)$ を求めよ ((21.13) を使う).

(9) 次の不等式に現れる積分の値をそれぞれ求めよ.

$$\frac{1}{2} \int_0^1 (1-x)^4 x^4 \, dx \leqq \int_0^1 \frac{(1-x)^4 x^4}{1+x^2} \, dx \leqq \int_0^1 (1-x)^4 x^4 \, dx$$

この不等式から, どのような情報が得られるか.

4. 次の広義積分について, 収束するときはその値を求めよ.

(1) $\displaystyle\int_0^2 \log x \, dx$　　　　(2) $\displaystyle\int_0^e \sqrt{x} \, \log x \, dx$　　　(3) $\displaystyle\int_0^2 \frac{1}{x^2-1} \, dx$

(4) $\displaystyle\int_0^1 \frac{\log x}{x} \, dx$　　　　(5) $\displaystyle\int_0^e \frac{\log x}{\sqrt{x}} \, dx$　　　(6) $\displaystyle\int_0^1 \frac{\sin^{-1} x}{\sqrt{1-x^2}} \, dx$

5. 次の広義積分について, 収束するならばその値を求めよ.

(1) $\displaystyle\int_1^\infty \frac{dx}{x^3}$　　(2) $\displaystyle\int_1^\infty \frac{dx}{x\sqrt{x}}$　　(3) $\displaystyle\int_e^\infty \frac{dx}{x}$　　(4) $\displaystyle\int_2^\infty \frac{dx}{\sqrt{x-1}}$

(5) $\displaystyle\int_{-\infty}^{-2} \frac{dx}{x^2}$　　(6) $\displaystyle\int_{-\infty}^{-3} \frac{dx}{\sqrt{(1-x)^3}}$　　(7) $\displaystyle\int_2^\infty \frac{dx}{(2x-1)^2}$

(8) $\displaystyle\int_{-\infty}^{-8} \frac{dx}{\sqrt[3]{x^5}}$　　(9) $\displaystyle\int_0^\infty \cos x \, dx$　　(10) $\displaystyle\int_{-\infty}^1 e^{2x} \, dx$

(11) $\displaystyle\int_1^\infty e^{-x} \, dx$　　(12) $\displaystyle\int_3^\infty \frac{dx}{x \log x}$　　(13) $\displaystyle\int_1^\infty \frac{dx}{x(1+\log x)^3}$

6. 次の広義積分について, 収束するならばその値を求めよ.

(1) $\displaystyle\int_0^\infty x e^{-x} \, dx$　　　(2) $\displaystyle\int_1^\infty x e^{-x^2} \, dx$　　　(3) $\displaystyle\int_3^\infty \frac{8}{x^2-4} \, dx$

(4) $\displaystyle\int_e^\infty \frac{1}{x(\log x)^2} \, dx$　　(5) $\displaystyle\int_0^\infty \frac{x}{(x^2+2)^3} \, dx$　　(6) $\displaystyle\int_{-\infty}^\infty \frac{1}{x^2+4} \, dx$

(7) $\displaystyle\int_1^\infty \frac{\log x}{x^2} \, dx$　　　(8) $\displaystyle\int_0^\infty e^{-x} \cos x \, dx$　　(9) $\displaystyle\int_0^\infty \frac{\tan^{-1} x}{1+x^2} \, dx$

(10) $\displaystyle\int_{-\infty}^{-1} \frac{(\tan^{-1} x)^2}{x^2+1}\, dx$ 　(11) $\displaystyle\int_{2}^{\infty} \frac{xe^{-x}}{(x-1)^2}\, dx$ 　(12) $\displaystyle\int_{-\infty}^{\infty} \frac{dx}{(x^2+4)(x^2+9)}$

7. 次の広義積分を求めよ（n：自然数）.

(1) $\displaystyle\int_{0}^{\infty} \frac{8-2x}{(x+1)(x^2+4)}\, dx$ 　(2) $\displaystyle\int_{0}^{\infty} \frac{dx}{(x^2+1)^n}$ 　$[x = \tan t]$

(3) $\displaystyle\int_{0}^{1} \frac{x^{2n+1}}{\sqrt{1-x^2}}\, dx$ 　$[x = \sin t]$

8. (1) $\dfrac{1}{x^4+1} = \dfrac{ax+b}{x^2+\sqrt{2}\,x+1} + \dfrac{cx+d}{x^2-\sqrt{2}\,x+1}$ が成り立つように，定数 $a, b, c,$ d を定めよ.

(2) $\displaystyle\int_{0}^{\infty} \frac{dx}{x^4+1}$ を求めよ. 　(3) $\displaystyle\int_{0}^{\infty} \frac{dx}{x^3+1}$ を求めよ.

9. (1) 部分積分を用いて，$\displaystyle\int_{1}^{\infty} \frac{\sin x}{x}\, dx$ が収束することを示せ.

(2) $0 \le x \le \dfrac{\pi}{2}$ で $0 \le \sin x \le x$ であることを用いて，$\displaystyle\int_{0}^{1} \frac{\sin x}{x}\, dx$ が収束することを示せ.

(1)，(2) より，$\displaystyle\int_{0}^{\infty} \frac{\sin x}{x}\, dx$ は収束することがわかる．その値は $\dfrac{\pi}{2}$ であることが問題 23-10 で示される．これを用いて以下の広義積分を求めよ.

(3) $\displaystyle\int_{0}^{\infty} \frac{\sin x \cos x}{x}\, dx$ 　（2 倍角の公式）

(4) $\displaystyle\int_{0}^{\infty} \frac{\sin^2 x}{x^2}\, dx$ 　（(3) を部分積分）

(5) $\displaystyle\int_{0}^{\infty} \frac{\sin^4 x}{x^2}\, dx$ 　（$\sin^2 x + \cos^2 x = 1$ を使う）

(6) $\displaystyle\int_{0}^{\infty} \frac{\sin^4 x}{x^4}\, dx$ 　（2 回部分積分する）

10. (1) $a > 0$ のとき，$\displaystyle\lim_{x \to +0} x^a \log x = 0$ を示せ.

(2) n を自然数とするとき，$\displaystyle\lim_{x \to +0} \sqrt{x}\,(\log x)^n = 0$ を示せ．これより，$x\,(>$ $0)$ が十分小さいとき，$|\log x|^n < \dfrac{1}{\sqrt{x}}$ が成り立つ.

(3) 次の広義積分は収束することを示し，値を求めよ.

$$I_n = \int_{0}^{1} (\log x)^n\, dx \quad （n：自然数）$$

11. (1) m, n を 0 以上の整数とするとき，次の広義積分は収束することを示せ.

$$I(m, n) = \int_0^1 x^m (\log x)^n \, dx$$

(2)　$I(m, n) = -\dfrac{n}{m+1} I(m, n-1)$ を示せ.

(3)　$I(n, n) = (-1)^n \dfrac{n!}{(n+1)^{n+1}}$ を示せ.

(4)　$x^x = \exp(x \log x)$ を利用して, 次の等式を示せ (ヨハン・ベルヌーイ, 1697).

$$\int_0^1 x^x \, dx = 1 - \frac{1}{2^2} + \frac{1}{3^3} - \frac{1}{4^4} + \cdots$$

(5)　同様にして, 次の定積分を無限級数で表せ.

$$\int_0^1 x^{-x} \, dx$$

12.　$\displaystyle\int_0^\infty e^{-x^2} \, dx = \dfrac{\sqrt{\pi}}{2}$ を用いて次の値を求めよ. ただし,

$$f(x) = \frac{1}{\sqrt{2\pi}\, t} \exp\left(-\frac{(x-m)^2}{2t^2}\right) \text{ とする } (t, m : \text{正の定数}).$$

(1)　$\displaystyle\int_{-\infty}^\infty e^{-x^2} \, dx$ 　　　　(2)　$\displaystyle\int_{-\infty}^\infty f(x) \, dx$ 　　　(3)　$\displaystyle\int_{-\infty}^\infty x f(x) \, dx$

(4)　$\displaystyle\int_{-\infty}^\infty (x-m)^2 f(x) \, dx$ 　　　(5)　$\Gamma\left(\dfrac{1}{2}\right)$　$[\, t = \sqrt{x}\,]$

(6)　$\Gamma\left(n + \dfrac{1}{2}\right)$　（n：自然数）

13.　次の極限値を求めよ.

$$\lim_{n \to \infty} \frac{1}{n!} \int_1^\infty x^n e^{-x} \, dx$$

14.　(1)　$\dfrac{2}{\pi} \leqq \dfrac{\sin x}{x} \leqq 1 \left(0 < x \leqq \dfrac{\pi}{2}\right)$ を用いて $\displaystyle\int_0^{\frac{\pi}{2}} \log \dfrac{\sin x}{x} \, dx$ が収束すること を示せ.

(2)　$\displaystyle\int_0^{\frac{\pi}{2}} \log \sin x \, dx = \int_0^{\frac{\pi}{2}} \log \dfrac{\sin x}{x} \, dx + \int_0^{\frac{\pi}{2}} \log x \, dx$ より, $I = \displaystyle\int_0^{\frac{\pi}{2}} \log \sin x \, dx$ は収束することを示せ. また, $J = \displaystyle\int_0^{\frac{\pi}{2}} \log \cos x \, dx$ とおくとき, $I = J$ を示せ.

(3)　$I = \displaystyle\int_0^{\frac{\pi}{4}} \log \sin x \, dx + \int_{\frac{\pi}{4}}^{\frac{\pi}{2}} \log \sin x \, dx = \int_0^{\frac{\pi}{4}} \log \sin t \, dt + \int_0^{\frac{\pi}{4}} \log \cos t \, dt$

が成り立つことを確かめよ. さらに, 2倍角の公式を利用して, I の値を求めよ.

(4)　$\displaystyle\int_0^{\frac{\pi}{2}} \dfrac{x}{\tan x} \, dx$ を求めよ.

15. $H_3(x) = (-1)^3 \exp(x^2) \dfrac{d^3}{dx^3} \exp(-x^2)$ とすると，$H_3(x)$ は3次の多項式

で，最高次の係数は 2^3 である（問題 7-15）．これを用いて以下の問に答えよ．

(1) $\displaystyle\int_{-\infty}^{\infty} x^k H_3(x) \exp(-x^2)\, dx = 0$ $(k = 0, 1, 2)$ を示せ．

(2) $\displaystyle\int_{-\infty}^{\infty} x^3 H_3(x) \exp(-x^2)\, dx$ を求めよ．

(3) $\displaystyle\int_{-\infty}^{\infty} \{H_3(x)\}^2 \exp(-x^2)\, dx$ を求めよ．

16. (1) $0 < t \leqq 1$ のとき $0 < \dfrac{\sin t}{\sqrt{t}} < \dfrac{1}{\sqrt{t}}$ であることを用いて，$\displaystyle\int_0^1 \dfrac{\sin t}{\sqrt{t}}\, dt$ は

収束することを示せ．

(2) 部分積分を用いて，$\displaystyle\int_1^{\infty} \dfrac{\sin t}{\sqrt{t}}\, dt$ は収束することを示せ．

(1)，(2) より，$\displaystyle\int_0^{\infty} \dfrac{\sin t}{\sqrt{t}}\, dt$ は収束することがわかる．同様にして，$\displaystyle\int_0^{\infty} \dfrac{\cos t}{\sqrt{t}}\, dt$

も収束することが示せる．

(3) $I = \displaystyle\int_0^{\infty} \sin x^2\, dx$, $J = \displaystyle\int_0^{\infty} \cos x^2\, dx$ はともに収束することを示せ（$t = x^2$

とおく）．

I, J は光学に現れる積分で，**フレネルの積分**とよばれている（フレネル，1818）．

$I = J = \sqrt{\dfrac{\pi}{8}}$ である（§23 例5 参照）．

17. (1) $B(p, q) = \displaystyle\int_0^1 x^{p-1}(1-x)^{q-1}\, dx$ において，$x = \dfrac{t^{\alpha}}{1 + t^{\alpha}}$ $(\alpha > 0)$ と置き

換えて次の等式を示せ．

(21.15) $\quad B(p, q) = \alpha \displaystyle\int_0^{\infty} \dfrac{t^{\alpha p - 1}}{(1 + t^{\alpha})^{p+q}}\, dt$

(2) $B\left(\dfrac{3}{4}, \dfrac{1}{4}\right)$ を求めよ．（$B(p, q) = B(q, p)$ および問題 21-8 を使う．）

18. n を自然数とするとき，以下の問に答えよ．

(1) $\displaystyle\int_{n\pi}^{(n+1)\pi} \dfrac{|\sin x|}{x}\, dx = \displaystyle\int_0^{\pi} \dfrac{\sin t}{n\pi + t}\, dt$ を示せ（$x = n\pi + t$ とおく）．

(2) $0 \leqq t \leqq \pi$ で $\dfrac{1}{n\pi + t} \geqq \dfrac{1}{(n+1)\pi}$ となることを利用して，次の不等式を

示せ．

$$\int_{n\pi}^{(n+1)\pi} \dfrac{|\sin x|}{x}\, dx \geqq \dfrac{2}{(n+1)\pi}$$

(3) $\displaystyle\int_\pi^{(n+1)\pi} \frac{|\sin x|}{x}\,dx \geqq \frac{2}{\pi}\sum_{k=2}^{n+1}\frac{1}{k}$ を示せ.

(4) $\displaystyle\int_0^\infty \left|\frac{\sin x}{x}\right|\,dx$ は発散することを示せ（問題 11-8 を使う）.

19. $I = \displaystyle\int_0^\infty \frac{dx}{(1+x^2)(1+x^\alpha)}$ は α によらず一定の値であることを示せ $\left(x = \dfrac{1}{t}\right.$ と

おく$\Big)$.

20. (1)　$f(x)$ が $a < x \leqq b$ で連続で，ある定数 $M > 0$, $p < 1$ が存在して，

$$|f(x)| \leqq \frac{M}{(x-a)^p} \quad (a < x \leqq b)$$

が成り立てば，広義積分 $\displaystyle\int_a^b f(x)\,dx$ は収束することを示せ.

(2)　$f(x)$ が $x \geqq a$ で連続で，ある定数 $M > 0$, $p > 1$ が存在して，

$$|f(x)| \leqq \frac{M}{x^p} \quad (x \geqq a)$$

が成り立てば，広義積分 $\displaystyle\int_a^\infty f(x)\,dx$ は収束することを示せ.

(3)　次の広義積分が収束することを示せ.

    ⓐ $\displaystyle\int_1^2 \frac{1}{\sqrt{x^3-1}}\,dx$ ⓑ $\displaystyle\int_1^\infty \frac{\sqrt{x}+1}{2x^2+x^2\sin x}\,dx$

22. 面積・体積・曲線の長さ

2つの連続関数 $f(x)$, $g(x)$ が $[a, b]$ で $f(x) \geqq g(x)$ をみたすとき, $y = f(x)$ と $y = g(x)$ および2直線 $x = a$, $x = b$ で囲まれた部分の面積 S は, $f(x)$ や $g(x)$ の正負にかかわりなく次の式で求められる.

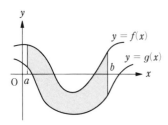

図 22.1

(22.1) $$S = \int_a^b \{f(x) - g(x)\}\, dx$$

例1 放物線 $y = x^2 - \dfrac{\pi^2}{4}$ と曲線 $y = \cos x$ で囲まれた部分の面積 S を求める. 2曲線の交点は $x = \pm\dfrac{\pi}{2}$ で, $\left[-\dfrac{\pi}{2}, \dfrac{\pi}{2}\right]$ において $\cos x \geqq x^2 - \dfrac{\pi^2}{4}$ だから,

$$S = \int_{-\frac{\pi}{2}}^{\frac{\pi}{2}} \left\{\cos x - \left(x^2 - \frac{\pi^2}{4}\right)\right\} dx = 2\int_0^{\frac{\pi}{2}} \left(\cos x - x^2 + \frac{\pi^2}{4}\right) dx$$

$$= 2\left[\sin x - \frac{x^3}{3} + \frac{\pi^2}{4}x\right]_0^{\frac{\pi}{2}} = 2 + \frac{\pi^3}{6}$$

平面上の曲線を表示する方法としては, 次のようなものがある.

① $y = f(x)$

② $F(x, y) = 0$ （陰関数表示）

③ $\begin{cases} x = f(t) \\ y = g(t) \end{cases}$ （パラメーター表示）

例2 原点中心で半径 a の円を3通りに表示する.

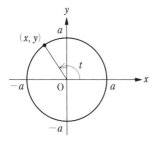

① $y = \sqrt{a^2 - x^2}$ （円の上半分），
$y = -\sqrt{a^2 - x^2}$ （円の下半分）

② $x^2 + y^2 - a^2 = 0$

図 22.2

③ $x = a \cos t, \quad y = a \sin t \quad (0 \le t \le 2\pi)$

これらのうち①の表し方では，円を2つの部分に分けて表示しなければならない．②の表示は1つの方程式で表されているが，x, y の増減の様子は③よりもつかみにくい．

例3 円 $x^2 + y^2 = a^2 \ (a > 0)$ の内部で，第1象限にある部分の面積 S を求める．パラメーター表示を用いると，円周のうち第1象限にある部分は，

$$x = a \cos t, \quad y = a \sin t \quad \left(0 \le t \le \frac{\pi}{2}\right)$$

と表される．$y \ge 0$ だから，

$$S = \int_0^a y \, dx$$

x	0	$\cdots$	a
t	$\frac{\pi}{2}$	$\cdots$	0

$x = a \cos t$ より $dx = -a \sin t \, dt.$

$$S = \int_{\frac{\pi}{2}}^0 a \sin t \, (-a \sin t) \, dt = a^2 \int_0^{\frac{\pi}{2}} \sin^2 t \, dt = a^2 \frac{1}{2} \frac{\pi}{2} = \frac{\pi a^2}{4}$$

例4 図22.3のような閉曲線で囲まれた部分の面積 S を求める．閉曲線をパラメーター表示する．$f(t), g(t)$ は微分可能で，$f'(t), g'(t)$ は連続とする（このとき，$f(t), g(t)$ は **C^1 級の関数**であるという）．

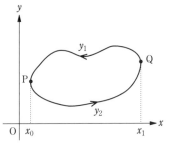

図 22.3

$$x = f(t), \quad y = g(t) \quad (\alpha \le t \le \beta)$$

図22.3の矢印はパラメーター t の増加する向きを表す．曲線上の点 $(f(t), g(t))$ は，t が増加すると左回り（反時計回り）に動くことに注意する．$\mathrm{P}(f(\alpha), g(\alpha))$，$\mathrm{Q}(f(\gamma), g(\gamma))$ とする．ただし，$f(\alpha) = f(\beta)$，$g(\alpha) = g(\beta)$ である．PからQに至る曲線のうち，上側を $y_1 = y_1(x)$，下側を $y_2 = y_2(x)$ として，$f(\alpha) = x_0$，$f(\gamma) = x_1$ とおくと，

$$S = \int_{x_0}^{x_1} (y_1 - y_2) \, dx = \int_{x_0}^{x_1} y_1 \, dx - \int_{x_0}^{x_1} y_2 \, dx$$

ここで,

$$\int_{x_0}^{x_1} y_1 \, dx = \int_{\beta}^{\gamma} g(t)f'(t) \, dt, \qquad \int_{x_0}^{x_1} y_2 \, dx = \int_{\alpha}^{\gamma} g(t)f'(t) \, dt$$

ゆえに $\quad S = \int_{\beta}^{\gamma} g(t)f'(t) \, dt - \int_{\alpha}^{\gamma} g(t)f'(t) \, dt = -\int_{\alpha}^{\beta} g(t)f'(t) \, dt$

部分積分より

$$\int_{\alpha}^{\beta} g(t)f'(t) \, dt = \left[g(t)f(t) \right]_{\alpha}^{\beta} - \int_{\alpha}^{\beta} g'(t)f(t) \, dt$$

よって, S は次の 2 通りに表せる.

(22.2) $\qquad S = -\int_{\alpha}^{\beta} f'(t)g(t) \, dt = \int_{\alpha}^{\beta} f(t)g'(t) \, dt$

また,(22.2)より次の公式が成り立つ.

(22.3) $\qquad S = \dfrac{1}{2}\int_{\alpha}^{\beta} \{f(t)g'(t) - f'(t)g(t)\} \, dt$

$$= \dfrac{1}{2}\int_{\alpha}^{\beta} \left(x\,\dfrac{dy}{dt} - \dfrac{dx}{dt}\,y \right) dt$$

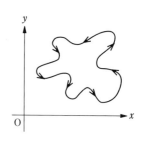

図 22.4

注 （22.3）は,たとえば図 22.4 のような複雑な曲線で
　も成り立つことが示せる. また, 矢印の向きが左回
　りである限り,（22.3）の積分の値はパラメーターの
　とり方によらない.

　パラメーター t が増加するとき, 曲線上を点 $(f(t), g(t))$ が右回り（時計回
り）に動くようにすると,（22.3）の積分の値は負になる. この場合も含めたい
なら,

$$S = \dfrac{1}{2}\left| \int_{\alpha}^{\beta} \left(x\,\dfrac{dy}{dt} - \dfrac{dx}{dt}\,y \right) dt \right|$$

とすればよい.

　次は立体の体積を求める問題を扱うことにする. 最も基
本的な立体として, 柱体を取り上げる. 柱体とは, 底面に
平行な平面で立体を切ったとき, 断面がつねに底面と合同
になる立体である. 柱体の体積 V は次の式で表される.

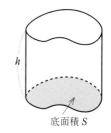

底面積 S

図 22.5

(22.5) $V = (\text{底面積 } S) \times (\text{高さ } h)$

一般の立体の体積 V は，立体をいくつかの柱体の和で近似することにより求められる．空間内の直線 l をとり，これを x 軸とする．立体が $a \leqq x \leqq b$ の範囲にあり，直線 l 上の点 x を通り，l に垂直な平面で立体を切ったときの断面積を $S(x)$ とする．ここで，$S(x)$ は連続な関数と仮定する．$[a, b]$ を n 個の小区間 $[x_{i-1}, x_i]\,(i = 1, 2, \cdots, n)$ に分割する．$x_{i-1} \leqq x \leqq x_i$ の範囲にある立体の体積 V_i は近似的に $S(x_i)(x_i - x_{i-1})$ に等しい．

$$V = V_1 + V_2 + \cdots + V_n \fallingdotseq \sum_{i=1}^{n} S(x_i)(x_i - x_{i-1})$$

分割を細かくしていくと柱体の体積の和は V に近づく．このとき，

$$\sum_{i=1}^{n} S(x_i)(x_i - x_{i-1}) \longrightarrow \int_a^b S(x)\,dx$$

だから，

(22.5) $$V = \int_a^b S(x)\,dx$$

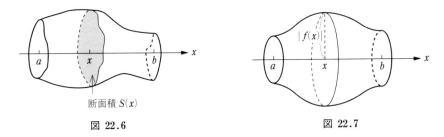

図 **22.6**   図 **22.7**

特に，関数 $y = f(x)\,(a \leq x \leq b)$ のグラフを x 軸のまわりに回転してできる立体の体積 V は，次のようにして求まる．回転体の断面は円であり，半径は $|f(x)|$ だから，

(22.7) $$V = \int_a^b \pi\{f(x)\}^2\,dx = \pi \int_a^b y^2\,dx$$

例 5 四分円 $x = a \cos t$，$y = a \sin t \left(0 \leqq t \leqq \dfrac{\pi}{2}\right)$ を x 軸のまわりに回転してできる立体の体積 V を求める．

$$V = \pi \int_0^a y^2 \, dx$$

$x = a \cos t$ より $dx = -a \sin t \, dt$.

$$V = \pi \int_{\frac{\pi}{2}}^0 a^2 \sin^2 t \, (-a \sin t) \, dt$$

$$= \pi a^3 \int_0^{\frac{\pi}{2}} \sin^3 t \, dt = \frac{2}{3} \pi a^3$$

x	0 $\cdots$ a
t	$\dfrac{\pi}{2}$ $\cdots$ 0

平面上の曲線 $y = f(x)$ $(a \leqq x \leqq b)$ の長さ l を求めてみよう。$f(x)$ は C^1 級の関数とする。まず、区間 $[a, b]$ を n 個の小区間 $[x_{i-1}, x_i]$ $(i = 1, 2, \cdots, n)$ に分ける。曲線 $y = f(x)$ において、$x_{i-1} \leqq x \leqq x_i$ の範囲にある部分の長さ l_i を 2 点 $P_{i-1}(x_{i-1}, f(x_{i-1}))$, $P_i(x_i, f(x_i))$ を結ぶ線分の長さで近似する。$P_0, P_1, \cdots, P_n$ を結ぶ折れ線の長さは次のようになる。

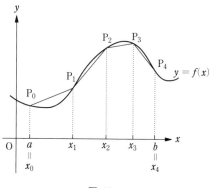

図 22.8

(22.8) $\quad \displaystyle\sum_{i=1}^n \sqrt{(x_i - x_{i-1})^2 + (f(x_i) - f(x_{i-1}))^2}$

平均値の定理より $f(x_i) - f(x_{i-1}) = f'(c_i)(x_i - x_{i-1})$ となる c_i $(x_{i-1} < c_i < x_i)$ が存在するから、

$$l = l_1 + l_2 + \cdots + l_n \fallingdotseq \sum_{i=1}^n \sqrt{1 + (f'(c_i))^2} \, (x_i - x_{i-1})$$

分割を細かくしていくと、折れ線の長さは l に近づく。このとき、

$$\sum_{i=1}^n \sqrt{1 + (f'(c_i))^2} \, (x_i - x_{i-1}) \longrightarrow \int_a^b \sqrt{1 + (f'(x))^2} \, dx$$

だから、次の定理を得る。

> **定理 1** 曲線 $y = f(x)$ $(a \leqq x \leqq b)$ の長さ l は，次の式で与えられる．
>
> $$l = \int_a^b \sqrt{1 + (f'(x))^2}\, dx$$

注 折れ線の長さが曲線の長さに近づくというのは自明ではない．正確に言えば，折れ線の長さの極限値を曲線の長さ l と定義するのである．分割を細かくしたとき，(22.8) が一定の値に近づかないこともあるが，このとき曲線は長さをもたないという（問題 22-24）．

曲線が $x = f(t)$，$y = g(t)$ $(\alpha \leqq t \leqq \beta)$ とパラメーター表示されているとき，曲線の長さ l を求める．ここで $f(t), g(t)$ は C^1 級の関数とする．簡単のため $f'(t) > 0$ とする．(5.14) より $\dfrac{dy}{dx} = \dfrac{g'(t)}{f'(t)}$ だから，$f(\alpha) = a$，$f(\beta) = b$ とおくと，

$$l = \int_a^b \sqrt{1 + \left(\frac{dy}{dx}\right)^2}\, dx = \int_\alpha^\beta \sqrt{1 + \left(\frac{g'(t)}{f'(t)}\right)^2}\, f'(t)\, dt$$

$$= \int_\alpha^\beta \sqrt{(f'(t))^2 + (g'(t))^2}\, dt$$

この公式は，必ずしも $f'(t) > 0$ でないときにも成り立つ．

> **定理 2** パラメーター表示された曲線 $x = f(t)$，$y = g(t)$ $(\alpha \leqq t \leqq \beta)$ の長さ l は次の式で与えられる．
>
> $$l = \int_\alpha^\beta \sqrt{(f'(t))^2 + (g'(t))^2}\, dt = \int_\alpha^\beta \sqrt{\left(\frac{dx}{dt}\right)^2 + \left(\frac{dy}{dt}\right)^2}\, dt$$

注 パラメーターが $[\alpha, t]$ の範囲を動くときの曲線の長さを $s(t)$ とすると，定理 1 より，

$$(22.9) \quad \frac{ds}{dt} = \sqrt{\left(\frac{dx}{dt}\right)^2 + \left(\frac{dy}{dt}\right)^2}$$

が成り立つ．$f'(t) = g'(t) = 0$ となるような点がたかだか有限個しかなければ $s = s(t)$ は単調増加であり，逆関数 $t = \varphi(s)$ が存在する．$x = f(\varphi(s))$，$y = g(\varphi(s))$ と弧長 s をパラメーターに用いて曲線を表示したときは，(22.9) より，

(22.10)　$\left(\dfrac{dx}{ds}\right)^2 + \left(\dfrac{dy}{ds}\right)^2 = \left(\dfrac{ds}{ds}\right)^2 = 1$

例6　半径 $a\ (>0)$ の円 $x = a\cos t$, $y = a\sin t\ (0 \leqq t \leqq 2\pi)$ の周の長さ l を求める. $\dfrac{dx}{dt} = -a\sin t$, $\dfrac{dy}{dt} = a\cos t$ より

$$l = \int_0^{2\pi} \sqrt{a^2 \sin^2 t + a^2 \cos^2 t}\ dt = \int_0^{2\pi} a\ dt = 2\pi a$$

　ある種の曲線は極座標を用いて表した方が, 表示が簡単になる. **極座標**は, 平面上の点 P の位置を (r, θ) という 2 つの変数で表す. r は点 P と原点 O の距離を表し, θ は原点 O から延びる半直線 l（**始線**）と線分 OP のなす角を表す. このとき, 始線から反時計回り（左回り）に測った角を正とする. 直交座標の原点 O を極座標の原点にとり, x 軸の正の向きを始線にとると, P の直交座標による表示 (x, y) と極座標による表示 (r, θ) の間には次の関係がある（図 22.10）.

(22.11)　$\begin{cases} x = r\cos\theta \\ y = r\sin\theta \end{cases}$ $\begin{cases} r = \sqrt{x^2 + y^2} \\ \tan\theta = \dfrac{y}{x} \end{cases}$

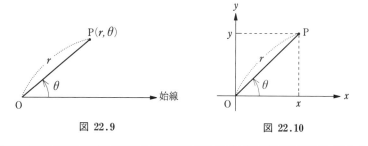

図 22.9　　　　　　図 22.10

定理3　極座標において, 曲線 $r = f(\theta)\ (\alpha \leqq \theta \leqq \beta)$ および, 2 直線 $\theta = \alpha$, $\theta = \beta$ で囲まれた部分の面積 S は次の式で与えられる.

$$S = \dfrac{1}{2}\int_\alpha^\beta \{f(\theta)\}^2\ d\theta$$

$[\alpha, \beta]$ を n 個の小区間 $[\theta_{i-1}, \theta_i]$ $(i = 1, 2, \cdots, n)$ に分割する．

$$\alpha = \theta_0 < \theta_1 < \theta_2 < \cdots < \theta_n = \beta$$

曲線 $r = f(\theta)$ のうち $[\theta_{i-1}, \theta_i]$ にある部分と 2 直線 $\theta = \theta_{i-1}$, $\theta = \theta_i$ で囲まれた部分の面積 S_i は，半径 $f(\theta_i)$，中心角 $\theta_i - \theta_{i-1}$ の扇形の面積で近似できる．

$$S_i \fallingdotseq \pi\{f(\theta_i)\}^2 \times \frac{\theta_i - \theta_{i-1}}{2\pi} = \frac{1}{2}\{f(\theta_i)\}^2(\theta_i - \theta_{i-1})$$

$$S = S_1 + S_2 + \cdots + S_n \fallingdotseq \frac{1}{2}\sum_{i=1}^{n}\{f(\theta_i)\}^2(\theta_i - \theta_{i-1})$$

分割を細かくした極限を考えると，定理 3 の公式を得る．

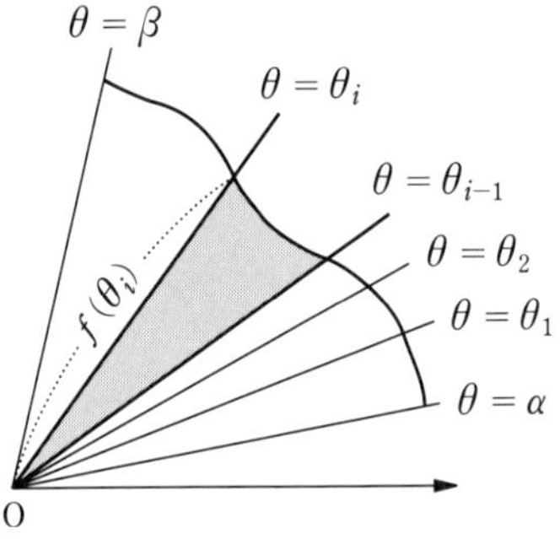

極座標で $r = f(\theta)$ $(\alpha \leqq \theta \leqq \beta)$ と表される曲線の長さ l は定理 2 より求まる．直交座標では θ をパラメーターとして，

$$\begin{aligned} x &= f(\theta)\cos\theta \\ y &= f(\theta)\sin\theta \end{aligned} \quad (\alpha \leqq \theta \leqq \beta)$$

となる．$f(\theta)$ が C^1 級の関数とすると，

図 22.11

$$\frac{dx}{d\theta} = f'(\theta)\cos\theta - f(\theta)\sin\theta$$

$$\frac{dy}{d\theta} = f'(\theta)\sin\theta + f(\theta)\cos\theta$$

$$\left(\frac{dx}{d\theta}\right)^2 + \left(\frac{dy}{d\theta}\right)^2 = \{f'(\theta)\}^2 + \{f(\theta)\}^2$$

よって，次の定理が成り立つ．

定理 4 極方程式 $r = f(\theta)$ $(\alpha \leqq \theta \leqq \beta)$ で表される曲線の長さ l は

$$l = \int_{\alpha}^{\beta}\sqrt{\{f(\theta)\}^2 + \{f'(\theta)\}^2}\,d\theta = \int_{\alpha}^{\beta}\sqrt{r^2 + \left(\frac{dr}{d\theta}\right)^2}\,d\theta$$

問 題 22

1. 次の曲線と x 軸で囲まれた部分の面積を求めよ.

(1) $y = x^2 - 4x + 3$　　(2) $y = x^3 - x$　　(3) $y = x^2 e^x - e^x$

(4) $y = \dfrac{1-x^2}{1+x^2}$　　　(5) $y = x \sin x$ $(0 \leqq x \leqq 2\pi)$

2. 曲線と x 軸で囲まれた部分の面積
が図 ⓐ のように与えられていると
き, 以下の定積分を求めよ.

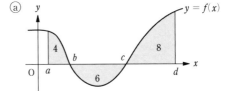
ⓐ

(1) $\displaystyle\int_a^c f(x)\,dx$

(2) $\displaystyle\int_a^d f(x)\,dx$

(3) $\displaystyle\int_d^b f(x)\,dx$

3. 次の 2 曲線で囲まれた部分の面積を求めよ.

(1) $\begin{cases} y = x^2 - 4x + 1 \\ y = -2x + 4 \end{cases}$　　(2) $\begin{cases} y = x^3 - x^2 - x \\ y = 3x^2 - 5x \end{cases}$　　(3) $\begin{cases} y = \dfrac{x^2}{2} \\ y^2 = 2x \end{cases}$

(4) $\begin{cases} 2x + y = 7 \\ xy = 3 \end{cases}$　　(5) $\begin{cases} y = \sqrt{2-x} \\ y = -\dfrac{x}{2} + 1 \end{cases}$　　(6) $\begin{cases} y = xe^{2-x} \\ y = x \end{cases}$

4. サイクロイドは次のようにパラメーター表示される曲線である.
$$x = a(t - \sin t), \quad y = a(1 - \cos t) \quad (a > 0)$$
サイクロイドと x 軸で囲まれた部分のうち, $0 \leqq x \leqq 2\pi a$ の範囲の面積を求めよ.

5. アステロイドは次のようにパラメーター表示される曲線である.
$$x = a \cos^3 t, \quad y = a \sin^3 t \quad (a > 0,\ 0 \leqq t \leqq 2\pi)$$
アステロイドで囲まれた部分の面積を求めよ.

6. ［**デルトイド（三星形）**］　次の曲線で囲まれた部分の面積を求めよ.
$$x = 2a \cos\theta + a \cos 2\theta, \quad y = 2a \sin\theta - a \sin 2\theta \quad (0 \leqq \theta \leqq 2\pi)$$

7. 次の曲線を x 軸のまわりに回転してできる立体の体積を求めよ.

(1) $y = 2 - x^2$ $(-\sqrt{2} \leqq x \leqq \sqrt{2})$　　(2) $y = \cos x$ $\left(0 \leqq x \leqq \dfrac{\pi}{2}\right)$

(3) $y = \dfrac{1}{x+1}$ $(0 \leqq x \leqq 1)$　　(4) $y = \dfrac{\sqrt{\log x}}{x}$ $(1 \leqq x \leqq e)$

(5) $y = \sqrt{x}\, e^{-x}$ $(0 \leqq x \leqq \log 2)$　　(6) $y^2 = 3x + 1$ $(0 \leqq x \leqq 1)$

8. 次の曲線によって囲まれた図形を x 軸のまわりに回転してできる立体の体積を
求めよ.

(1) $y = x^2,\ y = \sqrt{x}$　　(2) $y = x^3,\ y = x$

　（3）　$xy = 1$, $x + y = 4$　　　　（4）　$y = \sin x$, $y = \cos x$ $\left(0 \leqq x \leqq \dfrac{\pi}{2}\right)$

9.　（1）　中心軸が球の中心を通るように円柱が球を貫くとき，円柱によって切り取られた断面の深さを h とする．このとき，球から円柱の内部にある部分を除いた残りの体積を求めよ．リンゴの皮を大円に沿って一定の幅 h でむくとき，皮についたリンゴの体積と，地球の「皮」を幅 h でむくときに皮についた地球の体積はどのくらい違うか（地球は半径 6400 km，リンゴは半径 5 cm の球とする）．

　（2）　円柱のかわりに円錐が球を貫く場合はどうか．

　（3）　円柱のかわりに回転放物面が球を貫く場合はどうか．

　（1），（2），（3）において，必要なデータはそろっているか．足りないときは補って求めよ．

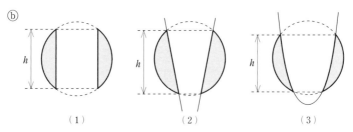

　　　（1）　　　　　　　　　（2）　　　　　　　　　（3）

10.　半径 R の球と，距離 d だけ離れた平行な 2 平面 α, β が交わっている．また，2 平面 α, β に平行で，α, β から等距離にある平面を γ とする．この球の γ による断面の面積を S とする．このとき，2 平面 α, β ではさまれた球の部分の体積を求めよ．

11.　（1）　楕円 $\dfrac{x^2}{a^2} + \dfrac{y^2}{b^2} = 1$ を x 軸のまわりに回転してできる立体の体積を求めよ．

　（2）　（1）の回転楕円体から，両端を x 軸に垂直な平面で切り落とし，断面がともに半径 r の円になるようにする．この立体の体積を R, r, L で表せ．ただし，R は x 軸に垂直な断面で最大の円の半径，L は立体の x 軸上の長さである．このような立体の体積は，ケプラーによってワインの樽の体積を求める問題として扱われた．

12.　サイクロイド：$x = a(t - \sin t)$, $y = a(1 - \cos t)$ $(a > 0,\ 0 \leqq t \leqq 2\pi)$ を x 軸のまわりに回転してできる立体の体積を求めよ．

13.　アステロイド：$x = a\cos^3 t$, $y = a\sin^3 t$ $(a > 0,\ 0 \leqq t \leqq \pi)$ を x 軸のまわりに回転してできる立体の体積を求めよ．

14.　曲線 $\sqrt[4]{x} + \sqrt[4]{y} = 1$ $(x \geqq 0,\ y \geqq 0)$ を x 軸のまわりに回転してできる立体の体積を求めよ．

15.（パップス-ギュルダンの公式）　関数 $f(x), g(x)$ は $a \leqq x \leqq b$ で $0 \leqq g(x) \leqq$

$f(x)$ をみたすとする. 2つの曲線 $y = f(x)$ と $y = g(x)$ で囲まれた図形で $a \leqq x \leqq b$ の範囲にあるものを D とする. D の面積を S とするとき, D を x 軸のまわりに回転してできる立体の体積は, 次の公式で与えられることを示せ. ただし, Y は D の重心 ((18.17) 参照) の軌跡の長さである.

(22.12)　　$V = 2\pi Y \cdot S$

16.　底面が半径 a の円で, 円の直径に垂直な平面で切ったときの断面が二等辺三角形の立体がある. 各断面の二等辺三角形の高さは底辺の $\dfrac{\sqrt{3}}{2}$ 倍であるとする. この立体の体積を求めよ. この立体を正面・真上・真横から見るとどんな形か.

17.　次の曲線の長さを求めよ (a：正の定数).

(1)　$y = x\sqrt{x}$　$(0 \leqq x \leqq 1)$

(2)　カテナリー：$y = \dfrac{a}{2}(e^{\frac{x}{a}} + e^{-\frac{x}{a}})$　$(-a \leqq x \leqq a)$

(3)　$y = \log \sin x$　$\left(\dfrac{\pi}{3} \leqq x \leqq \dfrac{\pi}{2} \right)$

(4)　サイクロイド：$x = a(t - \sin t),\ y = a(1 - \cos t)$　$(0 \leqq t \leqq 2\pi)$

(5)　アステロイド：$x = a\cos^3 t,\ y = a\sin^3 t$　$\left(0 \leqq t \leqq \dfrac{\pi}{2} \right)$

(6)　円の伸開線：$x = \cos t + t\sin t,\ y = \sin t - t\cos t$　$(0 \leqq t \leqq \pi)$

(7)　$y = \log(1 - x^2)$　$\left(0 \leqq x \leqq \dfrac{1}{3} \right)$

(8)　カージオイド：$x = 2a\cos t - a\cos 2t,\ y = 2a\sin t - a\sin 2t$
$$(0 \leqq t \leqq 2\pi)$$

18.　楕円 $\dfrac{x^2}{a^2} + \dfrac{y^2}{b^2} = 1$ $(a > b > 0)$ の周の長さを l とする. $\dfrac{a^2 - b^2}{a^2} = k^2$ とおく (k は離心率という) とき, l は次の式で与えられることを示せ.

$$l = 4a \int_0^1 \sqrt{\dfrac{1 - kt^2}{1 - t^2}}\, dt$$

このような形の無理関数の不定積分は**第2種楕円積分**とよばれ, 初等関数では表せないことが知られている.

19.　曲線 $y = \sin x$ $(0 \leqq x \leqq 2\pi)$ の長さと楕円 $x^2 + \dfrac{y^2}{2} = 1$ の周の長さは等しいことを示せ.

20.　次の極座標で表された曲線で囲まれた部分の面積を求めよ ($a > 0$).

(1)　カージオイド：$r = a(1 + \cos \theta)$

(2)　レムニスケート：$r^2 = 2a^2 \cos 2\theta$

(3)　ローズ：$r = a\sin 3\theta$

21.　デカルトの正葉形 $x^3 + y^3 - 3xy = 0$ で囲まれた図形 ($x \geqq 0,\ y \geqq 0$) の面積を

極座標を用いて求めよ．

22. アルキメデスのらせん：$r = a\theta$ $(a > 0,\ 0 \leqq \theta \leqq 2\pi)$ と始線で囲まれる部分の面積を求めよ．

23. 次の極座標で表された曲線の長さを求めよ．

(1) カージオイド：$r = a(1+\cos\theta)$ $(a > 0)$

(2) 対数らせん：$r = e^{\theta}$ $(0 \leqq \theta \leqq \log 10)$

24. (曲率) 曲線 $x = f(t)$, $y = g(t)$ の点 $\mathrm{P}(f(t), g(t))$ における曲率 κ を次のように定義する．曲線上において，点 P と点 $\mathrm{Q}(f(t+h), g(t+h))$ の間にある部分の長さを $\varDelta s$ とする．点 P，Q における接線が x 軸の正の向きとなす角をそれぞれ $\theta(t)$, $\theta(t+h)$ とする．このとき $\varDelta\theta = \theta(t+h) - \theta(t)$ とおくと，κ は次の式で定義される．

$$(22.13) \quad \kappa = \lim_{h \to 0} \frac{\varDelta\theta}{\varDelta s}$$

(1) $f(t), g(t)$ は 2 回微分可能で，$f''(t), g''(t)$ は連続とする(このとき，f, g は C^2 級の関数であるという)．$\displaystyle\lim_{h \to 0} \frac{\varDelta s}{h} = \sqrt{(f'(t))^2 + (g'(t))^2}$,

$\theta(t) = \tan^{-1}\dfrac{g'(t)}{f'(t)}$ であることを用いて次の公式を示せ．

$$(22.14) \quad \kappa = \frac{g''(t)f'(t) - g'(t)f''(t)}{\sqrt{\{(f'(t))^2 + (g'(t))^2\}^3}} = \frac{y''x' - y'x''}{\{(x')^2 + (y')^2\}^{3/2}}$$

なお，$\rho = \dfrac{1}{|\kappa|}$ を**曲率半径**という．

パラメーター t が増加するとき，$\kappa > 0$ ならば曲線は点 P の近くで左方へ曲がっていく．

(2) 特に曲線が $y = f(x)$ で表されているとき，点 $(x, f(x))$ における曲率 κ は次の式で与えられることを示せ．

$$(22.15) \quad \kappa = \frac{f''(x)}{\sqrt{\{1+(f'(x))^2\}^3}}$$

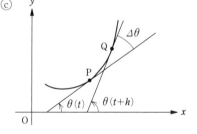

(3) 円 $x = r\cos\theta$, $y = r\sin\theta$ の曲率を求めよ $(r > 0)$．

(4) カテナリー：$y = \dfrac{e^x + e^{-x}}{2}$ の曲率を求めよ．

(5) 曲線 $y = x^2$ の曲率が最大になるのはどの点か．また，そのときの曲率半径を求めよ．

(6)　曲線 $y = \sin x$ の点 $\left(\dfrac{\pi}{2}, 1\right)$ における曲率半径を求めよ.

(7)　サイクロイド：$x = a(t - \sin t)$, $y = a(1 - \cos t)$ $(a > 0,\ 0 \leqq t \leqq 2\pi)$ の曲率半径が最大になる点と最大値を求めよ.

(8)　曲線 $x = \displaystyle\int_0^t \cos x^2\, dx$, $y = \displaystyle\int_0^t \sin x^2\, dx$ の点 $(x(t), y(t))$ における曲率半径を求めよ.

25.　$f(x) = x^2 \cos \dfrac{\pi}{x^2}$ $(x \neq 0)$, $f(0) = 0$ で定義される関数 $y = f(x)$ について, 以下の問に答えよ.

(1)　$f\left(\dfrac{1}{\sqrt{n}}\right)$ を求めよ.

(2)　$[0, 1]$ の分点として, $\left(0, \dfrac{1}{\sqrt{n}}, \dfrac{1}{\sqrt{n-1}}, \cdots, \dfrac{1}{\sqrt{2}}, 1\right)$ をとる. すなわち,

$$x_0 = 0, \qquad x_i = \frac{1}{\sqrt{n-i+1}} \quad (i = 1, 2, \cdots, n)$$

このとき, 次の式を示せ.

$$\sum_{i=1}^{n} \sqrt{(x_i - x_{i-1})^2 + \{f(x_i) - f(x_{i-1})\}^2} \geqq \sum_{i=1}^{n} \frac{1}{i}$$

(3)　曲線 $y = f(x)$ は $[0, 1]$ で長さをもたないことを示せ.（$[0, 1]$ の分割として, 必ず (2) の分点を含むものをとる. 問題 11-8 を使う.）

23．2 重 積 分

　この節では 2 変数関数 $z = f(x, y)$ の積分を扱う．1 変数関数の場合と異なり，不定積分に相当する概念はない．1 変数関数の場合には，被積分関数 $f(x)$ と積分区間 $[a, b]$ を与えて定積分を定義した．2 変数関数の積分において積分区間に相当するのが積分領域 D である．平面上の領域 D としては長方形や三角形，円などさまざまな形のものが考えられる．このため，積分領域が複雑な形をしていると，被積分関数 $f(x, y)$ が簡単なものであっても，積分の計算は難しくなる．

　まず D が長方形領域の場合を取り上げる．
$$D： \quad a \leqq x \leqq b, \quad c \leqq y \leqq d$$
区間 $[a, b]$，$[c, d]$ をそれぞれ m 個と n 個の小区間に分けて，D を mn 個の小長方形 D_{ij} $(i = 1, 2, \cdots, m, \; j = 1, 2, \cdots, n)$ に分割する．この分割を Δ で表す．
$$a = x_0 < x_1 < x_2 < \cdots < x_m = b,$$
$$c = y_0 < y_1 < y_2 < \cdots < y_n = d$$
$$D_{ij}： \quad x_{i-1} \leqq x \leqq x_i, \; y_{j-1} \leqq y \leqq y_j$$
$\Delta x_i = x_i - x_{i-1}$，$\Delta y_j = y_j - y_{j-1}$ とおき，これらの中で最大のものを $\delta(\Delta)$ と書く．
$$\delta(\Delta) = \max_{1 \leqq i \leqq m, \, 1 \leqq j \leqq n} (\Delta x_i, \Delta y_j)$$

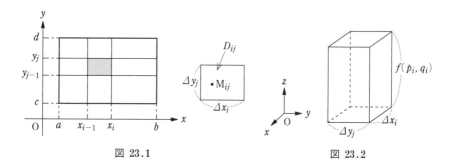

図 23.1　　　　　　　　　　図 23.2

各小長方形 D_{ij} の内部に点 $\mathrm{M}_{ij}(p_i, q_j)$ を選び，次のような和 $I(\varDelta)$ をつくる．

(23.1) $\qquad I(\varDelta) = \sum_{i=1}^{m} \sum_{j=1}^{n} f(p_i, q_j)\, \varDelta x_i\, \varDelta y_j$

これを分割 $\varDelta$ に対する関数 $f(x, y)$ の**リーマン和**という．リーマン和 $I(\varDelta)$ は底面積 $\varDelta x_i\, \varDelta y_j$，高さ $|f(p_i, q_j)|$ の直方体の符号付き体積の和を表す．符号付きというのは，$I(\varDelta)$ の各項において，$f(p_i, q_j) < 0$ のときは，体積にマイナスの符号をつけたものになるからである．分割 $\varDelta$ を細かくしていくとき（$\delta(\varDelta) \to 0$ のとき），$I(\varDelta)$ が分割のしかたや (p_i, q_j) のとり方によらずに一定の値 I に近づくならば，$f(x, y)$ は D 上（リーマン）**積分可能**であるという．極限値 I を次のように表し，これを D 上での $f(x, y)$ の**2重積分**という．

(23.2) $\qquad I = \lim_{\delta(\varDelta) \to 0} I(\varDelta) = \iint_{D} f(x, y)\, dx\, dy$

$y = f(x, y) \geqq 0$ が D 上で成り立つとき，2重積分の図形的意味を調べてみよう．曲面 $z = f(x, y)$ と平面 $z = 0$ ではさまれた部分で，(x, y) が D 上にある範囲の立体の体積を V とする．$I(\varDelta)$ は V をいくつかの直方体の体積の和で近似していることになる．分割を細かくすると，直方体の体積の和が V に近づ

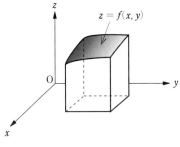

図 23.3

いていくことが直観的に理解できるだろう．正確に言えば，リーマン和 $I(\varDelta)$ の極限値として立体の体積 V を定義することになる．

(23.3) $\qquad \begin{cases} V \text{ は立体 } \{0 \leqq z \leqq f(x, y),\ (x, y) \in D\} \text{ の体積とする．} \\ \boldsymbol{V = \iint_{\boldsymbol{D}} f(\boldsymbol{x}, \boldsymbol{y})\, d\boldsymbol{x}\, d\boldsymbol{y}} \quad (D \text{ 上で } f(x, y) \geqq 0 \text{ のとき}) \end{cases}$

同様に考えると次のことが成り立つ．

(23.4) $\qquad \begin{cases} V \text{ は立体 } \{f(x, y) \leqq z \leqq 0,\ (x, y) \in D\} \text{ の体積とする．} \\ \boldsymbol{V = -\iint_{\boldsymbol{D}} f(\boldsymbol{x}, \boldsymbol{y})\, d\boldsymbol{x}\, d\boldsymbol{y}} \quad (D \text{ 上で } f(x, y) \leqq 0 \text{ のとき}) \end{cases}$

　2重積分の値を具体的に計算する方法について述べる．$z = f(x, y)$ は連続

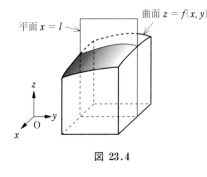

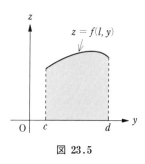

図 23.4　　　　　　　　　　　図 23.5

な関数とし，D 上で $f(x,y) \geqq 0$ をみたすものとする．§22 では (23.3) のような立体の体積 V を，断面積を積分することにより求めた．この立体を x 軸に垂直な平面 $x = l$ で切ると，断面は図 23.5 のようになる．したがって，断面積を $S(l)$ とおくと，

$$S(l) = \int_c^d f(l, y)\, dy$$

$V = \int_a^b S(x)\, dx$ だから，$V = \int_a^b \left\{ \int_c^d f(x, y)\, dy \right\} dx$ となる．よって，次の等式が成り立つ．

(23.5) $$\iint_D f(x, y)\, dx\, dy = V = \int_a^b \left\{ \int_c^d f(x, y)\, dy \right\} dx$$

同様に y 軸に垂直な平面による断面を考えると，次の等式が成り立つ．

(23.6) $$\iint_D f(x, y)\, dx\, dy = V = \int_c^d \left\{ \int_a^b f(x, y)\, dx \right\} dy$$

(23.5) や (23.6) は D 上で $f(x, y) \geqq 0$ である場合に体積 V を仲介して導いたが，一般に $f(x, y)$ の符号にかかわらず，次の定理が成り立つことが知られている．

定理 1　$f(x, y)$ が D 上で連続な関数とするとき，$f(x, y)$ は D 上で積分可能であり，2 重積分の値は次の式で与えられる．

$$\iint_D f(x, y)\, dx\, dy = \int_a^b \left\{ \int_c^d f(x, y)\, dy \right\} dx = \int_c^d \left\{ \int_a^b f(x, y)\, dx \right\} dy$$

$$[D: \quad a \leqq x \leqq b, \ c \leqq y \leqq d]$$

　ここで，定理1における右辺のような積分を**累次積分**とよぶ．内側の { } は省略することも多い．D が長方形領域の場合は，2重積分を2通りの累次積分に直すことができることになる．

例1　D を $\{0 \leqq x \leqq 2,\ 0 \leqq y \leqq 1\}$ とするとき，$\displaystyle\iint_D (x^2+xy^3)\,dx\,dy$ を2通りの方法で求めてみよう．

（i）　$\displaystyle\iint_D (x^2+xy^3)\,dx\,dy = \int_0^1 \left\{\int_0^2 (x^2+xy^3)\,dx\right\} dy \cdots\cdots(*)$

ここで，

$$\int_0^2 (x^2+xy^3)\,dx = \left[\frac{x^3}{3}+\frac{x^2}{2}y^3\right]_0^2 \quad (y \text{ を定数とみなして，} x \text{ で積分})$$

$$= \frac{8}{3}+2y^3$$

よって，

$$(*) = \int_0^1 \left(\frac{8}{3}+2y^3\right) dy = \left[\frac{8}{3}y+\frac{y^4}{2}\right]_0^1 = \frac{19}{6}$$

（ii）　$\displaystyle\iint_D (x^2+xy^3)\,dx\,dy = \int_0^2 \left\{\int_0^1 (x^2+xy^3)\,dy\right\} dx \cdots\cdots(**)$

ここで，

$$\int_0^1 (x^2+xy^3)\,dy = \left[x^2y+x\frac{y^4}{4}\right]_0^1 \quad (x \text{ を定数とみなして，} y \text{ で積分})$$

$$= x^2+\frac{x}{4}$$

よって，

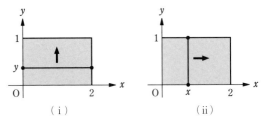

図 **23.6**

$$(**) = \int_0^2 \left(x^2 + \frac{x}{4} \right) dx = \left[\frac{x^3}{3} + \frac{x^2}{8} \right]_0^2 = \frac{19}{6}$$

さて，D がより一般な形をした有界閉領域の場合に，D 上での 2 重積分を定義しよう．D をいくつかの小領域 D_i（$i = 1, 2, \cdots, n$）に分割する．D_i はもはや長方形とは限らない．小領域 D_i の面積を S_i，その直径（D_i に属する 2 点間の距離の最大値）を d_i とする．リーマン和 $I(\Delta)$ および $\delta(\Delta)$ を次のように定める．

$$I(\Delta) = \sum_{i=1}^{n} f(p_i, q_i) S_i \quad \text{ただし} \quad (p_i, q_i) \in D_i$$

$$\delta(\Delta) = \max_{1 \le i \le n} d_i$$

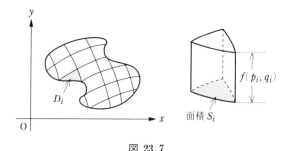

図 23.7

$I(\Delta)$ は柱体の符号付き体積の和である．分割を細かく（$\delta(\Delta) \to 0$）するとき，分割のしかたや（p_i, q_i）のとり方によらずに $I(\Delta)$ が一定値 I に近づくならば，$f(x, y)$ は D 上で積分可能といい，(23.2) と同じく次のように表す．

$$I = \lim_{\delta(\Delta) \to 0} I(\Delta) = \iint_D f(x, y) \, dx \, dy$$

注　本書では，領域 D としては，いくつかのなめらかな曲線（直線を含む）で囲まれた図形に限定して考えることにする．

D がより一般な領域の場合も (23.3)，(23.4) はそのまま成り立つ．特に $f(x, y)$ が D 上で恒等的に 1 に等しい場合，柱体の体積を考えると次の式が成り立つ．

(23.7)　　　$\displaystyle\iint_D 1\,dx\,dy = (D \text{ の面積})$

注　$\displaystyle\iint_D 1\,dx\,dy$ を $\displaystyle\iint_D dx\,dy$ と書くことがある.

定理2　$f(x, y), g(x, y)$ は D 上で連続な関数とすると，これらは D 上で積分可能であり，次の性質が成り立つ.

（ i ）（**積分の線形性**）

$$\iint_D \{f(x, y) + g(x, y)\}\,dx\,dy$$

$$= \iint_D f(x, y)\,dx\,dy + \iint_D g(x, y)\,dx\,dy$$

$$\iint_D k f(x, y)\,dx\,dy = k \iint_D f(x, y)\,dx\,dy \quad (k：定数)$$

（ ii ）　D 上で $f(x, y) \geqq g(x, y)$ で，f と g は D 上で恒等的には等しくないとき，

$$\iint_D f(x, y)\,dx\,dy > \iint_D g(x, y)\,dx\,dy$$

特に D 上で $f(x, y) \geqq 0$ であり，$f(x, y) \not\equiv 0$ のとき，

$$\iint_D f(x, y)\,dx\,dy > 0$$

（ iii ）　D を境界以外に共通部分のない 2 つの領域 D_1, D_2 に分けると，

$$\iint_D f(x, y)\,dx\,dy = \iint_{D_1} f(x, y)\,dx\,dy + \iint_{D_2} f(x, y)\,dx\,dy$$

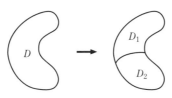

図 23.8

注 （ii）より，次の不等式が成り立つ．

$$(23.8) \quad \left| \iint_D f(x, y) \, dx \, dy \right| \leqq \iint_D |f(x, y)| \, dx \, dy$$

D を<u>互いに共通部分のない3つ以上</u>の領域に分けたときも，（iii）と同様の式が成り立つ．

領域 D が y 軸対称な形をしているとき，（iii）より次のことが成り立つ．

① D で $f(-x, y) = f(x, y)$ が成り立つとき．

$$\iint_D f(x, y) \, dx \, dy = 2 \iint_{D_+} f(x, y) \, dx \, dy \quad (D_+ = D \cap \{x \geqq 0\})$$

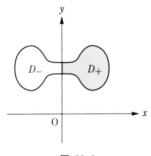

図 23.9

② D で $f(-x, y) = -f(x, y)$ が成り立つとき．

$$\iint_D f(x, y) \, dx \, dy = 0$$

D が x 軸対称や原点対称な形をしている場合なども，対称性を積分の計算に利用できる．

例2 $D : x^2 + y^2 \leqq a^2 \ (a > 0)$ とする．$f(x, y) = \sin(x^3 y + x)$ は $f(-x, y) = -f(x, y)$ をみたすので，

$$\iint_D \sin(x^3 y + x) \, dx \, dy = 0$$

D が次の2つのタイプであるとき，2重積分を累次積分に直す公式について述べる．

タイプ I　$D : a \le x \le b,\ g(x) \le y \le h(x)\ (x についての縦線形領域)$

$$(23.9) \qquad \iint_D f(x, y)\, dx\, dy = \int_a^b \left\{ \int_{g(x)}^{h(x)} f(x, y)\, dy \right\} dx$$

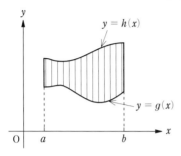

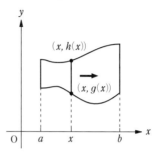

図 **23.10**　タイプ I の領域　　　　図 **23.11**

この場合は $f(x, y)$ をまず y について積分する.

タイプ II　$D : p(y) \le x \le q(y),\ c \le y \le d\ (y についての縦線形領$
域$)$

$$(23.10) \qquad \iint_D f(x, y)\, dx\, dy = \int_c^d \left\{ \int_{p(y)}^{q(y)} f(x, y)\, dx \right\} dy$$

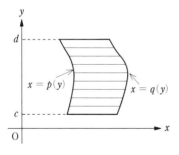

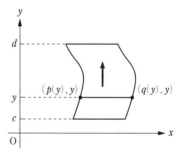

図 **23.12**　タイプ II の領域　　　　図 **23.13**

この場合は $f(x, y)$ をまず x について積分する.

注　(23.9), (23.10) の右辺をそれぞれ $\displaystyle\int_a^b dx \int_{g(x)}^{h(x)} f(x, y)\, dy,\ \int_c^d dy \int_{p(y)}^{q(y)} f(x, y)\, dx$
と表すことがある.

例3 （1） $D : 0 \leqq x \leqq 1,\ 0 \leqq y \leqq x$

$$\iint_D (xy^2+5y)\,dx\,dy = \int_0^1 \int_0^x (xy^2+5y)\,dy\,dx$$

$$= \int_0^1 \left[x\,\frac{y^3}{3}+5\,\frac{y^2}{2} \right]_0^x dx$$

$$= \int_0^1 \left(\frac{x^4}{3}+\frac{5}{2}\,x^2 \right) dx$$

$$= \left[\frac{x^5}{15}+\frac{5}{6}\,x^3 \right]_0^1 = \frac{9}{10}$$

（2） $D : 0 \leqq x \leqq \sqrt{1-y^2},\ 0 \leqq y \leqq 1$

$$\iint_D x\,dx\,dy = \int_0^1 \int_0^{\sqrt{1-y^2}} x\,dx\,dy = \int_0^1 \left[\frac{x^2}{2} \right]_0^{\sqrt{1-y^2}} dy$$

$$= \int_0^1 \frac{1-y^2}{2}\,dy = \left[\frac{y}{2}-\frac{y^3}{6} \right]_0^1 = \frac{1}{3}$$

領域 D が複雑な形のときも，D をいくつかの領域に分けると，それぞれの領域がタイプ I か II になることが多い．D の形によっては，タイプ I の領域ともタイプ II の領域とも考えられることがある．図 23.14 のような領域 D をタイプ I と II の 2 通りに考えて，D 上の 2 重積分を累次積分に直すと，次の等式が成り立つ（図 23.15）．

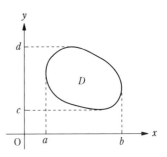

図 23.14

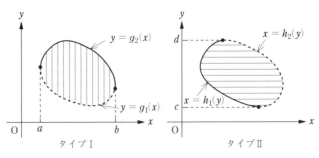

図 23.15

(23.11) $\displaystyle\iint_D f(x,y)\,dx\,dy = \int_a^b \int_{g_1(x)}^{g_2(x)} f(x,y)\,dy\,dx = \int_c^d \int_{h_1(y)}^{h_2(y)} f(x,y)\,dx\,dy$

これを**積分順序の交換**という.

例4　$\displaystyle I = \int_0^2 \int_{\frac{y}{2}}^1 e^{x^2}\,dx\,dy$ を求める. 不定積分 $\displaystyle\int e^{x^2}\,dx$ は初等関数で表せな

いので, $\displaystyle\int_{\frac{y}{2}}^1 e^{x^2}\,dx$ を計算することができない. そこで, 積分順序を交換し

て, I の値を求めることにする.

$D : \dfrac{y}{2} \leqq x \leqq 1,\ 0 \leqq y \leqq 2$ とすると,

$$I = \iint_D e^{x^2}\,dx\,dy$$

D をタイプ I とみて書きかえると, $D : 0 \leqq x \leqq 1$,

$0 \leqq y \leqq 2x$ となる. よって,

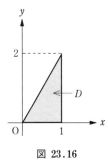

図 **23.16**

$$I = \int_0^1 \int_0^{2x} e^{x^2}\,dy\,dx$$

$$= \int_0^1 \left[y e^{x^2} \right]_0^{2x} dx = \int_0^1 2x e^{x^2}\,dx$$

$$= \left[e^{x^2} \right]_0^1 = e - 1$$

例5（フレネルの積分）　積分順序の交換を用いて, $\displaystyle I = \int_0^\infty \sin x^2\,dx$ を求めよ

う. $t = x^2$ とおくと,

$$I = \frac{1}{2} \int_0^\infty \frac{\sin t}{\sqrt{t}}\,dt$$

$r > 0$ に対し, $\displaystyle J = \int_0^r \int_0^r \sin x\,e^{-xy^2}\,dx\,dy$ とおく. (16.2) より

$$\int_0^r \sin x\,e^{-xy^2}\,dx = -\frac{e^{-ry^2}(y^2 \sin r + \cos r)}{y^4 + 1} + \frac{1}{y^4 + 1}$$

$$= F_1(y) + F_2(y)$$

$\displaystyle\left| \int_0^r F_1(y)\,dy \right| < 2 \int_0^r e^{-ry^2}\,dy < 2 \int_0^\infty e^{-ry^2}\,dy = \frac{\sqrt{\pi}}{\sqrt{r}}$ （§ 21 例9）より,

$$\lim_{r \to \infty} \int_0^r F_1(y)\, dy = 0. \quad \text{また,} \quad \lim_{r \to \infty} \int_0^r F_2(y)\, dy = \frac{\sqrt{2}}{4}\pi \ (\text{問題 21-8}).$$

積分順序を変えると,

$$J = \int_0^r \int_0^r \sin x\, e^{-xy^2}\, dy\, dx$$

$$= \int_0^r \sin x \left(\int_0^\infty e^{-xy^2}\, dy \right) dx - \int_0^1 \sin x \left(\int_r^\infty e^{-xy^2}\, dy \right) dx$$

$$\qquad - \int_1^r \sin x \left(\int_r^\infty e^{-xy^2}\, dy \right) dx$$

$$= J_1 - J_2 - J_3$$

§21 例 9 より $J_1 = \displaystyle\int_0^r \frac{\sqrt{\pi}}{2} \frac{\sin x}{\sqrt{x}}\, dx$ だから, $\displaystyle\lim_{r \to \infty} J_1 = \sqrt{\pi}\, I.$

$0 < x \leqq 1$ のとき

$$\int_r^\infty e^{-xy^2}\, dy < \int_r^\infty \frac{1}{xy^2}\, dy = \frac{1}{rx}$$

よって,

$$0 < J_2 < \int_0^1 \frac{\sin x}{x} \frac{1}{r}\, dx < \frac{1}{r}. \qquad \text{ゆえに} \quad \lim_{r \to \infty} J_2 = 0.$$

$1 \leqq x$ のとき

$$\int_r^\infty e^{-xy^2}\, dy < \int_r^\infty \frac{2}{x^2 y^4}\, dy = \frac{2}{3x^2 r^3}$$

よって,

$$|J_3| < \int_1^r \frac{2}{3x^2 r^3}\, dx < \frac{2}{3r^3} \int_1^\infty \frac{1}{x^2}\, dx = \frac{2}{3r^3}. \qquad \text{ゆえに} \quad \lim_{r \to \infty} J_3 = 0.$$

以上から, $r \to \infty$ のとき, $\dfrac{\sqrt{2}}{4}\pi = \sqrt{\pi}\, I$ が成り立つ. したがって,

$$I = \frac{\sqrt{2}}{4} \sqrt{\pi} = \sqrt{\frac{\pi}{8}}$$

例 6（重心） 密度 r が一様で, 厚さ h の薄い板を考える. 板の形は平面上の領域 D で表されるものとする. D を n 個の小領域 D_i $(i = 1, 2, \cdots, n)$ に分割し, D_i の面積を S_i とする. D_i に属する点 $P_i(x_i, y_i)$ をとり, P_i に D_i の

質量 m_i が集中してかかっていると考える. このとき, 質点系 P_i の重心の座標 (X, Y) は次の式で与えられる.

$$X = \frac{\displaystyle\sum_{i=1}^{n} m_i x_i}{\displaystyle\sum_{i=1}^{n} m_i} = \frac{\displaystyle\sum_{i=1}^{n} hrS_i x_i}{\displaystyle\sum_{i=1}^{n} hrS_i} = \frac{\displaystyle\sum_{i=1}^{n} S_i x_i}{\displaystyle\sum_{i=1}^{n} S_i}$$

同様に　$Y = \dfrac{\displaystyle\sum_{i=1}^{n} S_i y_i}{\displaystyle\sum_{i=1}^{n} S_i}$

分割を細かくしていくと, (X, Y) は分割のしかたや P_i の選び方によらず, 定点 (X_0, Y_0) に近づく. これをこの薄い板の**重心**という. 分割を細かくしたとき,

$$\sum_{i=1}^{n} x_i S_i \longrightarrow \iint_D x\, dx\, dy, \qquad \sum_{i=1}^{n} y_i S_i \longrightarrow \iint_D y\, dx\, dy,$$

$$\sum_{i=1}^{n} S_i \longrightarrow \iint_D 1\, dx\, dy$$

よって, 次の式が成り立つ.

$$(23.12) \qquad \boldsymbol{X_0 = \frac{\iint_D x\, dx\, dy}{\iint_D dx\, dy}, \qquad Y_0 = \frac{\iint_D y\, dx\, dy}{\iint_D dx\, dy}}$$

特に, $D : a \leqq x \leqq b,\ g(x) \leqq y \leqq f(x)$ のとき,

$$\iint_D x\, dx\, dy = \int_a^b \int_{g(x)}^{f(x)} x\, dy\, dx$$

$$= \int_a^b \left[xy \right]_{g(x)}^{f(x)} dx = \int_a^b x\{f(x) - g(x)\}\, dx$$

$$\iint_D y\, dx\, dy = \int_a^b \int_{g(x)}^{f(x)} y\, dy\, dx$$

$$= \int_a^b \left[\frac{y^2}{2} \right]_{g(x)}^{f(x)} dx = \frac{1}{2} \int_a^b \{(f(x))^2 - (g(x))^2\}\, dx$$

であるから, (23.12) は (18.17) と一致する.

例 7（曲面の面積） (x, y) が領域 D を動くときの曲面 $z = f(x, y)$ の面積を定義する．ただし，$f(x, y)$ は C^1 級の関数とする．領域 D を小領域 D_i（$i = 1, 2, \cdots, n$）に分割して，D_i 内にそれぞれ点 (x_i, y_i) をとる．$(x, y) \in D_i$ のとき，曲面 $z = f(x, y)$ を点 $\mathrm{P}_i(x_i, y_i, f(x_i, y_i))$ における接平面 Π_i で近似する．接平面 Π_i のうち，平面 $z = 0$ への正射影が D_i になる部分の面積を $S(\Pi_i)$，D_i の面積を $S(D_i)$ とする．平面 Π_i の法線ベクトル $\boldsymbol{u}_i = (-f_x(x_i, y_i), -f_y(x_i, y_i), 1)$ と，平面 $z = 0$ の法線ベクトル $\boldsymbol{e} = (0, 0, 1)$ のなす角を θ_i とすると，$S(\Pi_i) \cos \theta_i = S(D_i)$ が成り立つ．曲面積は接平面の面積の和で近似されると考えることにする．

$$(23.13) \qquad I(\Delta) = \sum_{i=1}^{n} S(\Pi_i) = \sum_{i=1}^{n} \frac{S(D_i)}{\cos \theta_i}$$

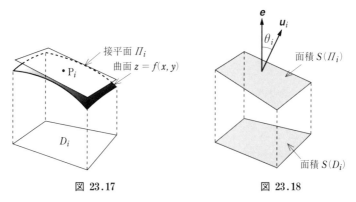

図 23.17　　　　　　　図 23.18

ここで

$$\cos \theta_i = \frac{\boldsymbol{u}_i \cdot \boldsymbol{e}}{|\boldsymbol{u}_i| \, |\boldsymbol{e}|} = \frac{1}{\sqrt{(f_x(x_i, y_i))^2 + (f_y(x_i, y_i))^2 + 1}}$$

分割 Δ を細かくすると，$I(\Delta)$ は D の分割のしかたや (x_i, y_i) のとり方によらず，一定の値 S に近づく．これを曲面 $z = f(x, y)$ $((x, y) \in D)$ の**曲面積**と定義する．（23.13）より，S は次の式で与えられる．

$$(23.14) \qquad S = \iint_D \sqrt{(f_x(x, y))^2 + (f_y(x, y))^2 + 1} \, dx \, dy$$

問 題 23 ———————————————————————————

1. 次の累次積分を求めよ.

(1) $\displaystyle\int_0^1\int_0^1 (x+2y)\,dx\,dy$　　　(2) $\displaystyle\int_0^3\int_{-1}^1 (x^2-y^2)\,dy\,dx$

(3) $\displaystyle\int_0^\pi\int_0^\pi \cos(x-y)\,dx\,dy$　　(4) $\displaystyle\int_1^2\int_0^1 xe^y\,dy\,dx$

(5) $\displaystyle\int_0^1\int_1^2 \frac{1}{\sqrt{x+2y}}\,dx\,dy$　　(6) $\displaystyle\int_0^1\int_x^{x+1} x^2y\,dy\,dx$

(7) $\displaystyle\int_0^1\int_0^{y^2} (1-y)\,dx\,dy$　　(8) $\displaystyle\int_0^1\int_0^x e^{2x-y}\,dy\,dx$

2. 次の2重積分を求めよ.

(1) $\displaystyle\iint_D (x-y)\,dx\,dy$　$[D:0\leqq x\leqq 1,\ -1\leqq y\leqq 1]$

(2) $\displaystyle\iint_D (x^2\sqrt{y}+2x)\,dx\,dy$　$[D:0\leqq x\leqq 2,\ 0\leqq y\leqq 1]$

(3) $\displaystyle\iint_D (x+y)^3\,dx\,dy$　$[D:-y\leqq x\leqq 3y,\ 0\leqq y\leqq 1]$

(4) $\displaystyle\iint_D x\,dx\,dy$　$[D:0\leqq x\leqq 2,\ 0\leqq y\leqq \sqrt{x}\,]$

(5) $\displaystyle\iint_D 2\,dx\,dy$　$[D:x\geqq 0,\ y\geqq 0,\ x+y\leqq 1]$

(6) $\displaystyle\iint_D e^{x+y}\,dx\,dy$　$\left[D:0\leqq x\leqq 2,\ 0\leqq y\leqq 1-\dfrac{x}{2}\right]$

(7) $\displaystyle\iint_D \sin x\cos y\,dx\,dy$　$\left[D:0\leqq x\leqq \dfrac{\pi}{2},\ 0\leqq y\leqq \pi\right]$

(8) $\displaystyle\iint_D \cos x\cos y\,dx\,dy$　$\left[D:0\leqq x\leqq y,\ 0\leqq y\leqq \dfrac{\pi}{4}\right]$

(9) $\displaystyle\iint_D xy^3\,dx\,dy$　$[D:x\geqq 0,\ x+y\leqq 4\leqq x+2y]$

(10) $\displaystyle\iint_D xe^y\,dx\,dy$　$[D:x^2\leqq y\leqq 2]$

3. 次の2重積分を (23.9) と (23.10) の両方の方法で計算してみよ. どちらが簡単か.

$$\iint_D x\,dx\,dy\quad [D:x\geqq 0,\ y\geqq 0,\ x^2+y^2\leqq 4]$$

4. 領域 D と $f(x,y)$ の対称性を利用して, 次の2重積分を求めよ.

(1) $\displaystyle\iint_D x^3y^7\,dx\,dy$　$\left[D:\dfrac{x^2}{2}+\dfrac{y^2}{3}\leqq 1\right]$

(2) $\displaystyle\iint_D \dfrac{x-y}{2+\sin(x+y)}\,dx\,dy$　$[D:x^2+y^2\leqq 1]$

(3) $\displaystyle\iint_D (2x^5y - y^2)\,dx\,dy$ [D : 3 点 $(0,1),(2,3),(-2,3)$ を頂点とする三角形の内部]

5. 次の 2 重積分を求めよ.

(1) $\displaystyle\iint_D (x+2y)e^y\,dx\,dy$ [$D : 0 \leq x \leq 1,\ 0 \leq y \leq 2x$]

(2) $\displaystyle\iint_D x\sin(x+y)\,dx\,dy$ $\left[D : 0 \leq x \leq \dfrac{\pi}{2},\ 0 \leq y \leq \dfrac{\pi}{2}\right]$

(3) $\displaystyle\iint_D \log\dfrac{y}{x}\,dx\,dy$ [$D : 1 \leq x \leq e,\ x \leq y \leq x^2$]

(4) $\displaystyle\iint_D xe^{xy}\,dx\,dy$ $\left[D : 0 \leq x \leq \dfrac{2}{y},\ 1 \leq y \leq 2\right]$

(5) $\displaystyle\iint_D x^3\,dx\,dy$ [$D : x^2+y^2 \leq 1,\ y \geq 0$]

(6) $\displaystyle\iint_D xy\,dx\,dy$ [$D : 0 \leq y \leq \sqrt{x},\ x+y \leq 6$]

(7) $\displaystyle\iint_D \dfrac{x}{\sqrt{4x^2-y^2}}\,dx\,dy$ [$D : 1 \leq x \leq 4,\ 0 \leq y \leq x$]

(8) $\displaystyle\iint_D y\exp\!\left(\dfrac{y^2}{x}\right)dx\,dy$ [$D : 1 \leq x \leq 2,\ 0 \leq y \leq x$]

(9) $\displaystyle\iint_D e^x\cos y\,dx\,dy$ $\left[D : 0 \leq x \leq \sin y,\ 0 \leq y \leq \dfrac{\pi}{2}\right]$

(10) $\displaystyle\iint_D x\,dx\,dy$ [$D : x^2+y^2 \leq 1,\ 0 \leq y \leq x+1$]

6. 次の累次積分を積分の順序交換をして求めよ.

(1) $\displaystyle\int_0^1\int_{4x}^4 e^{-y^2}\,dy\,dx$ (2) $\displaystyle\int_0^2\int_{\frac{y}{2}}^1 \cos x^2\,dx\,dy$

(3) $\displaystyle\int_0^1\int_{\sqrt{y}}^1 \sin(x^3+1)\,dx\,dy$ (4) $\displaystyle\int_0^1\int_y^1 e^{x^2}\,dx\,dy$

(5) $\displaystyle\int_0^2\int_y^2 xe^{-x^3}\,dx\,dy$ (6) $\displaystyle\int_0^1\int_{\sqrt{y}}^1 e^{\frac{y}{x}}\,dx\,dy$

7. 次の曲面の面積を求めよ.

(1) $\dfrac{x}{a}+\dfrac{y}{b}+\dfrac{z}{c}=1,$ $x \geq 0,\ y \geq 0,\ z \geq 0$ (a,b,c : 正の定数)

(2) $z = x^2+y^2,$ $0 \leq z \leq 1$

8. (1) xy 平面上の曲線 $y = f(x)$ ($a \leq x \leq b$) を x 軸のまわりに回転してできる回転体の表面積 S は次の式で与えられることを示せ. ただし, $f(x)$ は C^1 級の関数とする.

(23.15)　　$S = 2\pi \int_a^b |f(x)| \sqrt{1+(f'(x))^2}\, dx = 2\pi \int_a^b |y| \sqrt{1+\left(\dfrac{dy}{dx}\right)^2}\, dx$

(2)　$y = 2\sqrt{x}$ $(0 \leqq x \leqq 3)$ を x 軸のまわりに回転してできる回転面の面積を求めよ.

(3)　球面 $x^2+y^2+z^2 = 4$ の表面積を求めよ.

(4)　距離が d だけ離れた平行な 2 平面が, ともに半径 r の球と交わっているとする. 球面のうち, 2 平面にはさまれた部分 (これを球帯 [zone] という) の面積を求めよ. この値が r と d だけで決まることは, すでに紀元前 3 世紀にアルキメデスによって知られていた.

(5)　地球を半径 6400 km の完全な球とするとき, 北緯 60° 以北にある部分の面積は北半球の面積の何% ぐらいか. また, 北半球の面積の $\dfrac{1}{2}$ を占めるのは北緯何度以北の部分か.

(6)　半径 r, 中心 O の球と, 半径 R, 中心 O′ の球があり, 半径 R の球面は O を通っている. 半径 R の球面のうち, 半径 r の球に含まれる部分の表面積を求めよ.

9.　次の曲線を x 軸のまわりに回転してできる回転体の表面積を求めよ.

(1)　$x = a\cos^3 t$, $y = a\sin^3 t$　$\left(a > 0,\ 0 \leqq t \leqq \dfrac{\pi}{2}\right)$

(2)　$x = a(t-\sin t)$, $y = a(1-\cos t)$　$(a > 0,\ 0 \leqq t \leqq 2\pi)$

(3)　$x = 2\cos t$, $y = \sqrt{3}\,\sin t$　$(0 \leqq t \leqq \pi)$

(4)　$y = x^3$　$(0 \leqq x \leqq 1)$

10.　$\displaystyle\int_0^r \int_0^r e^{-xy} \sin x\, dy\, dx = \int_0^r \int_0^r e^{-xy} \sin x\, dx\, dy$ を用いて $\displaystyle\int_0^\infty \dfrac{\sin x}{x}\, dx$ を求めよ.

(右辺の内側の積分は (16.2) を用いる. $r \to \infty$ としたときの評価には, 問題 18-10, 問題 18-11 を用いる.)

11.　4 点 $(0,0,0)$, $(a,0,0)$, $(0,b,0)$, $(0,0,c)$ を頂点とする四面体の体積を 2 重積分を使って求めよ $(a > 0,\ b > 0,\ c > 0)$.

24. 極座標による 2 重積分

　この節では極座標を用いて 2 重積分の計算を行
う方法を述べる．これは 2 重積分における変数変
換の特別な場合にあたるが，実用上よく使われ
る．極座標は平面上の点を変数 (r, θ) を用いて
表示する．直交座標 (x, y) による表示との関係
は次のとおりであった（§ 22）．

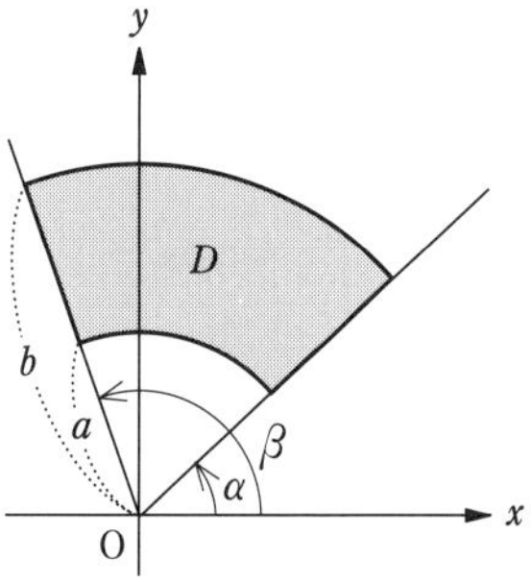

$$(24.1) \qquad \begin{cases} x = r \cos \theta \\ y = r \sin \theta \end{cases}$$

図 24.1

平面上の領域 D を図 24.1 のような領域とする．
この領域を極座標で表すと次のように書ける．

$$(24.2) \qquad G : \quad a \leqq r \leqq b, \ \alpha \leqq \theta \leqq \beta$$

このとき，連続関数 $f(x, y)$ の D 上での 2 重積分について，次の変換公式が
成り立つ．

定理 1 $\qquad \displaystyle\iint_D f(x, y)\, dx\, dy = \iint_G f(r \cos \theta, r \sin \theta) r\, dr\, d\theta$

　形式的には，左辺の (x, y) に $(r \cos \theta, r \sin \theta)$ を代入し，$dx\, dy = r\, dr\, d\theta$
とおいたものが右辺になる．

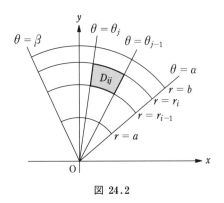

図 24.2

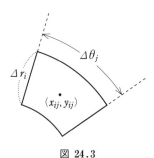

図 24.3

証明　領域 D を次のように分割する（図 24.2）.

$$\Delta : \begin{cases} a = r_0 < r_1 < r_2 < \cdots < r_n = b \\ \alpha = \theta_0 < \theta_1 < \theta_2 < \cdots < \theta_m = \beta \end{cases}$$

D_{ij} を $r_{i-1} \leqq r \leqq r_i$, $\theta_{j-1} \leqq \theta \leqq \theta_j$ の範囲にある小領域とし, D_{ij} の面積を ΔS_{ij} とする. また, p_i, q_j を次の式で定める.

$$(24.3) \qquad p_i = \frac{r_{i-1}+r_i}{2}, \qquad q_j = \frac{\theta_{j-1}+\theta_j}{2} \quad (i = 1, 2, \cdots, n, \; j = 1, 2, \cdots, m)$$

すると, $(x_{ij}, y_{ij}) = (p_i \cos q_j, p_i \sin q_j)$ は D_{ij} の内部の点になる.
$\Delta r_i = r_i - r_{i-1}$, $\Delta \theta_j = \theta_j - \theta_{j-1}$ とおく.

$$(24.4) \qquad \Delta S_{ij} = \pi r_i^2 \frac{\Delta \theta_j}{2\pi} - \pi r_{i-1}^2 \frac{\Delta \theta_j}{2\pi} = \frac{1}{2}(r_i^2 - r_{i-1}^2) \Delta \theta_j = \frac{r_i + r_{i-1}}{2} \Delta r_i \, \Delta \theta_j$$

$$(24.5) \qquad I(\Delta) = \sum_{i=1}^{n} \sum_{j=1}^{m} f(x_{ij}, y_{ij}) \, \Delta S_{ij}$$

(24.3), (24.4) より $I(\Delta)$ は次のようにも書ける.

$$(24.6) \qquad I(\Delta) = \sum_{i=1}^{n} \sum_{j=1}^{m} f(p_i \cos q_j, p_i \sin q_j) p_i \, \Delta r_i \, \Delta \theta_j$$

分割 Δ を細かくしていくと, (24.5), (24.6) より $I(\Delta)$ は次の2重積分に近づく.

$$I(\Delta) \longrightarrow \iint_D f(x, y) \, dx \, dy,$$

$$I(\Delta) \longrightarrow \iint_G f(r \cos \theta, r \sin \theta) r \, dr \, d\theta$$

よって, 定理1の等式が成り立つ. ▪

定理1の右辺を累次積分に直すと, 次の等式が成り立つ.

$$(24.7) \qquad \iint_D f(x, y) \, dx \, dy = \int_\alpha^\beta \left\{ \int_a^b f(r \cos \theta, r \sin \theta) r \, dr \right\} d\theta$$

(24.7) の右辺で, 被積分関数は $f(r \cos \theta, r \sin \theta)$ ではなく, $f(r \cos \theta, r \sin \theta)r$ である点に注意する. より一般に, D が極座標では次のように表される領域とする（図 24.4）.

$$(24.8) \qquad G : \quad g(\theta) \leqq r \leqq h(\theta),$$
$$\alpha \leqq \theta \leqq \beta$$

このとき, 連続関数 $f(x, y)$ の D 上での2重積分について, 次の変換公式が成り立つ.

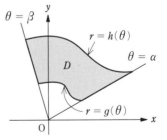

図 24.4

$$(24.9) \qquad \iint_D f(x, y)\, dx\, dy = \int_\alpha^\beta \left\{ \int_{g(\theta)}^{h(\theta)} f(r\cos\theta,\, r\sin\theta)\, r\, dr \right\} d\theta$$

例1 領域 D を直交座標で次のように表される領域とする（図24.5）.

$$D: \quad 1 \leqq x^2 + y^2 \leqq 4, \ x \geqq 0, \ y \geqq 0$$

このとき D 上での2重積分 $\iint_D x\, dx\, dy$ を定理1を用いて求める. D を極座標で表すと, 次のようになる.

$$G: \quad 1 \leqq r \leqq 2, \ 0 \leqq \theta \leqq \frac{\pi}{2}$$

よって,

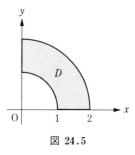

図24.5

$$\iint_D x\, dx\, dy = \iint_G r\cos\theta \, r\, dr\, d\theta$$

$$= \int_0^{\frac{\pi}{2}} \int_1^2 r^2 \cos\theta\, dr\, d\theta = \int_0^{\frac{\pi}{2}} \left[\frac{r^3}{3}\cos\theta \right]_1^2 d\theta$$

$$= \int_0^{\frac{\pi}{2}} \frac{7}{3}\cos\theta\, d\theta = \left[\frac{7}{3}\sin\theta \right]_0^{\frac{\pi}{2}} = \frac{7}{3}$$

例2 $\iint_D \sqrt{y}\, dx\, dy \ [D: x^2+y^2 \leqq 2y, \ x \geqq 0]$ を求める.

$D: x^2+(y-1)^2 \leqq 1, \ x \geqq 0$ と書くと, D は図24.6のような領域であることがわかる. 不等式 $x^2+y^2 \leqq 2y$ に $x = r\cos\theta$, $y = r\sin\theta$ を代入すると,

$$r^2 \leqq 2r\sin\theta \quad \text{より} \quad 0 \leqq r \leqq 2\sin\theta$$

また, 図より $0 \leqq \theta \leqq \dfrac{\pi}{2}$. よって,

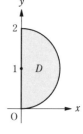

図24.6

$$\iint_D \sqrt{y}\, dx\, dy = \int_0^{\frac{\pi}{2}} \int_0^{2\sin\theta} \sqrt{r\sin\theta}\, r\, dr\, d\theta \cdots\cdots (*)$$

ここで,

$$\int_0^{2\sin\theta} r^{\frac{3}{2}}\sqrt{\sin\theta}\, dr = \sqrt{\sin\theta} \left[\frac{2}{5} r^{\frac{5}{2}} \right]_0^{2\sin\theta} = \frac{8\sqrt{2}}{5}\sin^3\theta$$

ゆえに，$(*) = \dfrac{8\sqrt{2}}{5} \displaystyle\int_0^{\frac{\pi}{2}} \sin^3 \theta \, d\theta = \dfrac{8\sqrt{2}}{5} \dfrac{2}{3} = \dfrac{16}{15}\sqrt{2}.$　▨

例3　2重積分を利用して，$I = \displaystyle\int_0^\infty e^{-x^2} dx$ を求める．領域 D, D_1, D_2 を次のように定める（図24.7）．

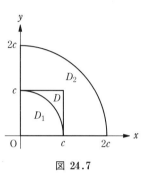

図 24.7

$$D:\quad 0 \leqq x \leqq c,\ 0 \leqq y \leqq c$$
$$D_1:\quad x^2 + y^2 \leqq c^2,\ x \geqq 0,\ y \geqq 0$$
$$D_2:\quad x^2 + y^2 \leqq 4c^2,\ x \geqq 0,\ y \geqq 0$$

すると，$D_1 \subseteqq D \subseteqq D_2$ であり，$\exp(-x^2 - y^2) > 0$ より

$$\iint_{D_1} e^{-x^2-y^2}\, dx\, dy < \iint_D e^{-x^2-y^2}\, dx\, dy < \iint_{D_2} e^{-x^2-y^2}\, dx\, dy$$

ここで

$$J_1 = \iint_{D_1} e^{-x^2-y^2}\, dx\, dy = \int_0^{\frac{\pi}{2}} \int_0^c e^{-r^2}\, r\, dr\, d\theta$$
$$= \int_0^{\frac{\pi}{2}} \left[-\frac{1}{2} e^{-r^2} \right]_0^c d\theta = \int_0^{\frac{\pi}{2}} \left(\frac{1}{2} - \frac{1}{2} e^{-c^2} \right) d\theta$$
$$= \frac{\pi}{4}(1 - e^{-c^2})$$

同様にして，

$$J_2 = \iint_{D_2} e^{-x^2-y^2}\, dx\, dy = \frac{\pi}{4}(1 - e^{-4c^2})$$
$$J = \iint_D e^{-x^2-y^2}\, dx\, dy = \int_0^c \int_0^c e^{-x^2-y^2}\, dx\, dy$$
$$= \left(\int_0^c e^{-x^2}\, dx \right)\left(\int_0^c e^{-y^2}\, dy \right) = \left(\int_0^c e^{-x^2}\, dx \right)^2$$

$\displaystyle\lim_{c\to\infty} J_1 = \lim_{c\to\infty} J_2 = \dfrac{\pi}{4}$ だから，はさみうちの原理により，$\displaystyle\lim_{c\to\infty} J = \dfrac{\pi}{4}$．$I^2 = \displaystyle\lim_{c\to\infty} J = \dfrac{\pi}{4}$ であり，$I > 0$ だから，$I = \dfrac{\sqrt{\pi}}{2}$．　▨

例4（ガンマ関数とベータ関数） 領域 D_R, E_c を次のように定める．

$$D_R: \quad \frac{1}{R} \leqq x \leqq R, \quad \frac{1}{R} \leqq y \leqq R \quad (R > 0) \quad [\text{直交座標による表示}]$$

$$E_c: \quad \frac{1}{c} \leqq r \leqq c, \quad \frac{1}{c} \leqq \theta \leqq \frac{\pi}{2} - \frac{1}{c} \quad (c > 0) \quad [\text{極座標による表示}]$$

任意の a (> 1) に対し，c と b を適当にとると，

$$D_a \subseteqq E_c \subseteqq D_b$$

とできる（図24.8）．よって，$f(x, y) = x^{2p-1}e^{-x^2}y^{2q-1}e^{-y^2}$ ($p > 0$, $q > 0$) とすると，

$$(24.10) \quad \iint_{D_a} f(x,y)\,dx\,dy < \iint_{E_c} f(x,y)\,dx\,dy < \iint_{D_b} f(x,y)\,dx\,dy$$

(24.10) で領域 D_a, D_b, E_c 上での積分をそれぞれ I_1, I_2, J とおく．

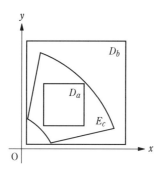

図 24.8

$$I_1 = \left(\int_{\frac{1}{a}}^{a} x^{2p-1}e^{-x^2}\,dx \right)\left(\int_{\frac{1}{a}}^{a} y^{2q-1}e^{-y^2}\,dy \right)$$

$$= \frac{1}{4}\left(\int_{\frac{1}{a^2}}^{a^2} x^{p-1}e^{-x}\,dx \right)\left(\int_{\frac{1}{a^2}}^{a^2} y^{q-1}e^{-y}\,dy \right)$$

$$J = \int_{\frac{1}{c}}^{\frac{\pi}{2}-\frac{1}{c}} \int_{\frac{1}{c}}^{c} r^{2(p+q)-1}e^{-r^2}\cos^{2p-1}\theta \sin^{2q-1}\theta \,dr\,d\theta$$

$$= \frac{1}{2}\left(\int_{\frac{1}{c^2}}^{c^2} r^{p+q-1}e^{-r}\,dr \right)\left(\int_{\frac{1}{c}}^{\frac{\pi}{2}-\frac{1}{c}} \cos^{2p-1}\theta \sin^{2q-1}\theta \,d\theta \right)$$

$a \to \infty$ のとき，$c \to \infty$ かつ $b \to \infty$ である．上の計算から，

$$\lim_{a \to \infty} I_1 = \frac{1}{4} \Gamma(p)\Gamma(q),$$

$$\lim_{c \to \infty} J = \frac{1}{4} \Gamma(p+q)B(p,q) \quad ((21.13) \text{参照})$$

I_1 と同様にして，$\lim_{b \to \infty} I_2 = \frac{1}{4} \Gamma(p)\Gamma(q)$ だから，はさみうちの原理により，

次の等式が成り立つ．

(24.11)　　**$\boldsymbol{\Gamma(p+q)B(p,q) = \Gamma(p)\Gamma(q)}$**

問 題 24

1. 次の 2 重積分を求めよ．

(1) $\displaystyle\iint_D x\, dx\, dy \quad [D : x^2+y^2 \leq 1,\ y \geq 0]$

(2) $\displaystyle\iint_D y\, dx\, dy \quad [D : x^2+y^2 \leq 4,\ x \geq 0,\ y \geq 0]$

(3) $\displaystyle\iint_D \frac{1}{x^2+y^2}\, dx\, dy \quad [D : 1 \leq x^2+y^2 \leq 3]$

(4) $\displaystyle\iint_D \sin\sqrt{x^2+y^2}\, dx\, dy \quad \left[D : x^2+y^2 \leq \frac{\pi^2}{4},\ x \geq 0\right]$

(5) $\displaystyle\iint_D \sqrt{x^2+y^2}\, dx\, dy \quad [D : x^2+y^2 \leq 1,\ 0 \leq x \leq y]$

(6) $\displaystyle\iint_D xy\, dx\, dy \quad [D : x^2+y^2 \leq 1,\ 0 \leq y \leq x]$

2. 次の 2 重積分を求めよ．

(1) $\displaystyle\iint_D \log(x^2+y^2)\, dx\, dy \quad [D : 1 \leq x^2+y^2 \leq e,\ y \geq 0]$

(2) $\displaystyle\iint_D (x^2-y^2)\, dx\, dy \quad [D : x^2+y^2 \leq 4,\ x \geq 0,\ y \geq 0]$

(3) $\displaystyle\iint_D \sqrt{4-x^2-y^2}\, dx\, dy \quad [D : x^2+y^2 \leq 4,\ y \geq 0]$

(4) $\displaystyle\iint_D x^2\, dx\, dy \quad [D : x^2+y^2 \leq 2,\ y \geq x]$

(5) $\displaystyle\iint_D \frac{1}{1+x^2+y^2}\, dx\, dy \quad [D : 2 \leq x^2+y^2 \leq 3]$

(6) $\displaystyle\iint_D 2y\, dx\, dy \quad [D : (x-1)^2+y^2 \leq 1,\ y \geq 0]$

(7) $\displaystyle\iint_D \sqrt{x}\, dx\, dy \quad [D : (x-2)^2+y^2 \leq 4,\ y \geq 0]$

(8) $\displaystyle\iint_D \left(\tan^{-1}\frac{y}{x}\right)^2 dx\,dy$ $\quad [D : 1 \leq x^2+y^2 \leq 3,\ |y| \leq x]$

(9) $\displaystyle\iint_D \frac{1}{(1+x^2+y^2)^2} dx\,dy$ $\quad [D : x^2+y^2 \leq 1,\ x+y \leq 0]$

(10) $\displaystyle\iint_D \cos(x^2+y^2)\,dx\,dy$ $\quad \left[D : x^2+y^2 \leq \dfrac{\pi}{4},\ y \leq 0\right]$

(11) $\displaystyle\iint_D (x^2+y^2)^2 dx\,dy$ $\quad [D : x \leq 0,\ -3x \leq x^2+y^2 \leq 9]$

3. 球 $x^2+y^2+z^2 = a^2\ (a > 0)$ の体積および表面積を求めよ.

4. 次の立体の体積を求めよ.

(1) 曲面 $z = xy$, 円柱 $x^2+y^2 = a^2\ (a > 0)$, および平面 $z = 0$ で囲まれた立体で, $x \geq 0,\ y \geq 0$ の部分.

(2) 回転放物面 $z = x^2+y^2$, 円柱 $x^2+y^2 = 4$, 平面 $z = 0$ で囲まれた部分.

(3) 球面 $x^2+y^2+z^2 = a^2$, 円柱 $x^2+y^2 = ay\ (a > 0)$, および平面 $z = 0$ で囲まれた部分.

(4) 円柱 $x^2+y^2 = a^2$ と円柱 $y^2+z^2 = a^2\ (a > 0)$ の共通部分.

5. 極座標で $\alpha \leq \theta \leq \beta,\ 0 \leq r \leq f(\theta)$ と表される領域の面積を求める公式（§22 定理3）を2重積分を用いて導け.

6. $\displaystyle\iint_D \exp\left(\frac{x-y}{x+y}\right) dx\,dy$ $[D : x \geq 0,\ y \geq 0,\ x+y \leq 4]$ を求めよ.

$\left(\text{極座標での積分に変換して},\ t = \dfrac{\cos\theta-\sin\theta}{\cos\theta+\sin\theta}\ \text{とおく}.\right)$

7. $\displaystyle\iint_D x^{2p+1}y^{2q+1} dx\,dy$ $[D : x \geq 0,\ y \geq 0,\ x^2+y^2 \leq 1]$ を求めよ. ただし, p, q は自然数とする（(21.13) および問題 21-3 を参照）.

8. (1) $\Gamma\left(\dfrac{1}{3}\right)\Gamma\left(\dfrac{2}{3}\right)$ を求めよ.　　(2) $\Gamma\left(\dfrac{1}{4}\right)\Gamma\left(\dfrac{3}{4}\right)$ を求めよ.

（問題 21-17, 問題 21-8 を用いる.）

9. カージオイド : $r = a(1+\cos\theta)$ の形をした薄い板の重心を求めよ.

25. 微分方程式(1)

　ある集団の人口増加の法則について，イギリスの経済学者 T. R. マルサスは 1798 年にひとつの法則を提唱した．$u(t)$ を時刻 t における集団の人口とする．マルサスは単位時間あたりの人口増加数は集団の人口に比例すると考えた．すると，時刻 t から $t+\Delta t$ までの間の人口増加は，Δt が十分小さければ次の式で与えられる．

$$u(t+\Delta t)-u(t) = ku(t)\,\Delta t \quad (k：定数)$$

ここで両辺を Δt で割り，$\Delta t \to 0$ とすると，関数 $u(t)$ は次の式をみたす．

(25.1)　　　$u'(t) = ku(t)$

k は単位時間あたり，単位人口あたりの人口増加数であり，人口増加率とよばれる．**マルサスの法則** (25.1) は未知の関数 $u(t)$ と導関数 $u'(t)$ を含む方程式である．一般に，未知関数 y とその導関数 $(y', y'', \cdots)$ を含む方程式を**微分方程式**という．

例1　（1）　$y'-y+x^2-2 = 0$　　　　（2）　$y''+xy' = (x^2+2)\cos x$

　（1）は未知関数 y の導関数として，y' のみが方程式に現れるので**1階微分方程式**とよばれる．(2)は y'' が方程式に現れるので**2階微分方程式**とよばれる．

　一般に，未知関数 y の最高 n 階の導関数 $y^{(n)}$ が微分方程式に現れるとき，**n 階微分方程式**という．任意の x について微分方程式をみたす関数 $y = y(x)$ を**解**といい，解を求めることを微分方程式を**解く**という．未知関数を表す文字としては，y, u, x, z などさまざまなものが使われる．独立変数も同様である．たとえば例1(1)を次のように書いても同じ微分方程式である．

$$\frac{dz}{dt}-z+t^2-2 = 0$$

注　未知関数が多変数（2変数以上）の関数で，その偏導関数が方程式に現れるものを**偏微分方程式**という．
　　　例：（1）　$u_t = u_{xx}$　　　　　　（未知関数 $u = u(x,t)$）

（2）　$u_{xx}+u_{yy}+u_{zz}=0$　（未知関数 $u=u(x,y,z)$）

これと区別するため，1変数の未知関数に関する微分方程式を**常微分方程式**とよぶ．本書では偏微分方程式を本格的に取り扱わないので，常微分方程式を単に微分方程式という．

例1(1)において，関数 $y=x^2+2x$ は微分方程式をみたすので，ひとつの解である．関数 $y=x^2+2x+ce^x$（c：定数）もまた，解であることはすぐにわかる．c は任意の実数であるから，この微分方程式の解は無数にある．このように解を表示したとき，c を**任意定数**といい，任意定数を含む解を微分方程式の**一般解**という．これに対し，個々の解（この例では $y=x^2+2x$ や $y=x^2+2x+e^x$ など）を**特殊解**という．一般に n 階微分方程式の一般解は n 個の任意定数を含むことが知られている．

例2　次の微分方程式は**クレーロー型**とよばれる．

（＊）　　　　$y=xy'+(y')^2$

関数 $y=cx+c^2$ は任意定数 c を含む一般解である．一方，$y=-\dfrac{x^2}{4}$ も（＊）の解であることが確かめられるが，c をどのように選んでも，この解 $y=-\dfrac{x^2}{4}$ は表せない．このように一般解に含まれない特殊解を**特異解**とよぶ． ▨

例2が示すように，（一般解）＝（すべての解の集合）であるとは必ずしも言えない．しかし，ある種の方程式については，一般解がすべての特殊解を表すことを示せる（後述の線形微分方程式など）．

以下，この節では具体的に一般解が求められる2つのタイプの1階微分方程式を扱う．

①　**変数分離形**

(25.2)　　　$\dfrac{dy}{dx}=f(x)g(y)$

(25.2)のように右辺が x の関数と y の関数の積になっているものを**変数分離形**という．

例3 （1） $\dfrac{dy}{dx} = 3x^2 y$ 　　（2） $\dfrac{du}{dt} = \dfrac{\sin t}{u^2}$

　　（3） $\dfrac{dy}{dx} = x^3 + 2\cos y$

(1),(2) は変数分離形であるが，(3) は変数分離形でない．

(25.2) は形式的に次の手順で解ける．

　　　　（＊） $\dfrac{dy}{dx} = f(x)g(y)$

　　　　　　↓　　y を左辺に，x を右辺に分離する．

　　　　（1） $\dfrac{1}{g(y)}\, dy = f(x)\, dx$

　　　　　　↓　　左辺を y について積分し，右辺を x について
　　　　　　　　　積分する．

　　　　（2） $\displaystyle\int \dfrac{1}{g(y)}\, dy = \int f(x)\, dx$

　　　　　　↓　　x と y の微分を含まない関係式を得る．

　　　　（3） $G(y) = F(x)$

　　　　　　↓　　もし可能ならば y について解く．

　　　　（4） $y = \varphi(x)$

なお，（＊）から (2) への変形は，正確には（＊）の両辺を $g(y)$ で割って置換積分を用いる．

$$\int \frac{1}{g(y(x))} y'(x)\, dx = \int \frac{1}{g(y)}\, dy \quad [y = y(x)]$$

(3) は解の陰関数による表示である．この段階で微分方程式は解けたとみなすことも多い．

例4 次の微分方程式の一般解を求める．

(25.3) 　　$\dfrac{dy}{dx} = 3x^2 y$

　　　　$\dfrac{1}{y}\, dy = 3x^2\, dx$ 　より　$\displaystyle\int \dfrac{1}{y}\, dy = \int 3x^2\, dx$

よって $\log|y| = x^3 + c$（積分定数は左辺または右辺の一方にまとめられる）．

$$|y| = e^{x^3 + c} = e^c \cdot e^{x^3} \qquad y = \pm e^c e^{x^3}$$

$\pm e^c$ をあらためて a とおくと，$y = ae^{x^3}$（a：任意定数）．　▨

例 4 の解法において，微分方程式の両辺を y で割っているので，$y = 0$ の
ときは別に考える必要がある．定数関数 $y \equiv 0$ は明らかに方程式をみたす．
これは $a = 0$ とおいた場合に相当する．すべての解が $y = ae^{x^3}$ の形に書ける
ことを正確に示すには次のようにすればよい．(25.3) の任意の解 y に対し，$z = ye^{-x^3}$ とおく．すると，(25.3) より，

$$\frac{dz}{dx} = \frac{dy}{dx}e^{-x^3} + ye^{-x^3} \cdot (-3x^2) = \left(\frac{dy}{dx} - 3x^2 y\right)e^{-x^3} = 0$$

よって $z \equiv a$（定数）．すなわち，$y = ze^{x^3} = ae^{x^3}$．なお，この種の吟味は
今後省略することも多い．

一般に微分方程式の解は無数にあるが，適当な条件をつけると解は一意的に
定まる．1 階微分方程式では次の条件がよく使われる．

$$(25.4) \qquad \begin{cases} \dfrac{dy}{dx} = f(x, y) \cdots\cdots ① \\ y(a) = b \qquad \cdots\cdots ② \end{cases}$$

② は $x = a$ のときの y の値を指定したもので，**初期条件**とよばれる．また b
を**初期値**という．①,② をみたす解 $y(x)$ を求める問題を**初期値問題**という．
微分方程式を用いたモデルでは，しばしば独立変数 x が時刻を表す．その意
味で，$x = a$ を**初期時刻**とよぶことがある．関数 $f(x, y)$ が C^1 級であれば，
①,② をみたす解はただ 1 つであることが知られている（これを**解の一意性**と
いう）．

例 5　次の初期値問題を解く．

$$\begin{cases} \dfrac{dy}{dx} = 3x^2 y \cdots\cdots ① \\ y(0) = 4 \qquad \cdots\cdots ② \end{cases}$$

① の一般解は例 4 より，$y = ae^{x^3}$（a：任意定数）と書ける．定数 a を決める
ため，初期条件 $x = 0$，$y = 4$ を代入すると，

$$4 = ae^0 = a. \qquad \text{よって} \quad y = 4e^{x^3}.$$

② **1階線形微分方程式**　　次のように y および y' について1次式で表せる1階微分方程式を**線形**であるという.

$$(25.5) \qquad y' + P(x)y = Q(x)$$

ここで，$P(x), Q(x)$ はある与えられた連続な関数である.

例6　（1）　$3y' + x^2 y = 5\sin x + 6x^3$　　　（2）　$y' - xy^2 + y^3 = 0$

（1）は線形であるが，（2）は y^2, y^3 が方程式に現れるので線形ではない.（2）のようなものを**非線形微分方程式**とよぶ.

まず（25.5）において，$Q(x) \equiv 0$ の場合を考える.

$$(25.6) \qquad \frac{dy}{dx} = -P(x)y$$

これは変数分離形である.

$$\frac{1}{y}dy = -P(x)\,dx \quad \text{より} \quad \int \frac{1}{y}dy = -\int P(x)\,dx$$

$$\log|y| = -\int P(x)\,dx + c$$

$$|y| = \exp\left(-\int P(x)\,dx + c\right) = e^c \cdot \exp\left(-\int P(x)\,dx\right)$$

ここで絶対値をはずして，$\pm e^c = a$ とおく.（25.6）の一般解は，

$$(25.7) \qquad y = ae^{-\int P(x)dx} \quad (a : \text{任意定数})$$

次に $Q(x)$ が恒等的に 0 ではない場合も含めて考える. この場合,（25.7）がそのまま（25.5）の一般解になることは期待できない. そこで,（25.7）を少し変えた次の形の一般解を探してみることにする. このような方法を**定数変化法**という.

$$(25.8) \qquad y = a(x)e^{-\int P(x)dx}$$

$a(x)$ は（25.5）が成り立つように今後定めていく関数である.（25.8）より，

$$y' = a'(x)e^{-\int P(x)dx} + a(x)e^{-\int P(x)dx} \times (-P(x))$$

よって，

$$y' + P(x)y = a'(x)e^{-\int P(x)dx}$$

(25.8) が (25.5) の解になるためには，次の等式が成り立てばよい．

$$a'(x)e^{-\int P(x)dx} = Q(x)$$

これより，$a'(x) = Q(x)e^{\int P(x)dx}$. よって，$a(x)$ を次のように定めればよい．

(25.9) $$a(x) = \int Q(x)e^{\int P(x)dx}\,dx + c \quad (c：任意定数)$$

(25.9) を (25.8) に代入すると，(25.5) の一般解は次の形に書ける．

(25.10) $$\boldsymbol{y = e^{-\int P(x)\,dx}\left\{\int Q(x)e^{\int P(x)\,dx}\,dx + c\right\}} \quad (\boldsymbol{c：任意定数})$$

発見的方法により (25.10) を導いたが，(25.5) のすべての解がこの形に書けることは次のようにしてわかる．y を (25.5) の任意の解として，

(25.11) $$z = ye^{\int P(x)dx}$$

とおく．すると (25.5) より，

$$z' = y'e^{\int P(x)dx} + ye^{\int P(x)dx} \cdot P(x) = Q(x)e^{\int P(x)dx}$$

よって，$z = \int Q(x)e^{\int P(x)dx}\,dx + c$ となり，(25.11) より (25.10) を得る．

公式 (25.10) を使うには，まず次の積分を計算するとよい．

(25.12) $$R(x) = e^{\int P(x)dx}$$

すると，(25.10) は次の形に書ける．

(25.13) $$y = \frac{1}{R(x)}\left(\int Q(x)R(x)\,dx + c\right)$$

例7 $xy' - y = x^2 + x\log x \ (x > 0)$ の一般解を求める．両辺を x で割り，

(25.5) の形にすると，$P(x) = -\dfrac{1}{x}$，$Q(x) = x + \log x$ である．

$$R(x) = e^{-\int \frac{1}{x}dx} = e^{-\log x} = \frac{1}{e^{\log x}} = \frac{1}{x}$$

$$y = x\left(\int \frac{x + \log x}{x}\,dx + c\right) = x\left\{\int\left(1 + \frac{\log x}{x}\right)dx + c\right\}$$

ここで，$\displaystyle\int \frac{\log x}{x}\,dx = \frac{(\log x)^2}{2}$ なので，

$$y = x\left\{x + \frac{(\log x)^2}{2} + c\right\} \quad (c : 任意定数)$$

　次の微分方程式は**ベルヌーイ型**とよばれる非線形微分方程式である．この解の求め方はヨハン・ベルヌーイにより 1697 年に発表された．

(25.14)　　　$y' + P(x)y = Q(x)y^\alpha$

　　　　　　　　　　（α：実数，$P(x), Q(x)$ は与えられた連続関数）

$\alpha = 0, 1$ のときは線形なので除外して考える．$z = y^{1-\alpha}$ とおくと

$$z' = (1-\alpha)y^{-\alpha} \cdot y' \quad よって \quad y' = \frac{1}{1-\alpha}y^\alpha z'.$$

これを (25.14) に代入して，両辺を y^α で割る．

(25.15)　　　$\dfrac{z'}{1-\alpha} + P(x)z = Q(x)$

(25.15) は z についての 1 階線形微分方程式なので，一般解が求まる．$y = z^{\frac{1}{1-\alpha}}$ より (25.14) の一般解が求まる．

例 8　$y' + 2y = e^{-x}y^2$ の一般解を求める．$z = y^{-1}$ とおくと，$z' = -y^{-2} \cdot y'$ だから，$y' = -y^2 z'$．これを微分方程式に代入して，両辺を $-y^2$ で割ると，

$$z' - 2z = -e^{-x}$$

公式 (25.10) を用いて z を求めると，

$$z = e^{2x}\left\{\int (-e^{-x})e^{-2x}\,dx + c\right\}$$

$$= e^{2x}\left(\frac{1}{3}e^{-3x} + c\right) = \frac{1}{3}e^{-x} + ce^{2x}$$

$y = z^{-1}$ より，

$$y = \frac{1}{\frac{1}{3}e^{-x} + ce^{2x}} = \frac{3e^x}{1 + ae^{3x}} \quad (a : 任意定数)$$

問 題 25

1. 次の微分方程式の一般解を求めよ.

(1) $\dfrac{dy}{dx} = (2x+1)y$　　(2) $\dfrac{dy}{dx} = y\cos x$　　(3) $\dfrac{dy}{dx} = \dfrac{xy}{1+x^2}$

(4) $\dfrac{dy}{dx} = \dfrac{1-y}{x+3}$　　　(5) $yy' = \dfrac{\cos x}{\sin x}$　　　(6) $x^3 y' + y^2 = 0$

(7) $xy' = 2y$　　(8) $y' = \sin x \cos^2 y$　　(9) $y' = (x-2)(y^2+4)$

(10) $\sqrt{x}\, y' = \sqrt{1-y^2}$　　(11) $y' = \dfrac{x+xy^2}{2y+x^2 y}$

2. 次の初期値問題を解け.

(1) $y' = -xy$　$(y(0) = 3)$　　　　(2) $y' = x^2 y^2$　$(y(0) = 1)$

(3) $y' = \dfrac{e^x y}{1+e^x}$　$(y(0) = 4)$　　(4) $y' = \dfrac{(3+y)\cos x}{\sin x}$　$\left(y\left(\dfrac{\pi}{2}\right) = 4\right)$

(5) $y' = x(y^2+4)$　$(y(0) = 2)$　　(6) $y' = e^{y-x}$　$(y(0) = \log 2)$

(7) $y' = \dfrac{2\sqrt{y} - 2x\sqrt{y}}{x}$　$(y(1) = 4)$

(8) $(x+1)y' - 2y - 1 = 0$　$\left(y(1) = \dfrac{7}{2}\right)$

3. (1) 次の初期値問題を解け. また, $\displaystyle\lim_{x\to\infty} u(x)$ を求めよ.

$$\dfrac{du}{dx} = (2-u)u, \quad u(0) = 1$$

(2) (1) において, 初期条件を $u(0) = -1$ としたとき, $\displaystyle\lim_{x\to a-0} u(x) = -\infty$

となる $a > 0$ を求めよ.

4. (1) 次の初期値問題を解け.

$$y' = -xy\log y, \quad y(0) = e$$

(2) (1) の解 $y(x)$ について, $\displaystyle\lim_{x\to\infty} y(x)$ を求めよ.

5. 次の微分方程式の一般解を求めよ.

(1) $y' + y = (x^2+1)e^{-x}$　　　　(2) $y' + 2y = 3$

(3) $y' - y = 2x$　　　　　　　　(4) $xy' + y = x\sin x$　$(x > 0)$

(5) $xy' + y = x\log x$　　　　　　(6) $y' + 3y = e^{3x}$

(7) $xy' - y = x^4 + x^2$　$(x > 0)$　(8) $(1+x^2)y' + 2xy = \log x$

6. 次の初期値問題を解け.

(1) $y' + y = e^x$　$(y(0) = 3)$　　(2) $y' + \dfrac{\cos x}{\sin x}y = \sin x$　$\left(y\left(\dfrac{\pi}{2}\right) = \pi\right)$

(3) $(1+x^2)y' - 2xy = 4x$　$(y(0) = -2)$

7. マルサスの法則 (25.1) において, 時間の単位を年にとり, 人口増加率を

$k = 0.02$ とする．このとき，人口がもとの 2 倍になるのに何年ぐらいかかるか．ただし，$\log 2 = 0.693$ とする．

8. ある物質に含まれる放射性原子の個数 $u(t)$ の時間変化は，次の微分方程式で記述されるものとする．

$$u'(t) = -ku(t) \quad (k：正の定数)$$

初期条件 $u(t_1) = a \ (a > 0)$ に対し，$u(t_2) = \dfrac{a}{2}$ となるような時刻 t_2 をとるとき，$t_2 - t_1$ を求めよ．（これを放射性原子の**半減期**という．）

9. $f(x)$ は微分可能な（定数ではない）関数で，任意の x, y について，次の等式をみたすものとする．

$$f(x+y) = f(x)f(y)$$

(1) $f(0)$ を求めよ．

(2) $f'(0) = a$ とするとき，$f(x)$ は次の微分方程式をみたすことを示せ．

$$f'(x) = af(x)$$

(3) $f(x)$ を求めよ．

10. マルサスの法則よりも現実的な人口変動のモデルとして，P. F. ヴェルハーストは 1837 年に次のような微分方程式を考えた．

$$(*) \qquad \frac{du}{dt} = (k - \alpha u)u \quad (k, \alpha：正の定数)$$

これを**ロジスティック方程式**という．このモデルでは，資源や食料に限界があることから，人口増加につれて人口増加率は減少する．

(1) 微分方程式 $(*)$ を初期条件 $u(0) = u_0$ のもとで解け $\left(\text{ただし，} 0 < u_0 < \dfrac{k}{\alpha}\right)$．

(2) (1) の解 $u(t)$ について，$\displaystyle\lim_{t \to \infty} u(t)$ を求めよ．この極限値は何を意味するか．

11. 高いところから空気抵抗を受けて落下する質量 m の物体の運動は，次の微分方程式で表される．

$$(*) \qquad m\frac{dv}{dt} = -mg + cv^2 \quad (c：正の定数)$$

ここで，$v(t)$ は時刻 t における物体の速度を表し，g は重力加速度（$9.8\,\mathrm{m/sec^2}$）である．cv^2 が空気抵抗を表す項である．

(1) $c = 1$，$v(0) = 0$ のとき，$(*)$ の解を求めよ．

(2) (1) で求めた解 $v(t)$ について，$\displaystyle\lim_{t \to \infty} v(t)$ を求めよ．この値は何を表すか．

12. Gompertz の法則によると，時刻 t における癌細胞の個数 $N(t)$ の時間変化は，次の微分方程式で表されるという．

（＊）　　$\dfrac{dN}{dt} = -aN \log N$　（a：正の定数）

（1）（＊）を初期条件 $N(0) = N_0$（$0 < N_0 < 1$）のもとで解け．解 $N(t)$ は任意の $t > 0$ に対して $0 < N(t) < 1$ をみたすことを示せ．

（2）（1）の解 $N(t)$ について，$\lim\limits_{t \to \infty} N(t)$ を求めよ．

13.　von Bertalanffy のモデルによると，時刻 t における魚の体重 $w(t)$ の時間変化は次の微分方程式で表される．

（＊）　　$\dfrac{dw}{dt} = aw^{\frac{2}{3}} - \beta w$　（a, β：正の定数）

（＊）の右辺第1項は，栄養摂取による体重増加が魚の表面積に比例することを表す．右辺第2項は，呼吸による体重の減少が体重に比例することを表す．

（1）　$u = w^{\frac{1}{3}}$ とおくと，u は次の微分方程式をみたすことを示せ．

$$u' + \frac{\beta}{3} u = \frac{a}{3}$$

（2）（＊）の解 $w(t)$ で $w(0) = \varepsilon^3$ をみたすものを求めよ（ε は十分小さな正の数）．また，$\lim\limits_{t \to \infty} w(t)$ を求めよ．

14.　**ニュートンの冷却法則**によれば，一定の室温 a [℃] に置かれた物体の時刻 t における温度を $u(t)$ [℃] とすると，$u(t)$ の時間変化は次の微分方程式で表される．

（＊）　　$\dfrac{du}{dt} = -k(u - a)$　（k：正の定数）

これを用いて以下の問に答えよ．ただし，$\log 2 = 0.6931$，$\log 3 = 1.0986$ とする．

（1）　室温 20 ℃ の部屋で，100 ℃ のコーヒーが 80 ℃ になるのに 5 分かかった．このコーヒーが 60 ℃ になるのに約何分かかるか．

（2）　室温 25 ℃ の部屋に 10 ℃ のワインを置いたところ，10 分後には 15 ℃ になった．20 分後にはワインの温度はどのくらいになるか．また，ワインの温度が 20 ℃ になるのは何分後か．

15.　殺人事件では被害者の死亡時刻が重要な手がかりになる．室温 21.5 ℃ の部屋で午前 6 時に発見されたとき，被害者の体温は 30.5 ℃ であった．午前 7 時半に測定すると，体温は 27.5 ℃ に低下していた．被害者の平熱を 36.5 ℃ とするとき，死亡時刻をニュートンの冷却法則を用いて推定せよ．ただし，部屋の温度は一定に保たれていたものとする（$\log 2 = 0.6931$，$\log 3 = 1.0986$，$\log 5 = 1.6094$ とする）．

16.　半径 R，高さ H の円柱形の容器の底に，半径 r の小さな円形の穴があいていて水が流出している．最初は水が容器いっぱいに入っていたものとするとき，以下の問に答えよ．

（1）　時刻 t における水の深さを $h(t)$ とする（ただし，$h(0) = H$）．時刻 t から $t + \Delta t$ の間に穴から流れ出る水の速度は Δt が十分小さいとき一定の値 $v(t)$ とする．$\Delta t \to 0$ とすることにより，$h(t)$ は次の微分方程式をみたすことを示せ．

$$\frac{dh}{dt} = -\frac{r^2}{R^2} v$$

（2）　**トリチェリの法則**によれば，$v = \sqrt{2gh}$ が成り立つ（g は重力加速度）．容器が空になるまでの時間を求めよ．

17.　湖水に汚染物質を含んだ湖がある．湖の水量を $V\,[l]$，時刻 t における汚染物質の量を $u(t)\,[l]$，湖に流入する真水の量を $w\,[l/年]$ とする．ここで時刻の単位は年である．湖の中の汚染物質は一様に分布していて，濃度は場所によらず一定とする．また，流入した真水と同量の湖水が流出して，湖の水量はつねに一定であると仮定する．

（1）　時刻 t から $t + \Delta t$ の間に流出した汚染物質の量を考えることにより，$u(t)$ は次の微分方程式をみたすことを示せ．

（＊）　　$\dfrac{du}{dt} = -\dfrac{w}{V} u$

（2）　汚染物質の濃度 $c(t) = \dfrac{u(t)}{V}$ は次の微分方程式をみたすことを示せ．

（＊＊）　　$\dfrac{dc}{dt} = -\dfrac{w}{V} c$

（3）　時刻 0 から t_1 までの間に流入した真水の量が湖の水量 V に等しいとき，$\dfrac{c(t_1)}{c(0)}$ を求めよ．

（4）　スペリオル湖では，1 年間の真水の流入量は湖水の水量の 0.5% であると推定されている．この湖に今後汚染物質が全く流入しないと仮定して，汚染物質の濃度がもとの $\dfrac{1}{5}$ になるのは何年後か（$\log 5 = 1.609$ とする）．

18.　雪が道路に積もっていて，いまも一様に降り続いている．道路の幅を $l\,[\mathrm{m}]$，1 時間あたりの降雪量は深さで $a\,[\mathrm{m}]$ とする．この道路を除雪車が進んでいる．除雪能力は 1 時間あたり $V\,[\mathrm{m}^3]$ とする．

（1）　時刻 t における除雪車の進んだ距離を $y(t)\,[\mathrm{m}]$ とする．また，時刻 0 における雪の深さを $h\,[\mathrm{m}]$ とする．時刻 t から $t + \Delta t$ までの間に除雪した雪の量を考えて，$y(t)$ は次の微分方程式をみたすことを示せ．

（＊）　　$\dfrac{dy}{dt} = \dfrac{V}{l(h + at)}$

（2）　午前 9 時に出発した除雪車は，最初の 2 時間に 8 km 進んだが，次の 2 時間には 4 km しか進まなかった．雪が降り始めたのは何時頃か．

（3）　除雪車が 16 km 進むのは何時頃になるか．

19. 　一様な密度の柔軟な鎖の両端を固定して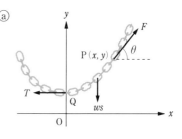
垂らすとき，鎖のなす形を求めよう．図のよ
うに，鎖の最も低い点 Q を通るように y 軸
をとる．点 Q から点 P(x, y) までの鎖の長
さを s，単位長さあたりの鎖の質量を w と
する．このとき，鎖の Q から P までの部分
に働く力は，P, Q における張力 F, T と重
力 ws である．F, T は鎖の接線方向の力で
ある．つり合いの式を立てると次のようになる．

$$F \cos \theta = T, \quad F \sin \theta = ws \quad (\theta は F と x 軸の正の向きとのなす角)$$

　(1)　鎖のなす曲線を $y = y(x)$ とするとき，次の微分方程式が成り立つことを
示せ．

（＊）　　$\dfrac{dy}{dx} = \dfrac{w}{T} s$

　(2)　$\dfrac{w}{T} = k$ とおくとき，（＊）より次の微分方程式が成り立つことを示せ．

（＊＊）　　$\dfrac{d^2 y}{dx^2} = k \sqrt{1 + \left(\dfrac{dy}{dx}\right)^2}$

　(3)　$p = \dfrac{dy}{dx}$ とおくと，（＊＊）より p は次の微分方程式をみたす．

（＊＊＊）　$\dfrac{dp}{dx} = k \sqrt{1 + p^2}$

公式 (14.12) を用いて p を求めよ．

　(4)　y を求めよ．鎖の形を表す曲線 $y = y(x)$ を**懸垂線（カテナリー）**とよぶ．
ラテン語で鎖を表す単語 catena に由来する．ガリレオはこの曲線が放物線である
と予想したが，1691 年にライプニッツ，ホイヘンス，ヨハン・ベルヌーイがそれ
ぞれ正しい曲線の式を示した．x が十分小さいときにはガリレオの予想が近似的に
正しいことを示せ．

26. 微分方程式 (2)

　この節では次のような**定数係数 2 階線形微分方程式**を扱う.

$$(26.1) \qquad ay'' + by' + cy = P(x) \quad (a, b, c : 実数, \ a \neq 0)$$

(26.1) は y, y', y'' について 1 次式なので**線形**とよばれる. $P(x)$ は与えられた連続関数である. (26.1) において, $P(x) \equiv 0$ のとき**同次**という.

$$(26.2) \qquad ay'' + by' + cy = 0$$

まず, 同次微分方程式 (26.2) の一般解を求めていこう.

例1　$y'' + 2y' = 0$ の一般解を求める. $(y' + 2y)' = 0$ より $y' + 2y = c_1$ (定数). これは 1 階線形微分方程式なので §25 の公式で解けるが, 次のようにして直接解くこともできる. 両辺に e^{2x} をかけると

$$y'e^{2x} + 2ye^{2x} = c_1 e^{2x}. \quad すなわち \quad (ye^{2x})' = c_1 e^{2x}.$$

よって,

$$ye^{2x} = \frac{c_1}{2}e^{2x} + c_2. \quad ゆえに \quad y = \frac{c_1}{2} + c_2 e^{-2x}. \qquad ▨$$

　例1をみると, 一般解に 2 つの任意定数 c_1, c_2 が現れる. また, e^{kx} の形の特殊解がある. これらの特徴は (26.2) にもそのまま当てはまる. (26.2) の解について, 次のことが成り立つ.

> **定理1**　$y_1 = y_1(x)$, $y_2 = y_2(x)$ を (26.2) の 2 つの解とすると, $c_1 y_1 + c_2 y_2$ (c_1, c_2 : 定数) もまた, (26.2) の解である.

証明　y_1, y_2 が (26.2) の解だから,

$$\begin{cases} ay_1'' + by_1' + cy_1 = 0 \\ ay_2'' + by_2' + cy_2 = 0 \end{cases}$$

$y = c_1 y_1 + c_2 y_2$ とおくと,

$$
\begin{aligned}
ay'' + by' + cy &= a(c_1 y_1'' + c_2 y_2'') + b(c_1 y_1' + c_2 y_2') + c(c_1 y_1 + c_2 y_2) \\
&= c_1(ay_1'' + by_1' + cy_1) + c_2(ay_2'' + by_2' + cy_2) = 0 \qquad ▨
\end{aligned}
$$

定理 1 の性質を**重ね合わせの原理**という．逆に (26.2) の特殊解 y_1, y_2 をうまく選ぶと，(26.2) のすべての解は $c_1y_1 + c_2y_2$ の形に書けるだろうか．$y_1 \neq 0$，$y_2 \neq 0$ を (26.2) の解とする．y_1 が y_2 の定数倍ではないならば，y_1 と y_2 は (26.2) の (1 次) **独立な解**であるという．このとき次の定理が成り立つことが知られている．

定理 2　y_1, y_2 を (26.2) の独立な解とする．(26.2) の一般解 (すべての解) は次の形に書ける．
$$y = c_1y_1 + c_2y_2 \quad (c_1, c_2: 任意定数)$$

定理 2 より，(26.2) の一般解を求めるには，(26.2) の独立な特殊解 y_1, y_2 をみつければよい．例 1 の結果を参考に，$y = e^{tx}$ (t：定数) の形の特殊解を探してみよう．$y = e^{tx}$ より
$$y' = te^{tx}, \qquad y'' = t^2e^{tx}$$
$$ay'' + by' + cy = (at^2 + bt + c)e^{tx}$$
したがって，$y = e^{tx}$ が (26.2) の解となるには，t が次の 2 次方程式をみたせばよい．

(26.3)　　　$at^2 + bt + c = 0$

この 2 次方程式を (26.2) の**特性** (または**補助**) **方程式**という．

①　特性方程式が異なる実数解 α, β をもつとき．このとき，$y_1 = e^{\alpha x}$，$y_2 = e^{\beta x}$ は (26.2) の独立な解であることを示そう．y_1, y_2 が独立でないと仮定すると，$y_1 = ky_2$ (k：定数) となるから，
$$e^{\alpha x} = ke^{\beta x}. \qquad よって \quad e^{(\alpha - \beta)x} = k.$$
$\alpha \neq \beta$ だから，$e^{(\alpha - \beta)x}$ は定数関数でない．これは矛盾である．

②　特性方程式が重解 α をもつとき．$y_1 = e^{\alpha x}$ は (26.2) の特殊解である．もう 1 つの特殊解を発見的方法 (ダランベール，1748) で求めてみよう．特性方程式が $\alpha, \alpha + \varepsilon$ ($\varepsilon \neq 0$) を解にもつならば，$\varphi_1 = e^{(\alpha + \varepsilon)x}$，$\varphi_2 = e^{\alpha x}$ が (26.2) の解だから，$\varphi = \dfrac{1}{\varepsilon}\varphi_1 - \dfrac{1}{\varepsilon}\varphi_2$ も (26.2) の解である (定理 1)．ここ

で，

$$\lim_{\varepsilon \to 0} \varphi = \lim_{\varepsilon \to 0} \frac{e^{(a+\varepsilon)x} - e^{ax}}{\varepsilon} = \lim_{\varepsilon \to 0} \frac{xe^{(a+\varepsilon)x}}{1} = xe^{ax}$$

したがって (26.2) の特殊解として，$y_2 = xe^{ax}$ がとれると予想される．実際，

$$ay_2'' + by_2' + cy_2 = (2aa + b + aa^2x + bax + cx)e^{ax}$$

解と係数の関係より，

$$a + a = -\frac{b}{a} \quad \text{だから} \quad 2aa + b = 0.$$

a は特性方程式の解だから，

$$aa^2 + ba + c = 0$$

以上から，$ay_2'' + by_2' + cy_2 = 0$ が成り立つ．y_1 と y_2 が独立であることは容易にわかる．

③ 特性方程式が虚数解 $a \pm \beta i$ をもつとき．$y_1 = e^{(a+\beta i)x}$，$y_2 = e^{(a-\beta i)x}$ は (26.2) の解である．オイラーの公式 (10.11) より，

$$y_1 = e^{ax} \cdot e^{\beta x i} = e^{ax}(\cos \beta x + i \sin \beta x)$$

同様に，$y_2 = e^{ax}(\cos \beta x - i \sin \beta x)$.

y_1, y_2 は虚数値の関数であるが，定理1を利用して実数値の解 z_1, z_2 を次のようにつくれる．

$$z_1 = \frac{y_1 + y_2}{2} = e^{ax} \cos \beta x, \quad z_2 = \frac{y_1 - y_2}{2i} = e^{ax} \sin \beta x$$

z_1, z_2 が (26.2) の解であることは，直接確かめることもできる．z_1, z_2 が独立ではないと仮定すると，$z_2 = kz_1$（k：定数）となるので，

$$e^{ax} \sin \beta x = ke^{ax} \cos \beta x. \quad \text{よって} \quad \tan \beta x = k.$$

$\beta \neq 0$ だから，これは矛盾である．よって z_1, z_2 は (26.2) の独立な解である．

以上 ①〜③ の結果をまとめて定理2を用いると，次の結果を得る．

定理3 $ay'' + by' + cy = 0$（a, b, c：実数，$a \neq 0$）の一般解（すべての解）は次のように表せる．

① $at^2 + bt + c = 0$ が異なる実数解 a, β をもつとき

$$\cdots\cdots y = c_1 e^{ax} + c_2 e^{\beta x}$$

② $at^2+bt+c=0$ が重解 α をもつとき …… $y=(c_1+c_2x)e^{\alpha x}$

③ $at^2+bt+c=0$ が虚数解 $\alpha\pm\beta i$ をもつとき

$$\cdots\cdots y=e^{\alpha x}(c_1\cos\beta x+c_2\sin\beta x)$$

ただし，c_1, c_2 は任意定数である．

例2 （1） $y''-5y'+6y=0$ の一般解を求める．特性方程式 $t^2-5t+6=0$ を解くと，$t=2,3$．定理2①より，一般解は $y=c_1e^{2x}+c_2e^{3x}$ （c_1,c_2：任意定数）．

（2） $y''+2y'+5y=0$ の一般解を求める．特性方程式 $t^2+2t+5=0$ を解くと，$t=-1\pm2i$．定理2③より，一般解は $y=e^{-x}(c_1\cos2x+c_2\sin2x)$ （c_1,c_2：任意定数）．

定数係数3階線形微分方程式（同次）についても，定理3と同様の結果が成り立つ．

定理4 $ay'''+by''+cy'+dy=0$ （a,b,c,d：実数，$a\neq0$）の特性方程式を

（*） $at^3+bt^2+ct+d=0$

とする．このとき，一般解（すべての解）は次のように表せる（c_1,c_2，c_3：任意定数）．

① （*）が相異なる実数解 α,β,γ をもつとき．

$$y=c_1e^{\alpha x}+c_2e^{\beta x}+c_3e^{\gamma x}$$

② （*）が2重解 α と，α とは異なる実数解 β をもつとき．

$$y=(c_1+c_2x)e^{\alpha x}+c_3e^{\beta x}$$

③ （*）が3重解 α をもつとき．

$$y=(c_1+c_2x+c_3x^2)e^{\alpha x}$$

④ （*）が実数解 α と，虚数解 $\beta\pm\gamma i$ をもつとき．

$$y=c_1e^{\alpha x}+e^{\beta x}(c_2\cos\gamma x+c_3\sin\gamma x)$$

4 階以上の場合も，定理 3，定理 4 からかなり類推できるであろう．

　さて，非同次の微分方程式 (26.1) について考える．(26.1) の一般解と (26.2) の一般解の間には次のような関係がある．

定理5　(26.1) の 1 つの特殊解を $u(x)$，(26.2) の一般解を $v(x\,;\,c_1,c_2)$（c_1,c_2：任意定数）とする．このとき，(26.1) の一般解（すべての解）は次の形に表せる．
$$y = v(x\,;\,c_1,c_2)+u(x)$$

証明　$y = y(x)$ を (26.1) の任意の解とする．$u(x)$ が (26.1) の特殊解だから，
$$\begin{cases} ay'' + by' + cy = P(x) \\ au'' + bu' + cu = P(x) \end{cases}$$
これより，$a(y-u)'' + b(y-u)' + c(y-u) = 0$．

　$y-u$ は (26.2) の解になるので，適当な定数 c_1,c_2 をとると
$$y-u = v(x\,;\,c_1,c_2)$$
と書ける．よって，$y = v(x\,;\,c_1,c_2)+u(x)$．　　■

　定理 5 より，(26.1) の一般解を求めるには，何らかの方法で特殊解を 1 つみつければよい．特殊解を求めるには方程式ごとに工夫が必要である．基本的な考え方として，まず (26.1) の右辺の関数 $P(x)$ と似た形で特殊解を探してみるとよい．

例3　　　　　$y'' - 5y' + 6y = 12x^2 - 14x - 19$ ……（＊）

（＊）の特殊解として，$y = Ax^2 + Bx + C$（A,B,C：定数）の形のものを探してみる．$y' = 2Ax + B$，$y'' = 2A$ より
$$y'' - 5y' + 6y = 6Ax^2 + (6B - 10A)x + 2A - 5B + 6C$$
$y = Ax^2 + Bx + C$ が（＊）の解になるには，次の式が成り立てばよい．
$$\begin{cases} 6A = 12 & \cdots\cdots \text{①} \\ 6B - 10A = -14 & \cdots\cdots \text{②} \\ 2A - 5B + 6C = -19 & \cdots\cdots \text{③} \end{cases}$$
①，②，③ より，$A = 2$，$B = 1$，$C = -3$．よって，$y = 2x^2 + x - 3$ が（＊）の特殊解である．$y'' - 5y' + 6y = 0$ の一般解は $y = c_1 e^{2x} + c_2 e^{3x}$ と書けるので，（＊）の一般解は次のようになる．

$$y = c_1 e^{2x} + c_2 e^{3x} + 2x^2 + x - 3 \quad (c_1, c_2 : \text{任意定数})$$

例4 $\qquad y'' + y' - 2y = -10 \sin x \cdots\cdots (*)$

$(*)$ の特殊解を $y = A \sin x + B \cos x \ (A, B : 定数)$ の形で探す。$y' = A \cos x - B \sin x, \ y'' = -A \sin x - B \cos x$ より，

$$y'' + y' - 2y = (-3A - B) \sin x + (A - 3B) \cos x$$

よって，次の式が成り立てばよい．

$$\begin{cases} -3A - B = -10 \cdots\cdots ① \\ A - 3B = 0 \qquad \cdots\cdots ② \end{cases}$$

①，② より $A = 3, \ B = 1$. $(*)$ の一般解は

$$y = c_1 e^x + c_2 e^{-2x} + 3 \sin x + \cos x$$

問 題 26

1. 次の微分方程式の一般解を求めよ．

(1) $y'' - 2y' - 3y = 0$ $\qquad$ (2) $y'' + 2y' + y = 0$ $\qquad$ (3) $y'' + y' - 2y = 0$

(4) $y'' - 6y' + 9y = 0$ $\qquad$ (5) $y'' + 2y' + 2y = 0$ $\qquad$ (6) $2y'' + y' - y = 0$

(7) $y'' - 4y = 0$ $\qquad$ (8) $y'' - 2y' + 5y = 0$ $\qquad$ (9) $y'' + 2y = 0$

(10) $4y'' - 4y' + y = 0$ $\qquad$ (11) $y'' - 2y' - 5y = 0$

(12) $y'' + 4y' + 7y = 0$

2. 次の微分方程式の解で，$[\ \ ]$ 内の条件をみたすものを求めよ．

(1) $y'' - 4y' + 3y = 0 \quad [\, y(0) = 1, \ y'(0) = -1 \,]$

(2) $y'' + 5y' = 0 \quad [\, y(0) = -1, \ y'(0) = 17 \,]$

(3) $y'' - 4y' + 4y = 0 \quad [\, y(0) = 1, \ y'(0) = 5 \,]$

(4) $y'' - 2y' + 10y = 0 \quad [\, y(0) = 2, \ y'(0) = 11 \,]$

(5) $3y'' - 4y' + y = 0 \quad [\, y(0) = -3, \ y(3) = -e - 2e^3 \,]$

(6) $4y'' + 4y' + y = 0 \quad [\, y(-2) = 10e, \ y(0) = 4 \,]$

(7) $y'' + 4y = 0 \quad \left[\, y(0) = -3, \ y\left(\dfrac{\pi}{4}\right) = 5 \,\right]$

(8) $y'' + 4y' + 5y = 0 \quad \left[\, y\left(-\dfrac{\pi}{2}\right) = e^\pi, \ y(0) = 3 \,\right]$

3. 次の微分方程式の一般解を求めよ．

(1) $y''' - y'' - 4y' + 4y = 0$ $\qquad$ (2) $2y''' + 5y'' - 3y' = 0$

(3) $y''' + 6y'' + 12y' + 8y = 0$ $\qquad$ (4) $3y''' + 5y'' + y' - y = 0$

(5) $y''' - 5y'' + 4y' - 20y = 0$ $\qquad$ (6) $y''' + 4y'' + 7y' + 6y = 0$

(7) $y''' + 8y = 0$ $\qquad$ (8) $y^{(4)} - y = 0$

　(9)　$2y^{(4)}-7y'''-5y''+28y'-12y=0$

4. 　次の微分方程式の特殊解を［　］内の形で探せ．また，一般解を求めよ．

　(1)　$y''+2y'-3y=-3x^2+19x-5$　$[y=Ax^2+Bx+C]$

　(2)　$y''+4y'+4y=e^{-3x}+18e^x$　$[y=Ae^x+Be^{-3x}]$

　(3)　$y''+2y'+6y=15\cos 3x$　$[y=A\cos 3x+B\sin 3x]$

　(4)　$y''-4y'+5y=5e^x\sin x$　$[y=e^x(A\cos x+B\sin x)]$

5. 　(1)　次の微分方程式の解で，［　］内の条件をみたすものを求めよ．
$$u''+2u'+5u=15\quad[u(0)=5,\ u'(0)=6]$$

　(2)　(1)の解 $u(x)$ について，$\lim_{x\to\infty}u(x)$ を求めよ．

6. 　(1)　次の微分方程式は外力項 $A\cos\theta t$ をもつ単振動の方程式である．
$$\frac{d^2y}{dt^2}+k^2y=A\cos\theta t\quad(k,A,\theta：正の定数,\ k\ne\theta)$$

この方程式の特殊解を $y=B\cos\theta t$ の形で探せ．

　(2)　(1)で求めた特殊解の振幅 B について，$\lim_{\theta\to k-0}B$ を求めよ．

7. 　微分方程式 $y''+2\varepsilon y'+y=0$（ε：定数）の解で，$y(0)=0,\ y'(0)=1$ をみたすものを $y_\varepsilon(x)$ とする．

　(1)　$u(x)=\lim_{\varepsilon\to 0}y_\varepsilon(x)$ とおくと，$u(x)$ は次の初期値問題の解であることを示せ．
$$u''+u=0\quad[u(0)=0,\ u'(0)=1]$$

　(2)　$v(x)=\lim_{\varepsilon\to 1-0}y_\varepsilon(x)$ とおくと，$v(x)$ は次の初期値問題の解であることを示せ．
$$v''+2v'+v=0\quad[v(0)=0,\ v'(0)=1]$$
また，$\tilde{v}(x)=\lim_{\varepsilon\to 1+0}y_\varepsilon(x)$ とおくと，$v(x)=\tilde{v}(x)$ は成り立つか．

8. 　微分方程式 $y''-(2a+\varepsilon)y'+(a^2+a\varepsilon)y=0$（$a,\varepsilon$：定数，$\varepsilon\ne 0$）の解で，$y(0)=0,\ y'(0)=0$ をみたすものを $y_\varepsilon(x)$ とする．$u(x)=\lim_{\varepsilon\to 0}y_\varepsilon(x)$ とすると，$u(x)$ はどのような初期値問題の解になるか．

9. 　(1)　微分方程式 $u''+k^2u=\cos\theta t$（k,θ：定数，$k>0$，$\theta\ne k$）の解で，$u(0)=0,\ u'(0)=1$ をみたすものを求めよ．

　(2)　(1)で求めた解を $u_\theta(t)$ とするとき，$v(t)=\lim_{\theta\to k}u_\theta(t)$ を求めよ．

　(3)　$v(t)$ は次の初期値問題の解であることを示せ．
$$v''+k^2v=\cos kt\quad[v(0)=0,\ v'(0)=1]$$

　(4)　(2)で求めた $v(t)$ について，$|v(t)|$ は $t\to\infty$ のとき，いくらでも大きな値をとることを示せ．

外力項の周期 $\left(\dfrac{2\pi}{k}\right)$ と，単振動をしている物体の周期が一致するとき，物体の振れ幅は時間とともに限りなく大きくなる．これを**共鳴現象**という．有名なタコマ橋の崩落事故 (1940) では，橋の揺れと風の共鳴が原因ではないかといわれている．

10. 地表から垂直に打ち上げられた物体の運動は，空気抵抗や他の物体の引力の影響を無視するとき，次の微分方程式で記述される（ただし，物体は地球の中心と物体を結ぶ直線上を動くものとする）．

$$(*) \qquad y'' = -\frac{gR^2}{y^2}$$

ここで，$y(t)$ は時刻 t における物体と地球の中心との距離，g は重力加速度 (9.8 m/sec^2)，R は地球の半径 (6400 km) である．

(1) y を (*) の解とすると，$\dfrac{1}{2}(y')^2 - \dfrac{gR^2}{y}$ は定数に等しいことを示せ．

(2) $y(0) = R$, $y'(0) = v \ (> 0)$ とおく．物体が再び地球に戻ってこないような最小の初速度 v を求めよ．これを**脱出速度** (escape velocity) とよぶ．（つねに $y'(t) > 0$ となるように v を選べばよい．）

27. 数列の極限と連続関数の性質

数列 $\{a_n\}$ は自然数 n に対し，ある規則に従って a_n の値を定めたものである．つまり，自然数を定義域とする関数である．n が限りなく大きくなるとき，a_n が一定の値 A に近づくならば，$\{a_n\}$ は A に**収束**するといい，次のように表す．

$$(27.1) \qquad \lim_{n \to \infty} a_n = A \quad \text{または} \quad a_n \to A \ (n \to \infty)$$

このとき $\{a_n\}$ の**極限値**は A であるという．$n \to \infty$ のとき，a_n が限りなく大きくなるならば，$\{a_n\}$ は**正の無限大**に発散するといい，次のように表す．

$$(27.2) \qquad \lim_{n \to \infty} a_n = \infty \quad \text{または} \quad a_n \to \infty \ (n \to \infty)$$

このとき $\{a_n\}$ の極限は ∞ であるという．$n \to \infty$ のとき，a_n が負で，$|a_n|$ が限りなく大きくなるならば，$\{a_n\}$ は**負の無限大**に発散するといい，次のように表す．

$$(27.3) \qquad \lim_{n \to \infty} a_n = -\infty \quad \text{または} \quad a_n \to -\infty \ (n \to \infty)$$

このとき $\{a_n\}$ の極限は $-\infty$ であるという．$a_n = (-1)^n$ のように，∞ にも $-\infty$ にも発散しないが，極限値をもたない数列は**振動**するということがある．極限値をもたない数列は，まとめて**発散**するという．

$$収束 \cdots\cdots \lim_{n \to \infty} a_n = A \qquad 例：a_n = 2 + \frac{1}{n} \ \ (\lim_{n \to \infty} a_n = 2)$$

$$発散 \cdots\cdots \begin{cases} \lim_{n \to \infty} a_n = \infty & 例：a_n = n^2 \\ \lim_{n \to \infty} a_n = -\infty & 例：a_n = -n^2 + 5 \\ \{a_n\} は振動する & 例：a_n = (-3)^n \end{cases}$$

数列の極限をより正確に定義しよう．

$\lim_{n \to \infty} a_n = A$ であるとは，次が成り立つことである．

$$(27.3) \qquad \begin{cases} 任意の \ \varepsilon > 0 \ に対し，ある自然数 \ N \ が存在して， \\ n \geqq N \implies |a_n - A| < \varepsilon \end{cases}$$

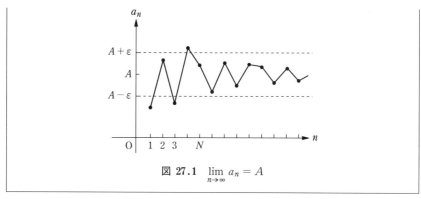

図 27.1 $\lim_{n\to\infty} a_n = A$

区間 $(A-\varepsilon, A+\varepsilon)$ を A の **ε 近傍**という. (27.3) は $\varepsilon > 0$ をどんなに小さくしても, 有限個の例外を除いて, a_n が A の ε 近傍に入ることを意味する.

注 次のことは定義 (27.3) より, ただちにわかる.

(27.4) $\quad \lim_{n\to\infty} a_n = A \iff \lim_{n\to\infty} |a_n - A| = 0$

特に,

$$\lim_{n\to\infty} a_n = 0 \iff \lim_{n\to\infty} |a_n| = 0$$

例 1 $\quad a_n = \dfrac{2n+1}{n}$ とする. $\lim_{n\to\infty} a_n = 2$ を (27.3) に基づいて示してみよう.

$\varepsilon = 1$ のとき, N を 2 とする. $n \geqq 2$ ならば $|a_n - 2| = \left|\dfrac{1}{n}\right| < 1$.

$\varepsilon = \dfrac{1}{10}$ のとき, N を 11 とする. $n \geqq 11$ ならば $|a_n - 2| = \left|\dfrac{1}{n}\right| < \dfrac{1}{10}$.

$\varepsilon = \dfrac{1}{100}$ のとき, N を 101 とする. $n \geqq 101$ ならば $|a_n - 2| = \left|\dfrac{1}{n}\right| < \dfrac{1}{100}$.

一般に, $\varepsilon > 0$ に対し N を $\dfrac{1}{\varepsilon}$ より大きい自然数にとる. このとき,

$$n \geqq N \quad \text{ならば} \quad |a_n - 2| = \left|\dfrac{1}{n}\right| \leqq \dfrac{1}{N} < \varepsilon.$$

　定義 (27.3) において，自然数 N は ε に応じてそれぞれ値を決めればよいことに注意する．じゃんけんでいえば，N は ε に対して「後出し」をしてよいのである．一般には ε を小さくするほど，N は大きくとっていく必要がある．

　次の不等式は以下の議論で繰り返し使われる．

(27.5)　　$|a|-|b| \leqq |a+b| \leqq |a|+|b|$　（三角不等式）

　ある $M > 0$ が存在して，すべての n について $|a_n| \leqq M$ が成り立つならば，数列 $\{a_n\}$ は**有界**であるという．

定理1　収束する数列は有界である．

証明　$\lim\limits_{n \to \infty} a_n = A$ とすると，自然数 N が存在して，$|a_n - A| < 1$ $(n \geqq N)$ となる．$|a_n - A| < 1$ より $|a_n| < |A| + 1$ が $n \geqq N$ のとき成り立つ．$\max\{|a_1|, |a_2|, \cdots, |a_{N-1}|, |A|+1\} = M$ とおくと，すべての n について $|a_n| \leqq M$ が成り立つ． ▪

定理2　$\lim\limits_{n \to \infty} a_n = A$, $\lim\limits_{n \to \infty} b_n = B$ とする．このとき，

　（ⅰ）　$\lim\limits_{n \to \infty} (a_n + b_n) = A + B$

　（ⅱ）　$\lim\limits_{n \to \infty} ka_n = kA$　（k：定数）

　（ⅲ）　$\lim\limits_{n \to \infty} a_n b_n = AB$

　（ⅳ）　$B \neq 0$ のとき，$\lim\limits_{n \to \infty} \dfrac{a_n}{b_n} = \dfrac{A}{B}$

証明　（ⅰ）　仮定より，任意の $\varepsilon > 0$ に対し，次のような自然数 N_1, N_2 がとれる．

$$|a_n - A| < \frac{\varepsilon}{2} \quad (n \geqq N_1), \qquad |b_n - B| < \frac{\varepsilon}{2} \quad (n \geqq N_2)$$

$N = \max(N_1, N_2)$ とする．$n \geqq N$ ならば（このとき $n \geqq N_1$ かつ $n \geqq N_2$ である），

$$|a_n + b_n - A - B| \leqq |a_n - A| + |b_n - B| \quad （三角不等式）$$
$$< \frac{\varepsilon}{2} + \frac{\varepsilon}{2}$$

すなわち，$n \geqq N \implies |(a_n + b_n) - (A+B)| < \varepsilon$ が成り立つ．

　（ⅱ），（ⅲ），（ⅳ）は省略する． ▪

定理3 （i） $a_n \leqq b_n$ $(n = 1, 2, \cdots)$ で，$\{a_n\}, \{b_n\}$ が収束するならば，

$\lim_{n \to \infty} a_n \leqq \lim_{n \to \infty} b_n$.

（ii）（はさみうちの原理） $a_n \leqq c_n \leqq b_n$ $(n = 1, 2, \cdots)$ で，$\lim_{n \to \infty} a_n =$

$\lim_{n \to \infty} b_n = L$ ならば，$\lim_{n \to \infty} c_n = L$ が成り立つ．

証明 （i） $\lim_{n \to \infty} a_n = A$, $\lim_{n \to \infty} b_n = B$ とする．$A > B$ と仮定して矛盾を導く．

$\dfrac{A - B}{3} = \varepsilon$ (> 0) とおくと $B + \varepsilon < A - \varepsilon$ である．$\lim_{n \to \infty} a_n = A$ だから，自然数 N

が存在して，$A - \varepsilon < a_n$ $(n \geqq N)$ となる．$a_n \leqq b_n$ より，$n \geqq N$ のとき $B + \varepsilon <$

b_n が成り立つ．これは $\lim_{n \to \infty} b_n = B$ に反する（図 27.2）．

図 27.2

（ii） 仮定より，任意の $\varepsilon > 0$ に対し，次のような自然数 N_1, N_2 が存在する．

$\qquad L - \varepsilon < a_n < L + \varepsilon$ $(n \geqq N_1)$, $\qquad L - \varepsilon < b_n < L + \varepsilon$ $(n \geqq N_2)$

$N = \max \{N_1, N_2\}$ とする．$n \geqq N$ ならば，

$\qquad L - \varepsilon < a_n \leqq c_n \leqq b_n < L + \varepsilon$ すなわち $|c_n - L| < \varepsilon$.

$\lim_{n \to \infty} a_n = \infty$ であるとは，次が成り立つことである．

(27.6) $\begin{cases} \text{任意の } K > 0 \text{ に対し，ある自然数 } N \text{ が存在して，} \\ n \geqq N \implies a_n > K \end{cases}$

$\lim_{n \to \infty} a_n = -\infty$ であるとは，次が成り立つことである．

(27.7) $\begin{cases} \text{任意の } K > 0 \text{ に対し，ある自然数 } N \text{ が存在して，} \\ n \geqq N \implies a_n < -K \end{cases}$

さて，数列の極限を考える際に，実数の性質として，ひとつの仮定が必要に

なる．すべての n について $a_n \leqq a_{n+1}$ である数列を**単調増加数列**という．同

様に，すべての n について $a_n \geqq a_{n+1}$ である数列を**単調減少数列**という．両

者を合わせて**単調数列**とよぶ. ある M が存在して, すべての n について $a_n \leqq M$ が成り立つとき, $\{a_n\}$ は**上に有界**であるという. 同様に, すべての n について $M \leqq a_n$ となるような M が存在するとき, $\{a_n\}$ は**下に有界**であるという. 次の仮定は**実数の連続性の公理**とよばれる.

$$(27.8) \quad \begin{cases} \text{上に有界な単調増加数列は収束する. 下に有界な単調減少数} \\ \text{列は収束する.} \end{cases}$$

この仮定は実数の性質を規定した公理のひとつである. 直観的には自然なものであろう. なお, (27.8) の後半部分は前半部分から導けるので, 公理からはずしてもよい.

> **定理 4 (アルキメデスの公理)**　任意の正の数 a, b に対し, ある自然数 n が存在して, $a < nb$ が成り立つ.

証明　数列 $\{nb\}$ $(n = 1, 2, \cdots)$ を考えると, $b > 0$ より単調増加である. もし, すべての n について $nb \leqq a$ ならば, 公理 (27.8) より $a = \lim_{n\to\infty} nb$ が存在する. 極限の定義 (27.3) において $\varepsilon = b$ (> 0) とすると, $a - b < nb$ $(n \geqq N)$ となる自然数 N が存在する. すなわち, $a < (N+1)b$ である. $\{nb\}$ は単調増加だから, $a < (N+1)b \leqq nb$ $(n \geqq N+1)$ となり, $\lim_{n\to\infty} nb = a$ に矛盾する ($\varepsilon = (N+1)b - a$ として考えよ). ∎

　定理 4 は b がどんなに小さくても, n を大きくすれば nb がいくらでも大きくなる (塵も積もれば山となる) ことを意味する. 例 1 では暗黙のうちに定理 4 を用いている. 定理 4 と同様にして, 次のことが証明できる.

$$(27.9) \quad \begin{cases} \text{任意の正の数 } a, b \text{ に対し, ある自然数 } n \text{ が存在して, } a < 2^n b \\ \text{が成り立つ.} \end{cases}$$

また, 定理 4 の証明と同様にして, 次のことが示せる.

$$(27.10) \quad \begin{cases} \text{単調増加数列 } \{a_n\} \text{ が } \alpha \text{ に収束するならば, 任意の } n \text{ について} \\ \quad a_n \leqq \alpha. \\ \text{単調減少数列 } \{a_n\} \text{ が } \alpha \text{ に収束するならば, 任意の } n \text{ について} \\ \quad \alpha \leqq a_n. \end{cases}$$

定理4を用いると，等比数列 $\{r^n\}$ の極限について調べることができる．

定理5（等比数列の極限）

（ i ）　$r > 1 \implies \displaystyle\lim_{n \to \infty} r^n = \infty$

（ ii ）　$|r| < 1 \implies \displaystyle\lim_{n \to \infty} r^n = 0$

（iii）　$r = 1 \implies \displaystyle\lim_{n \to \infty} r^n = 1$

（iv）　$r \leqq -1 \implies \{r^n\}$ は振動する．

証明　（ i ）　$r = 1 + h\ (h > 0)$ とおく．二項定理より $r^n = (1+h)^n \geqq nh$ が成り立つ．定理4より，任意の $K > 0$ に対し，$r^n > K\ (n \geqq N)$ となる自然数 N が存在する．

（ ii ）　$r = 0$ のときは明らかだから，$r \neq 0$ とする．$|r| = \dfrac{1}{1+h}\ (h > 0)$ とおく．二項定理より $|r^n| \leqq \dfrac{1}{nh}$ であり，$\displaystyle\lim_{n \to \infty} \dfrac{1}{nh} = 0$（定理4を用いる）だから，はさみうちの原理により，$\displaystyle\lim_{n \to \infty} |r^n| = 0$．ゆえに $\displaystyle\lim_{n \to \infty} r^n = 0$．

（iii），（iv）は省略．　　　　　　　　　　　　　　　　　　　　　　　▨

実数の部分集合 A が**上に有界**とは，ある M が存在して，A の任意の元 x について $x \leqq M$ が成り立つことをいう．このような M を A の**上界**という．

例2　（1）　$A = \{1, 3, 5, 7\}$ とすると，A は上に有界である．上界としては，$7, 8, 1000$ などがとれる．7は最小の上界である．

（2）　$A = \{x \mid -2 < x < 2\}$ とすると，A は上に有界である．上界としては，$2, \sqrt{7}, \pi$ などがとれる．2は最小の上界である．　　　　　　　　　▨

例2でみたように，上に有界な集合 A の上界は無数にある．これらの上界のうち，最小のものを A の**上限**とよび，**sup A** で表す．sup はラテン語 supremum の略である．例2（1）のように，A に最大の数（最大値）があれば，上限は最大値と一致する．では，一般に A の上限（最小の上界）は存在するであろうか．

定理6　（空でない）実数の部分集合 A が上に有界ならば，A の上限が存在する．

証明　A が有限集合ならば，A の最大値が A の上限だから，以下 A が無限集合とする．A の元 a と1つの上界 M $(a<M)$ をとる．$a_0=a$, $b_0=M$ とおくと，次のいずれかが成り立つ．

（ⅰ）区間 $\left[\dfrac{a_0+b_0}{2}, M\right]$ に A の元が存在する．

（ⅱ）区間 $\left[\dfrac{a_0+b_0}{2}, M\right]$ に A の元が存在しない．

（ⅰ）のとき $a_1=\dfrac{a_0+b_0}{2}$, $b_1=M$ とおく．

（ⅱ）のとき $a_1=a_0$, $b_1=\dfrac{a_0+b_0}{2}$ とおく．

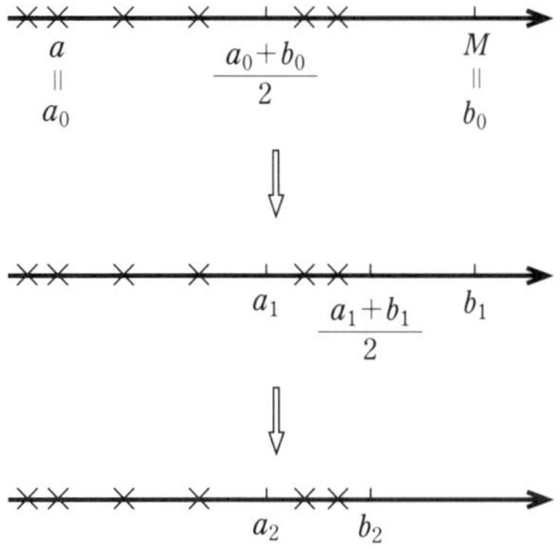

以下同様にして，$\{a_n\},\{b_n\}$ を定める．

（ⅰ）区間 $\left[\dfrac{a_n+b_n}{2}, b_n\right]$ に A の元が存在するとき …… $a_{n+1}=\dfrac{a_n+b_n}{2}$, $b_{n+1}=b_n$

（ⅱ）区間 $\left[\dfrac{a_n+b_n}{2}, b_n\right]$ に A の元が存在しないとき …… $a_{n+1}=a_n$, $b_{n+1}=\dfrac{a_n+b_n}{2}$

×印は A の元を表す

図 27.3

すると，$a_1\leqq a_2\leqq\cdots\leqq a_n\leqq b_n\leqq\cdots\leqq b_2\leqq b_1$ だから，$\{a_n\}$ は上に有界な単調増加数列，$\{b_n\}$ は下に有界な単調減少数列となる．よって，$\{a_n\},\{b_n\}$ は収束する．$\lim\limits_{n\to\infty}a_n=\alpha$, $\lim\limits_{n\to\infty}b_n=\beta$ とおく．$b_n-a_n=\dfrac{1}{2^n}(b_0-a_0)$ だから，(27.9) より

$\lim\limits_{n\to\infty}(b_n-a_n)=0$．よって，$\alpha=\beta$ である．α が A の最小の上界であることを示そう．$\alpha<x$ なる $x\in A$ が存在したとする．$\lim\limits_{n\to\infty}b_n=\alpha$ だから，$\alpha<b_n<x$ なる b_n が存在するが，$\{b_n\}$ のつくり方から，$x>b_n$ なる $x\in A$ は存在しないので矛盾である．よって，α は A の上界である．$\beta\,(<\alpha)$ が A の上界とすると，$\lim\limits_{n\to\infty}a_n=\alpha$ より $\beta<a_n<\alpha$ なる a_n が存在する．$\{a_n\}$ のつくり方から，$x>a_n$ なる $x\in A$ が

存在するので β が上界であることに矛盾する．よって，α は最小の上界である．　▮

α が A の上限であるための必要十分条件は次の (i)，(ii) が成り立つことである．

$$(27.11) \quad \begin{cases} (\text{i}) & \text{任意の } x \in A \text{ に対し，} x \leq \alpha. \\ (\text{ii}) & \text{任意の } \varepsilon > 0 \text{ に対し，} \alpha - \varepsilon < x \leq \alpha \text{ となる } x \in A \text{ が} \\ & \text{存在する．} \end{cases}$$

つまり，$\sup A$ より大きい A の元はないが，$\sup A$ のいくらでも近くに A の元が存在する．$\{a_n\}$ が上に有界な単調増加数列であるとき，$\alpha = \lim_{n\to\infty} a_n$ は $A = \{a_1, a_2, a_3, \cdots\}$ の上限になることが (27.10) および極限の定義からわかる．

ある M が存在して，任意の $x \in A$ について $M \leq x$ が成り立つとき，A は**下に有界**といい，M を 1 つの**下界**という．下界のうち最大のものを A の**下限**とよび，**inf A** で表す．inf はラテン語 infimum の略である．集合 A に最小の数があれば，下限は最小値と一致する．定理6と同様にして，次のことが示せる．

(27.12)　（空でない）実数の部分集合 A が下に有界ならば，A の下限が存在する．

β が A の下限であることは次の2条件 (i)，(ii) と同値である．

$$(27.13) \quad \begin{cases} (\text{i}) & \text{任意の } x \in A \text{ に対し，} \beta \leq x. \\ (\text{ii}) & \text{任意の } \varepsilon > 0 \text{ に対し，} \beta \leq x < \beta + \varepsilon \text{ となる } x \in A \text{ が} \\ & \text{存在する．} \end{cases}$$

つまり，$\inf A$ より小さい A の元はないが，$\inf A$ のいくらでも近くに A の元が存在する．A が上にも下にも有界なとき（このとき A は**有界**であるという），$\alpha = \sup A$，$\beta = \inf A$ がともに存在する．そして，任意の $x \in A$ に対し，$\inf A \leq x \leq \sup A$ が成り立つ．上限や下限は，最大値・最小値が存在しないときに，これらに準じた代用品の役割を果たす．

なお，A が上に有界でない場合には $\sup A = \infty$，下に有界でない場合には $\inf A = -\infty$ と定める．すると $\pm\infty$ を含めれば，任意の（空でない）実数の

部分集合 A に上限・下限が存在することになる.

　数列 $\{a_n\}$ から無限個の項を順序を変えずに抜き出してつくった数列 $\{b_n\}$ を,もとの数列 $\{a_n\}$ の**部分列**という.$\{a_n\}$ 自身も $\{a_n\}$ の部分列と考える.

例3　$a_n = 2n \ (n = 1, 2, \cdots)$ とする.$b_n = 4n, \ c_n = 2^n \ (n = 1, 2, \cdots)$ と定めると,$\{b_n\}, \{c_n\}$ はともに $\{a_n\}$ の部分列である.　▨

　一般に $\{a_n\}$ の部分列は無数に存在するが,次のことが成り立つ.

(27.14)　　$\{b_n\}$ を $\{a_n\}$ の部分列とする.$\displaystyle\lim_{n\to\infty} a_n = L \Longrightarrow \lim_{n\to\infty} b_n = L$

$$(L = \pm\infty \text{ でもよい})$$

(27.14) の逆は必ずしも正しくないが,次の事実はよく使われる.

(27.15)　　$\displaystyle\lim_{n\to\infty} a_{2n} = L$ かつ $\displaystyle\lim_{n\to\infty} a_{2n+1} = L \Longleftrightarrow \lim_{n\to\infty} a_n = L$

$$(L = \pm\infty \text{ でもよい})$$

定理7（ボルツァーノ-ワイエルシュトラス）　有界な数列は収束する部分列を含む.

証明　任意の数列は単調な部分列を含むことを示す.これが示されると,実数の連続性 (27.8) より定理の結論を得る.まず,V. Bryant による直観的な証明を紹介しよう.簡単のため,数列 $\{a_n\}$ の各項は正とする.図 27.4 のように高さ $a_n \ (n = 1, 2, \cdots)$ のホテルが一直線上に並んでいて,右方（無限遠方）には海がある.ホテルの屋上に立って海の方を見たとき,次の2種類のホテル番号がある.

　　$A = \{$前方（海の方向）に視界を遮るホテルが1つもないホテルの番号$\}$

　　$B = \{$前方にあるホテルによって,視界が遮られるホテルの番号$\}$

ただし,人間の高さは無視する.同じ高さのホテルが前方にあるときは,視界が遮られるものとする.図 27.4 では $A = \{2, 5, 8, 10, \cdots\}$,$B = \{1, 3, 4, 6, \cdots\}$ である.

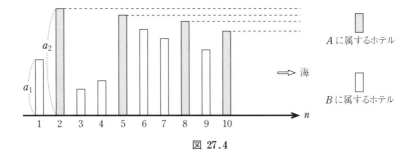

図 27.4

（ⅰ） A に属するホテルの番号が無限個あるとき. A に属するホテルの番号を $n_1, n_2, n_3, \cdots$ とする. A の定義から，明らかに $a_{n_1} > a_{n_2} > a_{n_3} > \cdots$ であり，部分列 $b_k = a_{n_k}$ $(k = 1, 2, \cdots)$ は単調減少になる.

（ⅱ） A に属するホテルの番号が有限個しかないとき. A に属するホテルの番号で最大のものを N として，$n_1 = N+1$ とおく（$A = \phi$ のときは $n_1 = 1$ とする）. $n_1 \in B$ だから，$a_{n_1} \leqq a_{n_2}$ なる番号 n_2 $(> n_1)$ が存在する. 再び $n_2 \in B$ だから，$a_{n_2} \leqq a_{n_3}$ なる番号 n_3 $(> n_2)$ が存在する. 以下同様にして，単調増加な部分列 $a_{n_1} \leqq a_{n_2} \leqq a_{n_3} \leqq \cdots$ を得る.

以上の直観的証明を形式的に手直しするのは容易である. $A = \{k \,|\, 任意の\ n > k \ について，a_n < a_k\}$ とおく. A は自然数の部分集合であり，無限集合か有限集合のいずれかになる. それぞれの場合に直観的証明の（ⅰ），（ⅱ）がそのまま通用する. ▨

数列の極限に続いて，関数の極限を正確に定義しよう.

$$(27.16) \quad \begin{array}{l} \displaystyle\lim_{x \to a} f(x) = L \ であるとは，次が成り立つことである. \\[4pt] \left\{ \begin{array}{l} 任意の\ \varepsilon > 0 \ に対し，ある\ \delta > 0 \ が存在して， \\[4pt] 0 < |x-a| < \delta \implies |f(x) - L| < \varepsilon \end{array} \right. \end{array}$$

注 $0 < |x-a|$ は単に $x \neq a$ を意味する.

例4 $f(x) = 2x+3$ $(x \neq 1)$, $f(1) = 6$ とする. $\displaystyle\lim_{x \to 1} f(x) = 5$ を (27.16) に基づいて示そう.

$\varepsilon = 1$ のとき，δ を $\dfrac{1}{2}$ とする.

$$0 < |x-1| < \frac{1}{2} \ ならば\ |f(x) - 5| = 2|x-1| < 1.$$

$\varepsilon = \dfrac{1}{10}$ のとき，δ を $\dfrac{1}{20}$ とする.

$$0 < |x-1| < \frac{1}{20} \ ならば\ |f(x) - 5| = 2|x-1| < \frac{1}{10}.$$

$\varepsilon = \dfrac{1}{100}$ のとき，δ を $\dfrac{1}{200}$ とする.

$$0 < |x-1| < \frac{1}{200} \ ならば\ |f(x) - 5| = 2|x-1| < \frac{1}{100}.$$

一般に，$\varepsilon > 0$ に対し $\delta = \dfrac{\varepsilon}{2}$ とする. このとき，

$$0 < |x-1| < \delta \quad \text{ならば} \quad |f(x)-5| = 2|x-1| < 2\delta = \varepsilon.$$

定義 (27.16) において，δ の値は，ε の値に応じてそれぞれ決めればよいことに注意する．ε を指定したとき，δ は「後出し」をすればよいのである．一般には ε を小さくするほど，δ も小さくとる必要がある．$f(x)$ と L との差 $|f(x)-L|$ を ε より小さくするためには，どの程度 x を a に近づける必要があるかを示す尺度が δ である．

以下ではさまざまなタイプの極限の定義を述べるが，次の略記を用いる．

任意の $\varepsilon > 0$ に対し ……… $\forall \varepsilon > 0$ （$\forall$ は for **all** の頭文字を転倒したもの）

ある $\delta > 0$ が存在して …… $\exists \delta > 0$ （$\exists$ は there **exists** の頭文字を反転したもの）

(27.17) $\displaystyle \lim_{x \to a+0} f(x) = L$

$\ulcorner \forall \varepsilon > 0, \ \exists \delta > 0, \ 0 < x-a < \delta \implies |f(x)-L| < \varepsilon \lrcorner$

(27.18) $\displaystyle \lim_{x \to a} f(x) = \infty$

$\ulcorner \forall K > 0, \ \exists \delta > 0, \ 0 < |x-a| < \delta \implies f(x) > K \lrcorner$

(27.19) $\displaystyle \lim_{x \to \infty} f(x) = L$

$\ulcorner \forall \varepsilon > 0, \ \exists M > 0, \ x > M \implies |f(x)-L| < \varepsilon \lrcorner$

(27.20) $\displaystyle \lim_{x \to \infty} f(x) = \infty$

$\ulcorner \forall K > 0, \ \exists M > 0, \ x > M \implies f(x) > K \lrcorner$

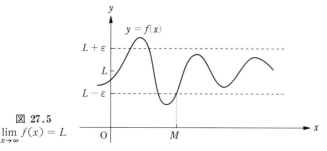

図 **27.5**
$\displaystyle \lim_{x \to \infty} f(x) = L$

その他の極限についても類推できるであろう（たとえば，(27.18) で $f(x) \to -\infty$ の場合は，$f(x) > K$ を $f(x) < -K$ に変えればよい）．極限の定義において用いられる文字は何でもよいのであるが，上記のように ε, δ が普通に使われることから，これらの定義に基づく証明を **ε-δ 論法**とよぶことがある．

例 5 $\displaystyle\lim_{x \to a} f(x) = A$, $\displaystyle\lim_{x \to a} g(x) = B$ のとき，$\displaystyle\lim_{x \to a} f(x)g(x) = AB$ を示そう．

$$|f(x)g(x) - AB| = |(f(x) - A)g(x) + A(g(x) - B)|$$
$$\leq |f(x) - A||g(x)| + |A||g(x) - B|$$

（三角不等式）

$\displaystyle\lim_{x \to a} f(x) = A$, $\displaystyle\lim_{x \to a} g(x) = B$ だから，任意の $\varepsilon > 0$ に対して，次のような正の数 $\delta_1, \delta_2, \delta_3$ が存在する．

（ i ）　　　　$0 < |x - a| < \delta_1 \Longrightarrow |f(x) - A| < \dfrac{\varepsilon}{2(|B| + 1)}$

（ ii ）　　　　$0 < |x - a| < \delta_2 \Longrightarrow |g(x) - B| < 1$

（これより $|g(x)| < |B| + 1$）

（iii）　　　　$0 < |x - a| < \delta_3 \Longrightarrow |g(x) - B| < \dfrac{\varepsilon}{2(|A| + 1)}$

$\delta = \min(\delta_1, \delta_2, \delta_3)$ とする．$0 < |x - a| < \delta$ ならば（このとき，$0 < |x - a| < \delta_i$ $(i = 1, 2, 3)$ であるので），

$$|f(x)g(x) - AB| < \frac{\varepsilon}{2(|B| + 1)}(|B| + 1) + |A|\frac{\varepsilon}{2(|A| + 1)} < \varepsilon$$

例 6 $\displaystyle\lim_{x \to \infty} f(x) = L$ ならば，$a_n = f(n)$ $(n = 1, 2, \cdots)$ について，$\displaystyle\lim_{n \to \infty} a_n = L$ が成り立つ（逆は必ずしも正しくない）．したがって，関数の極限を求めることにより数列の極限が求まる．$L = \pm\infty$ でもよい．たとえば，

$$\lim_{x \to \infty} \frac{\log x}{x} = \lim_{x \to \infty} \frac{\dfrac{1}{x}}{1} = 0$$

よって，

$$\lim_{n \to \infty} \sqrt[n]{n} = \lim_{n \to \infty} e^{\log n^{\frac{1}{n}}} = \lim_{n \to \infty} e^{\frac{1}{n}\log n} = e^0 = 1$$

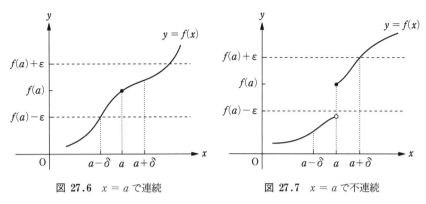

図 **27.6** $x = a$ で連続　　　図 **27.7** $x = a$ で不連続

関数 $f(x)$ が $x = a$ で連続であるとは，$\lim_{x \to a} f(x) = f(a)$ が成り立つこと

であった．定義 (27.16) において，$L = f(a)$ の場合であるから，連続の定義

は次のように書ける．

(27.21)　$f(x)$ が $x = a$ で連続であるとは，次が成り立つことである．

「$\forall \varepsilon > 0, \ \exists \delta > 0, \ |x - a| < \delta \Longrightarrow |f(x) - f(a)| < \varepsilon$」

$x = a$ のとき $|f(x) - f(a)| = 0 < \varepsilon$ だから，(27.16) における $0 < |x - a|$

の制約は必要がない．

例7　関数 $f(x)$ が $x = a$ で連続で，$f(a) > \gamma$ をみたすとき，$x = a$ の「近

く」で $f(x) > \gamma$ が成り立つことを示そう．定義 (27.21) において，$\varepsilon =$

$\dfrac{f(a) - \gamma}{2}$ とする．ある $\delta > 0$ が存在して，$|x - a| < \delta$ ならば $|f(x) - f(a)|$

$< \dfrac{f(a) - \gamma}{2}$ が成り立つ．よって，$|x - a| < \delta$ のとき，

$$f(x) > f(a) - \frac{f(a) - \gamma}{2} = \frac{f(a) + \gamma}{2} > \gamma$$

例8　（1）　$f(x) = 3x$ は $x = 1$ で連続である．実際，任意の $\varepsilon > 0$ に対し，

$\delta = \dfrac{\varepsilon}{3}$ とすると，$|x - 1| < \delta$ のとき $|f(x) - f(1)| = 3|x - 1| < 3\delta = \varepsilon$ と

なるからである．

（2）　$f(x)$ を次の式で定めると，$f(x)$ は $x = 1$ で不連続である．

$$f(x) = \begin{cases} x+1 & (x > 1) \\ x & (x \leqq 1) \end{cases}$$

$\varepsilon = \dfrac{1}{2}$ とする. すると $\delta > 0$ をどんなに小さくとっても, $1 < x < 1+\delta$ なる x については, $|f(x)-f(1)| = |x| > 1 > \varepsilon$ となる. つまり, $|x-1| < \delta$ であるにもかかわらず, $|f(x)-f(1)| < \varepsilon$ が成り立たないような x が存在する. よって, $f(x)$ は $x = 1$ で不連続である. ▨

定理8 関数 $f(x), g(x)$ が $x = a$ で連続とする. このとき, 次の関数も $x = a$ で連続である.
  （ⅰ） $f(x)+g(x)$, 　（ⅱ） $kf(x)$ （k：定数），

  （ⅲ） $f(x)g(x)$, 　　（ⅳ） $\dfrac{f(x)}{g(x)}$ （ただし, $g(a) \neq 0$）

証明 （ⅰ），（ⅱ），（ⅲ）は省略する.

　（ⅳ） $g(a) \neq 0$ のとき, $y = \dfrac{1}{g(x)}$ が $x = a$ で連続なことを示す. （ⅲ）と合わせれば, $\dfrac{f(x)}{g(x)} = f(x)\dfrac{1}{g(x)}$ も $x = a$ で連続なことがわかる. $\lim\limits_{x \to a} g(x) = g(a)$ だから, 任意の $\varepsilon > 0$ に対し, 次のような δ_1, δ_2 が存在する.

　（ⅰ）　　$|x-a| < \delta_1 \Longrightarrow |g(x)-g(a)| < \dfrac{|g(a)|}{2}$

　　　　　$\left(\text{これより } |g(x)| > \dfrac{|g(a)|}{2}\right)$

　（ⅱ）　　$|x-a| < \delta_2 \Longrightarrow |g(x)-g(a)| < \dfrac{|g(a)|^2}{2}\varepsilon$

$\delta = \min(\delta_1, \delta_2)$ とする. $|x-a| < \delta$ ならば,

$$\left|\dfrac{1}{g(x)} - \dfrac{1}{g(a)}\right| = \dfrac{|g(x)-g(a)|}{|g(x)||g(a)|} < \dfrac{2}{|g(a)|^2}\dfrac{|g(a)|^2}{2}\varepsilon = \varepsilon \qquad ▨$$

定理9 関数 $g(x)$ が $x = a$ で連続, 関数 $f(x)$ が $x = g(a)$ で連続ならば, 関数 $f(g(x))$ は $x = a$ で連続である.

証明 仮定より $\lim\limits_{t \to g(a)} f(t) = f(g(a))$ だから, 任意の $\varepsilon > 0$ に対し, 次のような

$\delta_1 > 0$ が存在する.

（ i ）　　　　$|t-g(a)| < \delta_1 \Longrightarrow |f(t)-f(g(a))| < \varepsilon$

$\lim\limits_{x \to a} g(x) = g(a)$ だから, $\delta_1 > 0$ に対し, 次のような $\delta_2 > 0$ が存在する.

（ ii ）　　　　$|x-a| < \delta_2 \Longrightarrow |g(x)-g(a)| < \delta_1$

（i），（ii）より, $|x-a| < \delta_2$ ならば $|f(g(x))-f(g(a))| < \varepsilon$ が成り立つ.　∎

例9（カラテオドリによる微分可能性の定義，1950）　関数 $f(x)$ が $x = a$ で微分可能であるとは, $x = a$ で連続な関数 $\varphi(x)$ が存在して, $f(x)$ が次の形に書けることと定義する.

(27.22)　　　$f(x) = f(a)+\varphi(x)(x-a)$

§2 では $\lim\limits_{x \to a} \dfrac{f(x)-f(a)}{x-a}$ が存在するとき, $f(x)$ が $x = a$ で微分可能と定義した. カラテオドリの定義と §2 の定義が同値であることはすぐにわかる（問題 27-6）. $f(x)$ が $x = a$ で微分可能ならば, $f'(a) = \varphi(a)$ である. このことを用いて合成関数の微分に関する連鎖律の別証明を与えよう. $g(x)$ は $x = a$ で微分可能, $f(x)$ は $x = g(a)$ で微分可能とする. このとき, $x = a$ で連続な関数 $\varphi(x)$ と $t = g(a)$ で連続な関数 $\psi(t)$ が存在して,

（ i ）　　　$g(x) = g(a)+\varphi(x)(x-a)$

（ ii ）　　　$f(t) = f(g(a))+\psi(t)(t-g(a))$

(ii) において, $t = g(x)$ を代入すると,

$$f(g(x)) = f(g(a))+\psi(g(x))(g(x)-g(a))$$
$$= f(g(a))+\psi(g(x))\varphi(x)(x-a)$$

ここで, $\psi(g(x))\varphi(x)$ は $x = a$ で連続である（定理8, 定理9）. よって, 関数 $f(g(x))$ は $x = a$ で微分可能で, 微分係数は $\psi(g(a))\varphi(a) = f'(g(a))g'(a)$ に等しい.　∎

　連鎖律の証明において, §2 では暗黙のうちに $g(a+h) \neq g(a)$ を仮定していた. 関数 $g(x)$ を $g(x) = x^2 \sin\dfrac{1}{x}$ $(x \neq 0)$, $g(0) = 0$ で定めると, $g(x)$ は $x = 0$ で微分可能であるが, $g(h) = g(0)$ となるようないくらでも小さな h

が存在する $\left(h = \dfrac{1}{2n\pi} \text{とおけばよい} \right)$. 例 9 の証明はこのような $g(x)$ につい

てもそのまま通用する．

定理 10 閉区間 $[a, b]$ で連続な関数 $f(x)$ は，$[a, b]$ において最大値・
最小値をとる．

証明 まず関数 $f(x)$ が上に有界であること，すなわち，$M > 0$ が存在して，任意
の $x \in [a, b]$ について $f(x) \leqq M$ となることを示そう．$f(x)$ が上に有界でないと
仮定すると，$[a, b]$ に属する数列 $\{x_n\}$ で，$f(x_n) > n$ をみたすものがとれる．定理
7 より，$\{x_n\}$ の部分列 $\{y_n\}$ で収束するものがとれる．$a = \lim\limits_{n \to \infty} y_n$ とする．$f(x)$ は
$x = a$ で連続だから，ある $\delta > 0$ が存在して，$x \in [a, b]$ に対し，
$$|x - a| < \delta \implies |f(x) - f(a)| < 1$$
が成り立つ．$\lim\limits_{n \to \infty} y_n = a$ だから，ある N が存在して，$|y_n - a| < \delta \ (n \geqq N)$ とな
る．ゆえに，$n \geqq N$ のとき $|f(y_n) - f(a)| < 1$，すなわち $f(y_n) < f(a) + 1$ が成
り立つ．これは $\{f(y_n)\}$ が上に有界であることを意味するが，$f(y_n) > n$ だから矛
盾である．よって $f(x)$ は上に有界である．

$A = \{ f(x) \mid a \leqq x \leqq b \}$ とおくと，A は上に有界だから，$\gamma = \sup A$ が存在す
る．もし任意の $x \in [a, b]$ について $f(x) \neq \gamma$ ならば，関数 $y = \dfrac{1}{\gamma - f(x)}$ は $[a,$
$b]$ において連続であり，したがって上に有界になる．一方，上限の定義から，$\varepsilon >$
0 に対し $\gamma - \varepsilon < f(x)$ となる $x \in [a, b]$ が存在するので，$\dfrac{1}{\gamma - f(x)} > \dfrac{1}{\varepsilon}$ となる．
ε は任意だから，$\dfrac{1}{\gamma - f(x)}$ が上に有界であることに矛盾する．よって，ある $x \in$
$[a, b]$ について $f(x) = \gamma$ となる．γ が最大値であることは明らかである．最小値に
関しても同様に証明できる．　　　　　　　　　　　　　　　　　　　　　　■

定理 11（**中間値の定理**）（ボルツァーノ，1817）　$f(x)$ は $[a, b]$ で連続な
関数で，$f(a) \neq f(b)$ とする．γ を $f(a)$ と $f(b)$ の間の任意の数とする
とき，$f(c) = \gamma$ となる $c \ (a < c < b)$ が存在する．

証明 $f(a) < \gamma < f(b)$ とする（$f(a) > \gamma > f(b)$ のときも同様）．次の集合 A を
考える．$a \in A$ だから，A は空集合でない．
$$A = \{ x \in [a, b] \mid f(x) < \gamma \}$$

$a = \sup A$ とおく. $f(b) > \gamma$ だから $x = b$ の近くで $f(x) > \gamma$ である (例7). よって $a \neq b$. 同様に $a \neq a$. $f(a) = \gamma$ を示そう.

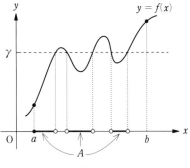

図 27.8

（ i ） $f(a) > \gamma$ と仮定する. $f(x)$ は $x = a$ で連続だから, $\delta > 0$ が存在して, 「$a - \delta < x \leqq a$ ならば $f(x) > \gamma$」が成り立つ. これは上限の定義に反する（区間 $(a - \delta, a]$ に A の元が存在しないから）.

（ ii ） $f(a) < \gamma$ と仮定する. すると $x = a$ の近くでも $f(x) < \gamma$ が成り立つ. つまり, $a < x_0$ かつ $f(x_0) < \gamma$ となる x_0 が存在する. これは a が A の上界であることに反する.

以上より $f(a) = \gamma$ である.　▨

例 10（不動点の存在） $f(x)$ は区間 $[a, b]$ で連続な関数とする. また, x が $[a, b]$ を動くとき $f(x)$ の値域は $[a, b]$ を含むものとする. このとき, ある $x_0 \in [a, b]$ が存在して $f(x_0) = x_0$ が成り立つことを示そう. このような x_0 は $f(x)$ の**不動点**とよばれる. 関数 $F(x) = f(x) - x$ を考えると, $F(x)$ は $[a, b]$ で連続である. もし, $f(a) = a$ または $f(b) = b$ ならば, $x = a$ または $x = b$ が不動点である. よって, $f(a) \neq a$ かつ $f(b) \neq b$ の場合を考えればよい. 仮定より, $x \in [a, b]$ のとき $f(x)$ は b 以上の値も a 以下の値もとりうる. 中間値の定理から, ある $x_1, x_2 \in [a, b]$ が存在して, $f(x_1) = a$, $f(x_2) = b$ となる.

$$F(x_1) = f(x_1) - x_1 = a - x_1 < 0 \quad (f(a) \neq a \text{ より})$$
$$F(x_2) = f(x_2) - x_2 = b - x_2 > 0 \quad (f(b) \neq b \text{ より})$$

再び中間値の定理から, ある x_0 が x_1 と x_2 の間に存在して, $F(x_0) = 0$. すなわち, $f(x_0) = x_0$ が成り立つ.　▨

問 題 27 —————————————————

1. 次の数列 $\{a_n\}$ について，収束するかどうかを判定し，収束する場合には極限値を求めよ．

(1) $a_n = \dfrac{n}{n^2+1}$ 　　(2) $a_n = \dfrac{1+2+3+\cdots+n}{n}$ 　　(3) $a_n = \dfrac{2^n+3^n}{3^n+4}$

(4) $a_n = n\cos n\pi$ 　　(5) $a_n = \dfrac{n}{n+\sin n\pi}$ 　　(6) $a_n = n\sin\dfrac{\pi}{n}$

(7) $a_n = \dfrac{1}{\sqrt{n}-\sqrt{n+1}}$ 　　(8) $a_n = \dfrac{\sqrt{n}+2}{n+4}$

2. $a_1 = \sqrt{2}$，$a_{n+1} = \sqrt{2+a_n}$ $(n=1,2,\cdots)$ によって数列 $\{a_n\}$ を定める．

(1) 任意の n について，$0 < a_n < a_{n+1} < 2$ が成り立つことを示せ．

(2) $\displaystyle\lim_{n\to\infty} a_n = \sqrt{2+\sqrt{2+\sqrt{2+\cdots}}}$ を求めよ．

3. 数列の極限について，次のことは成り立つか．成り立たない場合は反例をあげよ．

(1) 任意の n について $a_n < b_n$ で，$\{a_n\}, \{b_n\}$ がともに収束するならば，
$$\lim_{n\to\infty} a_n < \lim_{n\to\infty} b_n$$

(2) 任意の n について $a_n > 1$ であるとき，$\displaystyle\lim_{n\to\infty}(a_n)^n = \infty$．

(3) 数列 $\{a_n\}, \{a_n-b_n\}$ がともに収束すれば，数列 $\{b_n\}$ も収束する．

4. 次の区間縮小法の原理を証明せよ．

「閉区間の列 $I_n = [a_n, b_n]$ $(n=1,2,\cdots)$ は $I_1 \supseteqq I_2 \supseteqq I_3 \supseteqq \cdots$ をみたしている．さらに $\displaystyle\lim_{n\to\infty}(b_n-a_n)=0$ とする．このとき，すべての区間 I_n に含まれる実数 x がただ１つ存在する．」

5. 次の集合 A について，最大値・最小値，上限・下限が存在すれば，その値を求めよ．

(1) $A = \{x \mid x^2-2x-3 < 0\}$ 　　(2) $A = \{x \mid x$ は有理数で，$x^2 \leqq 2\}$

(3) $A = \{x \mid |\log x| \leqq 2\}$ 　　(4) $A = \left\{a_n \,\middle|\, a_n = \dfrac{n^2}{n^2+2} \ (n=1,2,\cdots)\right\}$

6. 関数 $f(x)$ の微分可能性について，§2の定義とカラテオドリの定義が同値であること（一方の定義から他方の定義が導けること）を示せ．

7. 次の関数 $f(x)$ について，「$|x-0| < \delta \implies |f(x)-f(0)| < \varepsilon$」が成り立つような δ を ε を用いて表せ．

(1) $f(x) = 2x$ 　　(2) $f(x) = -5x+1$ 　　(3) $f(x) = x^2$

(4) $f(x) = \begin{cases} 2x & (x \geqq 0) \\ x & (x < 0) \end{cases}$ 　　(5) $f(x) = \begin{cases} x^2 & (x \geqq 0) \\ x & (x < 0) \end{cases}$

(6) $f(x) = \begin{cases} \sqrt{x} & (x \geqq 0) \\ -x & (x < 0) \end{cases}$ (7) $f(x) = \begin{cases} x^2 - x & (x \geqq 0) \\ 0 & (x < 0) \end{cases}$

8. 関数 $f(x)$ は $x = a$ で連続とする. $\lim_{n \to \infty} a_n = a$ であるような任意の数列 $\{a_n\}$ について, $\lim_{n \to \infty} f(a_n) = f(a)$ が成り立つことを示せ.

9. (1) $f(x)$ を微分可能な周期関数とすると, $f'(x)$ も周期関数であることを示せ.

(2) $f(x) = \sin(x^4)$ は周期関数でないことを示せ.

10. $f(x)$ は $[a, b]$ で連続な関数とする. $y_n = f(x_n)$ $(x_n \in [a, b])$ は次の不等式をみたすものとする.

$$\gamma - \frac{1}{n} < y_n \leqq \gamma \quad (n = 1, 2, \cdots)$$

このときある $x_0 \in [a, b]$ が存在して, $f(x_0) = \gamma$ が成り立つことを示せ.

(定理 10 の証明の後半部分は, この問題を用いて示すことができる.)

11. (1) 数列 $\{a_n\}$ が α に収束すれば, 次の式で定める数列 $\{b_n\}$ も α に収束することを示せ.

$$b_n = \frac{a_1 + a_2 + \cdots + a_n}{n} \quad (n = 1, 2, \cdots)$$

この結果はコーシー (1821) による.

$$\left(\begin{array}{c} \varepsilon > 0 \text{ に対し, } |a_n - \alpha| < \dfrac{\varepsilon}{2} \ (n \geqq N) \text{ なる自然数 } N \text{ が存在する.} \\[2mm] |b_n - \alpha| \leqq \dfrac{|a_1 + \cdots + a_N - N\alpha|}{n} + \dfrac{1}{n} \dfrac{(n-N)\varepsilon}{2} \end{array} \right)$$

(2) $\lim_{n \to \infty} \dfrac{1}{n} \left(1 + \dfrac{1}{2} + \cdots + \dfrac{1}{n} \right)$ を求めよ.

(3) $\lim_{n \to \infty} \left\{ (e+1) \left(e + \dfrac{1}{2} \right) \cdots \left(e + \dfrac{1}{n} \right) \right\}^{\frac{1}{n}}$ を求めよ.

12. (1) 次の方程式は 2 個の実数解をもつことを示せ.

(＊) $\log x - x + \dfrac{3}{2} = 0$

(2) (＊) の解に最も近い整数をそれぞれ求めよ.

13. 関数 $f(x)$ は次の 2 条件をみたすものとする.

(ⅰ) 任意の x, y $(x \neq y)$ について, $|f(x) - f(y)| < |x - y|$.

(ⅱ) ある γ が存在して, $f(\gamma) = \gamma$ が成り立つ.

(1) $f(x)$ は任意の点で連続であることを示せ.

(2) $f(x)$ の不動点 ($f(x) = x$ となる x) は γ だけであることを示せ.

(3) $f(x)$ が (ⅰ) をみたしても, 必ずしも (ⅱ) をみたさないことを例をあげて示せ.

数列 $\{a_n\}$ を $a_{n+1} = f(a_n)$ $(n = 1, 2, \cdots)$ で定める. 以下では a_1 を任意の数とするとき, $\lim_{n \to \infty} a_n = \gamma$ となることを順を追って示そう.

(4) ある N について $a_N = \gamma$ となれば, $a_n = \gamma$ $(n \geq N)$ が成り立つこと (したがって $\lim_{n \to \infty} a_n = \gamma$) を示せ.

以後, 任意の n について $a_n \neq \gamma$ の場合を考える.

(5) $A = \{a_n \mid a_n > \gamma\}$, $B = \{a_n \mid a_n < \gamma\}$ とおく. このとき次のことを示せ.

$$a_k \in A \Longrightarrow a_k > a_n \quad (n > k),$$
$$a_k \in B \Longrightarrow a_k < a_n \quad (n > k)$$

(6) A が有限集合のときは, ある N が存在して, $a_n < a_{n+1} < \gamma$ $(n \geq N)$ となることを示せ. また, $\lim_{n \to \infty} a_n = \gamma$ を示せ.

以後, A, B がともに無限集合の場合を考える.

(7) $\inf A = \alpha$, $\sup B = \beta$ とする. $\alpha = \beta$ のとき, $\varepsilon > 0$ を任意にとると, $\gamma - \varepsilon < a_M < \gamma < a_N < \gamma + \varepsilon$ なる $a_N \in A$, $a_M \in B$ が存在することを示せ. また, $\lim_{n \to \infty} a_n = \gamma$ を示せ.

以後では $\alpha \neq \beta$ と仮定して矛盾を導く.

(8) $\varepsilon = \dfrac{\alpha - \beta}{2} > 0$ とおく. $\alpha \leq a_N < \alpha + \varepsilon$ なる $a_N \in A$ をとる. $a_{N+1} \in A$ ならば, $a_n \in A$ $(n \geq N)$ が成り立つこと (したがって B が有限集合) を示せ.

(9) (8)より, n が十分大のとき次のことが成り立つ.

$$a_n \in A \Longrightarrow a_{n+1} \in B, \quad a_n \in B \Longrightarrow a_{n+1} \in A$$

次の不等式を利用して, $\beta = f(\alpha)$ を示せ.

$$|\beta - f(\alpha)| \leq |\beta - a_{n+1}| + |f(a_n) - f(\alpha)| < |\beta - a_{n+1}| + |a_n - \alpha|$$

同様にして $\alpha = f(\beta)$ を示し, 矛盾を導け.

28. 無 限 級 数

数列 $\{a_n\}$ に対して次のような形式的な和を考える.

(28.1) $\qquad a_1 + a_2 + \cdots + a_n + \cdots$

これを**無限級数**（または単に**級数**）といい，記号 $\displaystyle\sum_{n=1}^{\infty} a_n$ で表す. 実際には無限個の数の和は計算できないので，(28.1) に正確な意味づけをする必要がある. 数列 $\{a_n\}$ の初項から第 n 項までの和を S_n で表し，**第 n 部分和**とよぶ.

(28.2) $\qquad S_n = \displaystyle\sum_{k=1}^{n} a_k = a_1 + a_2 + \cdots + a_n$

こうしてできた数列 $\{S_n\}$ が S に収束するとき，無限級数 $\displaystyle\sum_{n=1}^{\infty} a_n$ は S に**収束**するといい，S をこの級数の**和**と定義する.

(28.3) $\quad \displaystyle\lim_{n \to \infty} S_n = S$ のとき，

$$\sum_{n=1}^{\infty} a_n = S \quad \text{または} \quad a_1 + a_2 + \cdots + a_n + \cdots = S$$

と表す.

数列 $\{S_n\}$ が発散するとき，級数 $\displaystyle\sum_{n=1}^{\infty} a_n$ は**発散**するという. 特に $\displaystyle\lim_{n \to \infty} S_n = \infty$ のとき，$\displaystyle\sum_{n=1}^{\infty} a_n = \infty$ と書くことがある. $\displaystyle\lim_{n \to \infty} S_n = -\infty$ の場合は $\displaystyle\sum_{n=1}^{\infty} a_n = -\infty$ と書く.

例 1 （1） $a_n = \dfrac{1}{n(n+1)} = \dfrac{1}{n} - \dfrac{1}{n+1}$ とする.

$$S_n = \left(1 - \frac{1}{2}\right) + \left(\frac{1}{2} - \frac{1}{3}\right) + \cdots + \left(\frac{1}{n} - \frac{1}{n+1}\right) = 1 - \frac{1}{n+1}$$

$\displaystyle\lim_{n \to \infty} S_n = 1$ だから $\displaystyle\sum_{n=1}^{\infty} a_n$ は収束して，$\displaystyle\sum_{n=1}^{\infty} \frac{1}{n(n+1)} = 1$.

（2） $a_n = n+1$ とする. $S_n = \displaystyle\sum_{k=1}^{n} (k+1) = \dfrac{n(n+1)}{2} + n$ だから，

$$\lim_{n\to\infty} S_n = \infty.$$

よって，$\sum\limits_{n=1}^{\infty} a_n$ は発散する．$\sum\limits_{n=1}^{\infty} (n+1) = \infty$ である． ▨

定理 1　（ i ）$\sum\limits_{n=1}^{\infty} a_n$ が収束すれば，$\lim\limits_{n\to\infty} a_n = 0$ $\Big($したがって，$\{a_n\}$ が 0 に収束しないならば，$\sum\limits_{n=1}^{\infty} a_n$ は発散する$\Big)$．

（ ii ）$\sum\limits_{n=1}^{\infty} a_n$, $\sum\limits_{n=1}^{\infty} b_n$ が収束すれば $\sum\limits_{n=1}^{\infty} (a_n + b_n)$, $\sum\limits_{n=1}^{\infty} k a_n$ （k：定数）も収束して，

$$\sum_{n=1}^{\infty} (a_n + b_n) = \sum_{n=1}^{\infty} a_n + \sum_{n=1}^{\infty} b_n , \qquad \sum_{n=1}^{\infty} k a_n = k \sum_{n=1}^{\infty} a_n$$

（iii）$\{a_n\}$ と $\{b_n\}$ は有限個の n を除いて $a_n = b_n$ であるとする．このとき，$\sum\limits_{n=1}^{\infty} a_n$ の収束・発散と $\sum\limits_{n=1}^{\infty} b_n$ の収束・発散は一致する．

（iv）$\sum\limits_{n=1}^{\infty} a_n$ が収束するとき，項の順序を変えずにいくつかずつを（　）でくくってできる次の級数も収束して，和は $\sum\limits_{n=1}^{\infty} a_n$ に等しい．

$$(a_1 + a_2 + \cdots + a_M) + (a_{M+1} + \cdots + a_N) + (a_{N+1} + \cdots + a_L) + \cdots$$

証明　（ i ）$a_n = S_n - S_{n-1}$ である．$\lim\limits_{n\to\infty} S_n = S$ ならば $\lim\limits_{n\to\infty} S_{n-1} = S$ だから，

$$\lim_{n\to\infty} a_n = \lim_{n\to\infty} (S_n - S_{n-1}) = S - S = 0$$

（ ii ）§27 定理 2 よりわかる．

（iii）$\{a_n\}, \{b_n\}$ の第 n 部分和をそれぞれ S_n , T_n とすると，n が十分大のとき，$S_n - T_n$ が定数となることから，定理の結論を得る．

（iv）$\{a_n\}$ および新しくつくった級数の部分和をそれぞれ S_n , T_n とすると，$T_n = S_{k(n)}$ となる番号 $k(n)$ が存在する．$\lim\limits_{n\to\infty} S_{k(n)} = \lim\limits_{n\to\infty} S_n$ だから，定理の結論を得る． ▨

定理 1（ i ）の逆は必ずしも成り立たない（例 4）．（iii）は有限個の項の値を変

えても級数の収束・発散に影響を与えないことを示す.

例2（無限等比級数）　$a_n = ar^{n-1}$ $(a \neq 0)$ とする.

$$S_n = \begin{cases} \dfrac{a(1-r^n)}{1-r} & (r \neq 1) \\[3mm] na & (r = 1) \end{cases}$$

$r = 1$ のときは $\lim\limits_{n \to \infty} S_n = \infty$ である. $r \neq 1$ のとき §27 定理5を用いると次の結論を得る.

> (28.4)　$\displaystyle\sum_{n=1}^{\infty} ar^{n-1}$ $(a \neq 0)$ は $|r| < 1$ のときのみ収束して,
>
> $$\sum_{n=1}^{\infty} ar^{n-1} = \frac{a}{1-r}$$

例3　（1）　$\displaystyle\sum_{n=1}^{\infty} \left(\frac{1}{2}\right)^n = \dfrac{\dfrac{1}{2}}{1 - \dfrac{1}{2}} = 1$

（2）　循環小数 $0.\overset{\cdot}{1}2\overset{\cdot}{3}$ を分数で表そう.

$$0.\overset{\cdot}{1}2\overset{\cdot}{3} = 0.123123123\cdots = \frac{123}{10^3} + \frac{123}{10^6} + \frac{123}{10^9} + \cdots = \frac{\dfrac{123}{10^3}}{1 - \dfrac{1}{10^3}} = \frac{41}{333}$$

例4（調和級数）　1年目に1メートル, 2年目に $\dfrac{1}{2}$ メートル, 一般に n 年目に $\dfrac{1}{n}$ メートル伸びる木がある. 最初の高さを0とするとき, この木はどのくらい大きくなるだろうか. n 年後の木の高さを S_n とすると,

$$S_n = 1 + \frac{1}{2} + \frac{1}{3} + \cdots + \frac{1}{n}$$

具体的な S_n の値をみると, 成長のスピードはしだいに鈍くなり, 木の高さは一定の値に近づいていくよう

n	100	1000	10000	100000	1000000
S_n	5.19	7.49	9.79	12.09	14.38

小数第3位を四捨五入.

にもみえる. しかし, 論理は直観を覆すのである.

$$\frac{1}{3}+\frac{1}{4} > \frac{1}{4}+\frac{1}{4} = \frac{1}{2},$$

$$\frac{1}{5}+\frac{1}{6}+\frac{1}{7}+\frac{1}{8} > \frac{1}{8}+\frac{1}{8}+\frac{1}{8}+\frac{1}{8} = \frac{1}{2}$$

一般に,

$$\frac{1}{2^{k-1}+1}+\frac{1}{2^{k-1}+2}+\cdots+\frac{1}{2^{k-1}+2^{k-1}} > \frac{2^{k-1}}{2^k} = \frac{1}{2}$$

よって, $n = 2^k$ のとき,

$$S_n = 1+\frac{1}{2}+\left(\frac{1}{3}+\frac{1}{4}\right)+\cdots+\left(\frac{1}{2^{k-1}+1}+\cdots+\frac{1}{2^k}\right)$$

$$S_n > 1+\underbrace{\frac{1}{2}+\frac{1}{2}+\cdots+\frac{1}{2}}_{k\text{ 個}} = 1+\frac{k}{2}$$

$\lim\limits_{k\to\infty} S_{2^k} = \infty$ だから, $\lim\limits_{n\to\infty} S_n = \infty$. よって $\sum\limits_{n=1}^{\infty}\frac{1}{n}$ は発散する.

調和級数 $\sum\limits_{n=1}^{\infty}\frac{1}{n}$ が無限大に発散することを示したのはフランスのオーレム (1350 年頃) である. それでは, 調和級数がどの程度の速さで増大していくかを調べることにする. 平均値の定理より $\log(n+1)-\log n = \frac{1}{c}$ ($n < c <$ $n+1$) なる c が存在するから,

(28.5) $$\frac{1}{n+1} < \log(n+1)-\log n < \frac{1}{n}$$

(28.5) に $n = 1, 2, 3, \cdots$ を代入して, 辺々加えると

(28.6) $$\frac{1}{2}+\frac{1}{3}+\cdots+\frac{1}{n+1} < \log(n+1) < 1+\frac{1}{2}+\cdots+\frac{1}{n}$$

(28.6) より次の不等式を得る.

$$\log(n+1) < \sum_{k=1}^{n}\frac{1}{k} < \log(n+1)+1-\frac{1}{n+1}$$

n が十分大きいとき，$\sum\limits_{k=1}^{n}\dfrac{1}{k}$ はほぼ $\log(n+1)$ に等しいことがわかる．例 4 の木について，詳しい計算をすれば，高さが 10 メートルを超えるのは 12367 年目であり，高さが 100 メートルを超えるには約 1.5×10^{43} 年かかることがわかる．

$a_n = \sum\limits_{k=1}^{n}\dfrac{1}{k}-\log n$ とする．(28.5)，(28.6) より，任意の自然数 n について

$$a_1 > a_2 > a_3 > \cdots > a_n > 0$$

$\{a_n\}$ は下に有界な単調減少数列だから収束する（§ 27 参照）．この数列の極限値を γ で表し，**オイラーの定数**という．

$$(28.7) \qquad \gamma = \lim_{n\to\infty}\left(1+\frac{1}{2}+\frac{1}{3}+\cdots+\frac{1}{n}-\log n\right)$$

$\gamma = 0.5772156649$（近似値）であるが，γ が無理数かどうか，わかっていない．

例 5（素数は無限個存在する）

（ⅰ）（ユークリッドの証明，紀元前 300 年頃） 素数が有限個しかないと仮定しよう．$p_1, p_2, \cdots, p_n$ をすべての素数とする．このとき次の数 N を考える．

$$N = p_1 \cdot p_2 \cdot \cdots \cdot p_n + 1$$

N が素数ならば，どの素数 p_i（$i = 1, 2, \cdots, n$）よりも大きいから，$p_1, \cdots, p_n$ がすべての素数であることに反する．N が素数の約数 p をもつとしよう．N がどの素数 p_i でも割り切れないのは明らかだから，p はどの p_i とも一致しない．よって，どちらの場合も矛盾が生じることになる．

（ⅱ）（オイラーの証明，1737） 素数が有限個しかないと仮定して矛盾を導く．$p_1, p_2, \cdots, p_n$ をすべての素数とする．N を固定して，N 以下の自然数をこれらの素数の積に分解する．

$$(28.8) \qquad k = p_1{}^{\alpha_1} p_2{}^{\alpha_2} \cdots p_n{}^{\alpha_n} \quad (1 \leqq k \leqq N)$$

$1 \leqq k \leqq N$ なる k について，(28.8) に現れる指数 $\alpha_1, \cdots, \alpha_n$ のうち最大のものを α とする．

$$\left(1+\frac{1}{p_1}+\cdots+\frac{1}{p_1{}^{\alpha}}\right)\left(1+\frac{1}{p_2}+\cdots+\frac{1}{p_2{}^{\alpha}}\right)\cdots\left(1+\frac{1}{p_n}+\cdots+\frac{1}{p_n{}^{\alpha}}\right)$$

$$= \sum_{0 \leq e_i \leq \alpha} \frac{1}{p_1{}^{e_1} p_2{}^{e_2} \cdots p_n{}^{e_n}} \quad (e_i \text{ は } 0 \text{ から } \alpha \text{ までの整数すべてを動く})$$

$$> \sum_{k=1}^{N} \frac{1}{k}$$

一方,

$$1 + \frac{1}{p_i} + \cdots + \frac{1}{p_i{}^{\alpha}} < \sum_{n=0}^{\infty} \left(\frac{1}{p_i} \right)^n = \frac{p_i}{p_i - 1}$$

よって

$$\sum_{k=1}^{N} \frac{1}{k} < \left(\frac{p_1}{p_1 - 1} \right) \left(\frac{p_2}{p_2 - 1} \right) \cdots \left(\frac{p_n}{p_n - 1} \right)$$

これは $\displaystyle \lim_{N \to \infty} \sum_{k=1}^{N} \frac{1}{k} = \infty$ に反する. ▨

調和級数のように $a_n \geqq 0$ $(n = 1, 2, \cdots)$ である級数 $\displaystyle \sum_{n=1}^{\infty} a_n$ を**正項級数**という. $a_n = 0$ なる項を除いても級数の収束・発散に影響はないので, 以下では必要に応じて $a_n > 0$ $(n = 1, 2, \cdots)$ とする. 正項級数については, 部分和の列 $\{S_n\}$ はつねに単調増加だから, 次の定理を得る.

定理 2 正項級数 $\displaystyle \sum_{n=1}^{\infty} a_n$ が収束する $\Longleftrightarrow$ 部分和の列 $\{S_n\}$ が上に有界

($\Longrightarrow$ については §27 定理 1 を参照. $\Longleftarrow$ は実数の連続性 (27.8) による.)

定理 3 $f(x)$ は $x \geqq 1$ において単調減少な連続関数で, $f(x) \geqq 0$ とする. $a_n = f(n)$ $(n = 1, 2, \cdots)$ と定めるとき,

正項級数 $\displaystyle \sum_{n=1}^{\infty} a_n$ が収束する $\Longleftrightarrow$ 広義積分 $\displaystyle \int_1^{\infty} f(x)\, dx$ が収束する

証明 仮定より, $f(k+1) \leq f(x) \leq f(k)$ $(k \leq x \leq x+1)$ だから,

$$a_{k+1} = \int_k^{k+1} f(k+1)\, dx < \int_k^{k+1} f(x)\, dx < \int_k^{k+1} f(k)\, dx = a_k$$

$k = 1, 2, \cdots, n$ とおいて, 辺々加えると,

$$S_{n+1} - a_1 < \int_1^{n+1} f(x)\, dx < S_n$$

「$\int_1^\infty f(x)\, dx$ が収束する $\Longleftrightarrow$ $\{I_n\}\left(I_n = \int_1^{n+1} f(x)\, dx\right)$ が上に有界」であることは $f(x) \geqq 0$ よりすぐにわかる. よって, 定理 2 と合わせると, 定理 3 の結論を得る. ∎

例 6　$f(x) = \dfrac{1}{x^p}$ $(p > 0)$ は定理 3 の仮定をみたす. 容易にわかるように

$$\int_1^\infty \frac{1}{x^p}\, dx \text{ が収束する} \Longleftrightarrow p > 1$$

よって, 級数 $\sum\limits_{n=1}^\infty \dfrac{1}{n^p}$ $(p > 0)$ について, 次の結論を得る.

(28.9)　　　$\sum\limits_{n=1}^\infty \dfrac{1}{n^p}$ は $p > 1$ のとき収束し, $0 < p \leqq 1$ のとき発散する.

なお, $p \leqq 0$ のとき, $a_n = \dfrac{1}{n^p} = n^{-p}$ とすると, $\{a_n\}$ は 0 に収束しない. よって, 定理 1 (i) から, この場合も $\sum\limits_{n=1}^\infty \dfrac{1}{n^p}$ は発散する. ∎

例 7　級数 $\sum\limits_{n=1}^\infty \dfrac{1}{n^2}$ は例 6 により収束する. この和をオイラーは次のような発見的方法で求めた. $\sin x$ のマクローリン展開より,

$$\sin \pi x = \pi x - \frac{\pi^3}{3!} x^3 + \frac{\pi^5}{5!} x^5 - \cdots$$

(28.10)　　$\dfrac{\sin \pi x}{x} = \pi - \dfrac{\pi^3}{3!} x^2 + \dfrac{\pi^5}{5!} x^4 - \cdots$

$f(x) = \dfrac{\sin \pi x}{x}$ とすると, $f(x)$ は $x = \pm 1, \pm 2, \pm 3, \cdots$ で 0 になる. 多項式における因数定理を無限次数多項式 (28.10) に適用すると (定数項が π であることに注意する),

(28.11)　　$f(x) = \pi(1+x)(1-x)\left(1+\dfrac{x}{2}\right)\left(1-\dfrac{x}{2}\right)\left(1+\dfrac{x}{3}\right)\left(1-\dfrac{x}{3}\right)\cdots$

$$= \pi(1-x^2)\left(1-\frac{x^2}{2^2}\right)\left(1-\frac{x^2}{3^2}\right)\cdots$$

$$= \pi\left\{1-x^2\left(1+\frac{1}{2^2}+\frac{1}{3^2}+\cdots\right)+\cdots\right\}$$

ここで (28.10) における x^2 の係数と比較すると，

$$-\frac{\pi^3}{3!} = -\pi\left(1+\frac{1}{2^2}+\frac{1}{3^2}+\cdots\right)$$

(28.12)　　$\dfrac{\pi^2}{6} = \displaystyle\sum_{n=1}^{\infty}\frac{1}{n^2} = 1+\frac{1}{2^2}+\frac{1}{3^2}+\cdots$　　　　▪

極限の概念が未完成だった 18 世紀当時においても，このような推論は不完全なものであると認識されていたが，ともかく $\displaystyle\sum_{n=1}^{\infty}\frac{1}{n^2}$ の和をはじめて求めたという意味で，大きな意義があった．オイラーは後に $f(x)$ の無限積展開 (28.11) をより厳密な方法で示し，上記の方法を正当化した．オイラーは同様にして，$\displaystyle\sum_{n=1}^{\infty}\frac{1}{n^4}$, $\displaystyle\sum_{n=1}^{\infty}\frac{1}{n^6}$ などの和も求めることに成功した．しかし，$\dfrac{1}{n}$ の奇数乗の和については，今日に至るまで，その和がどのような数であるか知られていない．Roger Apéry が 1978 年にようやく $\displaystyle\sum_{n=1}^{\infty}\frac{1}{n^3}$ が無理数であることを証明した．

定理 4（比較判定法）　ある N が存在して，$0 \leqq a_n \leqq b_n$ $(n \geqq N)$ とする．

（ⅰ）$\displaystyle\sum_{n=1}^{\infty} b_n$ が収束する $\Longrightarrow$ $\displaystyle\sum_{n=1}^{\infty} a_n$ は収束する．

（ⅱ）$\displaystyle\sum_{n=1}^{\infty} a_n$ が発散する $\Longrightarrow$ $\displaystyle\sum_{n=1}^{\infty} b_n$ は発散する．

証明　有限個の項の変更は級数の収束・発散に影響しないので，すべての n について，$0 \leqq a_n \leqq b_n$ としてよい．$\displaystyle\sum_{n=1}^{\infty} a_n$, $\displaystyle\sum_{n=1}^{\infty} b_n$ の第 n 部分和をそれぞれ S_n, T_n とすると，$S_n \leqq T_n$．よって，定理 2 より結論を得る．　　　　▪

注　定理 4 の仮定を $0 \leqq a_n \leqq Kb_n$（K：正の定数）としても同じ結論を得る．

例8 （1）　$\displaystyle\sum_{n=1}^{\infty}\frac{\sqrt{n}}{n^2+1}$ は収束することを示す．実際，任意の n について，

$$\frac{\sqrt{n}}{n^2+1}<\frac{\sqrt{n}}{n^2}=\frac{1}{n\sqrt{n}}$$

ここで $\displaystyle\sum_{n=1}^{\infty}\left(\frac{1}{n}\right)^{\frac{3}{2}}$ は例6により収束する．よって，$\displaystyle\sum_{n=1}^{\infty}\frac{\sqrt{n}}{n^2+1}$ も収束する．

（2）　$\displaystyle\sum_{n=1}^{\infty}\frac{1}{\sqrt{n}}$ は発散する．なぜなら，任意の n について $\dfrac{1}{\sqrt{n}}\geqq\dfrac{1}{n}$ であり，$\displaystyle\sum_{n=1}^{\infty}\frac{1}{n}$ が発散するからである．　▨

定理5（ダランベールの判定法）　正項級数 $\displaystyle\sum_{n=1}^{\infty}a_n$ において，$\displaystyle\lim_{n\to\infty}\frac{a_{n+1}}{a_n}=r$ が存在するとき，

$$0\leqq r<1\Longrightarrow \sum_{n=1}^{\infty}a_n \text{ は収束,} \quad r>1\Longrightarrow \sum_{n=1}^{\infty}a_n \text{ は発散.}$$

証明　$r<1$ のとき，$r<p<1$ なる p をとる．$\displaystyle\lim_{n\to\infty}\frac{a_{n+1}}{a_n}=r$ だから，ある N が存在して，$\dfrac{a_{n+1}}{a_n}<p\ (n\geqq N)$ が成り立つ．このとき，

$$a_n<p^{n-N}a_N\quad(n\geqq N+1)$$

$\displaystyle\sum_{n=1}^{\infty}\frac{a_N}{p^N}p^n$ は収束するから，定理4より $\displaystyle\sum_{n=1}^{\infty}a_n$ も収束する．$r>1$ のときは，ある N が存在して，$\dfrac{a_{n+1}}{a_n}>1\ (n\geqq N)$ が成り立つ．$a_{n+1}>a_n\ (n\geqq N)$ だから，$\{a_n\}$ は 0 に収束しない．よって $\displaystyle\sum_{n=1}^{\infty}a_n$ は発散する．　▨

注　$\displaystyle\lim_{n\to\infty}\frac{a_{n+1}}{a_n}=\infty$ のときも $r>1$ のときと同じく，$\displaystyle\sum_{n=1}^{\infty}a_n$ は発散する．

定理6（コーシーの判定法） 正項級数 $\sum\limits_{n=1}^{\infty} a_n$ において，$\lim\limits_{n\to\infty} \sqrt[n]{a_n} = r$ が存在するとき，

$$0 \leqq r < 1 \implies \sum_{n=1}^{\infty} a_n \text{ は収束,} \quad r > 1 \implies \sum_{n=1}^{\infty} a_n \text{ は発散.}$$

証明 $r < 1$ のとき，$r < p < 1$ なる p をとる．$\lim\limits_{n\to\infty} \sqrt[n]{a_n} = r$ だから，ある N が存在して $\sqrt[n]{a_n} < p$ $(n \geqq N)$ が成り立つ．このとき，$a_n < p^n$ $(n \geqq N)$ であり，$\sum\limits_{n=1}^{\infty} p^n$ は収束するから，定理4により $\sum\limits_{n=1}^{\infty} a_n$ も収束する．$r > 1$ のときは，ある N が存在して $\sqrt[n]{a_n} > 1$ $(n \geqq N)$ となるから，$\{a_n\}$ は0に収束しない．よって，$\sum\limits_{n=1}^{\infty} a_n$ は発散する． ▨

例9 $\sum\limits_{n=0}^{\infty} a_n = \sum\limits_{n=0}^{\infty} \dfrac{(4n)!}{(n!)^4} \dfrac{(1103 + 26390n)}{396^{4n}}$ は収束することを示そう．

$$\frac{a_{n+1}}{a_n} = \frac{(4n+4)(4n+3)(4n+2)(4n+1)(27499 + 26396n)}{(396)^4(n+1)^4(1103 + 26396n)}$$

$$\to \left(\frac{1}{99}\right)^4 \quad (n \to \infty)$$

よって，定理5より $\sum\limits_{n=0}^{\infty} a_n$ は収束する．インドの数学者ラマヌジャンは次の公式を1914年に発見した．

$$(28.13) \qquad \frac{1}{\pi} = \frac{\sqrt{8}}{9801} \sum_{n=0}^{\infty} \frac{(4n)!}{(n!)^4} \frac{(1103 + 26390n)}{396^{4n}}$$

これは，今日までに発見された π を表す公式の中で，最も驚くべきものである． ▨

例10 $r \geqq 0$ とするとき，$\sum\limits_{n=1}^{\infty} nr^{n-1}$ の収束・発散を判定しよう．$r = 0$ のときは明らかに収束するので，$r > 0$ とする．$a_n = nr^{n-1}$ とすると，

$$\frac{a_{n+1}}{a_n} = \frac{n+1}{n} r \to r \quad (n \to \infty)$$

よって，$0 \leqq r < 1$ ならば $\sum\limits_{n=1}^{\infty} nr^{n-1}$ は収束し，$r \geqq 1$ ならば $\sum\limits_{n=1}^{\infty} nr^{n-1}$ は発散する． ▨

定理7（ラーベの判定法） 正項級数 $\sum\limits_{n=1}^{\infty} a_n$ において，

（ i ）　$n\left(\dfrac{a_n}{a_{n+1}}-1\right) \geqq c \ (n \geqq N)$ となる定数 $c>1$，自然数 N が存在するならば $\sum\limits_{n=1}^{\infty} a_n$ は収束する．

（ ii ）　$n\left(\dfrac{a_n}{a_{n+1}}-1\right) \leqq 1 \ (n \geqq N)$ となる自然数 N が存在すれば，

$\sum\limits_{n=1}^{\infty} a_n$ は発散する．

証明 （ i ）　$c = 1+h \ (h>0)$ とおく．仮定より，

$$a_{n+1} \leqq \frac{1}{h}\{na_n-(n+1)a_{n+1}\} \quad (n \geqq N)$$

$$\sum_{n=N}^{M} a_{n+1} \leqq \frac{1}{h} \sum_{n=N}^{M}\{na_n-(n+1)a_{n+1}\}$$

$$= \frac{1}{h}\{Na_N-(M+1)a_{M+1}\} < \frac{Na_N}{h}$$

M は任意だから，部分和の列 $\{S_n\}$ は上に有界である．よって，定理2より $\sum\limits_{n=1}^{\infty} a_n$ は収束する．

（ ii ）　仮定より $na_n \leqq (n+1)a_{n+1} \ (n \geqq N)$ が成り立つ．よって，$\{na_n\}$ は $n \geqq N$ のとき単調増加になり，$na_n \geqq Na_N \ (n \geqq N)$ となる．これより，

$$a_n \geqq Na_N \frac{1}{n} \quad (n \geqq N)$$

$\sum\limits_{n=1}^{\infty} \dfrac{1}{n}$ は発散するので，$\sum\limits_{n=1}^{\infty} a_n$ も発散する． ▨

注　$\lim\limits_{n\to\infty} n\left(\dfrac{a_n}{a_{n+1}}-1\right) = a$ が存在して，$a>1$ のときは定理7(i)の仮定がみたされる．

例11　$\sum\limits_{n=1}^{\infty} a_n = \sum\limits_{n=1}^{\infty} \dfrac{1\cdot 3\cdot 5\cdot\dots\cdot(2n-1)}{2^n n!\,(2n+1)}$ は収束することを示そう．$\dfrac{a_n}{a_{n+1}} =$

$\dfrac{(2n+2)(2n+3)}{(2n+1)^2}$ だから，$\displaystyle\lim_{n\to\infty}\dfrac{a_{n+1}}{a_n}=1$ となり，ダランベールの判定法では判定できない．そこで，ラーベの判定法を用いる．

$$n\left(\frac{a_n}{a_{n+1}}-1\right)=\frac{6n^2+5n}{4n^2+4n+1}\to\frac{3}{2}\quad(n\to\infty)$$

よって，定理7（注を参照）より $\displaystyle\sum_{n=1}^{\infty}a_n$ は収束する．　　　　　▨

正の項と負の項が交互に現れる級数を**交代級数**という．

定理8（ライプニッツ，1682） 交代級数 $\displaystyle\sum_{n=1}^{\infty}(-1)^{n-1}a_n\ (a_n>0)$ において，$\{a_n\}$ が単調減少で，$\displaystyle\lim_{n\to\infty}a_n=0$ ならば，この級数は収束する．

証明 第 n 部分和 S_n において，まず n が偶数のときを考える．
$$S_{2n+2}=S_{2n}+a_{2n+1}-a_{2n+2}\geqq S_{2n}$$
$$S_{2n}=a_1-(a_2-a_3)-(a_4-a_5)-\cdots-(a_{2n-2}-a_{2n-1})-a_{2n}\leqq a_1$$
よって，$\{S_{2n}\}$ は上に有界な単調増加数列となり収束する．$\displaystyle\lim_{n\to\infty}S_{2n}=S$ とおく．$\displaystyle\lim_{n\to\infty}S_{2n+1}=\lim_{n\to\infty}(S_{2n}+a_{2n+1})=S$ だから，$\{S_{2n+1}\}$ も S に収束する．よって，$\{S_n\}$ は S に収束する．　　　　　▨

級数 $\displaystyle\sum_{n=1}^{\infty}a_n$ に対して，$\displaystyle\sum_{n=1}^{\infty}|a_n|$ を考える．これをもとの級数の**絶対値級数**という．$\displaystyle\sum_{n=1}^{\infty}|a_n|$ が収束するとき，$\displaystyle\sum_{n=1}^{\infty}a_n$ は**絶対収束**するという．

定理9 $\displaystyle\sum_{n=1}^{\infty}|a_n|$ が収束すれば，$\displaystyle\sum_{n=1}^{\infty}a_n$ も収束する．

証明 $\displaystyle\sum_{n=1}^{\infty}a_n$ の第 n 部分和 S_n を正の項の和 P_n と負の項の和 Q_n に分ける．$\displaystyle\sum_{n=1}^{\infty}|a_n|$ の第 n 部分和を T_n とすると，
$$S_n=P_n+Q_n,\qquad T_n=P_n-Q_n$$
$\{T_n\},\{P_n\},\{-Q_n\}$ は各項が正だから単調増加数列である．仮定により $\{T_n\}$ が

収束するので，$\{P_n\}, \{-Q_n\}$ は上に有界となり収束する．$\lim\limits_{n\to\infty} P_n = P$, $\lim\limits_{n\to\infty}(-Q_n)$ $= Q$ とおくと，$\lim\limits_{n\to\infty} S_n = \lim\limits_{n\to\infty}\{P_n-(-Q_n)\} = P-Q$. ∎

$\sum\limits_{n=1}^{\infty} a_n$ は収束するが，$\sum\limits_{n=1}^{\infty} |a_n|$ が発散するような場合，級数 $\sum\limits_{n=1}^{\infty} a_n$ は**条件収束**するという．たとえば，$\sum\limits_{n=1}^{\infty} (-1)^{n-1}\dfrac{1}{n}$ は定理 8 により収束するが，絶対値級数 $\sum\limits_{n=1}^{\infty}\dfrac{1}{n}$ は発散する．よって，この級数は条件収束する．絶対収束する級数の特性は次の定理にある．

定理 10（ディリクレ，1837）　絶対収束する級数 $\sum\limits_{n=1}^{\infty} a_n$ から項の順序を任意に入れかえてつくった級数 $\sum\limits_{n=1}^{\infty} b_n$ も絶対収束して，$\sum\limits_{n=1}^{\infty} a_n = \sum\limits_{n=1}^{\infty} b_n$ が成り立つ．

証明　（ⅰ）　$a_n \geqq 0$ $(n = 1, 2, \cdots)$ のとき．$\sum\limits_{n=1}^{\infty} a_n$ の第 n 部分和を S_n，$\sum\limits_{n=1}^{\infty} b_n$ の第 n 部分和を $\widetilde{S}_n$ とする．各項 b_n はいずれもある $a_{i(n)}$ に等しいから，m を十分大きくとると，$\{b_1, \cdots, b_n\}$ は $\{a_1, \cdots, a_m\}$ に含まれる．よって，m が十分大のとき，$\widetilde{S}_n \leqq S_m$ である．仮定より $\{S_n\}$ は上に有界だから，$\{\widetilde{S}_n\}$ も上に有界となり収束する．$\lim\limits_{n\to\infty} S_n = S$, $\lim\limits_{n\to\infty} \widetilde{S}_n = \widetilde{S}$ とすると，$\widetilde{S} \leqq S$ となる．逆に $\sum\limits_{n=1}^{\infty} b_n$ の項の順序を入れかえれば $\sum\limits_{n=1}^{\infty} a_n$ が得られるから，上の議論を対称的に行うと $S \leqq \widetilde{S}$ を得る．よって $S = \widetilde{S}$ である．

（ⅱ）　一般の場合．$\sum\limits_{n=1}^{\infty} |b_n|$ は $\sum\limits_{n=1}^{\infty} |a_n|$ の項の順序を入れかえたものだから，（ⅰ）より $\sum\limits_{n=1}^{\infty} |a_n| = \sum\limits_{n=1}^{\infty} |b_n|$ であり，$\sum\limits_{n=1}^{\infty} b_n$ は絶対収束する．以下，定理 9 の証明と同様の議論を行うので記号もそのまま流用する．$\sum\limits_{n=1}^{\infty} b_n$ に関するものには $\sim$ をつける．

$$S_n = P_n + Q_n, \qquad T_n = P_n - Q_n$$
$$\widetilde{S}_n = \widetilde{P}_n + \widetilde{Q}_n, \qquad \widetilde{T}_n = \widetilde{P}_n - \widetilde{Q}_n$$

$\{P_n\}, \{-Q_n\}, \{\widetilde{P}_n\}, \{-\widetilde{Q}_n\}$ が収束することは定理 9 の証明と同様である．また

(i) の議論から, $\lim\limits_{n\to\infty} P_n = \lim\limits_{n\to\infty} \widetilde{P}_n$, $\lim\limits_{n\to\infty} (-Q_n) = \lim\limits_{n\to\infty} (-\widetilde{Q}_n)$ となる. よって,

$$\sum_{n=1}^{\infty} a_n = \lim_{n\to\infty} S_n = \lim_{n\to\infty} \widetilde{S}_n = \sum_{n=1}^{\infty} b_n \qquad ▨$$

例 12 条件収束する級数 $\sum\limits_{n=1}^{\infty} (-1)^{n-1} \dfrac{1}{n} = 1 - \dfrac{1}{2} + \dfrac{1}{3} - \dfrac{1}{4} + \cdots$ を考える. この級数の和は $\log 2$ であるが, 項の順序を並べかえれば, 和を任意の値 γ にできることを示そう. 級数の各項を正の項と負の項に分けて, 順序は変えないで並べた数列をつくる.

$$\{a_n\}: \quad 1, \ \frac{1}{3}, \ \frac{1}{5}, \ \frac{1}{7}, \ \cdots$$

$$\{b_n\}: \quad -\frac{1}{2}, \ -\frac{1}{4}, \ -\frac{1}{6}, \ -\frac{1}{8}, \ \cdots$$

このとき, $\sum\limits_{n=1}^{\infty} a_n = \infty$, $\sum\limits_{n=1}^{\infty} b_n = -\infty$, $\lim\limits_{n\to\infty} a_n = 0$, $\lim\limits_{n\to\infty} b_n = 0$ に注意する (問題 28-12). 数直線上において, 原点 O から出発して, 次のような規則で移動する.

（ⅰ） 1回目の移動：$\{a_n\}$ の項を a_1 から順に加えていき, その和 $a_1 + \cdots + a_p$ がはじめて γ 以上になれば, そこで停止する. 停止した位置を T_1 とする.

（ⅱ） 2回目の移動：T_1 に $\{b_n\}$ の項を b_1 から順に加えていき, その和 $T_1 + b_1 + \cdots + b_k$ がはじめて γ より小さくなれば, そこで停止する. 停止した位置を T_2 とする.

（ⅲ） 3回目の移動：T_2 に $\{a_n\}$ の項で残っているもの (1回目の移動に使わなかった項) を順に加えていき, その和 $T_2 + a_{p+1} + \cdots + a_q$ がはじめて γ 以上になればそこで停止する. 停止した位置を T_3 とする.

以後同様の移動を繰り返して, $T_{2n} < \gamma \leqq T_{2n-1}$ $(n = 1, 2, \cdots)$ となるようにする. $\{T_n\}$ は項の順序を並べかえてできた級数の部分和の列である. この移動が無限回続けられるのは, $\sum\limits_{n=1}^{\infty} a_n = \infty$, $\sum\limits_{n=1}^{\infty} b_n = -\infty$ だからである. たとえば $\gamma = 0.9$ とすると,

$$T_1 = 1, \qquad T_2 = 1 - \frac{1}{2} \ (= 0.5),$$

$$T_3 = 1 - \frac{1}{2} + \frac{1}{3} + \frac{1}{5} \ (= 1.033),$$

$$T_4 = 1 - \frac{1}{2} + \frac{1}{3} + \frac{1}{5} - \frac{1}{4} \ (= 0.783),$$

$$T_5 = 1 - \frac{1}{2} + \frac{1}{3} + \frac{1}{5} - \frac{1}{4} + \frac{1}{7} \ (= 0.926)$$

任意の $\varepsilon > 0$ に対して，n が十分大きければ，T_n は γ の ε 近傍（$\gamma - \varepsilon, \gamma + \varepsilon$）に入ることを示そう．$n \to \infty$ のとき $a_n \to 0$，$b_n \to 0$ だから，N を十分大にとると，$|a_n| < \varepsilon$，$|b_n| < \varepsilon \ (n \geqq N)$ が成り立つ．a_N, b_N がともに L 回目までの移動に使われたとする．このとき，T_{L+1} は必ず γ の ε 近傍内にあることを示す．$T_L < \gamma$ のとき（すなわち L が偶数），T_{L+1} が γ の ε 近傍外 $[\gamma + \varepsilon, \infty)$ に出るためには，ε 以上の距離を移動する必要がある．ところが，残った「歩幅」a_n はすべて ε より小さいので，はじめて γ 以上になる地点は γ の ε 近傍内 $[\gamma, \gamma + \varepsilon)$ でなければならない．

$T_L \geqq \gamma$ のときも同様である．さらに，番号 $L+2$ 以後も同様の議論ができるので，$T_n \ (n \geqq L+1)$ はすべて γ の ε 近傍内に入る．よって $\lim_{n \to \infty} T_n = \gamma$ である．並べかえでできた級数の第 n 部分和 S_n は，必ずしも T_n に一致しないが，$\{T_n\}$ のつくり方を考えると，ある m が存在して，$T_{2m} \leqq S_n \leqq T_{2m-1}$ となる．ゆえに，$\lim_{n \to \infty} S_n = \gamma$.

例 12 を一般化して，次の定理が成り立つことが知られている．

定理 11（リーマン，1854） 条件収束する級数 $\displaystyle\sum_{n=1}^{\infty} a_n$ は，項の順序を適当に並べかえれば，任意の値に収束させることも，∞ または $-\infty$ に発散させることもできる．

問 題 28

1. 次の無限級数の収束・発散を判定せよ. 収束するものは和を求めよ.

(1) $\displaystyle\sum_{n=1}^{\infty} (\sqrt{n+1} - \sqrt{n})$ (2) $\displaystyle\sum_{n=1}^{\infty} \frac{1}{n(n+2)}$ (3) $\displaystyle\sum_{n=1}^{\infty} \frac{1}{\sqrt{n} + \sqrt{n+3}}$

(4) $\displaystyle\sum_{n=1}^{\infty} \frac{1}{\sqrt{n}}$ (5) $\displaystyle\sum_{n=1}^{\infty} \frac{n}{n+2}$

2. 次の無限級数の和を求めよ.

(1) $\displaystyle\sum_{n=1}^{\infty} \frac{1}{3^n}$ (2) $\displaystyle\sum_{n=1}^{\infty} 5 \cdot 2^{-n}$ (3) $\displaystyle\sum_{n=1}^{\infty} \frac{1}{2^n} \sin \frac{n\pi}{2}$

3. $\displaystyle\sum_{n=1}^{\infty} (x^2 - 2)^n$ が収束するような x の範囲を求めよ.

4. (1) 不等式 $(1+h)^n \geqq 1 + \dfrac{n(n-1)}{2} h^2$ $(h \geqq 0, \ n = 1, 2, \cdots)$ を利用して, $|r| < 1$ のとき $\displaystyle\lim_{n \to \infty} nr^n = 0$ となることを示せ.

(2) $\displaystyle\sum_{n=1}^{\infty} \frac{n}{2^n}$ を求めよ.

5. 次の循環小数を分数に直せ.

(1) $2.\dot{5}$ (2) $0.\dot{0}7692\dot{3}$

6. (1) $\displaystyle\sum_{n=1}^{\infty} \frac{1}{2^n} (\sin 3\theta + \sin \theta)^n$ は任意の θ について収束することを示し, 和 $S(\theta)$ を求めよ.

(2) $\displaystyle\lim_{\theta \to 0} \frac{S(\theta)}{\theta}$ を求めよ.

7. (1) $\dfrac{1}{(2n-1)(2n+1)} = \dfrac{1}{2} \left(\dfrac{1}{2n-1} - \dfrac{1}{2n+1} \right)$ を用いて $\displaystyle\sum_{n=1}^{\infty} \frac{1}{(2n-1)(2n+1)}$ を求めよ.

(2) $\displaystyle\sum_{n=1}^{\infty} \frac{1}{(3n-2)(3n+1)(3n+4)}$ を求めよ.

(3) $\displaystyle\sum_{n=1}^{\infty} \frac{1}{n(n+1)(n+2)(n+3)}$ を求めよ.

8. $\displaystyle\sum_{n=1}^{\infty} \frac{1}{n^2}$ は収束して, 和が 2 より小さいことを直接示せ.

9. $\displaystyle\sum_{n=0}^{\infty} \frac{1}{n!}$ は収束して, 和が 3 より小さいことを示せ (n が大きいとき $n! > 2^n$ を用いよ).

10. 次の無限級数の収束・発散を判定せよ.

(1) $\displaystyle\sum_{n=1}^{\infty} \frac{1}{n+2}$ (2) $\displaystyle\sum_{n=1}^{\infty} \frac{2}{n^2+3}$ (3) $\displaystyle\sum_{n=1}^{\infty} \frac{\sqrt{n}}{\sqrt{n^2+1}}$

11. (1) $\displaystyle\sum_{n=1}^{\infty} \frac{(-1)^{n-1}}{\sqrt{n}}$ の第 n 部分和を S_n とする. このとき, $\{S_{2n}\}$ は単調増加

で, $S_{2n} < 1$ $(n=1,2,\cdots)$ となることを示せ.

  (2) この級数が収束することを(定理8によらず直接)示せ.

12. $\displaystyle\sum_{n=1}^{\infty} \frac{1}{2n} = \infty$, $\displaystyle\sum_{n=1}^{\infty} \frac{1}{2n-1} = \infty$ であることを示せ $\left(\displaystyle\sum_{n=1}^{\infty} \frac{1}{n} = \infty\right.$ は用いてよ

い$\left.\right)$.

13. 次の無限級数の収束・発散を判定せよ.

  (1) $\displaystyle\sum_{n=1}^{\infty} \frac{n!}{n^n}$　　(2) $\displaystyle\sum_{n=1}^{\infty} \left(1+\frac{1}{n}\right)^{-n^2}$　　(3) $\displaystyle\sum_{n=1}^{\infty} (-1)^n \frac{\log n}{n}$

  (4) $\displaystyle\sum_{n=2}^{\infty} \frac{1}{n \log n}$

14. 次の級数は収束することを示せ.

  (1) $\displaystyle\sum_{n=0}^{\infty} \binom{2n}{n}^3 \frac{42n+5}{2^{12n+4}}$

ラマヌジャンはこの級数の和が $\dfrac{1}{\pi}$ であることを示した (1914).

  (2) $\displaystyle\sum_{n=1}^{\infty} \frac{2^{2n-2}\{(n-1)!\}^2}{(2n)!}$

これは $\dfrac{1}{2}(\sin^{-1} x)^2$ をマクローリン展開して, $x=1$ を代入した級数である (問題

10-10).

15. (1) $(1-a_1 x^2)(1-a_2 x^2)\cdots(1-a_n x^2) = 1 + A_1 x^2 + A_2 x^4 + \cdots + A_n x^{2n}$

$(a_i, A_i: 実数)$ とする. このとき,

$$A_1 = -(a_1 + a_2 + \cdots + a_n)$$
$$A_2 = \frac{1}{2}\{(a_1 + a_2 + \cdots + a_n)^2 - (a_1{}^2 + a_2{}^2 + \cdots + a_n{}^2)\}$$

が成り立つことを確かめよ.

  (2) (1)を無限次多項式に拡張して (28.11) に適用することにより, $\displaystyle\sum_{n=1}^{\infty} \frac{1}{n^4}$ を

求めよ.

16. $\triangle ABC$ の各辺の中点を頂点とする $\triangle A_1B_1C_1$ をつくる. 以下同様にして, $\triangle A_nB_nC_n$ の各辺の中点を頂点とする $\triangle A_{n+1}B_{n+1}C_{n+1}$ をつくる. $\triangle ABC$ の面積を S, $\triangle A_nB_nC_n$ の面積を S_n とする.

  (1) S_1 を S を用いて表せ.

  (2) $\displaystyle\sum_{n=1}^{\infty} S_n$ を S を用いて表せ.

17. 古代ギリシャ時代(紀元前5世紀)に哲学者ゼノンの提出した逆理(パラドッ

クス）は人々を悩ませた．アキレスと亀が競走することになったが，亀はアキレスより a 分だけ早く出発することにした．遅れて出発したアキレスが，亀が a 分間に進んだ距離 r_1 [m] を走るのに b_1 分かかったとする．b_1 分間に亀は r_2 [m] 進んだとする．アキレスが b_2 分かけて r_2 [m] 走ったとき，亀は r_3 [m] 前方にいる．このことは何回繰り返しても同じなので，結局，アキレスは亀に追いつけない，というものである．

（1）　n 回，上のような過程を繰り返すとき，n 回目にアキレスが走るのに要した時間を b_n 分とする．亀の進む速さを u [m/分]，アキレスの走る速さを v [m/分] とすると，

$$b_n = a\left(\frac{u}{v}\right)^n$$

が成り立つことを示せ．

（2）　アキレスは亀に追いつけるか．

18. （雪片曲線）　正三角形 ABC の各辺を三等分して，真ん中の線分を一辺とする正三角形を △ABC の外側にそれぞれつくる．そうしてできた多角形の各辺を　三等分して，真ん中の線分を一辺とする正三角形を多角形の外にそれぞれつくる．このような操作を繰り返すとき，できる図形の周を雪片曲線とよぶ．

（1）　△ABC の一辺の長さを a とする．n 回操作後にできる図形の周の長さ l_n と面積 S_n を a を用いて表せ．

（2）　$\displaystyle\lim_{n\to\infty} l_n$ は存在するか．

（3）　$\displaystyle\lim_{n\to\infty} S_n = S$ とおく．S は △ABC の面積の何倍か．

19. （1）　$\sqrt{k+1} - \sqrt{k} = \dfrac{1}{\sqrt{k+1}+\sqrt{k}}$ を利用して次の不等式を示せ．

（＊）　　$2\sqrt{k+1} - 2\sqrt{k} < \dfrac{1}{\sqrt{k}} < 2\sqrt{k} - 2\sqrt{k-1}$　$(k \geqq 1)$

（2）　（＊）に $k = 1, 2, \cdots, n$ を代入して，辺々加えることにより，次の不等式を示せ．

$$2\sqrt{n} - 2 < 1 + \frac{1}{\sqrt{2}} + \frac{1}{\sqrt{3}} + \cdots + \frac{1}{\sqrt{n}} < 2\sqrt{n} - 1$$

（3）　n が 1 億のとき，$\left(1 + \dfrac{1}{\sqrt{2}} + \dfrac{1}{\sqrt{3}} + \cdots + \dfrac{1}{\sqrt{n}}\right)$ の整数部分（小数点以下を切り捨てたもの）はいくらか．

(4)　$a_n = \sum_{k=1}^{n} \dfrac{1}{\sqrt{k}} - \log \sqrt{n}$ とするとき，$\lim_{n \to \infty} a_n$ は存在するか.

20.　$\lim_{n \to \infty} \left(\dfrac{1}{3n+1} + \dfrac{1}{3n+2} + \dfrac{1}{3n+3} + \cdots + \dfrac{1}{6n} \right)$ を求めよ.

$\left(\lim_{n \to \infty} \left(1 + \dfrac{1}{2} + \dfrac{1}{3} + \cdots + \dfrac{1}{3n} - \log 3n \right) = \gamma \text{ を利用する.} \right)$

21.　調和級数 $\sum_{n=1}^{\infty} \dfrac{1}{n}$ から分母に特定の数字が現れる項を除いた級数を考える.

　(1)　$10^k \leqq n < 10^{k+1}$ をみたす自然数 n のうち，数字の 9 が現れないものの個数を a_k とする. $a_k = 9 a_{k-1}$ $(k = 1, 2, \cdots)$ を示せ. これより a_k を k を用いて表せ.

　(2)　$n < 10^m$ のとき，数字の 9 が現れないような自然数の逆数の和

$$1 + \dfrac{1}{2} + \dfrac{1}{3} + \cdots + \dfrac{1}{n}$$

を考える.

$$\left(1 + \dfrac{1}{2} + \cdots + \dfrac{1}{8} \right) + \left(\dfrac{1}{10} + \dfrac{1}{11} + \cdots + \dfrac{1}{88} \right) + \cdots$$
$$+ \left(\dfrac{1}{10^m} + \dfrac{1}{10^m + 1} + \cdots + \dfrac{1}{88 \cdots 8} \right)$$
$$< 1 \, a_0 + \dfrac{1}{10} a_1 + \cdots + \dfrac{1}{10^m} a_m$$

を利用して，この和が 80 を超えないことを示せ. したがって，数字の 9 が現れないような自然数の逆数を項とする級数は収束することがわかる.

　(3)　数字の 7 と 8 を含まないような自然数の逆数の和は 35 より小さいことを示せ.

　(4)　数字の 1 を含まないような自然数の逆数の和はいくらより小さいか.

22.　$n > 1$ のとき，$M = 1 + \dfrac{1}{2} + \cdots + \dfrac{1}{n}$ が自然数ではないことを示そう. M が自然数と仮定する. $1, 2, 3, \cdots, n$ の最小公倍数を l として，通分すると $M = \dfrac{m}{l}$ と書ける. このとき m は奇数，l は偶数であることを示して矛盾を導け（$2^k \leqq n$ なる最大の k に注目する）.

23.　高さが 20 cm の同じ大きさの本 A_n $(n = 1, 2, \cdots)$ がある. 本 A_1 の重心 G_1 は中央，つまり端から 10 cm のところにある. 図 ⓐ のように，A_1 の重心 G_1 が A_2 の右端にくるよう，10 cm ずらして A_2 の上にのせる. 2 冊を合わせた重心 G_2 が A_2 の右端から x_2 のところにあるとすると，次の式が成り立つ.

$$mx_2 = m(10 - x_2) \quad (m \text{ は本の質量}) \quad \text{ゆえに} \quad x_2 = 5.$$

同様にして，A_1 と A_2 を合わせた重心 G_2 が A_3 の右端にくるように，A_3 の上に A_1, A_2 をのせる. 3 冊を合わせた重心 G_3 が A_3 の右端から x_3 のところにあると

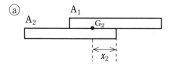

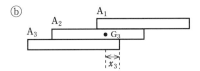

すると (図 ⓑ),

$$2mx_3 = m(10-x_3) \quad \text{ゆえに} \quad x_3 = \frac{10}{3}.$$

このようにして, $A_1, A_2, \cdots, A_{n-1}$ を合わせた重心 G_{n-1} が A_n の右端にくるよう n 冊の本を順に積み重ねていくとき, n 冊を合わせた重心 G_n の A_n の右端からの距離を x_n とする.

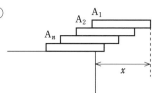

(1) x_n を求めよ.

(2) n 冊の本を机の上から落ちないように置く (重心 G_n が机の右端にくるようにする) とき, 机の右端から A_1 の右端までの距離 x は最大どのくらいになれるか (図 ⓒ).

24. 正項級数 $\sum\limits_{n=1}^{\infty} a_n$ が収束するとき, 次の級数も収束することを示せ.

(1) $\sum\limits_{n=1}^{\infty} a_n{}^k \quad (k \geqq 1)$ (2) $\sum\limits_{n=1}^{\infty} \dfrac{a_n}{k-a_n} \quad (k>0)$

(3) $\sum\limits_{n=1}^{\infty} a_n a_{n+1} a_{n+2}$

25. (1) $k \, (\geqq 2)$ を自然数とするとき, 次の不等式を示せ.

$$\frac{1}{k+1}+\frac{1}{k+2}+\cdots+\frac{1}{k^2} \geqq \frac{1}{k^2}+\frac{1}{k^2}+\cdots+\frac{1}{k^2}$$

(2) (1) を用いて次の不等式を示せ.

$$\frac{1}{k}+\frac{1}{k+1}+\cdots+\frac{1}{k^2} \geqq 1 \quad (k \geqq 2)$$

ヤコブ・ベルヌーイは (2) を用いて調和級数が発散することを示した (1689).

$$\sum_{k=1}^{\infty} \frac{1}{k} = 1+\left(\frac{1}{2}+\frac{1}{3}+\frac{1}{4}\right)+\left(\frac{1}{5}+\frac{1}{6}+\cdots+\frac{1}{25}\right)+\cdots$$
$$\geqq 1+1+1+\cdots$$

29. 関数項の級数

この節では，無限級数 $\sum_{n=1}^{\infty} a_n$ において，各項 a_n が関数 $f_n(x)$ である場合を扱う．はじめに関数列の収束を定義する．ある区間 I で定義された関数の列

$$f_1(x), \quad f_2(x), \quad f_3(x), \quad \cdots, \quad f_n(x), \quad \cdots$$

を関数列 $\{f_n(x)\}$ または $\{f_n\}$ と書く．数列 $\{f_n(x)\}$ の極限 $\lim_{n\to\infty} f_n(x) = f(x)$ が任意の $x \in I$ について存在するとき，$\{f_n(x)\}$ は I で $f(x)$ に**各点収束**するという．

例1 $f_n(x)$ を図 29.1 で表される関数とする．$0 < x \leqq 1$ なる x に対し，「山」の部分 $\left(0, \dfrac{1}{n}\right)$ は n を大きくすると x の左側に通り過ぎる．つまり $\lim_{n\to\infty} f_n(x) = 0$ が $0 < x \leqq 1$ について成り立つ．また，$f_n(0) = 0$ だから，この場合も $\lim_{n\to\infty} f_n(0) = 0$．したがって，$\{f_n(x)\}$ は $I = [0,1]$ で $f(x) \equiv 0$ に各点収束する．しかし，$|f_n(x) - f(x)|$ の I における最大値は $n \to \infty$ のとき限りなく大きくなる． ▨

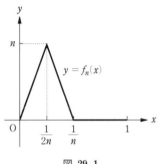

図 **29.1**

　例1のような場合には，$\lim_{n\to\infty} f_n(x) = f(x)$ であっても，$f_n(x)$ が真の意味で $f(x)$ の良い近似になるとはいいがたい．実際，$f_n(x)$ の積分値と $f(x)$ の積分値を比較すると，

$$\int_0^1 f_n(x)\, dx = \frac{1}{2}, \quad \int_0^1 f_n(x)\, dx = 0 \quad だから$$

$$\lim_{n\to\infty} \int_0^1 f_n(x)\, dx \neq \int_0^1 \lim_{n\to\infty} f_n(x)\, dx$$

そこで，$|f_n(x) - f(x)|$ の $x \in I$ における最大値が 0 に近づく場合を一様収

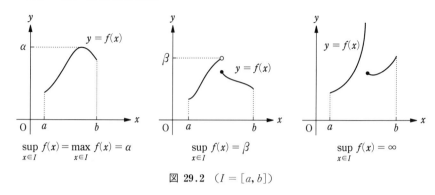

$$\sup_{x \in I} f(x) = \max_{x \in I} f(x) = \alpha \qquad \sup_{x \in I} f(x) = \beta \qquad \sup_{x \in I} f(x) = \infty$$

図 **29.2** ($I = [a, b]$)

束とよんで，各点収束と区別しよう．ただし，$f_n(x)$ や $f(x)$ が連続でない場合は，必ずしも I において最大値をもたないので，最大値の代用として sup（上限）を用いて定義する（図 29.2）．

> $\{f_n(x)\}$ が区間 I で $f(x)$ に**一様収束**するとは，次が成り立つことをいう．
>
> (29.1) $\displaystyle \lim_{n \to \infty} \sup_{x \in I} |f_n(x) - f(x)| = 0$

これを次のように言いかえることができる（図 29.3）．

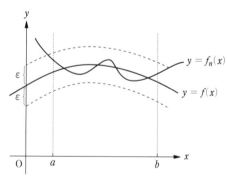

図 **29.3** ($I = [a, b]$)

> $\{f_n(x)\}$ が I で $f(x)$ に一様収束するとは，次が成り立つことである．
>
> (29.2) $\left\{\begin{array}{l} \text{任意の } \varepsilon > 0 \text{ に対し，ある } N \text{ が存在して，任意の } x \in I \text{ に} \\ \text{ついて} \\ |f_n(x) - f(x)| < \varepsilon \quad (n \geqq N) \end{array}\right.$

例2 $I = [0,1]$，$f_n(x) = \dfrac{3+x^n}{n}$ とする．$|f_n(x)| = \dfrac{3+x^n}{n} \leqq \dfrac{4}{n}$ $(x \in I)$ だから，

$$\sup_{x \in I} |f_n(x)| = \max_{x \in I} |f_n(x)| = \frac{4}{n} \to 0 \quad (n \to \infty)$$

よって，$f_n(x)$ は I で $f(x) \equiv 0$ に一様収束する． ▨

　一様収束が各点収束と違うのは，$f_n(x)$ と $f(x)$ の差 $|f_n(x) - f(x)|$ をある $\varepsilon > 0$ よりも小さくしようとしたとき，

$$n \geqq N \implies |f_n(x) - f(x)| < \varepsilon$$

が成り立つような N が $x \in I$ によらずに選べる点にある．例2の $\{f_n(x)\}$ では，$N > \dfrac{4}{\varepsilon}$ なる N をとれば，$|f_n(x)| < \varepsilon$ $(n \geqq N)$ が成り立つ．これに対し，例1の $\{f_n(x)\}$ について，$|f_n(x)| < 1$ が $0 < x < \dfrac{1}{2}$ なる x について成り立つには，少なくとも $n > \dfrac{1}{2x}$ が必要である（「山頂」が x を通り過ぎる必要がある）．このような n は x が 0 に近くなれば限りなく大きくなる．つまり，$|f_n(x)| < 1$ $(n \geqq N)$ となる N は，x に依存して変わり，x が 0 に近いほど，限りなく大きくとらざるをえなくなる．

　　一様収束 …… $|f_n(x) - f(x)| < \varepsilon$ $(n \geqq N)$ が成り立つ N は ε だけに依
　　　　　　　　存する．

　　各点収束 …… $|f_n(x) - f(x)| < \varepsilon$ $(n \geqq N)$ が成り立つ N は ε と x に依
　　　　　　　　存する．

$\{f_n(x)\}$ が I で $f(x)$ に一様収束することを次のように表すことにする．

$$\lim_{n \to \infty} f_n(x) = f(x) \ \text{[一様]}, \quad f_n(x) \to f(x) \ \text{[一様]}$$

一様収束は以下に述べるように，さまざまな良い性質をもっている．

定理1 区間 I で $f_n(x)$ は連続とする．$\{f_n(x)\}$ が I で $f(x)$ に一様収束するならば，$f(x)$ も I で連続である．

証明 $f(x)$ が $a \in I$ で連続なことを示そう．$\varepsilon > 0$ を任意にとるとき，N を十分大きくすれば，$x \in I$ について，$|f_n(x) - f(x)| < \dfrac{\varepsilon}{3}$ $(n \geq N)$ が成り立つ．このような N を固定するとき，$f_N(x)$ は $x = a$ で連続だから，$\delta > 0$ を適当にとれば，

$$|x - a| < \delta \implies |f_N(x) - f_N(a)| < \frac{\varepsilon}{3}$$

とできる．よって，$|x - a| < \delta$ のとき，

$$|f(x) - f(a)| \leq |f(x) - f_N(x)| + |f_N(x) - f_N(a)| + |f_N(a) - f(a)|$$
（三角不等式）

$$< \frac{\varepsilon}{3} + \frac{\varepsilon}{3} + \frac{\varepsilon}{3} = \varepsilon \qquad ▪$$

定理2 $f_n(x)$ が $I = [a, b]$ で連続で，$\{f_n(x)\}$ が I で $f(x)$ に一様収束するならば，

$$\lim_{n \to \infty} \int_a^b f_n(x)\,dx = \int_a^b f(x)\,dx \quad \left(= \int_a^b \lim_{n \to \infty} f_n(x)\,dx \right)$$

証明 $\varepsilon > 0$ に対し，N を十分大にとると，任意の $x \in [a, b]$ について，

$$|f_n(x) - f(x)| < \frac{\varepsilon}{b - a} \quad (n \geq N)$$

$$\left| \int_a^b f_n(x)\,dx - \int_a^b f(x)\,dx \right| \leq \int_a^b |f_n(x) - f(x)|\,dx < \frac{\varepsilon}{b - a}(b - a) = \varepsilon \qquad ▪$$

定理3 $f_n(x)$ が区間 I で C^1 級で，$\{f_n(x)\}$ は I で $f(x)$ に各点収束，$\{f_n{}'(x)\}$ は I で $g(x)$ に一様収束するならば，$f'(x) = g(x)$ が成り立つ．

証明 定理1から $g(x)$ は連続な関数である．$x \in I$ のとき，

$$\int_a^x f_n{}'(t)\,dt = f_n(x) - f_n(a)$$

$n \to \infty$ とすると，定理2より

$$\int_a^x g(t)\,dt = f(x) - f(a)$$

左辺は x について微分可能だから，$f(x)$ も微分可能であり，$f'(x) = g(x)$.   ▨

区間 I 上の関数列 $\{f_n(x)\}$ を各項とするような級数 $\sum_{n=1}^{\infty} f_n(x)$ を考える．この関数項級数が I で $f(x)$ に**一様収束**するとは，第 n 部分和 $S_n(x) = \sum_{k=1}^{n} f_k(x)$ が I で $f(x)$ に一様収束することをいう．このとき，$\sum_{n=1}^{\infty} f_n(x) = f(x)$ [一様] と書く．

定理4（ワイエルシュトラス） $|f_n(x)| \leqq a_n$ $(n = 1, 2, \cdots)$ が任意の $x \in I$ について成り立ち，正項級数 $\sum_{n=1}^{\infty} a_n$ が収束すれば，$\sum_{n=1}^{\infty} f_n(x)$ は I で一様収束する．

証明 比較判定法（§27定理4）より $\sum_{n=1}^{\infty} |f_n(x)|$ は各点収束する．したがって $\sum_{n=1}^{\infty} f_n(x)$ も各点収束する．$\sum_{n=1}^{\infty} f_n(x) = f(x)$ とする．また，$\sum_{n=1}^{\infty} f_n(x)$ の第 n 部分和を $S_n(x)$ とすると，

$$\left| S_n(x) - f(x) \right| = \left| \sum_{k=n+1}^{\infty} f_k(x) \right| \leqq \sum_{k=n+1}^{\infty} |f_k(x)| \leqq \sum_{k=n+1}^{\infty} a_n$$

$$\sup_{x \in I} |S_n(x) - f(x)| \leqq \sum_{k=n+1}^{\infty} a_n = \sum_{k=1}^{\infty} a_n - \sum_{k=1}^{n} a_k \to 0 \quad (n \to \infty) \quad ▨$$

次の定理は関数列に関する定理1～3よりただちに得られる．

定理5 （ⅰ） $f_n(x)$ が I で連続で，$\sum_{n=1}^{\infty} f_n(x)$ が I で一様収束すれば，$\sum_{n=1}^{\infty} f_n(x)$ は I 上連続である．

（ⅱ） $f_n(x)$ が $I = [a, b]$ で連続で，$\sum_{n=1}^{\infty} f_n(x)$ が I で一様収束すれば，

$$\int_a^b \left(\sum_{n=1}^{\infty} f_n(x) \right) dx = \sum_{n=1}^{\infty} \int_a^b f_n(x) \, dx \quad \textbf{（項別積分）}$$

(iii) $f_n(x)$ が $I = [a, b]$ で C^1 級 の 関数で，$\sum_{n=1}^{\infty} f_n(x)$ が I で $f(x)$ に各点収束，$\sum_{n=1}^{\infty} f_n{}'(x)$ が I で $g(x)$ に一様収束すれば，

$$f'(x) = g(x) \quad \text{すなわち} \quad \left(\sum_{n=1}^{\infty} f_n(x) \right)' = \sum_{n=1}^{\infty} f_n{}'(x)$$

（項別微分）

さて，具体的な関数項級数としてよく使われる2種類の級数を取り上げる.

① べ き 級 数

次のような形の級数を**べき級数**（または**整級数**）という．これは $f_n(x) = a_n x^n$ とおいた場合である.

(29.3) $$\sum_{n=0}^{\infty} a_n x^n = a_0 + a_1 x + a_2 x^2 + \cdots + a_n x^n + \cdots \quad （a_i：定数）$$

定理6（アーベル，1826）　べき級数 $\sum_{n=0}^{\infty} a_n x^n$ が $x = k$ で収束すれば，$|x| < |k|$ なる任意の x について収束する．$\sum_{n=0}^{\infty} a_n x^n$ が $x = k$ で発散すれば，$|x| > |k|$ なる任意の x に対して発散する.

証明　$\sum_{n=0}^{\infty} a_n k^n$ が収束するならば，$\lim_{n \to \infty} a_n k^n = 0$ である．よって数列 $\{a_n k^n\}$ は有界だから，ある $M > 0$ に対し，$|a_n k^n| \leq M$ $(n = 1, 2, \cdots)$．$|x| < |k|$ のとき，

$$|a_n x^n| = |a_n k^n| \left| \frac{x}{k} \right|^n \leq M \left| \frac{x}{k} \right|^n$$

$\left| \dfrac{x}{k} \right| < 1$ より $\sum_{n=0}^{\infty} M \left| \dfrac{x}{k} \right|^n$ は収束するから，比較判定法により $\sum_{n=0}^{\infty} a_n x^n$ は絶対収束する．定理の後半は前半より明らかである.

べき級数 $\sum_{n=0}^{\infty} a_n x^n$ に対して次の数 r を定めることができる．r を $\sum_{n=0}^{\infty} a_n x^n$ の**収束半径**という.

(29.4) $$r = \sup \left\{ |x| : \sum_{n=0}^{\infty} a_n x^n \text{ が収束する} \right\}$$

定理6より次のことがわかる.

（ⅰ）　$r = 0$ のとき, $\sum\limits_{n=0}^{\infty} a_n x^n$ は $x = 0$ のときのみ収束する.

（ⅱ）　$r > 0$ のとき, $\begin{cases} |x| < r \text{ なる任意の } x \text{ について } \sum\limits_{n=0}^{\infty} a_n x^n \text{ は絶} \\ \text{対収束する.} \\ |x| > r \text{ なる任意の } x \text{ について } \sum\limits_{n=0}^{\infty} a_n x^n \text{ は発} \\ \text{散する.} \end{cases}$

（ⅲ）　$r = \infty$ のとき, 任意の x について $\sum\limits_{n=0}^{\infty} a_n x^n$ は収束する.

なお (ⅱ) において, $x = \pm r$ のときは, $\sum\limits_{n=0}^{\infty} a_n x^n$ は収束することも発散することもある.

定理7　$\sum\limits_{n=1}^{\infty} a_n x^n$ の収束半径を r とする. $\lim\limits_{n \to \infty} \left| \dfrac{a_{n+1}}{a_n} \right| = \alpha$ または

$\lim\limits_{n \to \infty} \sqrt[n]{|a_n|} = \alpha$ が存在すれば, $r = \dfrac{1}{\alpha}$ である.

証明には§28 定理5, 定理6を用いるが省略する. $\alpha = 0$ のとき $r = \infty$, $\alpha = \infty$ のとき $r = 0$ と解釈すればこれらの場合にも定理は成り立つ.

例3　（1）　$\sum\limits_{n=1}^{\infty} a_n x^n = \sum\limits_{n=1}^{\infty} \dfrac{x^n}{n}$ の収束半径 r を求める.

$$\lim_{n \to \infty} \left| \frac{a_{n+1}}{a_n} \right| = \lim_{n \to \infty} \frac{\dfrac{1}{n+1}}{\dfrac{1}{n}} = \lim_{n \to \infty} \frac{1}{1 + \dfrac{1}{n}} = 1. \text{ よって } r = 1.$$

（2）　$\sum\limits_{n=0}^{\infty} a_n x^n = \sum\limits_{n=0}^{\infty} \dfrac{x^n}{n!}$ の収束半径 r を求める.

$$\lim_{n \to \infty} \left| \frac{a_{n+1}}{a_n} \right| = \lim_{n \to \infty} \frac{\dfrac{1}{(n+1)!}}{\dfrac{1}{n!}} = \lim_{n \to \infty} \frac{1}{n+1} = 0. \text{ よって } r = \infty. \blacksquare$$

例4 $\sum_{n=0}^{\infty} a_n x^n$ の収束半径を r, $\sum_{n=1}^{\infty} n a_n x^{n-1}$ の収束半径を R とすると, $r = R$ であることを示そう.

（ i ）$|x| < r$ なる任意の x について, $\sum_{n=1}^{\infty} n a_n x^{n-1}$ が収束することを示す. $|x| < p < r$ なる p をとると $\sum_{n=0}^{\infty} a_n p^n$ は収束するので $a_n p^n \to 0$ （$n \to \infty$）. よって, ある $M > 0$ が存在して, $|a_n p^n| \leq M$ （$n = 1, 2, \cdots$）.

$$|n a_n x^{n-1}| = n |a_n p^n| \left|\frac{x}{p}\right|^{n-1} \frac{1}{p} \leq \frac{M}{p} n \left|\frac{x}{p}\right|^{n-1}$$

$\left|\dfrac{x}{p}\right| < 1$ だから, §28 例 10 より $\sum_{n=1}^{\infty} n \left|\dfrac{x}{p}\right|^{n-1}$ は収束する. 比較判定法から, $\sum_{n=1}^{\infty} n a_n x^{n-1}$ も絶対収束する. よって, $r \leq R$ である.

（ ii ）$|x| < R$ なる任意の x について, $\sum_{n=0}^{\infty} a_n x^n$ が収束することを示す. $n > R$ のとき,

$$|a_n x^n| = \frac{|x|}{n} |n a_n x^{n-1}| \leq |n a_n x^{n-1}|$$

$\sum_{n=1}^{\infty} |n a_n x^{n-1}|$ は収束するから, $\sum_{n=0}^{\infty} a_n x^n$ も絶対収束する. よって, $R \leq r$ である.

（ i ）,（ ii ）より $r = R$ が示された. 同様にして, $\sum_{n=0}^{\infty} \dfrac{a_n}{n+1} x^{n+1}$ の収束半径も $\sum_{n=0}^{\infty} a_n x^n$, $\sum_{n=1}^{\infty} n a_n x^{n-1}$ の収束半径に等しいことが示せる. ▨

$\sum_{n=0}^{\infty} a_n x^n$ の収束半径を r （> 0）とする. $0 < p < r$ なる任意の p をとると, このべき級数は $[-p, p]$ で一様収束する. なぜなら, $x \in [-p, p]$ のとき,

$$|a_n x^n| \leq a_n p^n \quad (n = 0, 1, \cdots)$$

が成り立つからである（定理 4 を参照）. p はいくらでも r に近くとれるから,

$\sum\limits_{n=0}^{\infty} a_n x^n$ は $(-r, r)$ において連続になる（定理5（i））．さらに例4と定理5

(ii)，（iii）を用いると，次の定理を得る．

定理8 （i） $\sum\limits_{n=0}^{\infty} a_n x^n$ の収束半径を r とすると，$\sum\limits_{n=0}^{\infty} a_n x^n$ は $(-r, r)$

で微分可能であり，

$$\left(\sum_{n=0}^{\infty} a_n x^n\right)' = \sum_{n=1}^{\infty} n a_n x^{n-1} \quad \textbf{（項別微分）}$$

右辺のべき級数の収束半径も r である．

（ii） $\sum\limits_{n=0}^{\infty} a_n x^n$ の収束半径を r とすると，$x \in (-r, r)$ のとき，

$$\int_0^x \left(\sum_{n=0}^{\infty} a_n t^n\right) dt = \sum_{n=0}^{\infty} \frac{a_n}{n+1} x^{n+1} \quad \textbf{（項別積分）}$$

右辺のべき級数の収束半径も r である．

次の定理は応用上よく使われる．

定理9（アーベル，1826） $f(x) = \sum\limits_{n=0}^{\infty} a_n x^n$ の収束半径を r とする．

（i） $\sum\limits_{n=0}^{\infty} a_n x^n$ が $x = r$（または $x = -r$）で収束すれば，$\sum\limits_{n=0}^{\infty} a_n x^n$

は $x = r$（または $x = -r$）で連続である．すなわち，

$$\lim_{x \to r-0} f(x) = \sum_{n=0}^{\infty} a_n r^n \quad \left(\lim_{x \to -r+0} f(x) = \sum_{n=0}^{\infty} a_n (-r)^n\right)$$

（ii） $\sum\limits_{n=0}^{\infty} \frac{a_n}{n+1} r^n$ が収束すれば，$\int_0^r \left(\sum\limits_{n=0}^{\infty} a_n t^n\right) dt = \sum\limits_{n=0}^{\infty} \frac{a_n}{n+1} r^n$．

注 （i）は次のように言いかえられる．ある $r > 0$ に対し $\sum\limits_{n=0}^{\infty} a_n r^n$ が収束すれば，

$f(x) = \sum\limits_{n=0}^{\infty} a_n x^n$ は $-r < x \leqq r$ で収束して，$(-r, r]$ で連続になる．

例5 （1）　$\dfrac{1}{1+x^2} = 1-x^2+x^4-x^6+\cdots \quad (|x|<1)$

この両辺を定理 8 (ii) を用いて，0 から x まで積分する．

$$\tan^{-1} x = x-\frac{x^3}{3}+\frac{x^5}{5}-\frac{x^7}{7}+\cdots \quad (|x|<1)$$

右辺の級数は，$x=1$ のとき，§28 定理 8 により収束する．$\displaystyle\lim_{x\to 1-0}\tan^{-1}x=\frac{\pi}{4}$

だから，定理 9 により，次の**ライプニッツの級数**を得る．

$$\frac{\pi}{4} = 1-\frac{1}{3}+\frac{1}{5}-\frac{1}{7}+\cdots$$

（2）　　$\dfrac{1}{\sqrt{1-x^2}} = \displaystyle\sum_{n=0}^{\infty}\binom{-\frac{1}{2}}{n}(-x^2)^n$

両辺を定理 8 (ii) を用いて，0 から x まで積分する．

$$\sin^{-1} x = x+\sum_{n=1}^{\infty}\frac{(2n-1)!!}{2^n n!\,(2n+1)}x^{2n+1}$$

右辺の級数は $x=1$ のときに収束する（§28 例 11）．$\displaystyle\lim_{x\to 1-0}\sin^{-1}x=\frac{\pi}{2}$ だか

ら，次の等式を得る．

$$\frac{\pi}{2} = 1+\sum_{n=1}^{\infty}\frac{(2n-1)!!}{2^n n!\,(2n+1)}$$

　　定理 8 (i) より，べき級数 $\displaystyle\sum_{n=0}^{\infty}a_n x^n$ は $|x|<r$（r：収束半径）において

無限回微分可能である．逆に無限回微分可能な関数 $f(x)$ が，$|x|<r$ におい

て

(29.4)　　　$f(x) = \displaystyle\sum_{n=0}^{\infty}a_n x^n$

と表されるとき，これを $f(x)$ の**べき級数展開**という．(29.4) の両辺を k 回

微分して，$x=0$ を代入すると，

(29.5)　　　$f^{(k)}(0) = k!\,a_k$　　すなわち　$a_k = \dfrac{f^{(k)}(0)}{k!}\ (k=0,1,2,\cdots)$

となる．したがって，$f(x)$ のべき級数展開は一意的であり，マクローリン展

開にほかならない.

$$(29.6) \qquad f(x) = \sum_{n=0}^{\infty} \frac{f^{(n)}(0)}{n!} x^n \quad (|x| < r)$$

例5 $f(x) = \begin{cases} e^{-\frac{1}{x^2}} & (x \neq 0) \\ 0 & (x = 0) \end{cases}$ とおくと, $f(x)$ は実数全体で無限回微分可

能であり, $f^{(n)}(0) = 0$ $(n = 0, 1, 2, \cdots)$ であることが示せる (問題 8-22 参照). したがって, (29.6) の右辺のべき級数は任意の x について収束し, 和は 0 である. しかし, $f(x) \neq 0$ $(x \neq 0)$ だから, 等式 (29.6) は $x = 0$ 以外では成り立たない.

例5より, 無限回微分可能な関数でも, 必ずしもべき級数展開はできないことがわかる.

一般に, 次の形のべき級数を c を中心とする $f(x)$ の**テイラー級数**という. $c = 0$ のときがマクローリン級数である.

$$(29.7) \qquad \sum_{n=0}^{\infty} \frac{f^{(n)}(c)}{n!} (x - c)^n$$

任意の $c \in I$ において, $f(x)$ が c を中心とするテイラー級数に展開できるとき, $f(x)$ は区間 I で (実) **解析的**という. 関数のクラスを次のような記号で表す.

$C^0(I)$: I で連続な関数の集合.

$C^n(I)$: I で n 回微分可能で, 第 n 次導関数が連続となる関数の集合.

$C^\infty(I)$: I で無限回微分可能な関数の集合.

$C^\omega(I)$: I で (実) 解析的な関数の集合.

すると, 次の包含関係が成り立つ ($A \subset B$ は A が B の真部分集合であることを意味する).

$$C^\omega(I) \subset C^\infty(I) \subset \cdots \subset C^n(I) \subset \cdots \subset C^1(I) \subset C^0(I)$$

この中では $C^\omega(I)$ は最も小さい集合である. しかし, 本書に出てくる大部分の関数は, 適当な区間で実解析的である. その意味で, $C^\omega(I)$ は十分豊富なクラスである.

② フーリエ級数

$f_n(x) = a_n \cos nx + b_n \sin nx$ （a_n, b_n：定数, $n = 0, 1, 2, \cdots$）とすると

き，関数項級数 $\sum\limits_{n=0}^{\infty} f_n(x)$ を**三角級数**という．関数 $f(x)$ が区間 $[-\pi, \pi]$ にお

いて，三角級数で表されたとする．

$$(29.8) \qquad f(x) = \sum_{n=0}^{\infty} (a_n \cos nx + b_n \sin nx)$$

(29.8) の両辺に $\cos mx$ をかけて，$[-\pi, \pi]$ で積分する．その際，右辺では
項別積分ができると仮定すると，

$$(29.9) \qquad \int_{-\pi}^{\pi} f(x) \cos mx \, dx$$

$$= \sum_{n=0}^{\infty} \left(a_n \int_{-\pi}^{\pi} \cos nx \cos mx \, dx + b_n \int_{-\pi}^{\pi} \sin nx \cos mx \, dx \right)$$

問題 20-5 の結果を用いると，右辺は $m \geqq 1$ のとき πa_m，$m = 0$ のとき $2\pi a_0$
になる．これより係数 a_n は次のように表せる．

$$(29.10) \qquad \begin{cases} a_m = \dfrac{1}{\pi} \displaystyle\int_{-\pi}^{\pi} f(x) \cos mx \, dx \quad (m = 1, 2, \cdots), \\[3mm] a_0 = \dfrac{1}{2\pi} \displaystyle\int_{-\pi}^{\pi} f(x) \, dx \end{cases}$$

同様に (29.8) の両辺に $\sin mx$ をかけて，$[-\pi, \pi]$ で積分すると，

$$(29.11) \qquad b_m = \frac{1}{\pi} \int_{-\pi}^{\pi} f(x) \sin mx \, dx \quad (m = 1, 2, \cdots), \qquad b_0 = 0$$

を得る．よって，形式的な議論ではあるが，$f(x)$ は次の形に書けることがわ
かった．

$$(29.12) \qquad \begin{cases} f(x) = a_0 + \displaystyle\sum_{n=1}^{\infty} (a_n \cos nx + b_n \sin nx) \\[3mm] a_0 = \dfrac{1}{2\pi} \displaystyle\int_{-\pi}^{\pi} f(x) \, dx \\[3mm] a_n = \dfrac{1}{\pi} \displaystyle\int_{-\pi}^{\pi} f(x) \cos nx \, dx \quad (n = 1, 2, \cdots) \\[3mm] b_n = \dfrac{1}{\pi} \displaystyle\int_{-\pi}^{\pi} f(x) \sin nx \, dx \quad (n = 1, 2, \cdots) \end{cases}$$

これを $f(x)$ の**フーリエ展開**という．右辺の級数を $f(x)$ の**フーリエ級数**とい

う.

例6　$f(x) = |x|$ を $[-\pi, \pi]$ でフーリエ展開する. $f(x)$ は偶関数だから, $f(x) \sin nx$ $(n = 1, 2, \cdots)$ は奇関数である. よって $b_n = 0$ $(n = 1, 2, \cdots)$. また, $f(x) \cos nx$ $(n = 1, 2, \cdots)$ は偶関数だから,

$$a_n = \frac{2}{\pi} \int_0^\pi x \cos nx \, dx = \frac{2}{\pi} \left[\frac{x \sin nx}{n} + \frac{\cos nx}{n^2} \right]_0^\pi$$

$$= \frac{2}{\pi} \left(\frac{(-1)^n}{n^2} - \frac{1}{n^2} \right)$$

よって, $\quad a_{2n} = 0, \quad a_{2n-1} = -\frac{4}{(2n-1)^2 \pi} \quad (n \geqq 1)$

また, $\quad a_0 = \frac{1}{\pi} \int_0^\pi x \, dx = \frac{\pi}{2}$

以上から $f(x)$ のフーリエ展開を得る.

(29.13) $\quad |x| = \frac{\pi}{2} - \frac{4}{\pi} \left(\cos x + \frac{1}{3^2} \cos 3x + \frac{1}{5^2} \cos 5x + \cdots \right)$

(29.13) で $x = 0$ とおくと,

$$0 = \frac{\pi}{2} - \frac{4}{\pi} \left(1 + \frac{1}{3^2} + \frac{1}{5^2} + \cdots \right)$$

よって, 次の等式を得る.

(29.14) $\quad 1 + \frac{1}{3^2} + \frac{1}{5^2} + \cdots = \frac{\pi^2}{8}$

$S = 1 + \frac{1}{2^2} + \frac{1}{3^2} + \frac{1}{4^2} + \cdots$ とおくと, §28 定理 10 より項の順序を交換できる.

$$S = \left(1 + \frac{1}{3^2} + \frac{1}{5^2} + \cdots \right) + \left(\frac{1}{2^2} + \frac{1}{4^2} + \frac{1}{6^2} + \cdots \right)$$

ここで

$$\frac{1}{2^2} + \frac{1}{4^2} + \frac{1}{6^2} + \cdots = \frac{1}{4} \left(1 + \frac{1}{2^2} + \frac{1}{3^2} + \cdots \right) = \frac{1}{4} S$$

$S = \frac{\pi^2}{8} + \frac{1}{4} S$ より, $S = \frac{\pi^2}{6}$ を得る. このようにして, オイラーが苦心して求めた級数 $\displaystyle\sum_{n=1}^\infty \frac{1}{n^2}$ の和が求まる.

例7　$f(x)$ を次のような関数とすると
き，$[-\pi, \pi]$ におけるフーリエ展開を
求める（図 29.4）.

$$f(x) = \begin{cases} 1 & (0 < x \leq \pi) \\ 0 & (x = 0) \\ -1 & (-\pi \leq x < 0) \end{cases}$$

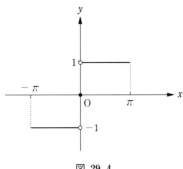

図 **29.4**

$f(x)$ は奇関数だから，$a_n = 0$ $(n = 0,$
$1, 2, \cdots)$. また $f(x) \sin nx$ は偶関数だ
から，

$$b_n = \frac{2}{\pi} \int_0^\pi \sin nx \, dx = \frac{2}{\pi} \left[-\frac{1}{n} \cos nx \right]_0^\pi$$

$$= \frac{2}{\pi} \left(\frac{1}{n} - \frac{(-1)^n}{n} \right)$$

よって，$b_{2n} = 0$, $b_{2n-1} = \dfrac{4}{(2n-1)\pi}$ $(n = 1, 2, \cdots)$.

(29.15)　　$f(x) = \dfrac{4}{\pi} \left(\sin x + \dfrac{1}{3} \sin 3x + \dfrac{1}{5} \sin 5x + \cdots \right)$

(29.15) で $x = \dfrac{\pi}{2}$ とおくと，

$$1 = \frac{4}{\pi} \left(1 - \frac{1}{3} + \frac{1}{5} - \frac{1}{7} + \cdots \right)$$

これより有名な**ライプニッツの級数**を得る.

$$\frac{\pi}{4} = 1 - \frac{1}{3} + \frac{1}{5} - \frac{1}{7} + \cdots$$

　フーリエは 1822 年に熱伝導の理論を発表して，「すべての関数」はフーリエ
級数に展開できると表明した. 例 7 のような不連続な関数までも，三角関数を
用いた級数で表せることに当時の数学界は驚いた. 結果的にフーリエの証明は
完全ではなく，関数がフーリエ級数に展開できる（つまり，(29.12) が成り立
つ）ためには，何らかの条件が必要になる. 実際，例 7 で $x = \pi$ を (29.15)
に代入してみると，等式が成り立たないことがわかる. $f(x)$ がフーリエ展開

できるためのひとつの十分条件として，次の定理が知られている．

> **定理 10**　$f(x)$ は $[-\pi, \pi]$ で C^1 級の関数で，$f(-\pi) = f(\pi)$ をみたすとする．このとき，$f(x)$ のフーリエ級数は $[-\pi, \pi]$ で一様収束して，(29.12) が成り立つ．

定理 10 において，$f(x)$ が C^1 級であるが $f(-\pi) \neq f(\pi)$ のときは，$-\pi < x < \pi$ において (29.12) が成り立つ．例 7 のような不連続関数についても，いくつかの結果が知られているが，ここでは省略する．

フーリエ級数の収束を調べるにあたっては，極限の概念の精密な取り扱いが必要になる．このようにして，一様収束という概念が 19 世紀に生まれたのである．数学は大胆な発想と厳密な基礎づけを交互に繰り返しながら，発展してきたことがわかる．

問 題 29

1. (1) $f_n(x) = x^n$ $(0 \leqq x \leqq 1)$ とするとき，$f(x) = \lim_{n \to \infty} f_n(x)$ を求めよ．

(2) $\{f_n(x)\}$ は $f(x)$ に一様収束しないことを示せ．

(3) $0 < \varepsilon < 1$ を任意にとるとき，$|f_n(x) - f(x)| < \varepsilon$ $(n \geqq N)$ が成り立つには，N を具体的にどのようにとればよいか．

2. (1) $f_n(x) = x^n - x^{2n}$ $(0 \leqq x \leqq 1)$ とする．$f(x) = \lim_{n \to \infty} f_n(x)$ を求めよ．

(2) $\{f_n(x)\}$ は $f(x)$ に一様収束するか．

3. 次のべき級数の収束半径を求めよ．

(1) $\sum_{n=0}^{\infty} n x^n$　(2) $\sum_{n=0}^{\infty} n! \, x^n$　(3) $\sum_{n=0}^{\infty} \frac{x^n}{2^n}$　(4) $\sum_{n=1}^{\infty} \frac{(-1)^n}{\sqrt{n}} x^n$

(5) $\sum_{n=1}^{\infty} \frac{(3n)!}{n!} x^n$

4. (1) $f(x) = \sum_{n=0}^{\infty} \frac{x^2}{(1+x^2)^n}$ $(-1 \leqq x \leqq 1)$ を求めよ．

(2) $f(x)$ は $[-1, 1]$ で連続になるか．

(3) この級数は一様収束するか．

5. (1) $f(x) = \sum_{n=1}^{\infty} \frac{x^{2n-1}}{2n-1}$ の収束半径 r を求めよ．また，$f(x)$ を具体的に求めよ．

($\log(1+x)$, $\log(1-x)$ のマクローリン展開を利用する.)

(2) $\displaystyle\sum_{n=0}^{\infty}\frac{1}{2n+1}\left(\frac{1}{2}\right)^{2n+1}$ を求めよ.

6. (1) $f(x)=\displaystyle\sum_{n=0}^{\infty}\frac{(-1)^n}{3n+1}x^{3n+1}$ の収束半径を求めよ.

(2) $f'(x)$ を求めよ. これを利用して, $f(x)$ を求めよ (問題 17-5 (9) 参照).

(3) $\displaystyle\sum_{n=0}^{\infty}\frac{(-1)^n}{3n+1}$ が収束することを示し, 和を求めよ.

7. (1) $\displaystyle\sum_{n=0}^{\infty}a_n x^n$ の収束半径を r とする. $\displaystyle\sum_{n=0}^{\infty}a_n x^{2n}$, $\displaystyle\sum_{n=0}^{\infty}a_n x^{2n+1}$ の収束半径を求めよ.

(2) $\displaystyle\sum_{n=0}^{\infty}\frac{(n!)^2}{(2n)!}x^{2n+1}$ の収束半径を求めよ.

8. $\displaystyle\int_0^1\sqrt{1-x^2}\,dx$ を利用して, 次の等式を示せ.

$$\frac{\pi}{4}=1-\frac{1}{6}-\sum_{n=2}^{\infty}\frac{1\cdot3\cdot5\cdot\cdots\cdot(2n-3)}{2\cdot4\cdot6\cdot\cdots\cdot(2n)}\frac{1}{2n+1}$$

9. $\displaystyle\int_0^1\frac{1}{x}\log(1-x)\,dx$ を求めよ ($\log(1-x)$ をマクローリン展開する).

10. (1) $\displaystyle\int_0^1\frac{x^{q-1}}{1+x^p}\,dx=\sum_{n=0}^{\infty}\frac{(-1)^n}{pn+q}$ を示せ (ただし, $p>0$, $q>0$).

(2) $\displaystyle\sum_{n=0}^{\infty}\frac{(-1)^n}{3n+2}$ を求めよ.

11. 次の等式を証明せよ (ヤコブ・ベルヌーイ, 1689).

(1) $1+4x+9x^2+\cdots=\displaystyle\sum_{n=0}^{\infty}(n+1)^2 x^n=\frac{1+x}{(1-x)^3}$ ($|x|<1$)

(2) $1+8x+27x^2+\cdots=\displaystyle\sum_{n=0}^{\infty}(n+1)^3 x^n=\frac{1+4x+x^2}{(1-x)^4}$ ($|x|<1$)

12. (1) $f(x)=x^2$ を $[-\pi,\pi]$ でフーリエ展開せよ.

(2) $\displaystyle\sum_{n=1}^{\infty}(-1)^{n-1}\frac{1}{n^2}$ を求めよ.   (3) $\displaystyle\int_0^1\frac{\log(1+x)}{x}\,dx$ を求めよ.

13. (1) $f(x)=\dfrac{e^x+e^{-x}}{2}$ を $[-\pi,\pi]$ でフーリエ展開せよ.

(2) $\displaystyle\sum_{n=1}^{\infty}\frac{(-1)^n}{n^2+1}$, $\displaystyle\sum_{n=1}^{\infty}\frac{1}{n^2+1}$ を求めよ.

付　録

1. 三角関数の公式

① 相互関係　　$\cos^2\theta+\sin^2\theta=1,\quad \tan\theta=\dfrac{\sin\theta}{\cos\theta},\quad 1+\tan^2\theta=\dfrac{1}{\cos^2\theta}$

② 加法定理　　$\sin(\alpha\pm\beta)=\sin\alpha\cos\beta\pm\cos\alpha\sin\beta$

（複号同順）　$\cos(\alpha\pm\beta)=\cos\alpha\cos\beta\mp\sin\alpha\sin\beta$

　　　　　　　$\tan(\alpha\pm\beta)=\dfrac{\tan\alpha\pm\tan\beta}{1\mp\tan\alpha\tan\beta}$

③ 2倍角の公式　$\sin2\alpha=2\sin\alpha\cos\alpha$

　　　　　　　　$\cos2\alpha=\cos^2\alpha-\sin^2\alpha=2\cos^2\alpha-1=1-2\sin^2\alpha$

　　　　　　　　$\tan2\alpha=\dfrac{2\tan\alpha}{1-\tan^2\alpha}$

④ 半角の公式　$\sin^2\alpha=\dfrac{1-\cos2\alpha}{2},\quad \cos^2\alpha=\dfrac{1+\cos2\alpha}{2}$

⑤ 積 ⟶ 和の公式　$\sin A\cos B=\dfrac{1}{2}\{\sin(A+B)+\sin(A-B)\}$

　　　　　　　　　$\cos A\sin B=\dfrac{1}{2}\{\sin(A+B)-\sin(A-B)\}$

　　　　　　　　　$\cos A\cos B=\dfrac{1}{2}\{\cos(A+B)+\cos(A-B)\}$

　　　　　　　　　$\sin A\sin B=-\dfrac{1}{2}\{\cos(A+B)-\cos(A-B)\}$

⑥ 和 ⟶ 積の公式　$\sin A+\sin B=2\sin\dfrac{A+B}{2}\cos\dfrac{A-B}{2}$

　　　　　　　　　$\sin A-\sin B=2\cos\dfrac{A+B}{2}\sin\dfrac{A-B}{2}$

　　　　　　　　　$\cos A+\cos B=2\cos\dfrac{A+B}{2}\cos\dfrac{A-B}{2}$

　　　　　　　　　$\cos A-\cos B=-2\sin\dfrac{A+B}{2}\sin\dfrac{A-B}{2}$

⑦ 角の変換　$\sin(-\theta)=-\sin\theta,\quad \cos(-\theta)=\cos\theta$

（複号同順）$\tan(-\theta)=-\tan\theta$

　　　　　　$\sin\left(\dfrac{\pi}{2}\pm\theta\right)=\cos\theta,\quad \cos\left(\dfrac{\pi}{2}\pm\theta\right)=\mp\sin\theta$

$$\tan\left(\frac{\pi}{2}\pm\theta\right) = \mp\frac{1}{\tan\theta}$$

$$\sin(\pi\pm\theta) = \mp\sin\theta, \quad \cos(\pi\pm\theta) = -\cos\theta$$

$$\tan(\pi\pm\theta) = \pm\tan\theta$$

⑧　その他の三角関数　$\sec x$（セカント x）$= \dfrac{1}{\cos x}$

$$\mathrm{cosec}\, x\,(\text{コセカント } x) = \frac{1}{\sin x}$$

$$\cot x\,(\text{コタンジェント } x) = \frac{1}{\tan x}$$

2. e の 存 在

　実数の連続性の公理「上に有界な単調増加数列は収束する」を用いて，次の極限値が存在することを証明する．

$$e = \lim_{n\to\infty}\left(1+\frac{1}{n}\right)^n$$

$a_n = \left(1+\dfrac{1}{n}\right)^n$ $(n = 1, 2, \cdots)$ とするとき，次の 2 点を示せばよい．

　①　任意の $n \geqq 2$ について，$a_{n-1} < a_n$．

　②　任意の $n \geqq 1$ について，$a_n < 4$．

まず，準備として 2 つの補題を示す．

補題 1　n を自然数，$x > -1$ とするとき，$(1+x)^n \geqq 1+nx$ が成り立つ（等号は $n = 1$ または $x = 0$ のときのみ）．

証明　n についての数学的帰納法による．$n = 1$ のとき明らかである．$n = k$ のときに不等式が成り立つと仮定する．

$$(1+x)^k \geqq 1+kx$$

両辺に $1+x$ をかけると，

$$(1+x)^{k+1} \geqq (1+kx)(1+x) = 1+(k+1)x+kx^2 \geqq 1+(k+1)x$$

よって $n = k+1$ のときにも成り立つ． ▨

補題 2（相加・相乗平均の不等式）　$b_1, b_2, \cdots, b_n$ を正の数とするとき，

$$(*) \qquad \left(\frac{b_1+b_2+\cdots+b_n}{n}\right)^n \geqq b_1 b_2 \cdots b_n$$

（等号は $b_1 = b_2 = \cdots = b_n$ のときのみ．）

証明　n についての数学的帰納法による．$n = 1$ のとき明らかである．$n = k$ のとき $(*)$ が成り立つと仮定する．$A = \dfrac{b_1+b_2+\cdots+b_k}{k}$ とおく．

$$\frac{b_1 + \cdots + b_k + b_{k+1}}{k+1} = \frac{kA + b_{k+1}}{k+1} = A\frac{k + \dfrac{b_{k+1}}{A}}{k+1} = A\left(1 + \frac{\dfrac{b_{k+1}}{A} - 1}{k+1}\right)$$

$$\left(\frac{b_1 + b_2 + \cdots + b_{k+1}}{k+1}\right)^{k+1} = A^{k+1}\left(1 + \frac{\dfrac{b_{k+1}}{A} - 1}{k+1}\right)^{k+1}$$

$$\geqq A^{k+1}\left(1 + \frac{b_{k+1}}{A} - 1\right) \quad \text{(補題 1 より)}$$

$$= A^k b_{k+1} \geqq b_1 \cdot \cdots \cdot b_k \cdot b_{k+1} \quad \text{(帰納法の仮定より)}$$

よって，$n = k+1$ のとき (*) が成り立つ。　■

補題 2 において，$b_1 = b_2 = \cdots = b_{n-1} = 1 + \dfrac{1}{n-1}$，$b_n = 1$ とおくと，

$$\left(\frac{n+1}{n}\right)^n > \left(1 + \frac{1}{n-1}\right)^{n-1}$$

すなわち，

$$a_n = \left(1 + \frac{1}{n}\right)^n > \left(1 + \frac{1}{n-1}\right)^{n-1} = a_{n-1} \quad (n \geqq 2)$$

また，補題 2 において，$b_1 = b_2 = \cdots = b_{n-1} = 1 + \dfrac{1}{2(n-1)}$，$b_n = \dfrac{1}{2}$ とおくと，

$$1 > \left\{1 + \frac{1}{2(n-1)}\right\}^{n-1}\frac{1}{2} \quad \text{すなわち} \quad a_{2n-2} = \left\{1 + \frac{1}{2(n-1)}\right\}^{2(n-1)} < 4$$
$$(n \geqq 2)$$

$\{a_n\}$ は単調増加だから，$a_{2n-3} < a_{2n-2} < 4$ $(n \geqq 2)$。よって，n が偶数のときも奇数のときも $a_n < 4$ であることが示された。　■

関数 $f(x) = \left(1 + \dfrac{1}{x}\right)^x$ についても，$\displaystyle\lim_{x \to \infty}\left(1 + \frac{1}{x}\right)^x = e$ が成り立つことを示そう。

$n \leqq x < n+1$ なる自然数 n をとると，$1 + \dfrac{1}{n+1} < 1 + \dfrac{1}{x} \leqq 1 + \dfrac{1}{n}$ より，

$$\left(1 + \frac{1}{n+1}\right)^n < \left(1 + \frac{1}{x}\right)^x \leqq \left(1 + \frac{1}{n}\right)^{n+1}$$

$$\lim_{n \to \infty}\left(1 + \frac{1}{n+1}\right)^n = \lim_{n \to \infty}\left(1 + \frac{1}{n+1}\right)^{n+1}\left(1 + \frac{1}{n+1}\right)^{-1} = e \cdot 1 = e$$

$$\lim_{n \to \infty}\left(1 + \frac{1}{n}\right)^{n+1} = \lim_{n \to \infty}\left(1 + \frac{1}{n}\right)^n\left(1 + \frac{1}{n}\right) = e \cdot 1 = e$$

はさみうちの原理により，$\displaystyle\lim_{x \to \infty}\left(1 + \frac{1}{x}\right)^x = e$ となる。

注　ⓐのグラフで表される関数 $f(x)$ を考えると，n が自然数のとき $f(n) = 0$ だか

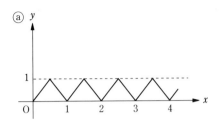 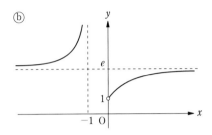

ら，$\lim_{n\to\infty} f(n) = 0$．しかし，$\lim_{x\to\infty} f(x)$ は存在しない．つまり，$\lim_{n\to\infty} f(n)$ が存在しても，$\lim_{x\to\infty} f(x)$ が存在するとは限らないのである．

なお，$y = \left(1+\dfrac{1}{x}\right)^x$ のグラフは ⓑ のようになる．

3. ロピタルの定理の証明

> **定理1** $f(x), g(x)$ は区間 (a, b) で微分可能で，$g'(x)$ の符号は一定とする．さらに，$\lim_{x\to a+0} f(x) = 0$，$\lim_{x\to a+0} g(x) = 0$ とする．このとき，$\lim_{x\to a+0} \dfrac{f'(x)}{g'(x)} = L$
> ($L = \pm\infty$ でもよい）ならば，$\lim_{x\to a+0} \dfrac{f(x)}{g(x)} = L$ が成り立つ．

証明 （ⅰ）L が有限な場合について証明する．$f(a) = g(a) = 0$ と定義すると，$f(x), g(x)$ は $a \leqq x < b$ で連続になる（正確には，$F(x) = f(x)$ $(a < x < b)$，$F(a) = 0$ なる $F(x)$ を考えればよい）．$g'(x)$ は一定符号だから，$a < x < b$ で $g'(x) > 0$ としても一般性を失わない．このとき $g(x) > 0$ $(a < x < b)$ となる．$\lim_{x\to a+0} \dfrac{f'(x)}{g'(x)} = L$ だから，任意の $\varepsilon > 0$ に対し，ある $\delta > 0$ が存在して，

$$0 < x-a < \delta \implies \left|\frac{f'(x)}{g'(x)} - L\right| < \varepsilon$$

が成り立つ．よって，$x \in (a, a+\delta)$ のとき，

$$-\varepsilon < \frac{f'(x)}{g'(x)} - L < \varepsilon \quad \text{すなわち} \quad -\varepsilon g'(x) < f'(x) - Lg'(x) < \varepsilon g'(x)$$

$G(x) = f(x) - (L-\varepsilon)g(x)$ とおくと，$G'(x) > 0$ より $G(x) > G(a) = 0$ が $x \in (a, a+\delta)$ で成り立つ．よって，$x \in (a, a+\delta)$ のとき

$$\frac{f(x)}{g(x)} - L > -\varepsilon$$

が成り立つ. 全く同様にして $\dfrac{f(x)}{g(x)} - L < \varepsilon \ (x \in (a, a+\delta))$ も示せるから,

$$\lim_{x \to a+0} \frac{f(x)}{g(x)} = L$$

（ii）　$L = \infty$ の場合について証明する. $\displaystyle\lim_{x \to a+0} \frac{f'(x)}{g'(x)} = \infty$ より, 任意の $K > 0$

に対し, ある $\delta > 0$ が存在して, $\dfrac{f'(x)}{g'(x)} > K \ (0 < x - a < \delta)$ とできる. $G(x) =$

$f(x) - Kg(x)$ とおいて,（i）と同様にすればよい. ▨

系　$f(x), g(x)$ は (a, ∞) で微分可能で, $g'(x)$ の符号は一定とする. さらに, $\displaystyle\lim_{x \to \infty} f(x) = 0, \ \lim_{x \to \infty} g(x) = 0$ とする. このとき, $\displaystyle\lim_{x \to \infty} \frac{f'(x)}{g'(x)} = L \ (L = \pm\infty$ でもよい）ならば, $\displaystyle\lim_{x \to \infty} \frac{f(x)}{g(x)} = L$ が成り立つ.

証明　$F(x) = f\left(\dfrac{1}{x}\right), \ G(x) = g\left(\dfrac{1}{x}\right)$ とおくと, $\displaystyle\lim_{x \to +0} F(x) = 0, \ \lim_{x \to +0} G(x) = 0.$
よって定理 1 より

$$\lim_{x \to \infty} \frac{f(x)}{g(x)} = \lim_{x \to +0} \frac{F(x)}{G(x)} = \lim_{x \to +0} \frac{F'(x)}{G'(x)} = \lim_{x \to +0} \frac{-\dfrac{1}{x^2} f'\left(\dfrac{1}{x}\right)}{-\dfrac{1}{x^2} g'\left(\dfrac{1}{x}\right)}$$

$$= \lim_{x \to +0} \frac{f'\left(\dfrac{1}{x}\right)}{g'\left(\dfrac{1}{x}\right)} = \lim_{x \to \infty} \frac{f'(x)}{g'(x)} \qquad ▨$$

定理 2　$f(x), g(x)$ は (a, b) で微分可能であり, $g'(x)$ は一定符号とする. さらに, $\displaystyle\lim_{x \to a+0} g(x) = \infty$ とする. このとき, $\displaystyle\lim_{x \to a+0} \frac{f'(x)}{g'(x)} = L \ (L = \pm\infty$ でもよい）ならば, $\displaystyle\lim_{x \to a+0} \frac{f(x)}{g(x)} = L$ が成り立つ.

証明　$a < x < b$ で $g'(x) < 0$ としてよい. $\displaystyle\lim_{x \to a+0} g(x) = \infty$ より, a に十分近い x について $g(x) > 0$ となる. L が有限なときに証明しよう. 仮定より, 任意の $\varepsilon > 0$ に対し, ある $\delta_1 > 0$ が存在して,

$$\left|\frac{f'(x)}{g'(x)} - L\right| < \frac{\varepsilon}{2} \quad (a < x < a+\delta_1)$$

が成り立つ. すなわち, $-\frac{\varepsilon}{2}g'(x) > f'(x) - Lg'(x) > \frac{\varepsilon}{2}g'(x)$ が $x \in (a, a+\delta_1)$ について成り立つ. c を $a < c < a+\delta_1$ なる点とするとき, 定理1の証明と同様にして次の不等式が示せる.

① $\qquad f(x) - \left(L + \frac{\varepsilon}{2}\right)g(x) < f(c) - \left(L + \frac{\varepsilon}{2}\right)g(c) \quad (a < x < c)$

$\lim\limits_{x \to a+0} g(x) = \infty$ だから, $\delta_2 > 0$ を適当にとれば,

② $\qquad \frac{2}{\varepsilon}\left\{f(c) - \left(L + \frac{\varepsilon}{2}\right)g(c)\right\} < g(x) \quad (a < x < a+\delta_2)$

が成り立つ. ①, ② より, $x \in (a, a+\delta)$ $(\delta = \min(\delta_1, \delta_2))$ のとき,

$$\frac{f(x)}{g(x)} - \left(L + \frac{\varepsilon}{2}\right) < \frac{\varepsilon}{2} \quad \text{すなわち} \quad \frac{f(x)}{g(x)} - L < \varepsilon$$

同様にして $\frac{f(x)}{g(x)} - L > -\varepsilon$ も示せるから, $\lim\limits_{x \to a+0} \frac{f(x)}{g(x)} = L$. ▨

系 $f(x), g(x)$ は (a, ∞) で微分可能で, $g'(x)$ の符号は一定とする. さらに, $\lim\limits_{x \to \infty} g(x) = \infty$ とする. このとき $\lim\limits_{x \to \infty} \dfrac{f'(x)}{g'(x)} = L$ $(L = \pm\infty$ でもよい) ならば, $\lim\limits_{x \to \infty} \dfrac{f(x)}{g(x)} = L$ が成り立つ.

証明は定理1から系を導いたのと同様である. 定理2およびその系において, $f(x)$ の極限については何も仮定していないことに注意する.

4. 2変数関数の極限と平面上の点集合

通常の直交座標において, 平面上の点は2つの実数の組 (x, y) で表される. 平面上の点全体を $\boldsymbol{R}^2$ で表す. 座標平面上の2点 $P(x_1, y_1)$, $Q(x_2, y_2)$ に対し, 2点間の**距離** $d(P, Q)$ を次の式で定める.

$$d(P, Q) = \sqrt{(x_2 - x_1)^2 + (y_2 - y_1)^2}$$

点 $A(a, b)$ を中心として, 半径が δ の円を A の **δ 近傍**とよぶ.

$$U(A, \delta) = \{(x, y) \mid \sqrt{(x-a)^2 + (y-b)^2} < \delta\}$$

注 A の δ 近傍として, 次のような集合をとることもある.

$$U_1(A, \delta) = \{(x, y) \mid |x-a| + |y-b| < \delta\}$$
$$U_2(A, \delta) = \{(x, y) \mid \max\{|x-a|, |y-b|\} < \delta\}$$

図からわかるように，$U_1(\mathrm{A}, \delta) \subseteqq U(\mathrm{A}, \delta) \subseteqq U_2(\mathrm{A}, \delta) \subseteqq U_1(\mathrm{A}, 2\delta)$ である.

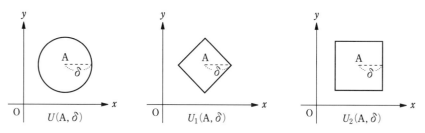

以下の議論はどの δ 近傍を用いても同値である.

D を $\boldsymbol{R}^2$ の部分集合とする. 点 P が D の**内点**であるとは，P のある δ 近傍が D に含まれることをいう. 点 P が D の**外点**であるとは，P のある δ 近傍が D と共通点をもたないことをいう. 点 P の任意の δ 近傍が D とも D^c（D の補集合，つまり D に含まれない点の集合）とも共通点をもつとき，P は D の**境界点**という. 境界点は，内点でも外点でもない点と言いかえられる.

P が D の内点 ……… ある $\delta > 0$ に対し，$U(\mathrm{P}, \delta) \subseteqq D$.

P が D の外点 ……… ある $\delta > 0$ に対し，$U(\mathrm{P}, \delta) \cap D = \phi$ （$U(\mathrm{P}, \delta) \subseteqq D^c$）.

P が D の境界点 …… 任意の $\delta > 0$ に対し，$U(\mathrm{P}, \delta) \cap D \neq \phi$, かつ
$$U(\mathrm{P}, \delta) \cap D^c \neq \phi.$$

D のすべての点が D の内点であるとき，D を**開集合**という. D^c が開集合のとき，D を**閉集合**という. 言いかえれば，D の境界点がすべて D に含まれるとき，D を閉集合という. D の任意の 2 点が，次のような D に含まれる連続な曲線 l で結ばれるとき，D は**連結**であるという.

$l:\quad x = f(t),\ y = g(t),\ f(t),\ g(t)$ は連続で $(f(t), g(t)) \in D$

連結な開集合を**領域**という. D の境界点全体と D を合わせた集合を D の**閉包**といい，$\overline{D}$ で表す. D が領域であるとき，$\overline{D}$ を**閉領域**という. ある $R > 0$ に対し，D が原点を中心とする半径 R の円に含まれるならば，D は**有界**であるという. D が有界かつ閉集合のとき，D を**有界閉集合**という.

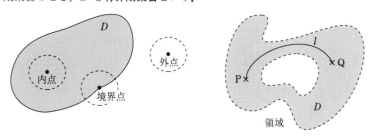

例1　以下では $a > 0$ とする.

　　$D_1 = \{(x, y) \mid x^2 + y^2 < a^2\}$ …… 開集合かつ連結，つまり領域である.

　　$D_2 = \{(x, y) \mid x^2 + y^2 \leqq a^2\}$ …… 閉集合かつ連結. $D_2 = \overline{D_1}$ なので，D_2 は閉
　　　　　　　　　　　　　　　　　　　　　　　領域である.

　　$D_3 = \{(x, y) \mid x^2 + y^2 = a^2\}$ …… 閉集合かつ連結だが，閉領域ではない.

　　$D_4 = \{(x, y) \mid x^2 + y^2 < a^2\} \cup \{(x, y) \mid (x - 2a)^2 + y^2 < a^2\}$
　　　　　　　　　　　　　　　　…… 開集合だが連結でない.

　　$D_5 = \{(x, y) \mid a^2 \leqq x^2 + y^2 < 4a^2\}$ …… 連結だが，開集合でも閉集合でもない.

　　$D_6 = \{(x, y) \mid a^2 < x^2 + y^2\}$ …… 開集合かつ連結，つまり領域である.

　以上の集合のうち，D_6 以外は有界であり，D_2 と D_3 は有界閉集合である.　　▨

　2変数関数 $z = f(x, y)$ の**極限**を定義しよう. $f(x, y)$ の定義域 D は領域または閉領域とする. 点 $\mathrm{A}(a, b)$ を $\overline{D}$ の点とする. 点 $\mathrm{P}(x, y) \in D$ が D 内において，A と一致することなく A に近づくとき，$f(x, y)$ が一定の値 L に近づくならば，$(x, y) \to (a, b)$ のとき $f(x, y)$ の極限値は L であるといい，次のように表す.

$$\lim_{(x,y) \to (a,b)} f(x, y) = L \quad \text{または} \quad f(x, y) \to L \ ((x, y) \to (a, b))$$

$f(x, y)$ を $f(\mathrm{P})$ と書いて，$\displaystyle\lim_{\mathrm{P} \to \mathrm{A}} f(\mathrm{P}) = L$ と表すこともある. この定義を ε-δ 式に書くならば次のようになる.

　　$\displaystyle\lim_{(x,y) \to (a,b)} f(x, y) = L$ であるとは，次が成り立つことである.

　　　任意の $\varepsilon > 0$ に対し，ある $\delta > 0$ が存在して，

$$0 < d(\mathrm{P}, \mathrm{A}) < \delta \text{ かつ } \mathrm{P} \in D \implies |f(x, y) - L| < \varepsilon$$

$$(\mathrm{P} = (x, y), \ \mathrm{A} = (a, b))$$

　1変数関数において，$x \to a$ は右から a に近づく場合 $(x \to a+0)$ と左から a に近づく場合 $(x \to a-0)$ の2通りを考えればよかった. 2変数関数の極限を考える際，$(x, y) \to (a, b)$ はさまざまな近づき方があることに注意が必要である.

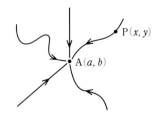

　2変数関数の極限についても，§1 定理1，定理2と同様の定理が成り立つ. 関数 $f(x, y)$ が D で定義されていて，$(a, b) \in D$ において $\displaystyle\lim_{(x,y) \to (a,b)} f(x, y) = f(a, b)$ が成り立つならば $f(x, y)$ は (a, b) で**連続**であるという. 任意の $(x, y) \in D$ において連続なとき，$f(x, y)$ は D で連続であるという. §27 で述べた連続関数の性質はそのまま2変数関数の場合に拡張できる.

例2　（1）　$\displaystyle\lim_{(x,y) \to (1,1)} \frac{x^2 y^2}{x^2 + y^2} = \frac{1}{2}$

（2）$f(x, y) = \begin{cases} \dfrac{x^2 y^2}{x^2 + y^2} & ((x, y) \neq (0, 0)) \\ 0 & ((x, y) = (0, 0)) \end{cases}$ とするとき，$\displaystyle\lim_{(x,y)\to(0,0)} f(x, y)$ を

求める．このような場合，極座標を利用するとわかりやすい．$x = r \cos\theta$,
$y = r \sin\theta$ とおくと，
$$(x, y) \to (0, 0) \Longleftrightarrow r \to 0$$
$f(r\cos\theta, r\sin\theta) = r^2 \cos^2\theta \sin^2\theta \ (r > 0)$ だから，$0 \leq f(r\cos\theta, r\sin\theta) \leq$
r^2．よって，はさみうちの原理により，
$$\lim_{(x,y)\to(0,0)} f(x, y) = \lim_{r\to 0} f(r\cos\theta, r\sin\theta) = 0$$

（3）$f(x, y) = \begin{cases} \dfrac{xy}{x^2 + y^2} & ((x, y) \neq (0, 0)) \\ 0 & ((x, y) = (0, 0)) \end{cases}$ とする．$\displaystyle\lim_{(x,y)\to(0,0)} f(x, y)$ を求める．

$$f(r\cos\theta, r\sin\theta) = \cos\theta \sin\theta = \frac{1}{2}\sin 2\theta$$

$\theta = 0$ のとき $f(r\cos\theta, r\sin\theta) = 0$，$\theta = \dfrac{\pi}{4}$ のとき $f(r\cos\theta, r\sin\theta) = \dfrac{1}{2}$ だ

から，

　　(x, y) が x 軸に沿って $(0, 0)$ に近づくとき，$f(x, y) \to 0$,

　　(x, y) が直線 $y = x$ に沿って $(0, 0)$ に近づくとき，$f(x, y) \to \dfrac{1}{2}$.

よって，$\displaystyle\lim_{(x,y)\to(0,0)} f(x, y)$ は存在しない．

（4）$f(x, y) = \begin{cases} \dfrac{x^2 y}{x^2 - y^2} & (y \neq \pm x) \\ 0 & (y = \pm x) \end{cases}$ とする．$\displaystyle\lim_{(x,y)\to(0,0)} f(x, y)$ を求める．

$y = kx \ (k \neq \pm 1)$ のとき $f(x, y) = \dfrac{kx}{1 - k^2}$，$y = \pm x$ のとき $f(x, y) = 0$ だから，

(x, y) が任意の方向の直線に沿って $(0, 0)$ に近づくとき，$f(x, y) \to 0$ となる．しか

し，$\displaystyle\lim_{(x,y)\to(0,0)} f(x, y) = 0$ が成り立たないことを示そう．$0 < r \leq \dfrac{1}{2}$ のとき，$\theta(r)$

$= \sin^{-1}\sqrt{\dfrac{1}{2} + r}$ とおく．すると，

$$f(r\cos\theta(r), r\sin\theta(r)) = \frac{r(1 - \sin^2\theta(r))\sin\theta(r)}{1 - 2\sin^2\theta(r)}$$
$$= \left(r - \frac{1}{2}\right)\sqrt{\frac{1}{2} + r}$$

よって，$r \to 0$ のとき $f(x, y) \to -\dfrac{1}{2\sqrt{2}}$ だから，$\displaystyle\lim_{(x,y)\to(0,0)} f(x, y)$ は存在しない．

注 $\lim\limits_{(x,y)\to(0,0)} f(x,y)$ と，$\lim\limits_{x\to0}(\lim\limits_{y\to0} f(x,y))$ や $\lim\limits_{y\to0}(\lim\limits_{x\to0} f(x,y))$ は異なるものである．実際，例 1 (3)，(4) では後の 2 つの極限値が存在するが，$\lim\limits_{(x,y)\to(0,0)} f(x,y)$ は存在しない．

例 3 関数 $f(x,y)$ の全微分可能性について，次の 2 つの同値な定義がある．

（ⅰ）（**ストルツ-フレッシェの定義**） ある定数 a,β が存在して，$f(x,y)$ が次の形に書けるとき，$f(x,y)$ は (a,b) で全微分可能という．

（*）　　　　$f(x,y) = f(a,b) + \alpha(x-a) + \beta(y-b) + r(x,y)$

$$\lim_{(x,y)\to(a,b)} \frac{r(x,y)}{\sqrt{(x-a)^2 + (y-b)^2}} = 0$$

注 このとき a,β は一意的に決まり，$\alpha = f_x(a,b)$，$\beta = f_y(a,b)$ である．したがって，§12 で述べた定義と同値である．

（ⅱ）（**カラテオドリの定義**） (a,b) で連続な関数 $\varphi_1(x,y)$，$\varphi_2(x,y)$ が存在して，$f(x,y)$ が次の形に書けるとき，$f(x,y)$ は (a,b) で全微分可能という．

（**）　　　$f(x,y) = f(a,b) + \varphi_1(x,y)(x-a) + \varphi_2(x,y)(y-b)$

（ⅰ）と（ⅱ）が同値な定義であることを簡略に示す．

（ⅰ）$\Longrightarrow$（ⅱ）　$\varphi_1(x,y) = \begin{cases} \alpha + \dfrac{r(x,y)(x-a)}{(x-a)^2 + (y-b)^2} & ((x,y)\neq(a,b)) \\ \alpha & ((x,y)=(a,b)) \end{cases}$

$\varphi_2(x,y) = \begin{cases} \beta + \dfrac{r(x,y)(y-b)}{(x-a)^2 + (y-b)^2} & ((x,y)\neq(a,b)) \\ \beta & ((x,y)=(a,b)) \end{cases}$

（ⅱ）$\Longrightarrow$（ⅰ）　$\alpha = \varphi_1(a,b)$，　　$\beta = \varphi_2(a,b)$，

$$r(x,y) = \{\varphi_1(x,y) - \varphi_1(a,b)\}(x-a)$$
$$+ \{\varphi_2(x,y) - \varphi_2(a,b)\}(y-b)$$

$f(x,y)$ が (a,b) の近傍で偏微分可能で，$f_x(x,y), f_y(x,y)$ が (a,b) で連続ならば，$f(x,y)$ は (a,b) で全微分可能であることを定義（ⅱ）を用いて示そう．

$$f(x,y) - f(a,b) = f(x,y) - f(a,y) + f(a,y) - f(a,b)$$

1 変数関数における平均値の定理より，次の等式をみたす c_1, c_2 が存在する．

$$f(x,y) - f(a,y) = f_x(c_1,y)(x-a) \quad (c_1 \text{ は } a \text{ と } x \text{ の間の数})$$
$$f(a,y) - f(a,b) = f_y(a,c_2)(y-b) \quad (c_2 \text{ は } b \text{ と } y \text{ の間の数})$$

$\varphi_1(x,y) = f_x(c_1,y)$，$\varphi_2(x,y) = f_y(a,c_2)$ とおくと f_x, f_y が (a,b) で連続だから，φ_1, φ_2 は (a,b) で連続になり，（**）が成り立つ．　■

注 どちらの定義からも，$f(x,y)$ が (a,b) で全微分可能ならば，(a,b) で連続になることは容易にわかる．

例4 (a, b) の近傍で $f_{xy}(x, y)$, $f_{yx}(x, y)$ が存在して, (a, b) で f_{xy}, f_{yx} が連続ならば, $f_{xy}(a, b) = f_{yx}(a, b)$ が成り立つことを示そう. 次のような関数を考える.

$$F(h, k) = f(a+h, b+k) - f(a, b+k) - f(a+h, b) + f(a, b)$$
$$p(x) = f(x, b+k) - f(x, b)$$

1変数関数における平均値の定理を繰り返し用いると, ある θ_1, θ_2 が存在して次の等式が成り立つ.

$$F(h, k) = p(a+h) - p(a) = p'(a+\theta_1 h)h \quad (0 < \theta_1 < 1)$$
$$= \{f_x(a+\theta_1 h, b+k) - f_x(a+\theta_1 h, b)\}h$$
$$= f_{xy}(a+\theta_1 h, b+\theta_2 k)hk \quad (0 < \theta_2 < 1)$$

同様に, $q(y) = f(a+h, y) - f(a, y)$ とするとき, ある θ_3, θ_4 が存在して, 次の等式が成り立つ.

$$F(h, k) = q(b+k) - q(b) = q'(b+\theta_3 k)k \quad (0 < \theta_3 < 1)$$
$$= \{f_y(a+h, b+\theta_3 k) - f_y(a, b+\theta_3 k)\}k$$
$$= f_{yx}(a+\theta_4 h, b+\theta_3 k)kh \quad (0 < \theta_4 < 1)$$

以上から, $f_{xy}(a+\theta_1 h, b+\theta_2 k) = f_{yx}(a+\theta_4 h, b+\theta_3 k)$ が成り立つ. $(h, k) \to (0, 0)$ とすれば, f_{xy}, f_{yx} が (a, b) で連続だから, $f_{xy}(a, b) = f_{yx}(a, b)$ となる. ▨

5. さまざまな平面曲線

① 楕　円

陰関数表示：　　$\dfrac{x^2}{a^2} + \dfrac{y^2}{b^2} = 1$

パラメーター表示：$\begin{cases} x = a\cos t \\ y = b\sin t \end{cases}$ $(a > 0, \ b > 0)$

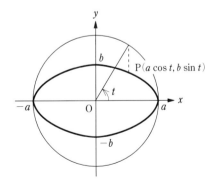

② **サイクロイド**

パラメーター表示：$\begin{cases} x = a(t-\sin t) \\ y = a(1-\cos t) \end{cases}$ （$a > 0$）

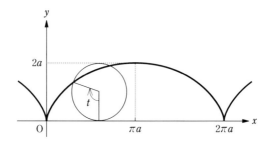

サイクロイドは，円が直線上をころがるとき，円周上の一点が描く軌跡である．

③ **アステロイド**

陰関数表示： $x^{\frac{2}{3}} + y^{\frac{2}{3}} = a^{\frac{2}{3}}$

パラメーター表示：$\begin{cases} x = a\cos^3 t \\ y = a\sin^3 t \end{cases}$ （$a > 0$）

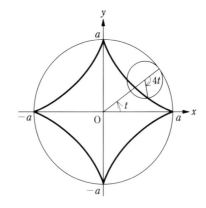

④　**デルトイド**

パラメーター表示：$\begin{cases} x = 2a\cos t + a\cos 2t \\ y = 2a\sin t - a\sin 2t \end{cases}$ $(a > 0)$

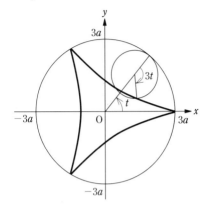

③，④はともに，半径 r の小円が半径 R の円の内側をころがるとき，円周上の一点が描く軌跡である．$\dfrac{R}{r} = 4$ のとき③，$\dfrac{R}{r} = 3$ のとき④の曲線になる．

⑤　**カージオイド**

極座標表示：$r = a(1 + \cos\theta)$ $(a > 0)$

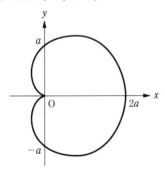

カージオイドは，円が同じ半径の円の外側をころがるとき，円周上の一点が描く軌跡として得られる．

⑥ **レムニスケート**

極座標表示：$r^2 = 2a^2 \cos 2\theta \quad (a > 0)$

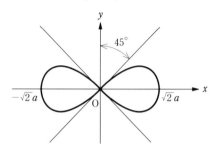

⑦ **ローズ**

極座標表示：$r = a \sin 3\theta \quad (a > 0)$

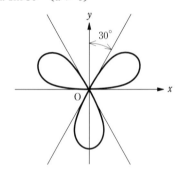

　一般に $r = a \sin n\theta,\ r = a \cos n\theta\ (a > 0,\ n：自然数)$ で表される曲線をローズとよぶ.

⑧ デカルトの正葉形

陰関数表示： $x^3 - 3axy + y^3 = 0$

パラメーター表示： $\begin{cases} x = \dfrac{3at}{t^3+1} \\[3mm] y = \dfrac{3at^2}{t^3+1} \end{cases}$ $(a > 0)$

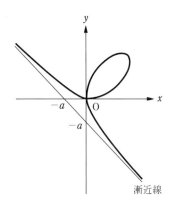

パラメーター表示は曲線と直線 $y = tx$ $(t \neq -1)$ との交点として得られる.

6. ギリシャ文字一覧

大文字	小文字	読み方	大文字	小文字	読み方
A	α	アルファ	N	ν	ニュー
B	β	ベータ	Ξ	ξ	クシー
Γ	γ	ガンマ	O	o	オミクロン
Δ	δ	デルタ	Π	π	パイ
E	ε	イプシロン	P	ρ	ロー
Z	ζ	ゼータ	Σ	σ	シグマ
H	η	イータ	T	τ	タウ
Θ	θ	シータ	Υ	υ	ユプシロン
I	ι	イオタ	Φ	ϕ, φ	ファイ
K	κ	カッパ	X	χ	カイ
Λ	λ	ラムダ	Ψ	ψ	プサイ
M	μ	ミュー	Ω	ω	オメガ

解　答

問 題 1

_1._ (1) 1　(2) 3　(3) -1　(4) 存在しない　(5) 3　(6) -1
_2._ (1) 2　(2) 0　(3) 2　(4) 存在しない　(5) 0　(6) $-\infty$
_3._ (1) ∞　(2) $-\infty$　(3) 存在しない　(4) 2　(5) 2
_4._ (1) 3　(2) 2　(3) 2　(4) 2　(5) ∞　(6) ∞　(7) 2
$a = -5, 6$
_5._ (1) $\dfrac{17}{8}$　(2) 0　(3) 6　(4) 0　(5) -3　(6) 6　(7) $\dfrac{2}{3}$
(8) $-\dfrac{2}{3}$
_6._ (1) 2　(2) $\dfrac{1}{3}$　(3) 0　(4) 0　(5) 3　(6) $1-\sqrt{2}$
_7._ (1) $\dfrac{1}{2}$　(2) $\dfrac{3}{2}$　(3) -1
_8._ (1) $\dfrac{4}{3}$　(2) ∞　(3) ∞　(4) $-\infty$　(5) -1　(6) -4
(7) 4　(8) $-\dfrac{3}{2}$
_9._ (1) 0　(2) 0　(3) -2
_10._ (1) $a = -1,\ b = 0$　(2) $a = 1,\ b = -12$　(3) $a = 9,\ b = 12$

問 題 2

_1._ (1) $\dfrac{1}{2}$　(2) $-\dfrac{1}{4}$
_2._ (1) 0　(2) 存在しない　(3) 存在しない
_3._ (1) $\dfrac{1}{2}f'(a)$　(2) $3f'(a)$　(3) $-f'(a)$　(4) $5f'(a)$
(5) $f(a)-af'(a)$　(6) $2af(a)-a^2f'(a)$

問 題 3

_1._ (1) $4x^3-\sqrt{2}$　(2) x^4-x^2　(3) $2nx^{n-1}$　(4) $\sqrt{3}\,x^{\sqrt{3}-1}$
(5) $\dfrac{5}{2}x^{\frac{3}{2}}$　(6) $-3x^{-4}$　(7) x^n　(8) $2nx^{2n-1}-nx^{n-1}$
(9) $-\dfrac{3}{2}x^{-\frac{5}{2}}$　(10) $-x^{-6}$

2. (1) $-\dfrac{2}{x^2}$　(2) $\dfrac{2}{x^3}$　(3) $-\dfrac{n}{x^{n+1}}$　(4) $-\dfrac{1}{2x^2}+\dfrac{1}{x^4}$　(5) $\dfrac{1}{\sqrt{x}}$

(6) $\pi^2 x^{\pi-1}$　(7) $2x-\dfrac{2}{x^3}$　(8) $\dfrac{1}{9\sqrt[3]{x^2}}$　(9) $\dfrac{3}{2}\sqrt{x}$　(10) $\dfrac{4}{3}\sqrt[3]{x}$

(11) $-\dfrac{5}{2\sqrt{x^3}}$　(12) $\dfrac{5}{2}\sqrt{x^3}$

3. (1) $10(2x-1)^4$　(2) $-20(3-2x)^9$　(3) $-\dfrac{2}{(2x+3)^2}$

(4) $\dfrac{1}{(1-x)^2}$　(5) $-\dfrac{2}{(x-5)^3}$　(6) $-\dfrac{6x}{(x^2+1)^4}$

(7) $15nx^2(5x^3+1)^{n-1}$　(8) $\dfrac{3}{2\sqrt{3x+4}}$　(9) $\dfrac{x}{\sqrt{x^2+1}}$

(10) $-\dfrac{2x+1}{2\sqrt{(x^2+x+1)^3}}$　(11) $\dfrac{x}{\sqrt{(9-x^2)^3}}$　(12) $-\dfrac{\sqrt{3}}{3}(1-x)^2$

4. (1) $\dfrac{-11}{(2x-1)^2}$　(2) $\dfrac{2-2x^2}{(x^2+1)^2}$　(3) $6x-\dfrac{1}{x^2}$　(4) $\dfrac{8x}{(2-x^2)^2}$

(5) $\dfrac{1}{\sqrt{x}\,(\sqrt{x}+1)^2}$　(6) $\dfrac{3x-4}{2\sqrt{x-2}}$　(7) $\dfrac{7x-3x^3}{\sqrt{4-x^2}}$　(8) $-\dfrac{2x}{(x^2+4)^2}$

(9) $(33x-1)(3x-1)^9$　(10) $(4x-24x^3)(x^2+1)^6(1-x^2)^4$

5. (1) $\dfrac{80(x-3)^9}{(x+5)^{11}}$　(2) $5\left(x-\dfrac{1}{x}\right)^4\left(1+\dfrac{1}{x^2}\right)$　(3) $7\left(x^2-\dfrac{1}{x^2}\right)^6\left(2x+\dfrac{2}{x^3}\right)$

(4) $\dfrac{1}{8}\left(\dfrac{1}{\sqrt{x+2}}-\dfrac{1}{\sqrt{x-2}}\right)$　(5) $\dfrac{(4x+3)(x+2)^4}{(x+1)^2}$　(6) $\dfrac{2x}{(x^2+1)\sqrt{x^4-1}}$

(7) $\dfrac{32x(x^2-2)^3}{(x^2+2)^5}$　(8) $6(x+1)^5$　(9) $3\sqrt{x+1}$

(10) $\dfrac{1}{8\sqrt{x}\sqrt{1+\sqrt{x}}\sqrt{1+\sqrt{1+\sqrt{x}}}}$

6. (1) $y'=\dfrac{3x}{2y}$　(2) $y=-\dfrac{23}{31}(x-3)+1$

7. $100\pi v\ [\mathrm{m^2/sec}]$

8. $-\dfrac{25l}{\pi a^2}\ [\mathrm{cm/sec}]$

9. $-\dfrac{6}{\sqrt{l^2-9}}\ [\mathrm{m/sec}]$

10. 略

11. 異なる

問 題 4

1. (1) $-\dfrac{3}{2}\pi$　(2) $\dfrac{\pi}{5}$　(3) $-\dfrac{2}{9}\pi$　(4) $\dfrac{10}{3}\pi$　(5) $\dfrac{11}{6}\pi$

(6) $\dfrac{5}{12}\pi$　(7) $-\dfrac{5}{18}\pi$　(8) $\dfrac{7}{30}\pi$　(9) $-\dfrac{4}{5}\pi$　(10) $\dfrac{2}{15}\pi$

2. (1) -1　(2) $-\dfrac{1}{\sqrt{2}}$　(3) 0　(4) $\dfrac{1}{2}$　(5) -1　(6) $\dfrac{1}{\sqrt{3}}$

(7) $\dfrac{\sqrt{3}}{2}$　(8) -1　(9) $-\sqrt{3}$　(10) $\dfrac{\sqrt{6}-\sqrt{2}}{4}$　(11) $2+\sqrt{3}$

(12) $\dfrac{\sqrt{6}+\sqrt{2}}{4}$　(13) $\sqrt{2}-1$

3. (1) $\dfrac{1}{2}$　(2) 3　(3) 1　(4) 0　(5) $\dfrac{3}{2}$　(6) $\dfrac{3}{4}$　(7) 0

(8) 0　(9) 2　(10) 0　(11) $\dfrac{1}{16}$　(12) 0　(13) $\dfrac{1}{8}$

(14) 0

4. (1) $-\dfrac{1}{2}$　(2) $\dfrac{1}{2}$　(3) 1　(4) 2

5. (1) $\cos x+3\sin x$　(2) $\dfrac{10}{\cos^2 2x}$　(3) $4\cos 4x$　(4) $2\sin(5-2x)$

(5) $\dfrac{2x}{\cos^2(x^2+5)}$　(6) $-3x^2\cos x^3$　(7) $-\dfrac{1}{\sqrt{x}}\sin 2\sqrt{x}$

(8) $-\dfrac{1}{x^2}\cos\dfrac{1}{x}$　(9) $-\dfrac{1}{x^2\cos^2\dfrac{1}{x}}$　(10) $3\sin^2 x\cos x$

(11) $-8\cos^3 2x\sin 2x$　(12) $\dfrac{6\tan 3x}{\cos^2 3x}$　(13) $-\sin(x+\pi)\,[=\sin x]$

(14) $-\dfrac{2}{x^3}\sin\left(6-\dfrac{1}{x^2}\right)$　(15) $\dfrac{1}{\sqrt{x}\cos^2\sqrt{x}}$

6. (1) $\sin x+x\cos x$　(2) $3\cos x-(3x-1)\sin x$

(3) $-\dfrac{1}{x^2}\tan x+\dfrac{1}{x\cos^2 x}$　(4) $2x\cos\dfrac{1}{x}+\sin\dfrac{1}{x}$

(5) $3\cos 3x\sin 2x+2\sin 3x\cos 2x\ \left[=\dfrac{5}{2}\sin 5x-\dfrac{1}{2}\sin x\right]$

(6) $\dfrac{1}{2}\left(\cos^2\dfrac{x}{2}-\sin^2\dfrac{x}{2}\right)\ \left[=\dfrac{1}{2}\cos x\right]$

(7) $-\dfrac{\cos x}{\sin^2 x}$　(8) $\dfrac{1}{1+\cos x}$　(9) $-\dfrac{1}{\sin^2 x}$　(10) $\dfrac{-6\cos 2x}{\sin^4 2x}$

(11)　$-\dfrac{2\sin x}{(1+\cos x)^2}$　　(12)　$-\dfrac{1}{(\cos x+\sin x)^2}$

7.　(1)　0　　(2)　$-\dfrac{9}{8}\pi^2$　　(3)　$2-\dfrac{\sqrt{3}}{3}\pi$

8.　(1)　$\dfrac{1}{2\sqrt{x}}\sin\sqrt{x}+\dfrac{1}{2}\cos\sqrt{x}$　　(2)　$\dfrac{-x\sin x-\cos x}{x^2}$

　　(3)　$\dfrac{2}{(\sin x+\cos x)^2}$　　(4)　$-\dfrac{1}{x^2}\cos\dfrac{1}{x}+\dfrac{1}{x^3}\sin\dfrac{1}{x}$　　(5)　$\dfrac{-\cos x\sin x}{\sqrt{1+\cos^2 x}}$

　　(6)　$\dfrac{-2\cos x}{\sin^3 x}$　　(7)　$-\sin x\cos(\cos x)$　　(8)　$3\cos 3x$

　　(9)　$\cos^{n+1}x-n\sin^2 x\cos^{n-1}x$

9.　$n=4m$ のとき (1),　$n=4m+1$ のとき (3),　$n=4m+2$ のとき (2),
　　$n=4m+3$ のとき (4)

10.　$(\sin x°)'=\dfrac{\pi}{180}\cos x°$

11.　(1)　1　　(2)　$\dfrac{r}{2}$

12.　(1)　$1,-1$　　(2)　存在しない

13.　(1)　0　$(\cos(\pi-\theta)=-\cos\theta$ を用いる$)$　　(2)　5　（半角の公式を用いる）

14.　(1)　$\sin x=2\sin\dfrac{x}{2}\cos\dfrac{x}{2}$ を繰り返し用いる　　(2)　略

　　(3)　$x=\dfrac{\pi}{2}$ とおく

15.　(1)　$f'(x)=2x\sin\dfrac{1}{x}-\cos\dfrac{1}{x}$ $(x\neq0)$,　$f'(0)=0$　　(2)　不連続

16.　(1)　加法定理　　(2)　$\cos(\sin x)-\sin(\cos x)$ を和 $\longrightarrow$ 積の公式で変形し
　　て, $|\cos x\pm\sin x|=\left|\sqrt{2}\cos\left(x\mp\dfrac{\pi}{4}\right)\right|\leqq\sqrt{2}$ を用いる.
　　答：$\cos(\sin x)>\sin(\cos x)$

問 題 5

1.　(1)　1対1　　(2)　1対1でない　　(3)　1対1

2.　(1)　$f^{-1}(x)=\dfrac{x+1}{3}$　　(2)　$f^{-1}(x)=\sqrt[3]{x}$　　(3)　$f^{-1}(x)=\sqrt{x+1}$

　　(4)　$f^{-1}(x)=-1+\sqrt{1+x}$　　(5)　$f^{-1}(x)=\dfrac{x^2}{4}-1$

　　(6)　$f^{-1}(x)=2-\sqrt{4-x}$　　(7)　$f^{-1}(x)=\dfrac{1}{2}\tan^{-1}x$

　　(8)　$f^{-1}(x)=\dfrac{1}{3}\cos^{-1}\dfrac{x}{3}$

3. (1) $\dfrac{\pi}{4}$　(2) $\dfrac{2}{3}\pi$　(3) $\dfrac{\pi}{6}$　(4) $-\dfrac{\pi}{3}$　(5) $\dfrac{\pi}{6}$　(6) $\dfrac{\pi}{4}$

(7) $\dfrac{\pi}{2}$　(8) $-\dfrac{\pi}{2}$　(9) $-\dfrac{\pi}{4}$　(10) $\dfrac{3}{\pi}$　(11) $-\dfrac{\pi}{3}$

(12) $\dfrac{\pi}{6}$　(13) 0　(14) $\dfrac{3}{4}\pi$

4.　(1) $\dfrac{\pi}{3}$　(2) $\dfrac{\pi}{2}$　(3) $-\dfrac{\pi}{4}$　(4) $\dfrac{\sqrt{3}}{2}$　(5) $\dfrac{1}{\sqrt{2}}$　(6) 0

(7) $\dfrac{\pi}{6}$　(8) $\dfrac{1}{2}$　(9) $\dfrac{2\sqrt{2}}{3}$　(10) $\dfrac{\sqrt{15}}{4}$　(11) $\dfrac{\sqrt{6}}{12}$　(12) $\dfrac{2}{3}\pi$

5. (1), (2), (4) 略　(3) $\tan^{-1}\dfrac{1}{x}=\alpha$, $\tan^{-1}x=\beta$ とおくと, $\tan\alpha=$ $\dfrac{1}{\tan\beta}=\tan\left(\dfrac{\pi}{2}-\beta\right)$. $0<\alpha<\dfrac{\pi}{2}$, $0<\dfrac{\pi}{2}-\beta<\dfrac{\pi}{2}$ より $\alpha=\dfrac{\pi}{2}-\beta$

6. (1) $\tan^{-1}\dfrac{1}{2}=\alpha$, $\tan^{-1}\dfrac{1}{3}=\beta$ とおいて, $\tan(\alpha+\beta)=1$ を示す

(2) 略

7. (1) $\dfrac{2}{\sqrt{1-x^2}}$　(2) $\dfrac{-3}{\sqrt{1-9x^2}}$　(3) $\dfrac{5}{(5x-1)^2+1}$　(4) $-\dfrac{1}{\sqrt{1-x^2}}$

(5) $-\dfrac{1}{\sqrt{9-x^2}}$　(6) $\dfrac{2}{x^2+4}$　(7) $-\dfrac{1}{x\sqrt{x^2-1}}$　(8) $-\dfrac{1}{2\sqrt{x-x^2}}$

(9) $\dfrac{1}{x^2+1}$　(10) $\dfrac{1}{\sqrt{5-x^2}}$

8. (1) $-\dfrac{1}{\sqrt{4x-x^2}}$　(2) $\dfrac{\sqrt{3}}{x^2+6x+12}$　(3) $-\sqrt{\dfrac{2}{1-2x^2}}$

(4) $-\dfrac{1}{(x^2+1)(\tan^{-1}x)^2}$　(5) $-\dfrac{2}{\sqrt{1-4x^2}\,(\sin^{-1}2x)^2}$

(6) $\dfrac{3(\sin^{-1}x)^2}{\sqrt{1-x^2}}$　(7) $\dfrac{12\left(\tan^{-1}\dfrac{x}{3}\right)^3}{x^2+9}$　(8) $\dfrac{2}{(2x-1)\sqrt{4x^2-4x}}$

9. (1) $\sin^{-1}x+\dfrac{x}{\sqrt{1-x^2}}$　(2) $\dfrac{1}{\sqrt{a^2-x^2}}$　(3) $\dfrac{1}{x^2+a^2}$　(4) $-\dfrac{1}{x^2+1}$

(5) $\cos x\,\sin^{-1}x+\dfrac{\sin x}{\sqrt{1-x^2}}$　(6) $\dfrac{2}{\sqrt{1-x^2}\,(\cos^{-1}x)^3}$　(7) $-\dfrac{x}{\sqrt{1-x^2}}$

(8) $2\sqrt{a^2-x^2}$　(9) $-\dfrac{1}{\cos^2 x\,\sqrt{1-\tan^2 x}}$　(10) $\dfrac{2}{x^2+4}$

(11) $-\dfrac{1}{\sqrt{1-x^2}}$　(12) -1　(13) $-\dfrac{1}{x^2\sqrt{1-x^2}}$

10. (1), (2)　略　　(3)　$\cos^{-1}\dfrac{x}{\sqrt{1+x^2}} = \alpha$, $\tan^{-1}x = \beta$ とおく．$x = \tan\beta$

を $\cos\alpha = \dfrac{x}{\sqrt{1+x^2}}$ に代入すると，$\cos\alpha = \sin\beta = \cos\left(\dfrac{\pi}{2}-\beta\right)$．$0 \le \alpha \le \pi$,

$0 < \dfrac{\pi}{2}-\beta < \pi$ より $\alpha = \dfrac{\pi}{2}-\beta$

11. (1)　$y = \sin^{-1}x + 2\pi$　　(2)　$y = \pi - \sin^{-1}x$

12. (1)　$\dfrac{\pi}{2}$　　(2)　$-\dfrac{\pi}{2}$　　(3)　$\dfrac{3}{2}\pi$　　(4)　$-\pi$　　(5)　$\dfrac{1}{2}$　　(6)　3

13. (1)　$\sqrt{3}$　　(2)　0　　(3)　-1

問 題 6

1. (1)　3　　(2)　$\dfrac{1}{2}$　　(3)　-1　　(4)　-3　　(5)　$\dfrac{1}{2}$　　(6)　$-\dfrac{1}{2}$　　(7)　$\dfrac{3}{2}$

(8)　4　　(9)　$-\dfrac{1}{2}$　　(10)　5　　(11)　3　　(12)　$\dfrac{1}{4}$　　(13)　$\sqrt{3}$

2. (1)　$11\log x$　　(2)　$10\log x$　　(3)　$12\log x$

3. すべて正しくない．反例は，(1), (3) では $A = B = e$, (2) では $A = e$

4. (1)　0.6990, 0.7781　　(2)　21 けた　　(3)　5　　(4)　69 けた

5. (1)　1.17, 1.29　　(2)　$a = 6$

6. 略

7. (1)　A：106 万円, B：106 万 900 円, C：106 万 1208 円

(2)　$100\left(1+\dfrac{3}{50n}\right)^n$ 万円

(3)　$n \to \infty$ のとき $100e^{\frac{3}{50}}$ 万円（約 106 万 1800 円）に近づく

8. (1)　e^2　　(2)　e　　(3)　$\sqrt[3]{e}$　　(4)　$\sqrt{e}$　　(5)　e^2　　(6)　$\dfrac{1}{e}$

9. (1)　0　　(2)　0　　(3)　0　　(4)　$-\infty$　　(5)　1　　(6)　1

(7)　$\log 3$　　(8)　$\dfrac{1}{2}$　　(9)　0　　(10)　2　　(11)　0

10. (1)　$-\dfrac{3}{x}$　　(2)　$\dfrac{1}{x}$　　(3)　$\dfrac{-2x}{2-x^2}$　　(4)　$\dfrac{\cos x}{\sin x}$　　(5)　$\dfrac{x}{x^2+1}$

(6)　$-\dfrac{1}{x}$　　(7)　$\dfrac{-2}{1-x^2}$　　(8)　$\dfrac{4}{x}(\log x)^3$　　(9)　$\dfrac{1}{\sin x\cos x}$

(10)　$\dfrac{-9}{5-3x}$

11. (1)　$\dfrac{1}{x+2}$　　(2)　$-\tan x$　　(3)　$\dfrac{-2x+1}{4-x^2+x}$　　(4)　$\dfrac{x^2-1}{x^3+x}$

12. (1) $\dfrac{1}{x \log 2}$　(2) $\dfrac{2}{x \log 3}$　(3) $\dfrac{3}{(3x+1)\log 10}$

　(4) $\dfrac{1}{(x-1)\log 2}$

13. (1) $1+\log x$　(2) $\dfrac{1}{2x}$　(3) $\dfrac{5}{2x}$　(4) $\dfrac{1-\log x}{x^2}$

　(5) $\dfrac{1-2\log x}{x^3}$　(6) $-\dfrac{1}{x(\log x)^2}$　(7) $-\dfrac{2}{x(1+\log x)^2}$

　(8) $\dfrac{1}{\sqrt{x^2+4}}$　(9) $\dfrac{1}{x \log x \cdot \log (\log x)}$

14. (1) $3e^{3x}$　(2) $-2e^{4-2x}$　(3) $2xe^{x^2}$　(4) $e^{\sin x}\cos x$

　(5) $-\dfrac{1}{x^2}e^{\frac{1}{x}}$　(6) $\sqrt{2}\,e^{\sqrt{2}x}$　(7) $e^{2x}-e^{-2x}$

15. (1) $(1+x)e^x$　(2) $(2x-x^2)e^{-x}$　(3) $\dfrac{(x-1)e^x}{x^2}$

　(4) $e^x(\sin x+\cos x)$　(5) $e^{3x}(3\cos 2x-2\sin 2x)$　(6) $e^x\left(\dfrac{1}{x}+\log x\right)$

　(7) $-\dfrac{e^x}{(e^x+1)^2}$

16. (1) $-\dfrac{1}{\sin x}$　(2) $\dfrac{1}{x^2-a^2}$　(3) $-2\tan x$　(4) $\dfrac{x^2}{x^3-1}$

　(5) $\dfrac{-x+20}{(x-2)(x+4)}$　(6) $\dfrac{e^x-e^{-x}}{e^x+e^{-x}}$　(7) $-\dfrac{2(e^{2x}-e^{-2x})}{(e^{2x}+e^{-2x})^2}$

　(8) $\dfrac{1}{x}(\log x)^{e-1}$　(9) $2(e^{2x}-e^{-2x})$

17. (1) $2^x \log 2$　(2) $10^x \log 10$　(3) $-3^{-x}\log 3$　(4) $5\cdot 2^{5x+1}\log 2$

　(5) $\cos x \cdot 5^{\sin x}\log 5$

18. (1) $3x^{3x}(1+\log x)$　(2) $x^{\cos x}\left(-\sin x \log x+\dfrac{\cos x}{x}\right)$

　(3) $(x+1)^x\left\{\dfrac{x}{x+1}+\log (x+1)\right\}$　(4) $(x^2+1)^{\frac{1}{x}}\left\{\dfrac{2}{x^2+1}-\dfrac{1}{x^2}\log (x^2+1)\right\}$

　(5) $(\sin x)^x\left(\log (\sin x)+\dfrac{x\cos x}{\sin x}\right)$　(6) $x^{\frac{1}{x}-2}(1-\log x)$

　(7) $\dfrac{(x-2)^6(2x+17)}{(x+1)^6}$　(8) $\dfrac{9x-22}{(x-2)^5(3-x)^6}$　(9) $x^{\log x}\cdot\dfrac{2\log x}{x}$

　(10) $-(\cos x)^{\cos x}\cdot\sin x\,(1+\log (\cos x))$

19. (1) 略

(2)　$(\sinh x)' = \cosh x,\ (\cosh x)' = \sinh x,\ (\tanh x)' = \dfrac{1}{\cosh^2 x}$

(3)　$y = \log(x + \sqrt{x^2+1}),\ y = \dfrac{1}{2}\log\dfrac{1+x}{1-x}$

20.　$\log|f(x)| = \displaystyle\sum_{k=1}^{n}\log|x-a_k|$ の両辺を x で微分

21.　$y_5(x)\cdot y_4(x)\cdot y_3(x)\cdot y_2(x)\cdot y_1(x)$

22.　$f(x) = e^2$

問 題 7

1.　(1)　$6x-2$　　(2)　$9e^{3x-1}$　　(3)　$-16\cos 4x$　　(4)　$-\dfrac{1}{(2+x)^2}$

　　(5)　$-\dfrac{1}{4x\sqrt{x}}$　　(6)　$\dfrac{2\sin x}{\cos^3 x}$　　(7)　$\dfrac{x}{\sqrt{(1-x^2)^3}}$　　(8)　$-\dfrac{4x}{(x^2+4)^2}$

　　(9)　$-2e^x\sin x$

2.　(1)　$\sin\left(x+2+\dfrac{n\pi}{2}\right)$　　(2)　$5^n e^{5x}$　　(3)　$\dfrac{(-1)^n n!}{(1+x)^{n+1}}$

　　(4)　$\dfrac{n!}{(1-x)^{n+1}}$　　(5)　$2^n\cos\left(2x+\dfrac{n\pi}{2}\right)$　　(6)　$\dfrac{(-1)^{n-1}(n-1)!}{(1+x)^n}$

　　(7)　$\dfrac{(-1)^n n!}{(1+x)^{n+1}}$

　　(8)　$\dfrac{(-1)^{n-1}\cdot 1\cdot 3\cdot 5\cdot\cdots\cdot(2n-3)}{2^n}x^{-n+\frac{1}{2}}\ (n\geqq 2),\ \dfrac{1}{2}x^{-\frac{1}{2}}\ (n=1)$

　　(9)　$\dfrac{1}{3^n}\sqrt[3]{e^x}$　　(10)　$\dfrac{-2^n\cdot(n-1)!}{(1-2x)^n}$

　　(11)　$y' = 3\pi^3 x^2,\ y'' = 6\pi^3 x,\ y''' = 6\pi^3,\ y^{(n)} = 0\ (n\geqq 4)$

3.　$c_1 = 2,\ c_2 = -4$

4.　(1)　$(x+n)e^x$　　(2)　$(-2)^n(2x+2-n)e^{-2x}$

　　(3)　$\dfrac{2(-1)^{n-1}(n-3)!}{x^{n-2}}\ (n\geqq 3)$

　　(4)　$3^{n-2}\{9x^2-n(n-1)\}\sin\left(3x+\dfrac{n\pi}{2}\right)-2nx\cdot 3^{n-1}\cos\left(3x+\dfrac{n\pi}{2}\right)$

5.　$f^{(n)}(0) = -(n-1)(n-2)f^{(n-2)}(0),\ f(0) = 0,\ f'(0) = 1$ だ か ら，$f^{(2n)}(0)$
　　$= 0,\ f^{(2n+1)}(0) = (-1)^n(2n)!$

6.　(1)，(2)　略　　(3)　$f^{(2n)}(0) = 0,\ f^{(2n+1)}(0) = 1^2\cdot 3^2\cdot 5^2\cdot\cdots\cdot(2n-1)^2$

7.　940799

8.　98!

9. (1) $a = b = \dfrac{1}{2}$ (2) $f^{(2n)}(0) = (2n)!$, $f^{(2n+1)}(0) = 0$

10. $f^{(2n)}(0) = 0$, $f^{(2n+1)}(0) = \pm\dfrac{1}{2}(8^{2n+1} + 2^{2n+1})$

11. $f'(x) = 2x\sin\dfrac{1}{x} - \cos\dfrac{1}{x}$ $(x \neq 0)$, $f'(0) = 0$

12. (1), (3), (5)

13. (7.11) による

14. (1) ライプニッツの公式 (2), (3) 略

(4) $f^{(m)}(x) = (-1)^m f^{(m)}(1-x)$

15. $(-1)^n \exp(-x^2)H_n(x) = \dfrac{d^n}{dx^n}\exp(-x^2)$ の両辺を x で微分

問 題 8

1. (1) $\dfrac{1}{2}$ (2) $\dfrac{3}{10}$ (3) 0 (4) 2 (5) 8 (6) -1 (7) $\dfrac{5}{2}$

(8) $\dfrac{2}{3}$ (9) $\dfrac{1}{6}$ (10) 4

2. (1) 2 (2) -3 (3) 0 (4) 0 (5) ∞ (6) 1 (7) ∞

(8) 2 (9) 1

3. (1) $\dfrac{1}{6}$ (2) $\dfrac{1}{2}$ (3) 0 (4) 0 (5) 0 (6) 1 (7) 0

(8) 1 (9) $\dfrac{3}{4}$ (10) $\dfrac{1}{12}$ (11) 2 (12) $\dfrac{4}{9}$

4. (1) 0 (2) 0 (3) 2 (4) 0 (5) $\dfrac{\pi^3}{6}$ (6) 0 (7) 0

(8) $-\infty$ (9) $\dfrac{1}{\sqrt{6}}$ (10) 1 (11) 2

5. (1) 1 (2) e^3 (3) 1 (4) 1 (5) e^2 (6) $\dfrac{1}{e}$ (7) 1

(8) 1

6. (1) e (2) 0 (3) 1 (4) 1 (5) e^4 (6) 1 (7) $\dfrac{1}{\sqrt{e}}$

7. (1) 1 (2) 0 (3) $\dfrac{1}{4}$ (4) e^2 (5) $\dfrac{1}{6}$ (6) 1

8. ロルの定理を繰り返し使う

9. (1) $f''(a)$ (2) $3a^2 f(a) - a^3 f'(a)$

10. $g(x) = \sum\limits_{k=1}^{n} \dfrac{A_k f(x)}{x - a_k}$, $g(a_i) = \lim\limits_{x \to a_i} g(x) = \lim\limits_{x \to a_i} \dfrac{A_i f(x)}{x - a_i} = A_i f'(a_i)$

11. (1) $c = \dfrac{2}{\log 3}$　　(2) $c = \dfrac{9}{4}$

12. (1) 平均値の定理 (8.2)　　(2) 略　　(3) $5.009 < \sqrt{25.1} < 5.01$

(4) $|\tan^{-1}(x+1) - \tan^{-1}x| \leqq \dfrac{1}{x^2+1}$.　答：0

13. (1) $\dfrac{e^x - e^{\sin x}}{x - \sin x} = e^c$ ($|\sin x| < c < |x|$), $x \to 0$ のとき $c \to 0$. 答：1

(2) 1

14. (1), (2)　平均値の定理による

15. $\dfrac{1}{2}$

16. (1) $\theta = \dfrac{h + 2\sqrt{a^2+ah} - 2a}{4h}$, $\dfrac{1}{2}$　　(2) $\theta = \dfrac{1}{\log\left(1 + \dfrac{h}{a}\right)} - \dfrac{a}{h}$, $\dfrac{1}{2}$

17. ak

18. (1), (2)　極限値 0

19. 略

20. $f(x)$ と $g(x)$ について，c の値が異なる可能性がある

21. ロルの定理を用いる

22. 平均値の定理より，$\dfrac{f(x) - f(a)}{x - a} - L = f'(c) - L$ (c は a と x の間の数)

23. $F(x) = \displaystyle\sum_{k=0}^{n} \dfrac{a_k}{k+1} x^{k+1}$ にロルの定理を適用

問 題 9

1. (1) 20　　(2) $\dfrac{3}{2}$　　(3) 1　　(4) $-\dfrac{5}{16}$　　(5) $-\dfrac{7}{243}$　　(6) $-\dfrac{\sqrt{2}}{6}$

(7) $\dfrac{-n(n+1)(n+2)}{6}$　　(8) $(-1)^n(n+1)$

(9) $\dfrac{(-1)^{n-1} \cdot 1 \cdot 3 \cdot 5 \cdot \cdots \cdot (2n-3)}{n! \, 2^n}$　　(10) 0

2. (1) $1 + \dfrac{3}{2}x + \dfrac{3}{8}x^2 - \dfrac{1}{16}x^3$　　(2) $-x - \dfrac{x^2}{2} - \dfrac{x^3}{3}$　　(3) $2x - \dfrac{4}{3}x^3$

(4) $1 - \dfrac{9}{2}x^2 + \dfrac{27}{8}x^4$　　(5) $1 - 4x + 8x^2 - \dfrac{32}{3}x^3$

3. (1) $f(x) = x - \dfrac{x^2}{2} + \dfrac{x^3}{3(1+\theta x)^3}$　$(0 < \theta < 1)$　　(2) 0.0198

(3) $\dfrac{8}{3} \times 10^{-6} \fallingdotseq 2.7 \times 10^{-6}$

4. (1) $1+\dfrac{1}{3}x-\dfrac{1}{9}x^2$　　(2) 0.9899　　(3) $\left(\dfrac{100}{97}\right)^3\times\dfrac{1}{6}\times10^{-5}\fallingdotseq1.8\times10^{-6}$

5. (1) 1.062　　(2) 0.199

6. (2) $p!\dfrac{q}{p}$, $p!\left(1+1+\dfrac{1}{2!}+\cdots+\dfrac{1}{p!}\right)$ はともに自然数であるが，$0<\dfrac{e^{\theta}}{p+1}<1$ だから矛盾

7. (1) $y=x$　　(2) $y-\dfrac{\sqrt{2}}{2}=-\dfrac{3\sqrt{2}}{2}\left(x-\dfrac{\pi}{4}\right)$　　(3) $y=\dfrac{\sqrt{5}}{2}x+\dfrac{9}{2}$

8. 0.015

9. 0.6%

10. 0.25%

11. 略

12. (2) 数学的帰納法　　(3) $|x_{n+1}-\alpha|\leqq\dfrac{1}{2}|x_n-\alpha|$ を導く

　　(4) 1.414 $\left(x_4=\dfrac{577}{408}\right)$

問 題 10 ———————————————————————————

1. (1) $2x-\dfrac{4}{3}x^3+\dfrac{4}{15}x^5$　　(2) $1-\dfrac{1}{8}x^2+\dfrac{1}{384}x^4$　　(3) $3x-\dfrac{9}{2}x^2+9x^3$

　　(4) $1-5x+\dfrac{25}{2}x^2$　　(5) $1-2x+3x^2$

2. (1) $-\dfrac{49}{3}$　　(2) $-\dfrac{5}{16}$　　(3) $-\dfrac{4}{9}$　　(4) $-\dfrac{1}{10}$　　(5) $-\dfrac{2}{21}$

　　(6) -256

3. (1) $4x^2-\dfrac{34}{3}x^4+\dfrac{931}{90}x^6$　　(2) $x^3-\dfrac{1}{2}x^6+\dfrac{1}{3}x^9$　　(3) $x+\dfrac{1}{2}x^2-\dfrac{1}{6}x^3$

　　(4) $2+3x+3x^2$　　(5) $1+x+\dfrac{3}{2}x^2$

4. (1) $-\dfrac{1}{12}$　　(2) $\dfrac{2e^3}{3}$　　(3) $\dfrac{11}{60}$　　(4) $\dfrac{1}{20!}$　　(5) $\dfrac{1}{32}$　　(6) 100

　　(7) $-\dfrac{32}{5}$

5. (1) $\dfrac{1}{120}$　　(2) $\dfrac{1}{3}$　　(3) $\dfrac{1}{24}$　　(4) $\dfrac{1}{2}$　　(5) $\dfrac{1}{3}$　　(6) $-\dfrac{1}{8}$

6. (1) $-\dfrac{1}{2}$　　(2) 0　　(3) -4　　(4) $\dfrac{8}{3}$

7. $f^{(5)}(0)=120,\ f^{(6)}(0)=0$

8. (1) $\dfrac{1}{2}$　　(2) 2　　(3) $\dfrac{1}{2}$　　(4) $\dfrac{1}{e}$　　(5) 1　　(6) ae^{at}

9. (1) $x^2 - \dfrac{1}{3}x^4 + \dfrac{2}{45}x^6 - \dfrac{1}{315}x^8$　(2) $-\dfrac{1}{3}$

10. (1) 略　(2) ライプニッツの公式　(3) $f^{(2n)}(0) = 2^{2n-2}\{(n-1)!\}^2,$
$f^{(2n+1)}(0) = 0$　(4) $2^{2n}(n!)^2 = 2^2 \cdot 4^2 \cdot 6^2 \cdots (2n)^2$ を使う

(5) (4)で $x = 1$ とおく　(6) $\dfrac{\pi^2}{18} - \dfrac{1}{2}$ $\left((4)で x = \dfrac{1}{2} とおく\right)$

11. (1) $\dbinom{-n}{r}(-1)^r = \dbinom{n+r-1}{n-1}$ を示す　(2) $\dbinom{-\frac{1}{2}}{r}(-4)^r = \dbinom{2r}{r}$ を示す

(3) $\dfrac{1}{1-x} = \displaystyle\sum_{r=0}^{\infty} x^r$ の両辺を x で微分した後，両辺に x をかける

(4) (3)の両辺を x で微分した後，両辺に x をかける

12. $a \neq \dfrac{1}{2}$ のとき 0，$a = \dfrac{1}{2}$ のとき $-\dfrac{8}{3}$

13. (1) $2x + \dfrac{2}{3}x^3 + \dfrac{2}{5}x^5 + \dfrac{2}{7}x^7$　(2) (1)で $x = \dfrac{2}{3}$ とおく

14. (1), (2) 略　(3) $\log(1+x)$ のマクローリン級数を利用

15. (1) $\dfrac{1}{50}$　(2) 略　(3) 1.4142135

16. (1) 略　(2) $x + \dfrac{1}{2}\dfrac{x^3}{3} + \dfrac{1 \cdot 3}{2 \cdot 4}\dfrac{x^5}{5} + \dfrac{1 \cdot 3 \cdot 5}{2 \cdot 4 \cdot 6}\dfrac{x^7}{7}$　(3) 略

17. $-\dfrac{13}{20}$

18. As you like it.

問 題 11 ────────────────────

1. p. 338 の図参照

2. p. 339～340 の図参照.（大）は極大,（小）は極小,（変）は変曲点を表す

3. (1) 右図　(2) $\dfrac{1}{e}$　(3) e^π が大きい

4. (1) 最大値 $2\,(x = 1)$,
　　　最小値 $-\sqrt{2}\,(x = -\sqrt{2})$

(2) 最大値 $9\,(x = 2)$, 最小値 $4\sqrt{2}\,(x = \sqrt{2})$

(3) 最大値 $1\left(x = 0, \dfrac{\pi}{2}\right)$, 最小値 $-1\,(x = \pi)$

(4) 最大値 $\dfrac{1}{2}\left(x = \dfrac{\pi}{2}\right)$, 最小値 $0\,(x = 0, \pi)$

(5) 最大値 $1\left(x = 0, \dfrac{\pi}{2}, \pi\right)$,

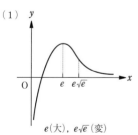

(1)

e（大）, $e\sqrt{e}$（変）

1. (1)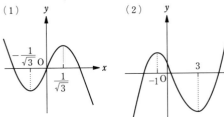

(2)

(3)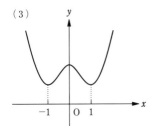

(4)

(5)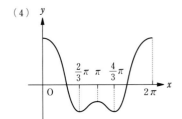

(6)

(7)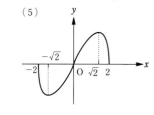

(8)

(9)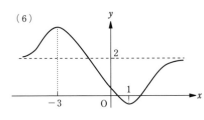

(10)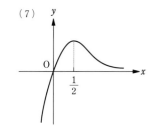

2.

(1)

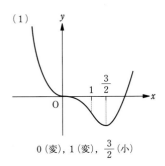

$0\,(変),\ 1\,(変),\ \dfrac{3}{2}\,(小)$

(2)

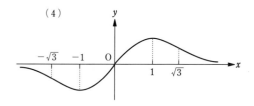

$-3\,(大),\ -2\,(変),\ -1\,(小)$

(3)

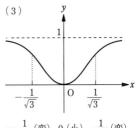

$-\dfrac{1}{\sqrt{3}}\,(変),\ 0\,(小),\ \dfrac{1}{\sqrt{3}}\,(変)$

(4)

$-\sqrt{3}\,(変),\ -1\,(小),\ 0\,(変),\ 1\,(大),\ \sqrt{3}\,(変)$

(5)

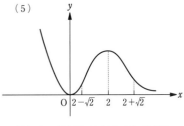

$0\,(小),\ 2-\sqrt{2}\,(変),\ 2\,(大),\ 2+\sqrt{2}\,(変)$

(6)

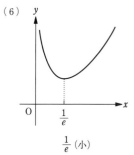

$\dfrac{1}{e}\,(小)$

（7）

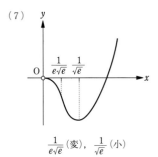

$\dfrac{1}{e\sqrt{e}}$（変），$\dfrac{1}{\sqrt{e}}$（小）

（8）

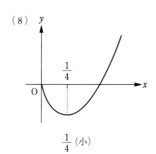

$\dfrac{1}{4}$（小）

（9）

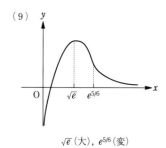

$\sqrt{e}$（大），$e^{5/6}$（変）

（10）

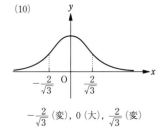

$-\dfrac{2}{\sqrt{3}}$（変），0（大），$\dfrac{2}{\sqrt{3}}$（変）

（11）

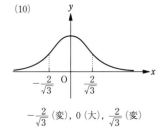

$\dfrac{\pi}{6}$（変），$\dfrac{\pi}{2}$（小），$\dfrac{5}{6}\pi$（変），$\dfrac{3}{2}\pi$（大）

最小値 $\dfrac{1}{2}\left(x=\dfrac{\pi}{4},\dfrac{3}{4}\pi\right)$

(6)　最大値 $\dfrac{1}{e}(x=1)$，最小値 $0\,(x=0)$

5.　いずれも左辺−右辺を $f(x)$ とおいて，$f(x)$ の増減を調べる

6.　(1)　$f'(0)=1$　　(2)　略

7.　$a>2\sqrt{2}$ のとき 3 個，$a=2\sqrt{2}$ のとき 2 個，$a<2\sqrt{2}$ のとき 1 個

8.　(1)　略　　(2)　(1)の不等式に $x=1,2,\cdots,n$ を代入して辺々加える

9.　$a^2+b^2+c^2-ab-bc-ca=\dfrac{1}{2}\{(a-b)^2+(b-c)^2+(c-a)^2\}\geqq 0$ を用いる

10.　(1)　略　　(2)　右図

11.　$x_0=\dfrac{a_1+a_2+\cdots+a_n}{n}$

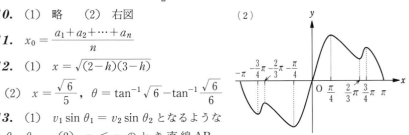

（2）

12.　(1)　$x=\sqrt{(2-h)(3-h)}$

(2)　$x=\dfrac{\sqrt{6}}{5}$，$\theta=\tan^{-1}\sqrt{6}-\tan^{-1}\dfrac{\sqrt{6}}{6}$

13.　(1)　$v_1\sin\theta_1=v_2\sin\theta_2$ となるような θ_1,θ_2　　(2)　$v_1\leqq v_2$ のとき直線 AB，

$v_1>v_2$ のとき折れ線 APB．ただし，P は l 上の点で $\sin\theta_1=\dfrac{v_2}{v_1}$ なる点

(3)　$\sqrt{\dfrac{v_1+v_2}{v_1-v_2}}=k$ とおく．$\dfrac{r}{a}\leqq 2k$ のとき直線 AD，$\dfrac{r}{a}>2k$ のとき折れ線 APQD．ただし，P, Q は直線 l 上の点で，P は (2) と同じ点．Q は P と東西方向で対称な位置にある

14.　(1)　$\sqrt[3]{\dfrac{a}{2}}$　　(2)　$\dfrac{a}{2}$　　(3)　$\dfrac{3}{2}$

15.　(1)　$f(\theta)=l\sin\theta-2\tan\theta$，$\theta_0=\cos^{-1}\sqrt[3]{\dfrac{2}{l}}$ とおくとき，$f(\theta_0)$ が y の最大値　　(2)　$f(\theta_0)\leqq 4$ を解く．最大値 $2\left(1+\sqrt[3]{4}\right)^{\frac{3}{2}}m$

16.　泳ぐ速さを v とすると，所要時間 $t=\dfrac{r}{v}(\theta+3\sqrt{1+2a\cos\theta+a^2})$．ただし，点 $(r\cos\theta,r\sin\theta)$ まで走り，そこから池に飛び込むとする　　(1)　$\theta=0$，Q から P に向かって泳ぐ　　(2)　$\theta_0=\cos^{-1}\left(\dfrac{-1-\sqrt{24}}{6}\right)$ とするとき，R$(r\cos\theta_0,r\sin\theta_0)$ まで池の周囲を走り，R から池に飛び込む

17.　$D\geqq 2\sqrt{3}\,d$ のとき V 字形，$D<2\sqrt{3}\,d$ のとき Y 字形で，3 本の線分が互いに $120°$ の角をなして一点で交わる

18. 21.6 km/h

19. (1) $n=2$ のときは定理4．$n=3$ のとき，$f'''(a)>0$ とする（$f'''(a)<0$ も同様）．$f''(x)$ は $x=a$ で増加の状態だから，$f''(x)>0$ $(x>a)$，$f''(x)<0$ $(x<a)$．よって，$x=a$ の近くで $f'(x)>0$ $(x\neq a)$ となり，$f(x)$ は $x=a$ で極値をとらない．$n\geqq 4$ のときは偶数・奇数それぞれの場合で数学的帰納法を使う　(2) n が奇数のとき極小，n が偶数のとき極値をとらない　(3) n が偶数のとき極小，n が奇数のとき極値をとらない

20. (1) $F(x)=f(x)-g(x)$ とおく．$F(a)=F(b)=0$ で，$F'(c)=0$ となる点 c $(a<c<b)$ がただ1つあり，そこで $F(x)$ は極大になる　(2) (1) を $\left(0,\dfrac{\pi}{2}\right)$ で使う

21. (1) $f(x)=f(a)+f'(a)(x-a)+\dfrac{f''(c)}{2}(x-a)^2 \geqq f(a)+f'(a)(x-a)$

(2) 略

問 題 12

1. (1) $z_x=2x$，$z_y=3y^2$　(2) $z_x=2xy^2$，$z_y=2x^2y$

(3) $z_x=4x-5y$，$z_y=-5x+2y$

(4) $z_x=6(2x-y)^2$，$z_y=-3(2x-y)^2$

(5) $z_x=\dfrac{1}{2\sqrt{x-y}}$，$z_y=-\dfrac{1}{2\sqrt{x-y}}$

(6) $z_x=-\dfrac{1}{\sqrt{(2x+y)^3}}$，$z_y=-\dfrac{1}{2\sqrt{(2x+y)^3}}$

(7) $z_x=-\dfrac{1}{(x-2y)^2}$，$z_y=\dfrac{2}{(x-2y)^2}$

(8) $z_x=\dfrac{3y}{(x+2y)^2}$，$z_y=\dfrac{-3x}{(x+2y)^2}$

(9) $z_x=3\cos(3x+y)$，$z_y=\cos(3x+y)$

(10) $z_x=\dfrac{1}{\cos^2(x-y)}$，$z_y=-\dfrac{1}{\cos^2(x-y)}$

(11) $z_x=3e^{3x-y}$，$z_y=-e^{3x-y}$　(12) $z_x=\dfrac{2x}{x^2-y^2}$，$z_y=\dfrac{-2y}{x^2-y^2}$

2. (1) $z_x=\sqrt{y+2}$，$z_y=\dfrac{x}{2\sqrt{y+2}}$　(2) $z_x=2xe^y$，$z_y=x^2e^y$

(3) $z_x=2\sin x+(2x-y)\cos x$，$z_y=-\sin x$

(4) $z_x=y\cos y$，$z_y=x(\cos y-y\sin y)$　(5) $z_x=-\dfrac{1}{x^2y}$，$z_y=-\dfrac{1}{xy^2}$

(6)　$z_x = \dfrac{x}{\sqrt{x^2+y^2}}$,　$z_y = \dfrac{y}{\sqrt{x^2+y^2}}$

(7)　$z_x = 3\sin^2(x+2y)\cos(x+2y)$,　$z_y = 6\sin^2(x+2y)\cos(x+2y)$

(8)　$z_x = 2xy\cos xy - x^2y^2\sin xy$,　$z_y = x^2\cos xy - x^3y\sin xy$

(9)　$z_x = \dfrac{3}{\sqrt{1-(3x+2y)^2}}$,　$z_y = \dfrac{2}{\sqrt{1-(3x+2y)^2}}$

(10)　$z_x = -\dfrac{1}{(y-x)^2+1}$,　$z_y = \dfrac{1}{(y-x)^2+1}$

(11)　$z_x = \dfrac{\sin y+\cos y}{(x+\sin y)^2}$,　$z_y = \dfrac{x(\sin y-\cos y)+1}{(x+\sin y)^2}$

(12)　$z_x = (2xy^2+x^2y^3)e^{xy}$,　$z_y = (2x^2y+x^3y^2)e^{xy}$

(13)　$z_x = -y\tan xy$,　$z_y = -x\tan xy$　　(14)　$z_x = \dfrac{y}{x^2+y^2}$,　$z_y = \dfrac{-x}{x^2+y^2}$

(15)　$z_x = yx^{y-1}$,　$z_y = x^y\log x$

3.　(1)　0　　(2)　$2e^2$　　(3)　-1　　(4)　$-\dfrac{1}{2}$　　(5)　$\dfrac{\sqrt{3}}{2}-\dfrac{\pi}{12}$

　　(6)　$-\dfrac{1}{4}$

4.　(1)　$z = -ex+2ey-e$　　(2)　$z = \dfrac{\sqrt{3}}{4}\pi x - \dfrac{\sqrt{3}}{4}\pi y + \dfrac{\sqrt{3}\,\pi+6}{24}$

5.　(1)　0.473　　(2)　0.504

6.　$T(g,l)$ の全微分を利用する．答：1.5%

7.　(1)　$-3f_x(1,1)+5f_y(1,1)$　　(2)　$f_x(0,1)$

8.　$\dfrac{\partial g}{\partial r} = (\cos\theta+\sin\theta)f_x+(\cos\theta-\sin\theta)f_y$,

　　$\dfrac{\partial g}{\partial\theta} = (-r\sin\theta+r\cos\theta)f_x-(r\sin\theta+r\cos\theta)f_y$

9.　略

10.　(1), (2)　略　　(3)　$\boldsymbol{u} = \dfrac{\nabla f(a,b)}{|\nabla f(a,b)|}$ のとき, 最大値 $|\nabla f(a,b)|$

　　(4)　$(x(0),y(0)) = (a,b)$ なる曲線 $(x(t),y(t))$ で $f(x(t),y(t)) = z_0$ をみた
　すものをとると, $(x'(0),y'(0))\cdot\nabla f(a,b) = 0$

　　(5)　楕円 $x^2+\dfrac{y^2}{4} = 1$, いえない

11.　$\dfrac{x_0x}{a^2}-\dfrac{y_0y}{b^2} = 1$,　$\dfrac{x}{\sqrt{2}}+\dfrac{y}{\sqrt{6}} = 1$

12.　(1)　$y' = \dfrac{4x+y}{6y-x}$　　(2)　$y' = -1$　　(3)　$y' = -\dfrac{y}{x}$　　(4)　$y' = -\dfrac{1}{2}$

13. (1) $u_z = 3z^2$　(2) $u_y = -\dfrac{3}{2\sqrt{2x-3y+z}}$　(3) $u_x = yz \cos xyz$

　(4) $u_y = \dfrac{-2x}{(x+y-z)^2}$　(5) $u_z = -\dfrac{1}{z}$　(6) $u_x = \dfrac{1}{2}\sqrt{\dfrac{yz}{x}}\,\exp\left(\sqrt{xyz}\right)$

14. 略

15. (1) ⓐ2次, ⓑ$\dfrac{3}{2}$次, ⓒ0次　(2) 略

16. 略

17. (1) $z = 1 - \sqrt{4-x^2-2y^2}$

　(2) $x = \sqrt{4-2y^2-(z-1)^2}$, $y = -\dfrac{1}{\sqrt{2}}\sqrt{4-x^2-(z-1)^2}$　(3) 略

18. (1) $z_x = -2$, $z_y = 4$　(2) $z = -2x+4y-7$　(3) -1.02

19. (1) $z_x = -1$, $z_y = -1$　(2) $z_x = -\dfrac{1}{x^2 y}$, $z_y = -\dfrac{1}{xy^2}$

　(3) $z_x = -\dfrac{1}{3}$, $z_y = -\dfrac{2}{3}$

20. 略

21. $F(r,\theta) = f(r\cos\theta, r\sin\theta)$ とするとき, つねに $\dfrac{\partial}{\partial\theta}F(r,\theta) = 0$ となることを示す

問 題 13

1. (1) $z_{xx} = 2$, $z_{xy} = z_{yx} = 0$, $z_{yy} = 2$

　(2) $z_{xx} = 6xy^2$, $z_{xy} = z_{yx} = 6x^2 y$, $z_{yy} = 2x^3$

　(3) $z_{xx} = z_{yy} = -\dfrac{1}{4\sqrt{(x-y)^3}}$, $z_{xy} = z_{yx} = \dfrac{1}{4\sqrt{(x-y)^3}}$

　(4) $z_{xx} = (2y+xy^2)e^{xy}$, $z_{xy} = z_{yx} = (2x+x^2 y)e^{xy}$, $z_{yy} = x^3 e^{xy}$

　(5) $z_{xx} = -\dfrac{1}{(x+2y)^2}$, $z_{xy} = z_{yx} = -\dfrac{2}{(x+2y)^2}$, $z_{yy} = -\dfrac{4}{(x+2y)^2}$

　(6) $z_{xx} = z_{yy} = -\cos(y-x)$, $z_{xy} = z_{yx} = \cos(y-x)$

　(7) $z_{xx} = -\dfrac{4y}{(x+y)^3}$, $z_{xy} = z_{yx} = \dfrac{2x-2y}{(x+y)^3}$, $z_{yy} = \dfrac{4x}{(x+y)^3}$

　(8) $z_{xx} = 90(x-3y)^8$, $z_{xy} = z_{yx} = -270(x-3y)^8$, $z_{yy} = 810(x-3y)^8$

　(9) $z_{xx} = \dfrac{2y^2 \sin xy}{\cos^3 xy}$, $z_{xy} = z_{yx} = \dfrac{\cos xy + 2xy \sin xy}{\cos^3 xy}$, $z_{yy} = \dfrac{2x^2 \sin xy}{\cos^3 xy}$

2. (1) -2　(2) $\dfrac{2}{x^2+y^2}$　(3) r　(4) 0　(5) 0　(6) 0

3. (1) 0　　(2) $5f$　　(3) 0　　(4) f　　(5) $-f$　　(6) 0
(7) $-3(x+y+z)^{-2}$

4. 11 種類

5. 略

6. $e^u = e^x + e^y + e^z$ を用いる

7. 略

8. (1) 略　　(2) $a=3$, $c_1=4$, $c_2=0$

9. (1) $(0,0)$ で極小値 0　　(2) $(0,0)$ で極小値 -2
(3) $(-3,2)$ で極小値 -2　　(4) $(3,1)$ で極大値 6　　(5) 極値なし
(6) $(-1,-1)$ で極大値 1　　(7) 極値なし

10. (1) $(0,0)$ で極大値 1　　(2) $\left(\dfrac{1}{2},2\right)$ で極小値 3　　(3) $(0,0)$ で極小値 0
(4) $(1,-1)$ で極小値 -7　　(5) 極値なし　　(6) $(0,0)$ で極小値 1

11. (1) 極値なし　　(2) $(0,0)$ で極小値 5　　(3) 極値なし
(4) $(2,0)$ で極小値 2　　(5) 極値なし　　(6) 極値なし
(7) 極値なし　　(8) $(0,0)$ で極小値 1
(9) $(1,-1)$, $(-1,1)$ で極小値 -2
(10) $(0,\pm1)$ で極小値 $-\dfrac{1}{e}$，$(\pm1,0)$ で極大値 $\dfrac{1}{e}$
(11) $(0,0)$ で極小値 0，$(-10,-10)$ で極大値 1000

12. $\left(\dfrac{1}{3},\dfrac{1}{3}\right)$ で最大値 $\dfrac{1}{27}$，$x=0$ または $y=0$ または $x+y=1$ のとき最小値 0

13. $\left(0,\dfrac{a}{3}\right)$ で最小値 $\dfrac{8}{3}a^2$

14. $x=y=z=\sqrt[3]{k}$　（立方体）

15. (1) $(1,0)$ で極大値 1　　(2) $f(-3,0)=17$

16. (1) $-1 < f(y) \leqq \dfrac{2}{\sqrt{e}}-1$, $0 < g(x) \leqq 1$, $0 < h(x) < 1$
(2) $(0,0)$ で極小値 $-f(1) = 1-\dfrac{2}{\sqrt{e}}$
(3) $x=0$, $y\to\infty$ のとき $F(x,y)\to-\dfrac{3}{2}-f(1)$

17. $(\pm1,0)$ で極大値 1

18. (1) $S=10.1+\dfrac{1}{2}\left(\dfrac{x}{100}+\dfrac{100}{x}+\dfrac{y}{100}+\dfrac{100}{y}\right)$　　(2) 両方の実家の距離を a
[km] とする．$a \geqq 200$ のとき，両方の実家の中点で最小．$a < 200$ のとき，両方の
実家から 100 km ずつ離れた点（2 か所ある）で最小．$a < 200$ のときが夫婦に有利

19. $f_{xy}(0,0)=-1$, $f_{yx}(0,0)=1$

20. $p = \dfrac{a}{27b^2}$, $V = 3b$, $T = \dfrac{8a}{27Rb}$

21. 顧客の住所の座標を (x_i, y_i) $(i = 1, \cdots, n)$ とするとき，$X = \dfrac{1}{n} \displaystyle\sum_{i=1}^{n} x_i$，$Y = \dfrac{1}{n} \displaystyle\sum_{i=1}^{n} y_i$ で最小

22. $m = 2.715$, $c = 8.511$

23. $x^2 < y < 2x^2$ なる点 (x, y) で $f(x, y) < 0 = f(0, 0)$

24. (1) $\dfrac{\partial f}{\partial r} = 0$ を示す　　(2) $\dfrac{\partial f}{\partial \theta} = 0$ を示す

25. まず $f_x(x, y) = f_y(y, x)$ を示す

26. (1) 略　　(2) $(2\sqrt{2} - 1, 2\sqrt{2} - 2)$, $(-2\sqrt{2} - 1, -2\sqrt{2} - 2)$

問 題 14

1. (1) $\dfrac{x^6}{30}$　　(2) $\dfrac{x^4}{12} + x^2 - 5x$　　(3) $3\log|x| + 2x$　　(4) $-\dfrac{1}{x}$

(5) $-\dfrac{1}{6x^2}$　　(6) $\dfrac{2}{3}\sqrt{x^3}$　　(7) $4\sqrt{x}$　　(8) $\dfrac{3}{4}\sqrt[3]{x^4}$　　(9) $-\dfrac{2}{5}\sqrt{x^5}$

(10) $-\dfrac{2}{\sqrt{x}}$　　(11) $4\sqrt[4]{x}$

2. (1) $\dfrac{(2x+3)^6}{12}$　　(2) $-\dfrac{(6-x)^8}{8}$　　(3) $-\dfrac{5}{21}\left(\dfrac{2-3x}{5}\right)^7$

(4) $\dfrac{1}{2}\left(\dfrac{x+1}{2}\right)^4$　　(5) $\dfrac{1}{3}\log|2+3x|$　　(6) $-\log|1-x|$

(7) $\dfrac{1}{3}\sqrt{(2x+5)^3}$　　(8) $-2\sqrt{2-x}$　　(9) $-\dfrac{1}{6(3x+1)^2}$　　(10) $\sqrt{2x+1}$

(11) $\dfrac{3}{2}\sqrt[3]{(x-1)^2}$　　(12) $\dfrac{5}{3}\sqrt{\left(\dfrac{1+2x}{5}\right)^3}$　　(13) $\dfrac{x^7}{7} - \dfrac{3x^5}{5} + x^3 - x$

3. (1) $\sin x + 2\cos x$　　(2) $\dfrac{1}{5}\tan x$　　(3) $\dfrac{1}{2}\sin 2x$

(4) $-\dfrac{1}{3}\cos(3x-1)$　　(5) $\dfrac{1}{\sqrt{2}}\tan\sqrt{2}\,x$　　(6) $-\dfrac{3}{5}\sin\left(\dfrac{3-5x}{3}\right)$

(7) $4\tan\dfrac{x}{2}$　　(8) $-\dfrac{1}{\pi}\cos\pi x$　　(9) $\tan x - x$

4. (1) $\dfrac{1}{2}e^{2x}$　　(2) $-e^{-x}$　　(3) $\dfrac{e^{2x} - e^{-2x}}{4}$　　(4) $\dfrac{3^x}{\log 3}$

(5) $\dfrac{10^x}{\log 10}$　　(6) $-\dfrac{1}{3}e^{4-3x}$　　(7) $\dfrac{1}{6}e^{6x} - 2x - \dfrac{1}{6}e^{-6x}$

(8)　$-e^{-x}+\dfrac{1}{3}e^{3x}$　　(9)　$\dfrac{1}{2}(e^{2x}-e^{-2x})-x$　　(10)　$2\sqrt{e^x}$

5.　(1)　$\log|x^2-1|$　　(2)　$\log|x^2-x-1|$　　(3)　$\dfrac{1}{4}\log(x^4+3)$

　(4)　$-2\log|\cos x|$　　(5)　$\log|\sin x|$　　(6)　$\log(e^x+e^{-x})$

　(7)　$-\dfrac{1}{3}\log|\cos 3x|$　　(8)　$2\log\left|\sin\dfrac{x}{2}\right|$　　(9)　$\dfrac{1}{2}\log(e^{2x}+2)$

　(10)　$\log|\log x|$　　(11)　$\log|\tan x|$

6.　(1)　$\dfrac{1}{2}\tan^{-1}\dfrac{x}{2}$　　(2)　$\sin^{-1}\dfrac{x}{2}$　　(3)　$\dfrac{1}{\sqrt{3}}\tan^{-1}\dfrac{x}{\sqrt{3}}$

　(4)　$\sin^{-1}\dfrac{x}{\sqrt{2}}$　　(5)　$\dfrac{1}{3}\tan^{-1}3x$　　(6)　$\dfrac{1}{\sqrt{3}}\tan^{-1}\sqrt{3}\,x$

　(7)　$\dfrac{1}{\sqrt{2}}\sin^{-1}\dfrac{x}{2}$　　(8)　$\dfrac{1}{4}\sin^{-1}4x$　　(9)　$\dfrac{1}{12}\tan^{-1}\dfrac{3}{4}x$

　(10)　$\dfrac{1}{2}\sin^{-1}\dfrac{2}{\sqrt{7}}x$

7.　(1)　$\tan^{-1}(x+2)$　　(2)　$\sin^{-1}\dfrac{x-1}{2}$　　(3)　$\dfrac{1}{2}\tan^{-1}(2x+1)$

　(4)　$\dfrac{1}{3}\sin^{-1}\dfrac{3x+1}{2}$　　(5)　$\tan^{-1}(x-1)$　　(6)　$\sin^{-1}(x+1)$

　(7)　$\dfrac{1}{2\sqrt{3}}\tan^{-1}\dfrac{2x+1}{\sqrt{3}}$　　(8)　$\sin^{-1}\dfrac{2x+1}{3}$　　(9)　$\dfrac{1}{2\sqrt{2}}\tan^{-1}\dfrac{2x-1}{\sqrt{2}}$

　(10)　$\dfrac{1}{2}\sin^{-1}\dfrac{2x+1}{3}$

8.　(1)　$\dfrac{x^3}{3}-2x-\dfrac{1}{x}$　　(2)　$x+\log|x+1|$　　(3)　$\dfrac{2}{3}\sqrt{x^3}-2\sqrt{x}$

　(4)　$\dfrac{4}{5}\sqrt{x^5}+\dfrac{2}{3}\sqrt{x^3}$　　(5)　$\dfrac{1}{4}\log\left|\dfrac{2+x}{2-x}\right|$　　(6)　$3\tan\dfrac{x}{3}-x$

　(7)　$2\log|\sqrt{x}-1|$　　(8)　$\dfrac{\sqrt{2}}{48}(x+5)^6$　　(9)　$\dfrac{1}{6}(\sqrt{(x+2)^3}-\sqrt{(x-2)^3})$

　(10)　$\dfrac{x}{2}-\dfrac{1}{12}\sin 6x$　　(11)　$\dfrac{1}{4}\sin 4x$　　(12)　$\dfrac{1}{16}(4\sin 2x-\sin 8x)$

　(13)　$\dfrac{x^2}{2}-3x-\dfrac{1}{x+2}$　　(14)　$\dfrac{(x-1)^3}{3}$

9.　$\dfrac{1}{p}\log|px+q+\sqrt{(px+q)^2+A}|,\ \dfrac{1}{2}\log|2x+1+\sqrt{4x^2+4x+5}|$

10.　$-\dfrac{1}{p\tan(px+q)}$

11.　$\dfrac{1}{6}\left\{(3x-1)\sqrt{-9x^2+6x+3}+4\sin^{-1}\dfrac{3x-1}{2}\right\}$

12. (1)　$a = 3,\ b = -1$　　(2)　$3 \log |x-3| - \log |x+1|$

(3)　$\dfrac{1}{2\sqrt{2}} \log \left| \dfrac{x-\sqrt{2}}{x+\sqrt{2}} \right|$

問 題 15

1. (1)　$\dfrac{1}{33}(3x+1)^{11}$　　(2)　$-\dfrac{1}{6}\left(\dfrac{2-6x}{5}\right)^5$　　(3)　$\dfrac{1}{5}\tan(2+5x)$

(4)　$-\dfrac{1}{2}\log|3-2x|$　　(5)　$\dfrac{1}{5}\sin^5 x$　　(6)　$\dfrac{2}{3}(\log x)^3$

(7)　$\dfrac{1}{12}(x^2+1)^6$　　(8)　$-\dfrac{1}{6(x^3+5)^2}$　　(9)　$-\sqrt{2-x^2}$　　(10)　$-\dfrac{1}{2}e^{-x^2}$

(11)　$-\dfrac{1}{2}\cos(x^2+2x+3)$

2. (1)　$\dfrac{1}{6}(x^2-2x+2)^6$　　(2)　$-\dfrac{1}{4}\cos^4 x$　　(3)　$\dfrac{1}{6}(\log x)^2$

(4)　$-e^{\cos x}$　　(5)　$\dfrac{1}{3}\sqrt{(x^2+3)^3}$　　(6)　$-\dfrac{1}{4(x^2-5)^2}$　　(7)　$-\dfrac{1}{3(\tan x+1)^3}$

(8)　$-\dfrac{1}{\sin x}$　　(9)　$-\dfrac{1}{3}\log|2+3\cos x|$　　(10)　$e^x+1-\log(e^x+1)$

(11)　$\dfrac{x^9}{9}+\dfrac{3}{7}x^7+\dfrac{3}{5}x^5+\dfrac{x^3}{3}$　　(12)　$\dfrac{1}{5}\cos^5 x-\dfrac{1}{3}\cos^3 x$

3. (1)　$\dfrac{1}{42}(6x-1)(x+1)^6$　　(2)　$\dfrac{1}{15}(6x+8)(x-2)\sqrt{x-2}$

(3)　$\dfrac{1}{3}(4x-8)\sqrt{x+1}$　　(4)　$\dfrac{x-1}{2(3-x)^3}$　　(5)　$\dfrac{1}{270}(15x+1)(3x-1)^5$

(6)　$\dfrac{1}{10}(6x+9)\sqrt[3]{(x-1)^2}$

4. (1)　$-\dfrac{1}{2(\log x)^2}$　　(2)　$\dfrac{5}{3}\exp(x^3+2)$　　(3)　$\dfrac{1}{6}(2+3\log x)^2$

(4)　$\sin x-\dfrac{1}{3}\sin^3 x$　　(5)　$2\sqrt{1-\cos x}$　　(6)　$\dfrac{1}{6}\sqrt{(2x-1)^3}+\dfrac{1}{2}\sqrt{2x-1}$

(7)　$\dfrac{n(2x-1)}{4}\left(\dfrac{2x-1}{2n+1}+\dfrac{1}{n+1}\right)\sqrt[n]{2x-1}$

(8)　$\dfrac{1}{2}\tan^{-1}\dfrac{\sin x}{2}$　　(9)　$\dfrac{1}{2}\tan^{-1}x^2$　　(10)　$\dfrac{1}{3}\sqrt{(x^2+2)^3}-2\sqrt{x^2+2}$

5. (1)　$\sin^{-1}\dfrac{e^x}{2}$　　(2)　$-\dfrac{1}{3(e^x-2)^3}$　　(3)　$\dfrac{1}{3}\cos(x^3+2)$　　(4)　$\tan^{-1}e^x$

(5)　$\dfrac{1}{2}(\sin^{-1}x)^2$　　(6)　$\dfrac{2}{3}\sin^3\dfrac{x}{2}$　　(7)　$\log(1+\log x)+\dfrac{1}{1+\log x}$

(8)　$\tan x - \dfrac{1}{\cos x}$　　(9)　$\dfrac{1}{3}\tan^3 x - \tan x + x$　　(10)　$\dfrac{1}{2}\log\left|\dfrac{1+\sin x}{1-\sin x}\right|$

6.　$2\log\left|\dfrac{x+1}{2}\right| = 2\log|x+1| - 2\log 2$ だから両者の差は定数である．これは積分定数に含めることができる

7.　(1)　$1+\tan^2\dfrac{x}{2} = \dfrac{1}{\cos^2\dfrac{x}{2}}$ より $\cos^2\dfrac{x}{2} = \dfrac{1}{1+t^2}$．$\cos x = 2\cos^2\dfrac{x}{2} - 1$,

$\sin x = 2\sin\dfrac{x}{2}\cos\dfrac{x}{2} = 2\tan\dfrac{x}{2}\cos^2\dfrac{x}{2}$　　(2)　$\dfrac{1}{\sqrt{2}}\tan^{-1}\left(\dfrac{1}{\sqrt{2}}\tan\dfrac{x}{2}\right)$

問 題 16

1.　(1)　$(x-1)e^x$　　(2)　$-x\cos x + \sin x$　　(3)　$(x^2-2x+3)e^x$

(4)　$(1-3x)\sin x - 3\cos x$　　(5)　$\dfrac{x^4}{4}\log x - \dfrac{1}{16}x^4$

(6)　$(x^2-3)\sin x + 2x\cos x$　　(7)　$\dfrac{1}{90}(9x+1)(x-1)^9$

(8)　$\dfrac{2x}{3}\sqrt{(x-1)^3} - \dfrac{4}{15}\sqrt{(x-1)^5}$

2.　(1)　$-(x+1)e^{-x}$　　(2)　$\dfrac{x}{2}\sin 2x + \dfrac{1}{4}\cos 2x$

(3)　$-3x\cos\dfrac{x}{3} + 9\sin\dfrac{x}{3}$　　(4)　$\dfrac{1}{4}(2x^2-2x+1)e^{2x}$

(5)　$x^2(\log x)^2 - x^2\log x + \dfrac{x^2}{2}$　　(6)　$\left(\dfrac{3}{2}x^2+x\right)\log x - \left(\dfrac{3}{4}x^2+x\right)$

3.　(1)　$x\log 2x - x$　　(2)　$x\sin^{-1}x + \sqrt{1-x^2}$

(3)　$x\tan^{-1}x - \dfrac{1}{2}\log(1+x^2)$　　(4)　$(x+1)\log(1+x) - x$

(5)　$x\tan^{-1}\dfrac{x}{5} - \dfrac{5}{2}\log(x^2+25)$　　(6)　$x\sin^{-1}4x + \dfrac{1}{4}\sqrt{1-16x^2}$

(7)　$x(\log x)^2 - 2x\log x + 2x$

4.　(1)　$\dfrac{e^x}{2}(\sin x - \cos x)$　　(2)　$\dfrac{e^{2x}}{5}(2\cos x + \sin x)$

(3)　$\dfrac{e^{-x}}{5}(-\sin 2x - 2\cos 2x)$　　(4)　$\dfrac{1}{13}e^{-2x}(-2\cos 3x + 3\sin 3x)$

(5)　$\dfrac{x}{2}(\sin\log x - \cos\log x)$

5.　(1)　$-(x^3+3x^2+6x+6)e^{-x}$　　(2)　$2\sqrt{x}\log x - 4\sqrt{x}$

(3) $\dfrac{x}{2}(\sin \log x + \cos \log x)$

(4) $\dfrac{n(x-1)(nx+x+n)}{(n+1)(2n+1)}\sqrt[n]{x-1}$

(5) $\dfrac{1}{2}(x^2+1)\tan^{-1}x-\dfrac{x}{2}$　　(6) $x\log(1+x^2)-2x+2\tan^{-1}x$

(7) $e^x\log x$　　(8) $\sin x\log|\sin x|-\sin x$

(9) $\dfrac{x^3}{3}\sin^{-1}x+\dfrac{2+x^2}{9}\sqrt{1-x^2}$　　(10) $x-\sqrt{1-x^2}\sin^{-1}x$

6.　$I_5=-\dfrac{1}{5}\sin^4 x\cos x-\dfrac{4}{15}\sin^2 x\cos x-\dfrac{8}{15}\cos x$

7.　$I_2=\dfrac{x}{8(x^2+4)}+\dfrac{1}{16}\tan^{-1}\dfrac{x}{2}$

8.　$\dfrac{1}{2}\left(x\sqrt{a^2-x^2}+a^2\sin^{-1}\dfrac{x}{a}\right)$

9.　$\dfrac{1}{2}(x\sqrt{x^2+A}+A\log|x+\sqrt{x^2+A}|)$

10.　略

問 題 17

1.　(1) $2\log|x-1|-3\log|x+1|$　　(2) $\dfrac{x^2}{2}+2x-5\log|x+3|$

(3) $\dfrac{1}{2}\log\left|\dfrac{1+x}{1-x}\right|$　　(4) $\log|x-3|+\dfrac{5}{x-3}$

(5) $-\dfrac{1}{2}\log|2x-1|-\dfrac{1}{2(x+2)^2}$　　(6) $\dfrac{1}{2}\log(x^2+4)+\dfrac{1}{15(x-1)^3}$

(7) $\dfrac{1}{2}\log|2x^2-1|$　　(8) $-\dfrac{1}{4(x^2+1)^2}$

2.　(1) $\dfrac{1}{2}\left(\dfrac{1}{x-1}-\dfrac{1}{x+1}\right)$　　(2) $\dfrac{1}{2\sqrt{3}}\left(\dfrac{1}{x-\sqrt{3}}-\dfrac{1}{x+\sqrt{3}}\right)$

(3) $\dfrac{1}{4}\left(\dfrac{1}{x-3}-\dfrac{1}{x+1}\right)$　　(4) $\dfrac{1}{x-1}+\dfrac{3}{x-3}$　　(5) $\dfrac{3}{2x-1}-\dfrac{2}{3x+2}$

(6) $\dfrac{2}{x}-\dfrac{3}{x^2}+\dfrac{1}{x+3}$　　(7) $\dfrac{2}{x-1}-\dfrac{5}{(x-1)^2}$

(8) $-\dfrac{1}{x-1}+\dfrac{2}{(x-1)^2}-\dfrac{5}{(x-1)^3}$　　(9) $\dfrac{5}{x-2}-\dfrac{x}{x^2+1}$

(10) $-\dfrac{3}{2x-1}+\dfrac{1}{x+1}-\dfrac{2}{(x+1)^2}$

3. (1) $\dfrac{1}{2}\log\left|\dfrac{x-1}{x+1}\right|$ 　(2) $\dfrac{1}{2\sqrt{3}}\log\left|\dfrac{x-\sqrt{3}}{x+\sqrt{3}}\right|$ 　(3) $\dfrac{1}{4}\log\left|\dfrac{x-3}{x+1}\right|$

(4) $\log|x-1|+3\log|x-3|$ 　(5) $\dfrac{3}{2}\log|2x-1|-\dfrac{2}{3}\log|3x+2|$

(6) $2\log|x|+\dfrac{3}{x}+\log|x+3|$ 　(7) $2\log|x-1|+\dfrac{5}{x-1}$

(8) $-\log|x-1|-\dfrac{2}{x-1}+\dfrac{5}{2(x-1)^2}$ 　(9) $5\log|x-2|-\dfrac{1}{2}\log(x^2+1)$

(10) $-\dfrac{3}{2}\log|2x-1|+\log|x+1|+\dfrac{2}{x+1}$

4. (1) $\tan^{-1}(x+1)$ 　(2) $\log(x^2+2x+3)$ 　(3) $\dfrac{1}{2}\log(x^2-2x+4)$

(4) $\log(x^2+1)+3\tan^{-1}x$ 　(5) $\dfrac{1}{2}\log(x^2+4)-\dfrac{9}{2}\tan^{-1}\dfrac{x}{2}$

(6) $\log(x^2+2x+5)+\tan^{-1}\dfrac{x+1}{2}$

(7) $-\dfrac{1}{2}\log(x^2-2x+5)-\dfrac{3}{2}\tan^{-1}\dfrac{x-1}{2}$

5. (1) $2x+\dfrac{3}{4}\log\left|\dfrac{x-2}{x+2}\right|$ 　(2) $\dfrac{x^2}{2}+5x+3\log\left|\dfrac{x-3}{x+1}\right|$

(3) $\dfrac{x^2}{2}+\dfrac{1}{2}\log(x^2+4)+\tan^{-1}\dfrac{x}{2}-\log|x-5|$ 　(4) $\log\dfrac{e^x}{e^x+1}$

(5) $\log(\sqrt{e^x+1}-1)^2-x$ 　(6) $\dfrac{1}{2}\log\left|\dfrac{\sin x-2}{\sin x}\right|$

(7) $\dfrac{1}{2}\log\left|\dfrac{1-\cos x}{1+\cos x}\right|$ 　(8) $\dfrac{1}{2}\log\left|\dfrac{1+\tan x}{1-\tan x}\right|$

(9) $\dfrac{1}{3}\log|x+1|-\dfrac{1}{6}\log(x^2-x+1)+\dfrac{1}{\sqrt{3}}\tan^{-1}\left(\dfrac{2}{\sqrt{3}}x-\dfrac{1}{\sqrt{3}}\right)$

6. $2\log|x^2-2|-2\log(x^2-2x+2)+4\tan^{-1}(x-1)$

問 題 18

1. (1) $\dfrac{5}{4}$ 　(2) $\dfrac{1}{4}$ 　(3) 2 　(4) $\dfrac{1}{3}(e^6-1)$ 　(5) $2\log 5-\dfrac{4}{5}$

(6) $-\dfrac{2}{9}$ 　(7) $\dfrac{1}{2}\log 2$ 　(8) 4 　(9) $-\log 3$ 　(10) $\dfrac{1}{\sqrt{3}}-\dfrac{\pi}{6}$

2. (1) $\dfrac{\pi}{6}$ 　(2) $\dfrac{7}{24}\pi$ 　(3) $\dfrac{\pi}{12\sqrt{3}}$ 　(4) $\dfrac{\pi}{4\sqrt{2}}$ 　(5) $\dfrac{\pi}{4}$

(6) $\dfrac{\pi}{6}$ 　(7) $\dfrac{\pi}{12}$

3. (1) $\dfrac{1}{2}\log\dfrac{3}{2}$　(2) $\dfrac{1}{2}\log\dfrac{5}{3}$　(3) $\dfrac{65}{2}+\log 3$　(4) $\log\dfrac{36}{5}$

4. (1) $I+J=\dfrac{\pi}{2}$, $J-I=0$　(2) $I=J=\dfrac{\pi}{4}$

5. (1) $\dfrac{9}{2}$　(2) 1　(3) $\dfrac{2}{3}$　(4) $\dfrac{1}{2}(\sqrt{3}-1)$　(5) $\dfrac{\pi}{4}$　(6) 0

　(7) $\dfrac{e^3}{3}-\dfrac{1}{2e^2}+\dfrac{1}{6}$　(8) $-\dfrac{1}{4}$　(9) $\dfrac{1}{4}\log 9$　(10) $\dfrac{248}{9}$　(11) 6

6. (1) $\dfrac{2831}{1540}$　(2) $\dfrac{3}{2}+2\log 2$　(3) $\dfrac{7}{12}$　(4) $\dfrac{1}{4}(\pi-\sqrt{3})$

　(5) $4-\pi$　(6) $\dfrac{1}{2}\log 2+\dfrac{\pi}{8}$　(7) $\dfrac{\pi}{2}-1$　(8) $\dfrac{1}{6}(9-2\sqrt{2}-3\sqrt{3})$

　(9) $\dfrac{1}{2e^2}(e^4-e^3+e^2+e-1)$　(10) $\dfrac{\pi}{8}+\dfrac{1}{4}$　(11) $4+2\sqrt{2}$

7. (1) $f(x)$　(2) $\displaystyle\int_a^x f(t)\,dt$　(3) $f(g(x))g'(x)$

　(4) $f(h(x))h'(x)-f(g(x))g'(x)$　(5) $3\cos^4 3x+\cos^4(2-x)$

8. 19 個

9. (2) $0\leqq x\leqq\dfrac{1}{2}$ で $\sqrt{1-x^2}\leqq\sqrt{1-x^6}\leqq 1$

　(3) $0\leqq x\leqq 1$ で $e^{-x}\leqq e^{-x^2}\leqq 1$

10. (2) $|I_r|\leqq\displaystyle\int_0^r\exp(-rx)\,dx$ を用いる

11. (2) $|I_r|\leqq 2\displaystyle\int_0^r\exp(-rx)\,dx$ を用いる

12. (1) 0　(2) ∞

13. (1) $f_2=\dfrac{x^3}{3}+\dfrac{x^2}{2}+\dfrac{x}{6}$, $f_3=\dfrac{x^4}{4}+\dfrac{x^3}{2}+\dfrac{x^2}{4}$, $f_4=\dfrac{x^5}{5}+\dfrac{x^4}{2}+\dfrac{x^3}{3}-\dfrac{x}{30}$,

　$f_5=\dfrac{x^6}{6}+\dfrac{x^5}{2}+\dfrac{5}{12}x^4-\dfrac{x^2}{12}$, $f_6=\dfrac{x^7}{7}+\dfrac{x^6}{2}+\dfrac{x^5}{2}-\dfrac{x^3}{6}+\dfrac{x}{42}$,

　$f_7=\dfrac{x^8}{8}+\dfrac{x^7}{2}+\dfrac{7}{12}x^6-\dfrac{7}{24}x^4+\dfrac{x^2}{12}$　(2) 略

14., 15. 略

16. (4) $T_3(x)<T_7(x)<T_\infty(x)<T_5(x)<T_1(x)$

17. (1) $\left(0,\dfrac{3}{5}\right)$　(2) $\left(\dfrac{a+b}{3},\dfrac{c}{3}\right)$

18. (1) $a\geqq\dfrac{2}{3}$　(2) $\left(0,\dfrac{1}{3}\right)$

19. (2) (1) の不等式を $1,2,3,\cdots,n$ について辺々加える　(3) (1), (2) を利

用する

問 題 19

1. (1) $\dfrac{1}{3}$　(2) $\dfrac{1}{3}$　(3) $\dfrac{31}{10}$　(4) $-\dfrac{1}{4}$　(5) 0　(6) $\dfrac{1}{3}-\dfrac{1}{3e}$

(7) $\dfrac{1}{4}$　(8) $\dfrac{\sqrt{2}}{6}$　(9) $\dfrac{4}{15}$

2. (1) $\dfrac{4\sqrt{2}+4}{15}$　(2) $\dfrac{\pi}{12}+\dfrac{\sqrt{3}}{8}$　(3) $\dfrac{\pi}{3}-\dfrac{\sqrt{3}}{2}$　(4) $\dfrac{\sqrt{3}-1}{2}$　(5) $\dfrac{26}{3}$

(6) $\dfrac{1}{72}$　(7) $\dfrac{\sqrt{2}}{8}$　(8) $\dfrac{\pi}{8}+\dfrac{1}{4}$

3. (1) $\dfrac{\pi}{4}$　(2) $-\dfrac{1}{2}$　(3) $\dfrac{4}{3}\pi+\sqrt{3}-\dfrac{7}{3}$　(4) $\tan^{-1}e^2-\dfrac{\pi}{4}$

(5) $2-\sqrt{2}$　(6) $\dfrac{\pi}{16}$　(7) $-\dfrac{10}{3}$　(8) $\dfrac{1}{2}\log\dfrac{e^2+1}{2}$　(9) $\dfrac{\pi}{12}$

(10) $-\dfrac{n^2}{4(2n+1)(n+1)}$　(11) $\log\dfrac{3}{2}$　(12) $\dfrac{\pi-2}{4}$　(13) $4-2\sqrt{3}$

4. (1) 1　(2) π　(3) $\pi-5$　(4) $\dfrac{1}{9}(2e^3+1)$　(5) $-\dfrac{64}{21}$

(6) $1-\dfrac{\sqrt{e}}{2}$

5. (1) $\dfrac{\pi}{2}-\log 2$　(2) $\dfrac{1}{4}-\dfrac{3}{4e^2}$　(3) $\dfrac{\pi}{2}-\log 2$　(4) $-\dfrac{5}{4}e^2+\dfrac{1}{4e^2}$

(5) $\dfrac{\pi}{4}+1-\sqrt{2}$　(6) $e-\dfrac{5}{e}$　(7) $-\dfrac{1}{2}(e^\pi+1)$　(8) $\dfrac{1}{8}(e-2)$

(9) $\dfrac{\pi^2}{4}$　(10) $1-\sqrt{2}+\log(1+\sqrt{2})$

6. (1) π　(2) 略

7. (1) $-\dfrac{1}{6}(\beta-\alpha)^3$　(2) $\dfrac{1}{12}(\beta-\alpha)^4$　(3) $\dfrac{1}{12}(\gamma-\alpha)^3(2\beta-\alpha-\gamma)$

8. (1) 1　(2) $\dfrac{1}{3}$　(3) $2\log 2-1$　(4) $\log 2$　(5) $\dfrac{14}{9}$

(6) $\dfrac{\pi}{6}$　(7) $\dfrac{\pi}{6\sqrt{3}}$　(8) $\dfrac{1}{2}(\log 2)^2$

9. $\dfrac{2e^2-3e+1}{3-2e}$

10. (1) $[1,xy]$ での積分を $[1,x]$ と $[x,xy]$ での積分に分ける

(2), (3) (1) を利用する

11. 略

12. (1) $\dfrac{\pi}{24}-\dfrac{\sqrt{3}}{32}$　　(2) $\dfrac{1}{12}-\dfrac{1}{160}-\dfrac{1}{3584}$　　(3) 略

13. (1) 略　　(2) $\log 2$

14. (1) $t=\sin x$　　(2) $\pi-2$

15. $\left(\dfrac{\pi}{2},\dfrac{\pi}{8}\right)$

16. (1) $X=Y=\dfrac{4(a^2+ab+b^2)}{3\pi(a+b)}$　　(2) $\left(\dfrac{4b}{3\pi},\dfrac{4b}{3\pi}\right)$, $\left(\dfrac{2b}{\pi},\dfrac{2b}{\pi}\right)$

17. $\dfrac{16-6\sqrt{3}}{11}$

18. (1) 略　　(2) $a=b=2$, $c=-4$, $d=8$　　(3), (4) 略

問 題 20

1. (1) ⓐ　　(2) ⓒ　　(3) ⓑ　　(4) ⓒ　　(5) ⓐ　　(6) ⓑ

2. (1) 偶　　(2) 奇　　(3) 偶　　(4) 奇　　(5) 偶　　(6) 奇
(7) 偶　　(8) 偶　　(9) 偶

3. (1) 略　　(2) $f(x)=g(x)+h(x)$

4. (1) $\dfrac{44}{15}$　　(2) $e-\dfrac{1}{e}$　　(3) $\dfrac{\pi}{4}$　　(4) 0

5. (1) 0　　(2) π　　(3) 0　　(4) $0\ (m\neq n)$, $\pi\ (m=n)$

6. (1) $\dfrac{8}{15}$　　(2) $\dfrac{5}{32}\pi$　　(3) $\dfrac{32}{35}$　　(4) $\dfrac{3}{8}\pi$　　(5) $\dfrac{1}{3}$　　(6) $\dfrac{32}{35}$

(7) $\dfrac{3}{8}\pi$　　(8) $-\dfrac{8}{15}$　　(9) $\dfrac{\pi}{32}$　　(10) $\dfrac{5}{256}\pi$　　(11) 0

7. $y=\dfrac{1}{t}(x-m)$ とおく. 答：0.3674

8. $\dfrac{2^{2n}(n!)^2}{(2n+1)!}$

9. $f(x)=\dfrac{(-1)^{n-1}}{I_{2n+1}}\displaystyle\int_0^x (t^2-1)^n\,dt\ (I_n$ は (20.6) 参照$)$,

$f(x)=\dfrac{1}{16}(5x^7-21x^5+35x^3-35x)\ [n=3]$

10. $\displaystyle\lim_{n\to\infty}\dfrac{I_{2n+1}}{I_{2n}}=1$ を利用

11. 略

12. (1) $x=\dfrac{\pi}{2}-t$　　(2) 積分区間を $\left[0,\dfrac{\pi}{2}\right]$ と $\left[\dfrac{\pi}{2},\pi\right]$ に分け, 前者で $x=$
$\dfrac{\pi}{2}-t$, 後者で $x=\dfrac{\pi}{2}+t$ とおく

13. 前問 (2) を利用する　(1)　$\dfrac{3}{4}\pi^2$　(2)　$\dfrac{2}{3}\pi$　(3)　$\dfrac{\pi^2}{4}$

(4)　$\pi\left(\dfrac{\pi}{4}-\dfrac{1}{3}\right)$　(5)　$\pi\left(\dfrac{\pi}{2}-1\right)$

14.　$\dfrac{\pi}{8}\log 2$

問 題 21

1. (1)　2　(2)　発散　(3)　発散　(4)　$2\sqrt{2}$　(5)　発散　(6)　6
(7)　発散　(8)　発散

2. (1)　$-1,1$　(2)　$\displaystyle\lim_{c\to+0}\sin\dfrac{1}{c}$ は存在しない

(3)　$\left|\cos\dfrac{1}{x}\right|\leqq 1\ (0<x\leqq 1)$ より収束

3. (1)　$t=1-x$　(2)　$\dfrac{1}{q},\ \dfrac{1}{p},\ \dfrac{4}{3},\ \pi$　(3)　$\dfrac{1}{m+n+1}$

(4)　部分積分　(5)　(4) を繰り返し使う　(6)　略　(7)　$\dfrac{1}{120}$

(8)　$\dfrac{2^{2n+1}(n!)^2}{(2n+1)!}$　(9)　$\dfrac{1}{1260}\leqq\dfrac{22}{7}-\pi\leqq\dfrac{1}{630}$

4. (1)　$2\log 2-2$　(2)　$\dfrac{2}{9}e\sqrt{e}$　(3)　発散　(4)　発散

(5)　$-2\sqrt{e}$　(6)　$\dfrac{\pi^2}{8}$

5. (1)　$\dfrac{1}{2}$　(2)　2　(3)　発散　(4)　発散　(5)　$\dfrac{1}{2}$　(6)　1

(7)　$\dfrac{1}{6}$　(8)　$-\dfrac{3}{8}$　(9)　発散　(10)　$\dfrac{1}{2}e^2$　(11)　$\dfrac{1}{e}$

(12)　発散　(13)　$\dfrac{1}{2}$

6. (1)　1　(2)　$\dfrac{1}{2e}$　(3)　$2\log 5$　(4)　1　(5)　$\dfrac{1}{16}$　(6)　$\dfrac{\pi}{2}$

(7)　1　(8)　$\dfrac{1}{2}$　(9)　$\dfrac{\pi^2}{8}$　(10)　$\dfrac{7}{192}\pi^3$　(11)　$\dfrac{1}{e^2}$　(12)　$\dfrac{\pi}{30}$

7. (1)　$\log 4$　(2)　$\dfrac{(2n-2)!\,\pi}{2^{2n-1}\{(n-1)!\}^2}$　(3)　$\dfrac{2^{2n}(n!)^2}{(2n+1)!}$

8. (1)　$a=\dfrac{\sqrt{2}}{4},\ b=\dfrac{1}{2},\ c=-\dfrac{\sqrt{2}}{4},\ d=\dfrac{1}{2}$　(2)　$\dfrac{\sqrt{2}}{4}\pi$

(3)　$\dfrac{2\pi}{3\sqrt{3}}$

9. (1), (2) 略　　(3) $\dfrac{\pi}{4}$　　(4) $\dfrac{\pi}{2}$　　(5) $\dfrac{\pi}{4}$　　(6) $\dfrac{\pi}{3}$

10. (1) ロピタルの定理　　(2) $\sqrt{x}\,(\log x)^n = (x^{\frac{1}{2n}}\log x)^n$

(3) $I_n = (-1)^n n!$

11. (1) 前問と同様　　(2) 部分積分　　(3), (4) 略　　(5) $\displaystyle\sum_{k=1}^{\infty}\dfrac{1}{k^k}$

12. (1) $\sqrt{\pi}$　　(2) 1　　(3) m　　(4) t^2　　(5) $\sqrt{\pi}$

(6) $\dfrac{(2n-1)!!}{2^n}\sqrt{\pi} = \dfrac{1 \cdot 3 \cdot 5 \cdots (2n-1)}{2^n}\sqrt{\pi}$

13. 1

14. (1), (2) 略　　(3) $-\dfrac{\pi}{2}\log 2$　　(4) $\dfrac{\pi}{2}\log 2$

15. (1) 略　　(2) $3!\sqrt{\pi}$　　(3) $2^3 \cdot 3!\sqrt{\pi}$

16. 略

17. (1) 略　　(2) $\sqrt{2}\,\pi$

18. 略

19. $\dfrac{\pi}{4}$

20. (1), (2) 定理1による　　(3) ⓐ $\dfrac{1}{\sqrt{x^3-1}} \leqq \dfrac{1}{\sqrt{3}\sqrt{x-1}}$ $(1 < x \leqq 2)$,

ⓑ $\dfrac{\sqrt{x}+1}{2x^2+x^2\sin x} \leqq \dfrac{2}{x\sqrt{x}}$ $(x \geqq 1)$

問 題 22

1. (1) $\dfrac{4}{3}$　　(2) $\dfrac{1}{2}$　　(3) $\dfrac{4}{e}$　　(4) $\pi-2$　　(5) 4π

2. (1) -2　　(2) 6　　(3) -2

3. (1) $\dfrac{32}{3}$　　(2) $\dfrac{4}{3}$　　(3) $\dfrac{4}{3}$　　(4) $\dfrac{35}{4}-3\log 6$　　(5) $\dfrac{4}{3}$

(6) e^2-5

4. $3\pi a^2$

5. $\dfrac{3}{8}\pi a^2$

6. $a^2\left(2\pi - \dfrac{\sqrt{3}}{6}\right)$

7. (1) $\dfrac{64\sqrt{2}}{15}\pi$　　(2) $\dfrac{\pi^2}{4}$　　(3) $\dfrac{\pi}{2}$　　(4) $\left(1-\dfrac{2}{e}\right)\pi$

(5) $\dfrac{1}{16}(3-2\log 2)\pi$　　(6) $\dfrac{5}{2}\pi$

8. (1) $\dfrac{3}{10}\pi$　　(2) $\dfrac{8}{21}\pi$　　(3) $8\sqrt{3}\,\pi$　　(4) π

9. (1) $\dfrac{\pi h^3}{6}$, 同じ　　(2) $\dfrac{\pi c^2 h}{6}$　（c は断面図における弦の長さ）　　(3) $\dfrac{\pi h^3}{6}$

10. $Sd-\dfrac{\pi d^3}{12}$

11. (1) $\dfrac{4\pi ab^2}{3}$　　(2) $\dfrac{1}{3}\pi L(2R^2+r^2)$

12. $5\pi^2 a^3$

13. $\dfrac{32}{105}\pi a^3$

14. $\dfrac{\pi}{495}$

15. 略

16. $\dfrac{4\sqrt{3}}{3}a^3$,　楕円（の半分）・円・正三角形

17. (1) $\dfrac{1}{27}(13\sqrt{13}-8)$　　(2) $a\left(e-\dfrac{1}{e}\right)$　　(3) $\dfrac{1}{2}\log 3$　　(4) $8a$

(5) $\dfrac{3}{2}a$　　(6) $\dfrac{\pi^2}{2}$　　(7) $-\dfrac{1}{3}+\log 2$　　(8) $16a$

18. $y=\dfrac{b}{a}\sqrt{a^2-x^2}$ に (22.9) を適用する $\left(t=\dfrac{x}{a}\text{とおく}\right)$

19. 略

20. (1) $\dfrac{3}{2}\pi a^2$　　(2) $2a^2$　　(3) $\dfrac{\pi a^2}{4}$

21. $\dfrac{3}{2}$

22. $\dfrac{4}{3}\pi^3 a^2$

23. (1) $8a$　　(2) $9\sqrt{2}$

24. (1), (2) 略　　(3) $\dfrac{1}{r}$　　(4) $\dfrac{4}{(e^x+e^{-x})^2}$　　(5) 点 $(0,0)$, $\dfrac{1}{2}$

(6) 1　　(7) 点 $(\pi a,2a)$, $4a$　　(8) $\dfrac{1}{2t}$

25. (1) $\dfrac{(-1)^n}{n}$　　(2) $|f(x_i)-f(x_{i-1})|\geqq|f(x_i)|$ を用いる　　(3) 略

問 題 23

1. (1) $\dfrac{3}{2}$　　(2) 16　　(3) 4　　(4) $\dfrac{3}{2}(e-1)$

　　(5) $\dfrac{1}{3}(18-6\sqrt{3}-4\sqrt{2})$　　(6) $\dfrac{5}{12}$　　(7) $\dfrac{1}{12}$　　(8) $\dfrac{1}{2}(e-1)^2$

2. (1) 1　　(2) $\dfrac{52}{9}$　　(3) $\dfrac{64}{5}$　　(4) $\dfrac{8\sqrt{2}}{5}$　　(5) 1　　(6) $(e-1)^2$

　　(7) 0　　(8) $\dfrac{1}{4}$　　(9) 32　　(10) 0

3. $\dfrac{8}{3}$

4. (1) 0　　(2) 0　　(3) $-\dfrac{68}{3}$

5. (1) $\dfrac{1}{4}(e^2+15)$　　(2) $\dfrac{\pi}{2}$　　(3) $\dfrac{1}{18}(-1-2e^3+9e^2)$

　　(4) $\dfrac{1}{2}(e^2+1)$　　(5) 0　　(6) $\dfrac{50}{3}$　　(7) $\dfrac{5}{4}\pi$　　(8) $\dfrac{e^2}{2}-\dfrac{3}{4}$

　　(9) $e-2$　　(10) $\dfrac{1}{6}$

6. (1) $\dfrac{1}{8}(1-e^{-16})$　　(2) $\sin 1$　　(3) $-\dfrac{1}{3}(\cos 2-\cos 1)$

　　(4) $\dfrac{1}{2}(e-1)$　　(5) $\dfrac{1}{3}(1-e^{-8})$　　(6) $\dfrac{1}{2}$

7. (1) $\dfrac{1}{2}\sqrt{a^2b^2+b^2c^2+c^2a^2}$　　(2) $\dfrac{\pi}{6}(5\sqrt{5}-1)$

8. (1) 曲面は $z=\pm\sqrt{(f(x))^2-y^2}$, $D:a\leqq x\leqq b$, $-|f(x)|\leqq y\leqq|f(x)|$

　　(2) $\dfrac{56}{3}\pi$　　(3) 16π　　(4) $2\pi rd$　　(5) 約 13.4%, 北緯 30° 以北

　　(6) πr^2

9. (1) $\dfrac{6}{5}\pi a^2$　　(2) $\dfrac{64}{3}\pi a^2$　　(3) $4\sqrt{3}\,\pi\left(\dfrac{\pi}{3}+\dfrac{\sqrt{3}}{2}\right)$

　　(4) $\dfrac{\pi}{27}(10\sqrt{10}-1)$

10. $\dfrac{\pi}{2}$

11. $\dfrac{1}{6}abc$

問 題 24

1. (1)　0　　(2)　$\dfrac{8}{3}$　　(3)　$\pi \log 3$　　(4)　π　　(5)　$\dfrac{\pi}{12}$　　(6)　$\dfrac{1}{16}$

2. (1)　$\dfrac{\pi}{2}$　　(2)　0　　(3)　$\dfrac{8}{3}\pi$　　(4)　$\dfrac{\pi}{2}$　　(5)　$\pi \log \dfrac{4}{3}$　　(6)　$\dfrac{4}{3}$

(7)　$\dfrac{128}{15}$　　(8)　$\dfrac{\pi^3}{96}$　　(9)　$\dfrac{\pi}{4}$　　(10)　$\dfrac{\sqrt{2}}{4}\pi$　　(11)　$\dfrac{2673}{32}\pi$

3.　$\dfrac{4}{3}\pi a^2$,　$4\pi a^2$

4. (1)　$\dfrac{a^4}{8}$　　(2)　8π　　(3)　$\left(\dfrac{\pi}{3}-\dfrac{4}{9}\right)a^3$　　(4)　$\dfrac{16}{3}a^3$

5.　略

6.　$4\left(e-\dfrac{1}{e}\right)$

7.　$\dfrac{1}{4(p+q+2)}B(p+1,q+1) = \dfrac{p!\,q!}{4(p+q+2)!}$

8. (1)　$\dfrac{2\pi}{\sqrt{3}}$　　(2)　$\sqrt{2}\,\pi$

9.　$\left(\dfrac{5}{6}a,0\right)$

問 題 25

1.　(c は任意定数)　(1)　$y = ce^{x^2+x}$　　(2)　$y = ce^{\sin x}$　　(3)　$y = c\sqrt{1+x^2}$

(4)　$y = 1+\dfrac{c}{x+3}$　　(5)　$y^2 = 2\log|\sin x|+c$　　(6)　$y = \dfrac{2x^2}{2cx^2-1}$

(7)　$y = cx^2$　　(8)　$\tan y+\cos x = c$　　(9)　$y = 2\tan(x^2-4x+c)$

(10)　$y = \sin(2\sqrt{x}+c)$　　(11)　$1+y^2 = c(2+x^2)$

2.　(1)　$y = 3e^{-\frac{x^2}{2}}$　　(2)　$y = \dfrac{3}{3-x^3}$　　(3)　$y = 2(1+e^x)$

(4)　$y = 7\sin x-3$　　(5)　$y = 2\tan\left(x^2+\dfrac{\pi}{4}\right)$　　(6)　$y = -\log\left(e^{-x}-\dfrac{1}{2}\right)$

(7)　$y = (\log x-x+3)^2$　　(8)　$y = x^2+2x+\dfrac{1}{2}$

3.　(1)　$u = \dfrac{2}{1+e^{-2x}}$,　2　　(2)　$a = \dfrac{1}{2}\log 3$

4.　(1)　$y = \exp\left(\exp\left(-\dfrac{x^2}{2}\right)\right)$　　(2)　1

5.　(c は任意定数)　(1)　$y = e^{-x}\left(\dfrac{x^3}{3}+x+c\right)$　　(2)　$y = \dfrac{3}{2}+ce^{-2x}$

(3)　$y = -2x - 2 + ce^x$　　(4)　$y = \dfrac{1}{x}(\sin x - x \cos x + c)$

(5)　$y = \dfrac{x}{2}\log x - \dfrac{x}{4} + \dfrac{c}{x}$　　(6)　$y = \dfrac{1}{6}e^{3x} + ce^{-3x}$

(7)　$y = \dfrac{x^4}{3} + x^2 + cx$　　(8)　$y = \dfrac{1}{1+x^2}(x \log x - x + c)$

6. (1)　$y = \dfrac{1}{2}(e^x + 5e^{-x})$　　(2)　$y = \dfrac{2x - \sin 2x + 3\pi}{4 \sin x}$

(3)　$y = -2$　[定数関数]

7. 約 35 年

8. $\dfrac{\log 2}{k}$

9. (1)　1　　(2)　略　　(3)　$f(x) = e^{ax}$

10. (1)　$u(t) = \dfrac{ku_0}{au_0 + (k - au_0)e^{-kt}}$　　(2)　$\dfrac{k}{a}$, 集団の人口の限界

11. (1)　$A = \exp\left(-2\sqrt{\dfrac{g}{m}}\,t\right)$ とするとき, $v = \dfrac{A-1}{A+1}\sqrt{mg}$

(2)　$-\sqrt{mg}$, 最終速度

12. (1)　$A = \log N_0\ (< 0)$ とするとき, $N = \exp(Ae^{-at})$　　(2)　1

13. (1)　略　　(2)　$w = \left\{\dfrac{\alpha}{\beta} + \left(\varepsilon - \dfrac{\alpha}{\beta}\right)e^{-\frac{\beta}{3}t}\right\}^3$, $\left(\dfrac{\alpha}{\beta}\right)^3$

14. (1)　12 分　　(2)　18.3 ℃, 27 分後

15. 午前 4 時 7 分

16. (1)　略　　(2)　$\dfrac{R^2}{r^2}\sqrt{\dfrac{2H}{g}}$

17. (1), (2)　略　　(3)　$\dfrac{1}{e}$　　(4)　322 年

18. (1)　略　　(2)　午前 7 時 46 分　　(3)　午後 4 時 14 分

19. (1), (2)　略　　(3)　$p = \dfrac{1}{2}\left(e^{kx} - e^{-kx}\right)$

(4)　$y = \dfrac{1}{2k}\left(e^{kx} + e^{-kx}\right) + c$, $y \fallingdotseq \dfrac{1}{k} + \dfrac{k}{2}x^2$

問 題 26

1. (c_1, c_2 は任意定数) (1)　$y = c_1 e^{-x} + c_2 e^{3x}$　　(2)　$y = (c_1 + c_2 x)e^{-x}$

(3)　$y = c_1 e^x + c_2 e^{-2x}$　　(4)　$y = (c_1 + c_2 x)e^{3x}$

(5)　$y = e^{-x}(c_1 \cos x + c_2 \sin x)$　　(6)　$y = c_1 e^{\frac{x}{2}} + c_2 e^{-x}$

(7)　$y = c_1 e^{2x} + c_2 e^{-2x}$　　(8)　$y = e^x(c_1 \cos 2x + c_2 \sin 2x)$

(9)　$y = c_1 \cos \sqrt{2}\, x + c_2 \sin \sqrt{2}\, x$　　(10)　$y = (c_1 + c_2 x)e^{\frac{x}{2}}$

(11)　$y = c_1 e^{(1+\sqrt{6})x} + c_2 e^{(1-\sqrt{6})x}$　　(12)　$y = e^{-2x}(c_1 \cos \sqrt{3}\, x + c_2 \sin \sqrt{3}\, x)$

2.　(1)　$y = 2e^x - e^{3x}$　　(2)　$y = \dfrac{12}{5} - \dfrac{17}{5} e^{-5x}$　　(3)　$y = (1 + 3x)e^{2x}$

(4)　$y = e^x(2 \cos 3x + 3 \sin 3x)$　　(5)　$y = -e^{\frac{x}{3}} - 2e^x$

(6)　$y = (4 - 3x)e^{-\frac{x}{2}}$　　(7)　$y = 5 \sin 2x - 3 \cos 2x$

(8)　$y = e^{-2x}(3 \cos x - \sin x)$

3.　(c_1, c_2, c_3, c_4 は任意定数)　(1)　$y = c_1 e^x + c_2 e^{2x} + c_3 e^{-2x}$

(2)　$y = c_1 + c_2 e^{\frac{x}{2}} + c_3 e^{-3x}$　　(3)　$y = (c_1 + c_2 x + c_3 x^2)e^{-2x}$

(4)　$y = (c_1 + c_2 x)e^{-x} + c_3 e^{\frac{x}{3}}$　　(5)　$y = c_1 e^{5x} + c_2 \cos 2x + c_3 \sin 2x$

(6)　$y = c_1 e^{-2x} + e^{-x}(c_2 \cos \sqrt{2}\, x + c_3 \sin \sqrt{2}\, x)$

(7)　$y = c_1 e^{-2x} + e^x(c_2 \cos \sqrt{3}\, x + c_3 \sin \sqrt{3}\, x)$

(8)　$y = c_1 e^x + c_2 e^{-x} + c_3 \cos x + c_4 \sin x$

(9)　$y = c_1 e^{2x} + c_2 e^{-2x} + c_3 e^{\frac{x}{2}} + c_4 e^{3x}$

4.　(一般解を記す．c_1, c_2 は任意定数)　(1)　$y = c_1 e^x + c_2 e^{-3x} + x^2 - 5x - 1$

(2)　$y = (c_1 + c_2 x)e^{-2x} + 2e^x + e^{-3x}$

(3)　$y = e^{-x}(c_1 \cos \sqrt{5}\, x + c_2 \sin \sqrt{5}\, x) + 2 \sin 3x - \cos 3x$

(4)　$y = e^{2x}(c_1 \cos x + c_2 \sin x) + e^x(2 \cos x + \sin x)$

5.　(1)　$u(x) = e^{-x}(2 \cos 2x + 4 \sin 2x) + 3$　　(2)　3

6.　(1)　$B = \dfrac{A}{k^2 - \theta^2}$　　(2)　∞

7.　$\varepsilon < 1$ のとき $y_\varepsilon(x) = e^{-\varepsilon x}\dfrac{\sin \sqrt{1 - \varepsilon^2}\, x}{\sqrt{1 - \varepsilon^2}}$　　(1)　$u(x) = \sin x$

(2)　$v(x) = xe^{-x}$,　$\tilde{v}(x) = v(x)$

8.　$u'' - 2au' + a^2 u = 0$　$[u(0) = 0,\ u'(0) = 1]$

9.　(1)　$u = \dfrac{1}{k^2 - \theta^2}(\cos \theta t - \cos kt) + \dfrac{1}{k} \sin kt$　　(2)　$v = \dfrac{1}{2k}(t + 2) \sin kt$

(3)　略　　(4)　$t = \dfrac{1}{k}\left(2n\pi + \dfrac{\pi}{2}\right)$ のときを考える

10.　(1)　微分して 0 になることを示す　　(2)　$v = 11.2$ km/sec

問 題 27

1.　(1)　0　　(2)　∞　　(3)　1　　(4)　発散（振動）　　(5)　1　　(6)　π

(7)　$-\infty$　　(8)　0

2.　(1)　数学的帰納法　　(2)　$\displaystyle \lim_{n \to \infty} a_n = \alpha$ とすると $\alpha = \sqrt{2 + \alpha}$ より $\alpha = 2$

3.　(1)　成り立たない $\left(a_n = \dfrac{1}{n},\ b_n = \dfrac{2}{n}\right)$　　(2)　成り立たない $\left(a_n = 1 + \dfrac{1}{n}\right)$

(3)　成り立つ

4. 定理 6 の証明を参照

5. (1) 上限 3, 下限 -1　　(2) 上限 $\sqrt{2}$, 下限 $-\sqrt{2}$

(3) 最大値（上限）e^2, 最小値（下限）e^{-2}　　(4) 上限 1, 最小値（下限）$\dfrac{1}{3}$

6. (§2 $\Longrightarrow$ カラテオドリ)　$\varphi(x) = \dfrac{f(x) - f(a)}{x - a}$ $(x \neq a)$, $\varphi(x) = f'(a)$ $(x = a)$ と定める

7. (1) $\delta = \dfrac{\varepsilon}{2}$　　(2) $\delta = \dfrac{\varepsilon}{5}$　　(3) $\delta = \sqrt{\varepsilon}$　　(4) $\delta = \dfrac{\varepsilon}{2}$

(5) $\delta = \min(\varepsilon, \sqrt{\varepsilon})$　　(6) $\delta = \min(\varepsilon, \varepsilon^2)$　　(7) $\delta = \min\left(1, \dfrac{\varepsilon}{2}\right)$

8. 略

9. (1) 略　　(2) 周期関数は最大値をもつ

10. $\{x_n\}$ の収束する部分列を考える

11. (1) $n > \max\left(N, \dfrac{2}{\varepsilon}|a_1 + \cdots + a_N - N\alpha|\right)$ のとき, $|b_n - \alpha| < \varepsilon$

(2) 0　　(3) e

12. (1) 略　　(2) 0, 2　$\left(f\left(\dfrac{1}{4}\right) < 0,\ f\left(\dfrac{1}{2}\right) > 0,\ f(2) > 0,\ f\left(\dfrac{5}{2}\right) < 0\right)$

13. (3) $f(x) = \sqrt{1 + x^2}$　　(5) $|a_n - \gamma| < |a_N - \gamma|$ $(n > N)$ を導く

(7) $n > \max(M, N)$ のとき $|a_n - \gamma| < \varepsilon$

(8) $|a_{N+2} - a_{N+1}| < |a_{N+1} - a_N| < \varepsilon$ より $a_{N+2} > \beta$ を導く（したがって $a_{N+2} \in A$）　　(9) $a_{2n} \in A$, $a_{2n+1} \in B$ とすると, $n \to \infty$ のとき $a_{2n} \to \alpha$, $a_{2n+1} \to \beta$. $\beta = f(\alpha)$, $\alpha = f(\beta)$ で $\alpha \neq \beta$ ならば $|\alpha - \beta| = |f(\beta) - f(\alpha)| < |\beta - \alpha|$

問 題 28

1. (1) 発散　　(2) $\dfrac{3}{4}$　　(3) 発散　　(4) 発散　　(5) 発散

2. (1) $\dfrac{1}{2}$　　(2) 5　　(3) $\dfrac{2}{5}$

3. $-\sqrt{3} < x < -1,\ 1 < x < \sqrt{3}$

4. (1) 略　　(2) 2

5. (1) $\dfrac{23}{9}$　　(2) $\dfrac{1}{13}$

6. (1) $\sin 3\theta + \sin \theta \neq \pm 1$ を示す　　(2) 2

7. (1) $\dfrac{1}{2}$　　(2) $\dfrac{1}{24}$　　(3) $\dfrac{1}{18}$

8. $\dfrac{1}{n^2} < \dfrac{1}{n(n-1)}$ $(n > 1)$ を使う

9. 略

10. (1) 発散　　(2) 収束　　(3) 発散 $\left(\dfrac{\sqrt{n}}{\sqrt{n^2+1}} \geqq \dfrac{1}{n+1} \right)$

11. 略

12. $\displaystyle\sum_{k=1}^{n} \dfrac{1}{2k} = \dfrac{1}{2} \sum_{k=1}^{n} \dfrac{1}{k}$, $\displaystyle\sum_{k=1}^{n} \dfrac{1}{2k-1} > \sum_{k=1}^{n} \dfrac{1}{2k}$

13. (1) 収束　　(2) 収束　　(3) 収束　　(4) 発散（定理 3 を用いる）

14. (1) 定理 5 による　　(2) 定理 7 による

15. (1) 略　　(2) $\dfrac{\pi^4}{90}$

16. (1) $\dfrac{S}{4}$　　(2) $\dfrac{S}{3}$

17. (1) 略　　(2) $\dfrac{av}{v-u}$ 分後に追いつく

18. (1) $l_n = 3a\left(\dfrac{4}{3}\right)^n$, $S_n = \dfrac{\sqrt{3}\,a^2}{5}\left\{2-\dfrac{3}{4}\left(\dfrac{4}{9}\right)^n\right\}$　　(2) $l_n \to \infty$

(3) $\dfrac{8}{5}$ 倍

19. (1), (2) 略　　(3) 19998

20. $\log 2$

21. (1), (2), (3) 略　　(4) 40

22. 略

23. (1) $x_n = \dfrac{10}{n}$　　(2) 無限大

24. 比較判定法による. $a_n \to 0$ $(n \to \infty)$ を使う　　(1) $a_n{}^k \leqq a_n$ （n：十分大）

(2) $\dfrac{a_n}{k-a_n} \leqq \dfrac{2}{k} a_n$ （n：十分大）

(3) $a_n a_{n+1} a_{n+2} \leqq \dfrac{1}{3}(a_n{}^3 + a_{n+1}{}^3 + a_{n+2}{}^3) \leqq \dfrac{1}{3}(a_n + a_{n+1} + a_{n+2})$ （n：十分大）

25. 略

問 題 29

1. (1) $f(x) = 0$ $(0 \leqq x < 1)$, $f(1) = 1$　　(2) $f(x)$ が $x=1$ で不連続

(3) $x = 0, 1$ のとき $N = 1$, $0 < x < 1$ のとき $N > \dfrac{\log \varepsilon}{\log x}$

2. (1) $f(x) = 0$ $(0 \leqq x \leqq 1)$　　(2) しない

3. (1) 1　　(2) 0　　(3) ∞　　(4) 1　　(5) 0

4. (1) $f(x) = 1 + x^2$ $(x \neq 0)$, $f(0) = 0$　　(2) $x = 0$ で不連続

(3) しない

5. (1) $r = 1$, $f(x) = \dfrac{1}{2} \log \dfrac{1+x}{1-x}$ (2) $\dfrac{1}{2} \log 3$

6. (1) 1 (2) $f'(x) = \dfrac{1}{1+x^3}$, $f(x) = \dfrac{1}{3} \log|x+1| - \dfrac{1}{6} \log(x^2 - x + 1)$

$+ \dfrac{1}{\sqrt{3}} \tan^{-1}\left(\dfrac{2}{\sqrt{3}} x - \dfrac{1}{\sqrt{3}}\right) + \dfrac{\pi}{6\sqrt{3}}$

(3) $\dfrac{1}{2} \log 3 + \dfrac{\pi}{3\sqrt{3}}$

7. (1) ともに $\sqrt{r}$ $\left(\displaystyle\sum_{n=0}^{\infty} a_n(x^2)^n \text{ は } x^2 < r \text{ のとき収束, } x^2 > r \text{ のとき発散.}\right.$

$\left.\displaystyle\sum_{n=0}^{\infty} a_n x^{2n+1} = x \sum_{n=0}^{\infty} a_n x^{2n}\right)$ (2) 2

8. $\sqrt{1-x^2}$ をマクローリン展開する

9. $-\dfrac{\pi^2}{6}$

10. (1) 略 (2) $\dfrac{\pi}{3\sqrt{3}} - \dfrac{1}{3} \log 2$

11. (1) $(1-x)^{-2} = \displaystyle\sum_{n=0}^{\infty} (n+1)x^n$ より $x(1-x)^{-2} = \displaystyle\sum_{n=1}^{\infty} (n+1)x^{n+1}$. この両辺

を x で微分 (2) 略

12. (1) $x^2 = \dfrac{\pi^2}{3} + 4 \displaystyle\sum_{n=1}^{\infty} \dfrac{(-1)^n}{n^2} \cos nx$ (2) $\dfrac{\pi^2}{12}$ (3) $\dfrac{\pi^2}{12}$

13. (1) $f(x) = \dfrac{e^{\pi} - e^{-\pi}}{\pi} \left(\dfrac{1}{2} + \displaystyle\sum_{n=1}^{\infty} (-1)^n \dfrac{\cos nx}{n^2 + 1}\right)$

(2) $\dfrac{\pi}{e^{\pi} - e^{-\pi}} - \dfrac{1}{2}$, $\dfrac{\pi(e^{\pi} + e^{-\pi})}{2(e^{\pi} - e^{-\pi})} - \dfrac{1}{2}$

索　引

おお はら かず たか
大 原 一 孝　　元岡山理科大学

実例で学ぶ 微分積分

1999 年 2 月 20 日　第 1 版　第 1 刷　発行
2023 年 2 月 20 日　第 1 版　第 14 刷　発行

著　者　　大 原 一 孝
発 行 者　　発 田 和 子
発 行 所　　株式会社 学術図書出版社
〒 113-0033　東京都文京区本郷 5-4-6
TEL 03-3811-0889　振替 00110-4-28454
印刷　中央印刷（株）